Leitfäden der Informatik

Peter Thiemann
Grundlagen der funktionalen Programmierung

Leitfäden der Informatik

Die Leitfäden der Informatik behandeln

- Themen aus der Theoretischen, Praktischen und Technischen Informatik entsprechend dem aktuellen Stand der Wissenschaft in einer systematischen und fundierten Darstellung des jeweiligen Gebietes.
- Methoden und Ergebnisse der Informatik, aufgearbeitet und dargestellt aus Sicht der Anwendungen in einer für Anwender verständlichen, exakten und präzisen Form.

Die Bände der Reihe wenden sich zum einen als Grundlage und Ergänzung zu Vorlesungen der Informatik an Studierende und Lehrende in Informatik-Studiengängen an Hochschulen, zum anderen an „Praktiker", die sich einen Überblick über die Anwendungen der Informatik(-Methoden) verschaffen wollen; sie dienen aber auch in Wirtschaft, Industrie und Verwaltung tätigen Informatikern und Informatikerinnen zur Fortbildung in praxisrelevanten Fragestellungen ihres Faches.

Grundlagen der funktionalen Programmierung

Von Dr. rer. nat. Peter Thiemann
Universität Tübingen

B. G. Teubner Stuttgart 1994

Dr. rer. nat. Peter Thiemann

Geboren 1964 in Neuss/Rhein. Studium der Informatik mit Nebenfach Mathematik an der RWTH Aachen (1983–1987). Seit 1989 wiss. Mitarbeiter am Wilhelm-Schikkard-Institut für Informatik der Eberhard-Karls-Universität Tübingen, Promotion 1991 bei H. Klaeren.

Die Deutsche Bibliothek – CIP-Einheitsaufnahme

Thiemann, Peter:
Grundlagen der funktionalen Programmierung / von Peter Thiemann. – Stuttgart : Teubner, 1994
(Leitfäden der Informatik)
ISBN 3-519-02137-4

Printed in Germany
Gesamtherstellung: Zechnersche Buchdruckerei GmbH, Speyer
Einband: Peter Pfitz, Stuttgart

Vorwort

Das vorliegende Buch entstand aus einer Reihe von Vorlesungen, die der Autor an der Eberhard-Karls-Universität Tübingen unter dem Titel „Einführung in die funktionale Programmierung" gehalten hat. Die Zielgruppe der Vorlesung sind Studenten im Hauptstudium, die Informatik als Haupt- oder Nebenfach belegen. Voraussetzungen zum Verständnis des Buches sind die Kenntnis von Grundbegriffen der Informatik und Programmierung.

Die Vorlesung, wie auch das Buch, besteht aus zwei Teilen. Der erste Teil umfaßt die Kapitel 1 bis 8 und ist praktisch orientiert. Er gibt eine kurze Einführung in die rein-funktionale Programmiersprache Gofer mit grundlegenden Programmiertechniken und Methoden der Verifikation und Transformation von Programmen gefolgt von einem kurzen Ausblick auf fortgeschrittene Techniken und weiterführende Konzepte. Insbesondere wird auf Typklassen, Konstruktorklassen und Monaden, sowie rein-funktionale Ein- und Ausgabe eingegangen. Typklassen und Konstruktorklassen erlauben die kontrollierte Überladung von benutzerdefinierten Funktionen. Monaden ermöglichen unter anderem die Integration von Variablen im herkömmlichen Sinn in rein-funktionale Programmiersprachen.

Im zweiten Teil (Kap. 9 bis 15) werden verschiedene Modelle für Semantik und Ausführung funktionaler Programmiersprachen vorgestellt. Der Teil umfaßt eine Einführung in die Bereichstheorie, universelle Algebra, operationelle und denotationelle Semantik, und den Lambda-Kalkül. Ferner werden Typen und ihre Semantik, die automatische Rekonstruktion von Typen, sowie Grundbegriffe der abstrakten Interpretation und Striktheitsanalyse behandelt. Damit verzahnt werden Implementierungstechniken für funktionale Programmiersprachen auf einer abstrakten Ebene diskutiert. Aufbauend auf einem einfachen Maschinenmodell für strikte funktionale Sprachen wird der Leser Schritt für Schritt an ein paralleles Maschinenmodell für Sprachen mit nicht-strikten Funktionen und Datenstrukturen herangeführt. Aufbauend auf die Darstellung des Lambda-Kalküls werden die SECD-Maschine und die SKI-Kombinatorgraphreduktion als weitere Implementierungstechniken vorgestellt.

Zur Vorstellung der Konzepte funktionaler Programmiersprachen eignet sich die Sprache Gofer besonders. Gofer ist einerseits klein genug, um ein schnelles Erlernen der Sprache zu ermöglichen (Gofer wurde bereits an einigen Hochschulen für die Anfängerausbildung benutzt). Andererseits hat Gofer alle Merkmale einer modernen funktionalen Programmiersprache. Zusätzlich ist die Teilmenge von Gofer, der im vorliegenden Buch besprochen wird, gleichzeitig eine Teilmenge der Programmiersprache Haskell, die der de-facto Standard rein-funktionaler Programmiersprachen ist. Also kann der Text gleichzeitig als Einführung in Gofer und als Heranführung an Haskell verstanden werden. Die Besonderheiten der beiden Sprachen und einige Unterschiede werden diskutiert. Ein weiteres Argument für Gofer ist die freie Verfügbarkeit einer guten Implementierung in Form eines Interpretierers auf handelsüblichen Arbeitsplatzrechnern und Personalcomputern. Demgegenüber sind Haskell-Systeme schon wegen ihres Umfangs besser für Arbeitsplatzrechner geeignet und sie stehen auch nur für bestimmte Rechner zur Verfügung. Überdies stellen die meisten Haskell-Systeme lediglich einen Übersetzer zur Verfügung, womit ein interaktives Arbeiten erschwert wird.

Praktische Hinweise zum Gofer-System befinden sich im Anhang: Vollständige Syntaxdiagramme (Anhang B), eine Kurzreferenz (Anhang C), Verfügbarkeit von Gofer- und Haskell-Implementierungen (Anhang D) und Hinweise zur Bedienung des Gofer-Interpretierers (Anhang E).

Die Informatik ist eine Wissenschaft, in der Anglizismen an der Tagesordnung sind, da die meisten Publikationen nur in englischer Sprache erscheinen. Im vorliegenden Text versucht der Autor, deutsche Ausdrücke zu verwenden, wenn sie den Sachverhalt wirklich treffen und den Sprachfluß nicht hemmen. Auf jeden Fall wird der englische Fachbegriff eingeführt, um dem interessierten Leser den Einstieg in die Fachliteratur zu erleichtern.

Zunächst danke ich Herrn Prof. Dr. H. Klaeren, der das Entstehen dieses Buches ermöglicht hat. Prof. Dr. K. Indermark hat mir durch seine Vorlesung „Grundlagen der funktionalen Programmierung" erste Eindrücke der funktionalen Programmierung und ihrer Implementierung gegeben. In der Anfangsphase gab mir Prof. Dr. V. Claus wertvolle Hinweise zur Strukturierung dieses Buches. Weiterhin bedanke ich mich bei Tobias Hüttner, Adrian Krug, Elisabeth Meinhard, Martin Plümicke, Bernd Raichle, Peter v. Savigny, Peter Scheffczyk, Christoph Schmitz, Matthias Seidel, Michael Sperber, Arthur Steiner, Michael Walter, Christian Wolf. Sie alle haben in verschiedener Hinsicht zum Entstehen dieses Buches beigetragen. Vor allem danke ich meiner Frau Uta, die während meiner Arbeit an diesem Buch viel Geduld aufbringen mußte und durch kritische Anmerkungen zur Präsentation dieses Buches beigetragen hat.

Tübingen, im Juni 1994 Peter Thiemann

Alle Syntaxdiagramme in diesem Buch wurden automatisch mithilfe eines vom Autor erstellten Haskell-Programmes erzeugt.

Inhaltsverzeichnis

1 Einführung

Programmiersprachen fallen in zwei große Klassen: imperative und deklarative Programmiersprachen. Die Unterschiede zwischen den beiden Klassen liegen in den Mitteln, die sie zur Beschreibung von Algorithmen und Datenstrukturen zur Verfügung stellen. Eine einfache Aufgabe, die Verkettung von Listen, illustriert die grundlegenden Unterschiede zwischen imperativen und deklarativen Programmiersprachen, wobei als deklarative Sprache eine funktionale Programmiersprache zum Einsatz kommt.

Die Aufgabe: Eine Liste ist entweder leer oder sie besteht aus einem ersten Element, dem *Listenkopf*, und dem *Listenrest*, der selbst wieder eine Liste ist. Gegeben sind zwei Listen $[x_1, \ldots, x_n]$ und $[y_1, \ldots, y_m]$. Erzeuge die Verkettung der beiden Listen, nämlich die Liste $[x_1, \ldots, x_n, y_1, \ldots, y_m]$.

Zu den imperativen Programmiersprachen zählen die Sprachen Pascal, C, Modula-2, BASIC und FORTRAN. Ein imperatives Programm besteht aus Anweisungen oder Befehlen (lat. imperare), die eine strukturierte Abfolge von Modifikationen des Speicherinhalts eines Rechners bewirken. Dabei werden Speicherbereiche durch Variable benannt. Das „Ergebnis" eines Programmlaufs ist der Inhalt der Variablen bei Programmende.

In Pascal schreibt sich die Verkettung von Listen so:

```
TYPE element =  ... ;
     list    = ^listrec;
     listrec = RECORD item: element; next: list END;

PROCEDURE append (VAR x: list; y: list);
BEGIN
  IF x=NIL THEN
    x := y
  ELSE
    append (x^.next, y)
END;
```

Drei Dinge fallen daran auf:

1. Die einfache Definition von Listen muß durch einen Verbund mit einem Zeiger dargestellt werden.
2. Die Verwaltung der Datenstruktur geschieht explizit im Programm durch Zeigermanipulation.
3. Ein Aufruf von `append` ändert den ersten Parameter `x` ab. Diese Änderung von `x` ist ein sogenannter *Seiteneffekt* der Prozedur `append`.

Seiteneffekte und explizite Speicherverwaltung sind typisch für Programme in imperativen Sprachen. Sie führen häufig zu schwer lokalisierbaren Fehlern:

- Das Ergebnis von Prozedur- und Funktionsaufrufen hängt nicht nur von den Parametern ab. Während eines Prozedur- oder Funktionsaufrufs kann der erreichbare Speicher beliebig geändert werden.
- Sobald das von einem Zeiger referierte Objekt freigegeben worden ist, ist der Zeiger ungültig.
- Wenn kein Speicher freigegeben wird, so ist nach einiger Zeit der ganze Speicher mit unerreichbaren Objekten angefüllt.

In deklarativen Programmiersprachen spielen Details der Programmausführung, wie die Speicherverwaltung, keine Rolle. Ein deklaratives Programm beschreibt die Lösung eines Problems, ohne dabei den Umweg über die Zerlegung in einzelne Anweisungen zu erfordern. Daher kann es auch als „ausführbare Spezifikation" angesehen werden. Zu den deklarativen Programmiersprachen gehören insbesondere die funktionalen Programmiersprachen.

Die Grundidee funktionaler Programmiersprachen ist die gleichberechtigte Behandlung von Funktionen als Datenobjekte. Funktionen können in Datenstrukturen, wie Listen oder Bäumen, abgelegt werden. Sie können Argumente und Rückgabewerte von anderen Funktionen sein, und sie können Werte von Ausdrücken sein: wie 42 der Wert von $2 * (17 + 4)$ ist, so ist die Funktion, die eine Zahl verdoppelt der Wert von $(*2)$.

Ein funktionales Programm ist eine Menge von Deklarationen. Jede Deklaration definiert einen Wert, z.B. eine Funktion, und benennt ihn. Sie *bindet* eine Variable (einen Namen) an einen Wert. Variablen bezeichnen also Werte und nicht Speicherbereiche. Seiteneffekte sind nicht möglich, da sich der einmal gebundene Wert nicht mehr ändern kann.

In der funktionalen Sprache Gofer lautet die Deklaration der Funktion `append` zur Verkettung von Listen wie folgt:

```
append :: ([elem], [elem]) -> [elem]
```

Das ist eine Typdeklaration. Sie besagt, daß `append` ein Paar `(xs, ys)` von Listen mit Elementen vom Typ `elem` als Argumente erwartet und eine Liste vom Typ `[elem]` (mit Elementen vom Typ `elem`) liefert.

Es folgen die definierenden Gleichungen für `append`. Darin ist `:` die Funktion, die ein Element `x` und eine Liste `xs` als Argumente nimmt und die Liste mit Kopf `x` und Rest `xs` liefert. Auf der linken Seite einer Gleichung bewirkt `:` genau das Gegenteil, nämlich die Zerlegung einer nicht-leeren Liste in Listenkopf und Listenrest.

```
append ([ ], ys) = ys
```

Die leere Liste `[ ]` verkettet mit einer beliebigen Liste `ys` liefert wieder `ys`.

```
append (x: xs, ys) = x: append (xs, ys)
```

Wird eine nicht-leere Liste `x: xs` mit einer Liste `ys` verkettet, so ist der Kopf des Ergebnisses jedenfalls `x`. Der Rest der Ergebnisliste ist die Verkettung des Rests `xs` der Eingabeliste mit `ys`.

Die Funktion `append` hat gegenüber der Pascal-Prozedur einige große Vorteile.

1. Für die im Typ vorkommende Variable `elem` kann ein beliebiger Typ von Elementen eingesetzt werden. `append` funktioniert also unabhängig vom Typ der Listenelemente, sie ist *polymorph*.

2. Die Werte der Parameter bleiben unverändert, da keine Seiteneffekte möglich sind.

3. Explizite Zeigermanipulation ist nicht erforderlich.

Die wichtigsten Eigenschaften funktionaler Programmiersprachen sind:

Keine Seiteneffekte. Wird eine Funktion mehrmals auf das gleiche Argument angewendet, so muß der Funktionswert jedesmal gleich sein. Funktionale Programmiersprachen garantieren, daß der Wert einer Funktion nur von ihrem Argument abhängt (referentielle Transparenz). In Pascal ist es ein leichtes, auch unabsichtlich Funktionen zu schreiben, die die referentielle Transparenz verletzen:

```
var count: integer;

function f (x: integer): integer;
begin count := count + 1;
      f := count
end;
```

Jeder Aufruf von `f (0)` hat ein anderes Ergebnis. Insbesondere gilt `f (0) = f (0)` nicht. Daher ist es schwierig, Beweise über Eigenschaften von imperativen Programmen zu führen und Programmumformungen vorzunehmen.

Da der Wert von `f (0)` von den vorangegangenen Aufrufen von `f` abhängt, muß die Abarbeitung des Programms in einer festen Reihenfolge erfolgen. In einer funktionalen Sprache ist das Ergebnis unabhängig von der Reihenfolge, in der die Auswertung erfolgt. Insbesondere können Teile der Auswertung parallel erfolgen.

Verzögerte Auswertung. Zur Auswertung eines Funktionsaufrufs werden nur diejenigen Teile der Argumente ausgewertet, die unbedingt zur Berechnung des Ergebnisses erforderlich sind. Wenn eine Funktion ein Argument nicht benötigt, so wird es nicht ausgewertet. Gleiches gilt für die Elemente von Datenstrukturen: Um beispielsweise die Länge einer Liste zu ermitteln ist es nicht erforderlich, die Elemente der Liste auszuwerten.

Polymorphes Typsystem. Am Beispiel der Listenverkettung wurde bereits deutlich, daß Datentypen und Funktionen parametrisiert sein können. So können listenverarbeitende Funktionen definiert werden, die auf Listen mit Elementen beliebigen Typs funktionieren. Trotzdem garantiert das Typsystem, daß keine Daten falsch interpretiert werden. Eine Zahl kann nicht als Wahrheitswert benutzt werden und eine Liste nicht als Funktion.

Automatische Speicherverwaltung. Die Programmierung von Speicherverwaltungsaufgaben entfällt. Die Anforderung von Speicherplatz, die Konstruktion von Datenobjekten und die Freigabe von Speicherplatz geschieht ohne Einwirkung des Programmierers. Dadurch werden Programme einfacher lesbar und eine häufige Fehlerquelle entfällt.

Funktionen als Bürger erster Klasse. Die Möglichkeit, Funktionen als Parameter an andere Funktionen zu übergeben, bewirkt, daß mehr Programmstücke als Funktionen geschrieben werden können. Dadurch wird ein höherer Grad an Modularität und Wiederverwendbarkeit erzielt.

Es gibt funktionale Sprachen, die die drei letztgenannten Eigenschaften aufweisen, in denen Funktionen ihre Argumente vollständig auswerten, und es gibt Sprachen, die darüber hinaus Seiteneffekte zulassen. Zur Abgrenzung gegen Sprachen, bei denen letzeres der Fall ist, werden referentiell transparente Sprachen auch „rein-funktional" genannt. Das vorliegende Buch behandelt die Eigenschaften rein-funktionaler Sprachen, die alle fünf genannten Eigenschaften besitzen.

2 Grundlegende Sprachstrukturen

2.1 Programmierung mit Funktionen

Funktionales Programmieren ist in erster Linie als Manipulation von Funktionen zu verstehen. Dazu ist zunächst die vollständige Beschreibung einer Funktion erforderlich. Eine Funktion ist gekennzeichnet durch ein *Funktionssymbol* (den Namen), den *Vorbereich* (Definitionsbereich), den *Nachbereich* (Wertebereich) und eine *Abbildungsvorschrift*.

Eine Funktion über den ganzen Zahlen $\mathbb{Z}$, die ihr Argument quadriert, habe den Namen „square". Ihr Vor- und Nachbereich ist $\mathbb{Z}$. Durch die Deklaration

$$\text{square}\colon \mathbb{Z} \to \mathbb{Z}$$

wird der Typ (Wertebereich) des Namens „square" festgelegt als eine Funktion mit Vor- und Nachbereich $\mathbb{Z}$. Die Abbildungsvorschrift von „square" wird definiert durch

$$\text{square}(x) = x \cdot x.$$

Die Maximumsfunktion über Paaren von ganzen Zahlen wird deklariert durch

$$\max\colon \mathbb{Z} \times \mathbb{Z} \to \mathbb{Z}$$

und ihre Abbildungsvorschrift ist festgelegt durch

$$\max(x, y) = \begin{cases} x & x \geq y \\ y & \text{sonst.} \end{cases}$$

In einer funktionalen Programmiersprache sind dieselben Informationen erforderlich.

Als Funktionssymbole dienen in Gofer Variablenbezeichner. Für die Quadrierung kann der Name `square` benutzt werden. Dagegen ist der Bezeichner `max` vordefiniert, daher wird im Beispiel `maxi` verwendet. Die Typdeklarationen lauten:

```
square :: Int -> Int
maxi   :: (Int, Int) -> Int
```

Die Deklaration ν `::` T bedeutet „ν hat den Typ T". Der Typ `Int` ist in Gofer vordefiniert. Er umfaßt ganze Zahlen, soweit sie in der Maschine direkt darstellbar sind. Die Implementierung garantiert den Bereich $[-2^{29}, 2^{29} - 1]$. Die arithmetischen Grundoperationen und Vergleichsoperationen sind ebenfalls vordefiniert. Mithilfe des Typkonstruktors `->` wird ein Funktionstyp definiert und der Typ `(Int, Int)` bezeichnet das cartesische Produkt zweier Typen (angelehnt an die in der Mathematik üblichen Schreibweisen $\to$ für Funktionen und `Int` × `Int` für das cartesische Produkt). Die obige Deklaration besagt also, daß `square` eine Funktion von ganzen Zahlen in ganze Zahlen ist und `maxi` eine Funktion ist, die ein Paar von ganzen Zahlen auf eine ganze Zahl abbildet.

Nach der Deklaration folgen die definierenden Gleichungen, die Abbildungsvorschrift. Im Vergleich zur mathematischen Definition ändert sich nur die Schreibweise (Syntax).

```
square x = x * x

maxi (x, y) | x >= y    = x
            | otherwise = y
```

Die linke Seite einer Abbildungsvorschrift besteht aus dem Namen der Funktion und der Beschreibung des Arguments, in der Variable vorkommen, die sogenannten formalen Parameter. Die rechte Seite ist ein Ausdruck, der aus den formalen Parametern und Operatoren zusammengesetzt ist. Der Ausdruck auf der rechten Seite kann — wie im Beispiel von `maxi` — durch eine Bedingung (einen Ausdruck vom Typ `Bool`) eingeschränkt werden. Gültig ist die erste Gleichung, deren Bedingung erfüllt ist. Die Bedingung `otherwise` ist immer erfüllt.

Auf der rechten Seite einer Abbildungsvorschrift dürfen außer den formalen Parametern keine weiteren Variablen auftreten. Im Beispiel ergibt sich die folgende Zerlegung.

linke Seite	formale Parameter	rechte Seite
`square x`	`x`	`x * x`
`maxi (x, y)`	`x, y`	`x >= y   x   y`

Die Ausführung eines funktionalen Programms ist die Auswertung eines Ausdrucks. Die Auswertung eines Ausdrucks geschieht durch das Substitutionsprinzip, d.h. die Ersetzung eines Ausdrucks durch einen anderen Ausdruck des gleichen Wertes. Zuerst wird ein Teilausdruck gesucht, der aus der linken Seite einer Abbildungsvorschrift durch Einsetzen von aktuellen Parametern für die formalen Parameter gewonnen werden kann. Dieser Teilausdruck heißt *Redex* (reducible expression). Das Redex wird durch die rechte Seite der Abbildungsvorschrift ersetzt, nachdem die darin vorkommenden formalen Parameter durch die aktuellen Parameter ersetzt worden sind (Substitution). Jeder (auch unausgewertete) Ausdruck ist als Parameter zulässig. Der beschriebene Auswertungsschritt wird so lange auf den vorliegenden Ausdruck angewendet, bis kein Ersetzungsschritt mehr möglich ist. Der verbleibende Ausdruck ist das Ergebnis.

In Abb. 2.1 sind alle Möglichkeiten zur Auswertung des Ausdrucks `square (12-1)` graphisch dargestellt. Jeder Pfad durch das Diagramm entspricht einer möglichen Folge von Ersetzungsschritten. Zu einem vorliegenden Ausdruck gibt es fast immer mehr als eine Möglichkeit zur Durchführung eines Ersetzungsschritts. Eine Auswertungsstrategie ist ein Algorithmus zur Auswahl des nächsten Redex. In funktionalen Programmiersprachen werden die folgenden Strategien am häufigsten benutzt.

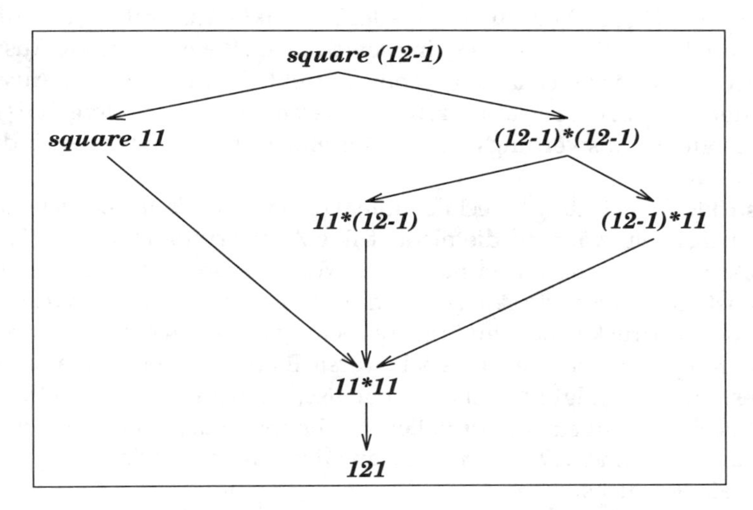

Abbildung 2.1: Auswertung eines Ausdrucks.

Strikte Auswertung: Es wird stets das am weitesten links innen im Ausdruck vorkommende Redex gewählt. Insbesondere bedeutet das, daß die Argumente einer Funktion ausgewertet werden, bevor die Abbildungsvorschrift der Funktion angewendet wird. Weitere Namen für diese Strategie sind *leftmost-innermost* Strategie, *call-by-value*, *application order reduction* und *eager evaluation*.

In Abb. 2.1 folgt diese Strategie dem linken Pfeil: Zuerst wird der Ersetzungsschritt von `square` $(12-1)$ nach `square` 11 ausgeführt, dann paßt `square` 11 auf die linke Seite `square` (x) und wird ersetzt durch $11 * 11$. Im letzten Schritt wird dies zu 121 ausgewertet.

Nicht-strikte Auswertung: Es wird stets das am weitesten links außen im Ausdruck vorkommende Redex gewählt. Die Argumente von Funktionen sind nun in der Regel unausgewertete Ausdrücke. Diese Strategie heißt *leftmost-outermost* Strategie, *call-by-name* oder *normal order reduction*. Für arithmetische Grundoperationen müssen allerdings zuerst die Argumente ausgewertet werden.

Die Strategie folgt dem rechten Pfeil in Abb. 2.1. Als erstes wird der Schritt von `square` $(12-1)$ nach $(12-1)*(12-1)$ ausgeführt. In diesem Ausdruck tritt das Redex $(12-1)$ zweimal auf. Aufgrund der Strategie wird zunächst das linke

Redex ersetzt, d.h. $(12-1)*(12-1)$ wird umgeformt zu $11*(12-1)$, dann zu $11*11$ und schließlich zu 121.

Beide Strategien haben Vor- und Nachteile. Die strikte Auswertung ist einfach und effizient durch Funktionsaufrufe zu implementieren. Wenn die strikte Auswertung terminiert, so ist das berechnete Ergebnis korrekt. Bei nicht-strikter Auswertung werden nur die Teilausdrücke ausgewertet, deren Wert zum Endergebnis beiträgt. Wenn irgendeine Auswertungsstrategie terminiert, so terminiert auch die nicht-strikte Auswertung.

Die strikte Auswertung berechnet unter Umständen Werte, die nicht zum Endergebnis beitragen, während die nicht-strikte Auswertung manchmal denselben Ausdruck mehrfach auswerten muß. Eine Verbesserung der nicht-strikten Auswertung ist die verzögerte Auswertung (*call-by-need* oder *lazy evaluation*). Hier werden die Ausdrücke, die zum Ergebnis beitragen, genau einmal ausgewertet.

Die vorangegangenen Beispiele haben erste Eindrücke der Programmierung in Gofer vermittelt. Es folgt nun eine systematische Beschreibung des Großteils der Syntax zusammen mit einer informellen Beschreibung der Bedeutung der syntaktischen Konstruktionen. Die Formalisierung der Semantik (Bedeutung) erfolgt im zweiten Teil des Buchs.

2.2 Lexikalische Syntax

Die Syntax von Gofer wird anhand von Syntaxdiagrammen und Beispielen erklärt. In Syntaxdiagrammen sind Schlüsselworte und andere Terminalsymbole in abgerundeten Kästchen angegeben. Nichtterminale sind eckig umrahmt, im Text werden sie kursiv gedruckt. Viele Beispiele haben die Form eines Dialoges mit dem Gofer-Interpretierer. Die Dialoge sind in `Courier` gesetzt, wobei die Eingaben *`schräg`* gesetzt sind. Vor jeder Eingabe befindet sich zusätzlich der Prompt des Interpretierers „?". Programme und Programmfragmente sind im vorliegenden Buch in `Courier` gesetzt.

2.2.1 Kommentare

Es gibt zwei Arten von Kommentaren in Gofer-Programmen. Text zwischen der Zeichenfolge `--` und dem Zeilenende gilt als Kommentar. Weiterhin gilt Text, der zwischen den Zeichenfolgen `{-` und `-}` eingeschlossen ist, als Kommentar. Kommentare der zweiten Art können beliebig ineinander geschachtelt werden.

Alternativ können Gofer-Programme auch im belesenen bzw. gebildeten Stil (*literate style*) geschrieben werden. Dieser Programmierstil soll die gebildete Programmierung (*literate programming*) unterstützen. Die Grundidee der gebildeten Programmierung (nach Knuth [Knu92]) ist die Vorstellung, daß ein Programm und seine Dokumentation eine Einheit bilden. Ein im gebildeten Stil geschriebenes Programm kann sowohl ausgeführt werden, als auch in (menschen-) lesbarer Weise ausgedruckt werden.

In diesem Programmierstil ist zunächst jeder Text ein Kommentar, Programmzeilen werden dadurch markiert, daß sie mit dem Zeichen > in der ersten Spalte gefolgt von einem Leerzeichen beginnen. Auf jeder Programmzeile muß sich auch Programmtext befinden. Außerdem muß sich sowohl vor wie auch nach einem Block von Programmzeilen eine Leerzeile befinden. Innerhalb der Programmblöcke gelten zusätzlich die normalen Kommentarkonventionen. So kann ein Programm ohne Probleme in ein Dokument eingebettet werden.

2.2.2 Bezeichner und Operatoren

In Gofer dienen Bezeichner und Operatoren als Funktionssymbole. Ein Bezeichner ist eine mit einem Buchstaben beginnende Folge von Buchstaben (***letter***), Ziffern (***digit***), Unterstrichen und Apostrophen.

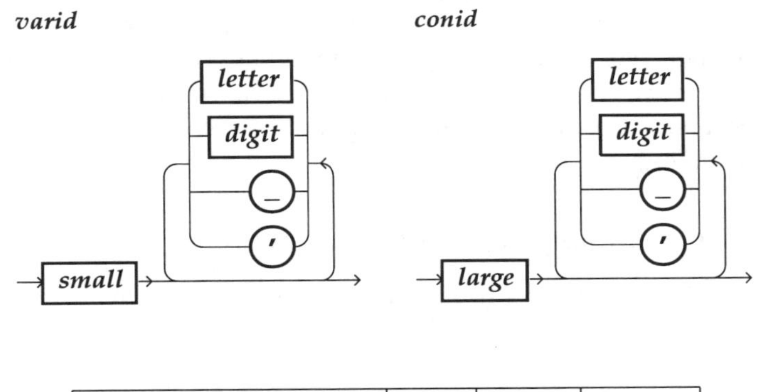

Erlaubt als Bezeichner:	`x`	`h_10`	`R''ep`
Keine Bezeichner:	`0x5a`	`'Cont`	`_start`

Grundsätzlich wird zwischen Variablenbezeichnern und Konstruktorbezeichnern unterschieden. Das erste Zeichen eines Variablenbezeichners (***varid***) ist ein Kleinbuchstabe (***small***), während Konstruktorbezeichner mit einem Großbuchstaben (***large***) beginnen. Variablenbezeichner stehen für einen beliebigen Wert. Konstruktorbezeichner bezeichnen Funktionen oder Konstanten, die dem Aufbau (der Konstruktion) von Datenstrukturen dienen.

Entsprechendes gilt für Operatoren. Ein Operator ist eine nicht-leere Folge der Sonderzeichen `@$%&*+-./:<=>?#\^‘|~` (vgl. ***symbol***). Operatoren für Konstruktoren (***conop***) beginnen mit einem Doppelpunkt (`:`), für Variablenoperatoren (***varop***) ist das nicht erlaubt.

Die folgende Tabelle liefert ein Beispiel für die Klassifikation von Bezeichnern.

Symbol	Klassifikation	erlaubt als
`x70`	Bezeichner	Variable
`Kirsche`	Bezeichner	Konstruktor
`::=`	Operator	Konstruktor
`!=`	Operator	Variable
`'gamma`	—	—

2.3 Deklarationen

Eine Deklaration verbindet einen Bezeichner oder Operator mit einer Bedeutung. In einer Deklaration kann beispielsweise der Typ eines Bezeichners (Operators) oder sein Wert (oder die Abbildungsvorschrift der Funktion, die der Bezeichner benennt) festgelegt werden. Eine solche Festlegung wird *Bindung* genannt.

Jede Bindung ist nur in einem bestimmten Teil eines Programms gültig. Dieser Teil des Programms heißt *Geltungsbereich* der Bindung. Eine Folge von Deklarationen (***decls***) bildet einen Geltungsbereich für Bezeichner. Sie ist eingeschlossen in geschweifte Klammern (`{`, `}`), wobei die einzelnen Deklarationen durch Semikolon (`;`) voneinander getrennt sind. Die Reihenfolge der Deklarationen innerhalb eines Geltungsbereichs ist unerheblich. Tritt innerhalb eines Geltungsbereichs ein anderer Geltungsbereich geschachtelt auf, so verdecken die Bindungen im inneren Geltungsbereich (lokale Bindungen) die weiter außen liegenden Bindungen (globale Bindungen).

2.3.1 Funktionsbindungen und Musterbindungen

Die Syntax für Deklarationen (***decls, decl***) zeigt das folgende Syntaxdiagramm.

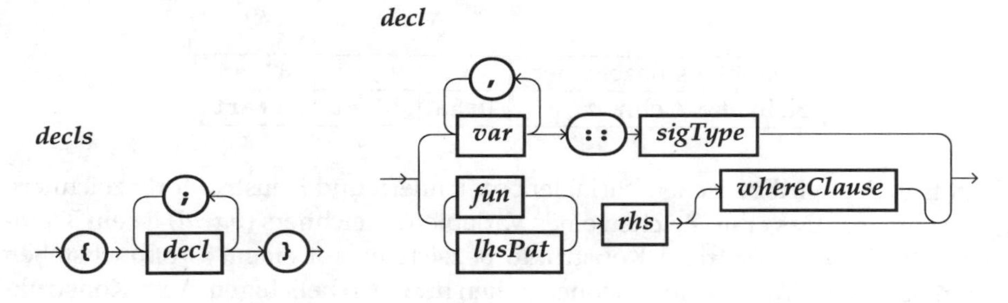

decl `;` ... `;` ***decl*** Ein Geltungsbereich besteht aus einer Folge von Deklarationen, die mit einem Semikolon (`;`) zusammengesetzt werden.

varid `::` ***type*** Der Typ eines oder mehrerer Bezeichner kann zunächst mit einer Typdeklaration festgelegt werden. Im Beispiel in Kap. 2.1 war dies:

```
square :: Int -> Int
maxi   :: (Int, Int) -> Int
```

fun rhs* ... | *apat rhs* ...** Für die Bindung eines Bezeichners an einen Wert bzw. eine Abbildungsvorschrift gibt es zwei Formen für die linke Seite der Definition und zwei Formen für die rechte Seite. Die erste Form der linken Seite (apat*** für *atomic pattern*, unzerlegbares Muster) definiert einen oder mehrere konstante Werte, während die zweite Form (***fun***) zur expliziten Definition von Funktionen benutzt wird. Die rechte Seite (***rhs*** = right hand side) der Abbildungsvorschrift kann entweder aus einem Ausdruck oder aus einer Folge von bedingten Ausdrücken bestehen (*guarded equations*, ***gsRhs***).

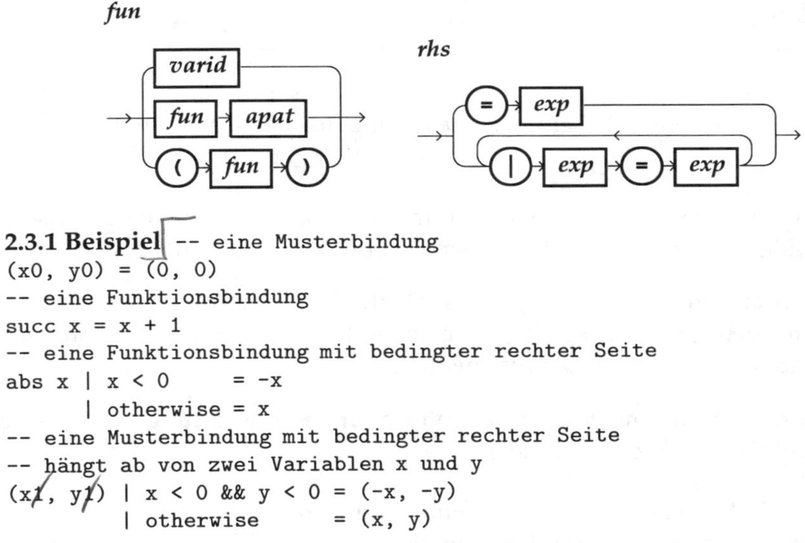

2.3.1 Beispiel

```
-- eine Musterbindung
(x0, y0) = (0, 0)
-- eine Funktionsbindung
succ x = x + 1
-- eine Funktionsbindung mit bedingter rechter Seite
abs x | x < 0     = -x
      | otherwise = x
-- eine Musterbindung mit bedingter rechter Seite
-- hängt ab von zwei Variablen x und y
(x1, y1) | x < 0 && y < 0 = (-x, -y)
         | otherwise      = (x, y)
```

(Hierbei steht der Operator `&&` für das logische Und, welches zwei boolesche Argumente erwartet und einen Wert vom Typ `Bool` liefert.)

Eine Musterbindung darf für jeden Bezeichner nur einmal vorkommen, während eine Funktionsbindung auch mehrfach — mit verschiedenen *Mustern* — vorkommen kann. Im einfachsten Fall ist ein Muster (*pattern*) eine Variable. Muster und ihre Bedeutung werden in Kap. 2.6 erklärt.

An der rechten Seite einer Deklaration kann eine lokale Deklaration (`where` ***decls***) angefügt werden. Der Geltungsbereich der lokalen Deklaration beschränkt sich auf die rechte Seite (***rhs***), zu der sie gehört. Dabei kann eine rechte Seite mehrere bedingte rechte Seiten der Form `| exp = exp` umfassen (vgl. Abb. 2.2).

2.3.2 Geltungsbereich von Deklarationen

Viele höhere Programmiersprachen besitzen eine formatfreie Syntax. Das bedeutet, daß das Einfügen von Leerzeichen, Tabulatoren und Leerzeilen (das Format) in

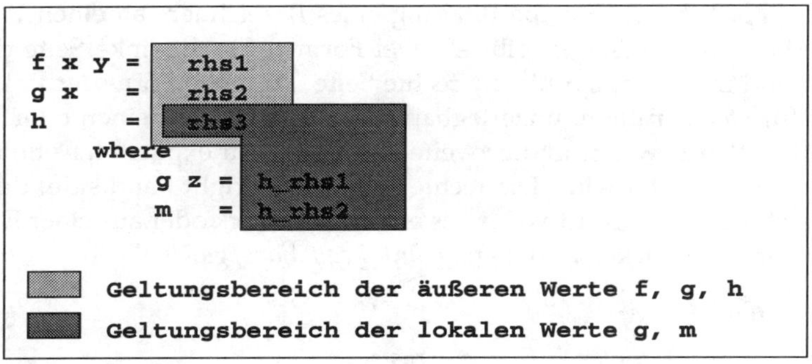

```
f x y =   rhs1
g x   =   rhs2
h     =   rhs3
    where
        g z =  h_rhs1
        m   =  h_rhs2
```

Geltungsbereich der äußeren Werte f, g, h

Geltungsbereich der lokalen Werte g, m

Abbildung 2.2: Geltungsbereich einer lokalen Deklaration.

einen Programmtext keinerlei Auswirkungen auf die Bedeutung hat. In Gofer gibt es zwei Möglichkeiten, den Geltungsbereich von Bindungen anzugeben.

1. Formatfrei unter Verwendung der syntaktischen Klammern `{` (Anfang eines Geltungsbereichs, vgl. `begin`), `}` (Ende eines Geltungsbereichs, vgl. `end`) und `;` (Trennzeichen zwischen Definitionen).

2. Durch die Anordnung des Programmtextes unter Verwendung der *Abseitsregel* (engl. *offside rule* oder *layout rule*).

Abseitsregel: Das erste Symbol, was einem der Schlüsselworte `let`, `where` oder `of` folgt, legt den linken Rand des gerade eröffneten Geltungsbereichs fest. Für die darauf folgenden Textzeilen gilt:

Beginnt eine Zeile rechts vom Rand (d.h. süd-östlich), so wird sie als Fortsetzung der darüberliegenden Zeile betrachtet.

Beginnt eine Zeile genau am Rand (südlich vom ersten Symbol), so beginnt mit ihr eine neue Deklaration innerhalb des Geltungsbereichs.

Beginnt eine Zeile links vom Rand (süd-westlich), so liegt sie im Abseits und der Geltungsbereich endet vor der Zeile. Sie (und alle folgenden Zeilen) gehören zu einem umschließenden Geltungsbereich. Auch ein unerwartetes Symbol kann einen Geltungsbereich beenden.

Im Vergleich zur syntaktischen Klammerung mit `{`, `,` und `}` führt die Abseitsregel in der Regel zu übersichtlicheren und besser lesbaren Programmen. Programme, die unter Verwendung der Abseitsregel geschrieben sind, können systematisch in Programme, die die syntaktische Klammerung verwenden, umgeformt werden. Ein Beipiel für diese Umformung zeigt Abb. 2.3.

Mit Abseitsregel.	Mit syntaktischer Klammerung.

<pre>len x = len0 x 0
  where len0 [ ] n
              = n
        len0 (x: xs) n
              = len0 xs (n + 1)</pre>
	<pre>len x = len0 x 0
	  where {len0 [ ] n
	              = n
	        ;len0 (x: xs) n
	              = len0 xs (n + 1)
	;}</pre>

Abbildung 2.3: Expansion der Abseitsregel.

2.4 Typausdrücke

In einer Wertdeklaration treten Typausdrücke in Form des Nichtterminalsymbols ***type*** auf. Ein Typausdruck bezeichnet einen Typ oder eine Klasse von Typen. Ein Typ beschreibt eine Menge von Werten. Typen werden verwendet, um gültige Argumente von Funktionen zu charakterisieren und dadurch sicherzustellen, daß während des Ablaufs eines Programms keine unerlaubten Operationen ausgeführt werden. Die Syntax für Typen beschreibt das Syntaxdiagramm ***type*** in Abb. 2.4.

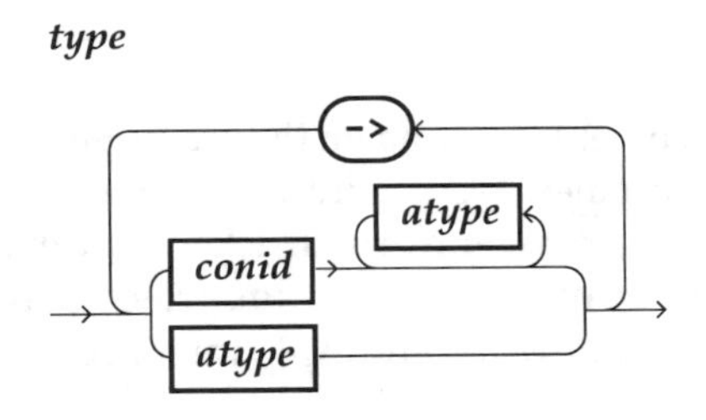

Abbildung 2.4: Syntax von Typen.

Gofer kennt die vordefinierten Typen `Int` (ganze Zahlen), `Float` (Gleitkommazahlen), `Char` (ASCII-Zeichen) und `Bool` (Wahrheitswerte). Da diese Typen als nullstellige Typkonstruktoren aufgefaßt werden, wird ein Konstruktorbezeichner (***conid***) für sie verwendet. Daher müssen sie groß geschrieben werden. Die Syntax von atomaren Typen (***atype***) zeigt Abb. 2.5.

Vordefinierte Typkonstruktoren von Gofer sind `[T]` zur Spezifikation von Listentypen über dem Elementtyp `T`, sowie (T_1, T_2) und T_1 -> T_2. Mit den beiden letzteren werden Paare von Elementen aus T_1 und T_2 (oder allgemeiner Tupel von Werten) bzw. Funktionen mit Vorbereich T_1 und Nachbereich T_2 spezifiziert. Die

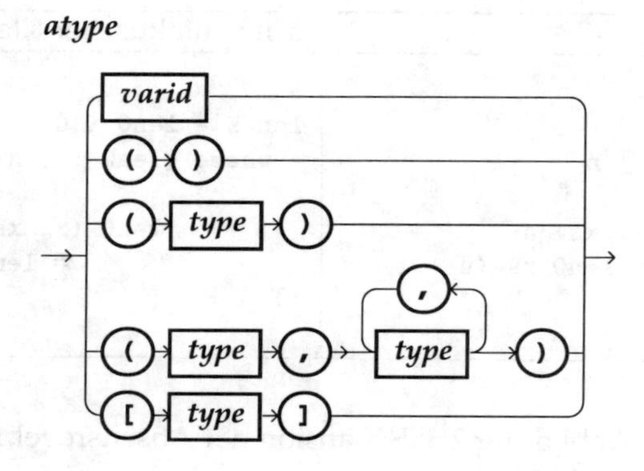

Abbildung 2.5: Syntax von atomaren Typen.

Typkonstruktoren für Listen und Tupel haben eine spezielle Syntax und auch die Infixschreibweise des Typkonstruktors `->` für Funktionen ist ein Sonderfall.

Ein Operator, Konstruktor oder Typkonstruktor in Infixschreibweise wird zwischen seine beiden Argumente geschrieben. Normalerweise werden Bezeichner für Funktionen in Präfixschreibweise verwendet, also: $f\ x_1 \ldots x_n$.

2.5 Ausdrücke

Das zentrale Konzept in einer funktionalen Programmiersprache ist der Ausdruck. Ein Ausdruck beschreibt einen Wert, zum Beispiel eine Zahl, einen Buchstaben oder eine Funktion. Die Syntax von Ausdrücken ist dem folgenden Syntaxdiagramm zu entnehmen. Es wird zwischen unzerlegbaren Ausdrücken (***atomic***) und zusammengesetzten Ausdrücken (***exp***) unterschieden (siehe Abb. 2.7 und Abb. 2.6).

varid

varid steht für einen Variablenbezeichner. Er bezeichnet einen beliebigen Datenwert (eine Zahl, einen Wahrheitswert, eine Liste, eine Funktion, ...).

conid

conid steht für einen Konstruktorbezeichner. Bezeichner für *Datenkonstruktoren* werden durch eine Datentypdefinition eingeführt (vgl. Kap. 2.7.2). Vordefiniert sind in Gofer die Datenkonstruktoren `True` und `False` vom Typ `Bool`. Außerdem sind Listen über beliebigen Elementen vordefiniert. Zum Aufbau von Listen

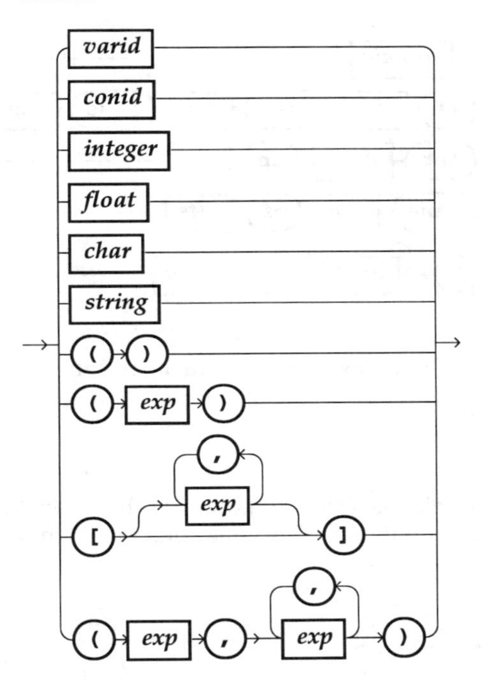

Abbildung 2.6: Syntax von unzerlegbaren Ausdrücken.

dienen die Datenkonstruktoren `[ ]` (für die leere Liste) und : (sprich „cons" für construct). Der Listenkonstruktor : wird in Infixschreibweise benutzt und hat zwei Argumente. Wenn `x` vom Typ A ist und `xs` eine Liste von Elementen aus A ist, so bezeichnet `x:xs` eine Liste über A, deren erstes Element (der Listenkopf) `x` ist und deren Rest die Liste `xs` ist. Wichtig ist, daß alle Listenelemente aus A sind. Die leere Liste nimmt eine Sonderstellung ein, da sie für jedes A als Liste über A verwendet werden kann.

integer

Eine Folge von Dezimalziffern beschreibt eine positive ganze Zahl (***integer***). Ein solcher Ausdruck hat den Typ `Int`, wie zum Beispiel:

```
? 4711
4711 :: Int
```

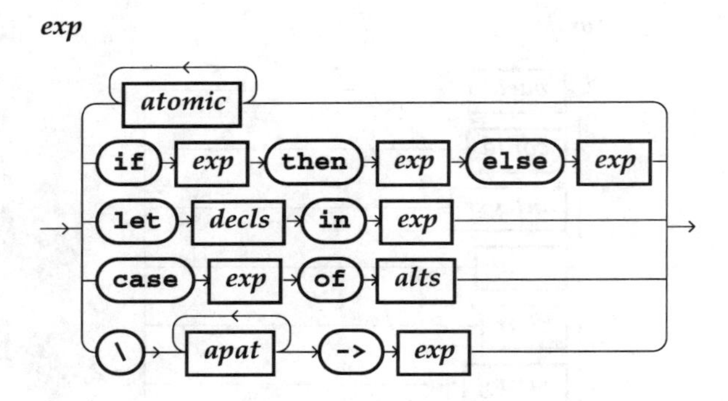

Abbildung 2.7: Syntax von zusammengesetzten Ausdrücken.

float

Ein *float*-Ausdruck bezeichnet eine Gleitkommazahl. Ihren Aufbau beschreibt das folgende Syntaxdiagramm in Abb. 2.8. Gleitkommazahlen haben den Typ `Float`.

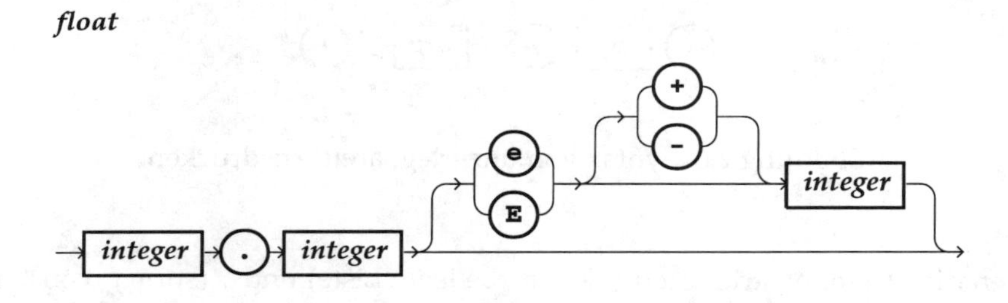

Abbildung 2.8: Syntax von Gleitkommazahlen.

Beispiel:

```
? 2.7182818
2.71828 :: Float
? 6.022169e23
6.02217e+23 :: Float
```

char

Ein *char*-Ausdruck hat die Form `'`*character*`'`. Der Ausdruck `'x'` bezeichnet eine Konstante vom Typ `Char` und hat als Wert das ASCII-Zeichen für `x`. Als *character* sind auch die in der Programmiersprache C üblichen Escape-Sequenzen für nicht-druckbare Zeichen erlaubt (z.B. `'\t'` für das Tabulatorsymbol und `'\n'` für das

Zeilenendesymbol). Die vollständige Syntax ist dem Syntaxdiagramm in Abb. 2.9 zu entnehmen, wobei die Nichtterminale ***symbol*** und ***preSymbol*** die druckbaren Symbole abdecken.

```
? 'x'
'x' :: Char
```

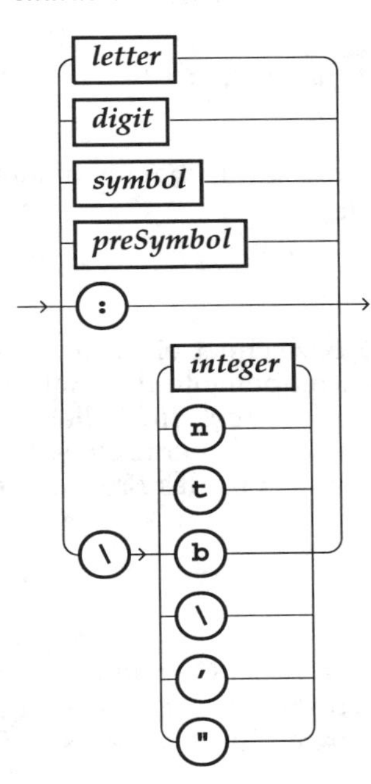

Abbildung 2.9: Syntax von Zeichen.

`[` *exp* ... `]`

Listen können mithilfe der Listenklammern `[` und `]` aufgebaut werden. Dabei steht `[ ]` für die leere Liste und `[0, 1, 2, 3]` ist eine Abkürzung für `0: 1: 2: 3: [ ]`. Alle Listenelemente müssen vom gleichen Typ sein. Im vorliegenden Fall handelt es sich um eine Liste vom Typ `[Int]`, d.h. eine Liste von ganzen Zahlen.

```
? [ ]
[] :: [a]
? [1, 2, 3, 4]
[1, 2, 3, 4] :: [Int]
```

```
? 1:2:3:4:[]
[1, 2, 3, 4] :: [Int]
```

string

Ein *string* hat die Form " ***character*** ... ". Der Ausdruck `"Si tacuisses..."` ist eine Konstante vom Typ `[Char]`, d.h. eine Liste von Zeichen. Es ist eine Kurzschreibweise für `['S', 'i', ' ', 't', 'a', ... ]`.

```
? "Si tacuisses..."
Si tacuisses...
? ['S','i',' ','t','a','c','u','i','s','s','e','s','.','.','.']
Si tacuisses...
```

Da der Typ Liste von Zeichen `[Char]` überaus häufig vorkommt, ist für ihn die Abkürzung `String` vordefiniert.

(***exp*** , ***exp*** ...)

Der Ausdruck `(10, False)` bezeichnet ein Paar, dessen erste Komponente die Zahl `10` und dessen zweite Komponente der Wahrheitswert `False` ist. Mit der gleichen Schreibweise können n-Tupel, für beliebiges $n \geq 2$, gebildet werden. Im Gegensatz zur Liste können die Elemente eines Tupels durchaus verschiedene Typen haben. Der Typ eines Tupels ist das Produkt der Komponententypen. Für das Beispiel ergibt sich:

```
? (10, False)
(10, False) :: (Int, Bool)
```

Zusätzlich gibt es das entartete Tupel `()` (*unit tuple, void*). Es ist der einzige Wert vom Typ `()`. Dieser Typ ist vornehmlich aus theoretischen Gründen vorhanden, er hat aber auch praktische Anwendungen (vgl. Kap. 7.3).

```
? ()
() :: ()
```

atomic atomic ...

Der Ausdruck `square 10` bezeichnet die Anwendung der Funktion `square` auf das Argument `10`. Hierzu muß `square` eine Funktion, d.h. vom Typ `Int` → `T` sein, für einen beliebigen Typ `T`. Der Ausdruck `square 10` hat dann den Typ `T`. Hier ergibt sich `Int` als Typ des Ergebnisses:

```
? square 10
100 :: Int
```

Im allgemeinen kann T wieder ein funktionaler Typ sein. Daher kann der Wert des Ausdrucks selbst wieder eine Funktion sein und darf seinerseits auf ein Argument angewendet werden.

`if` exp_1 `then` exp_2 `else` exp_3

Ein bedingter Ausdruck wird mit `if_then_else_` gebildet. Hier muß der erste Ausdruck exp_1 vom Typ `Bool` sein und die Ausdrücke im `then`- und im `else`-Zweig müssen den gleichen Typ besitzen. Zuerst wird der Wert des ersten Audrucks bestimmt. Ist sein Wert `True`, so ist der Wert des bedingten Ausdrucks gleich dem Wert des zweiten Ausdrucks exp_2, anderenfalls wird der dritte Ausdruck exp_3 ausgewertet.

`let` ***decls*** `in` ***exp***

Mithilfe von `let` lassen sich lokale Deklarationen vereinbaren, deren Geltungsbereich den folgenden Ausdruck ***exp*** umfaßt. Hiermit ergibt sich die Möglichkeit, Zwischenergebnisse zu benennen, um einen Ausdruck übersichtlicher zu machen oder die wiederholte Berechnung von gewissen Teilergebnissen zu vermeiden. Für die Deklarationen ***decls*** kann die Abseitsregel benutzt werden.

`case` ***exp*** `of` ***alts***

Der `case`-Ausdruck führt eine Fallunterscheidung aufgrund des Wertes von ***exp*** durch. In ***alts*** wird eine Folge Alternativen (***alt***), d.h. von Paaren aus Muster und Wert angegeben. Paßt der Wert von ***exp*** auf ein Muster, so ist der zugehörige Ausdruck das Ergebnis. Für die Alternativen (***alts***) kann die Abseitsregel benutzt werden. Die Syntax von ***alts*** und ***alt*** zeigt Abb. 2.10. Die Schreibweise `| exp -> exp` vereinbart eine bedingte Alternative. Sie funktioniert auf die gleiche Art und Weise wie ein bedingter Ausdruck in einer Deklaration.

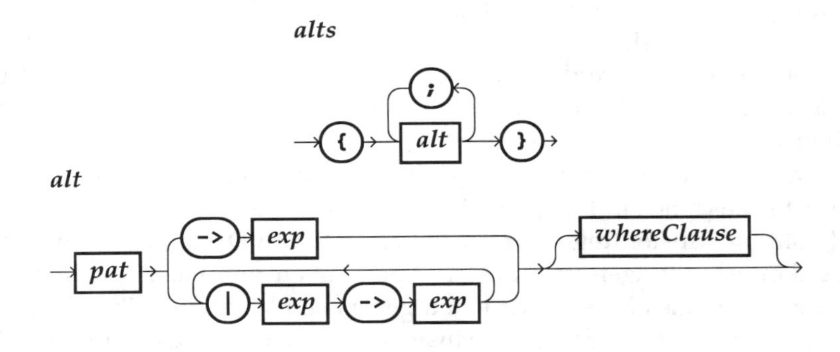

Abbildung 2.10: Syntax von Alternativen.

\ ***apat*** ... -> ***exp***

Der Backslash \ repräsentiert (soweit das im ASCII-Zeichensatz möglich ist) den griechischen Buchstaben λ (Lambda). Ein Lambda-Ausdruck hat als Wert eine Funktion, deren formale Parameter ***apat*** zwischen dem \ und dem -> angegeben werden. Hinter dem -> folgt der Rumpf der Funktion, ein Ausdruck ***exp***. Der Wert des Lambda-Ausdrucks ist eine Funktion, die Parameter entsprechend den ***apat***s annimmt, und deren definierender Ausdruck, die „rechte Seite", gerade der Ausdruck hinter dem -> ist.

```
? \ x -> 3*x + 4
v132 :: Int -> Int
? (\ x -> 3*x + 4) 1
7 :: Int
? \ x y -> x*y + 1
v132 :: Int -> Int -> Int
```

Die obere Funktion nimmt ein Argument `x` und berechnet `3*x + 4`, wie durch die darauf folgende Anwendung auf `1` ersichtlich ist. Die untere Funktion nimmt zwei Argumente und liefert ihr um `1` erhöhtes Produkt als Ergebnis. Die dabei auftretenden Namen `v132` werden intern vom Gofer-Interpretierer nur zur Ausgabe vergeben, sie können nicht benutzt werden. Andere Interpretierer liefern z.B. `<function> :: Int -> Int` oder `<<(Int -> Int)>>` als Ergebnis. Konzeptuell liefert ein Lambda-Ausdruck eine namenlose Funktion, während gewöhnlich Deklarationen benannte Werte und Funktionen definieren.

2.6 Muster

Wie schon gesehen, wird bei einer Funktionsbindung für jeden formalen Parameter der Funktion ein Muster angegeben. Die Form des Musters schränkt die Form der erlaubten Argumente der Funktion ein. Diese Art der Funktionsdefinition durch Musteranpassung (*pattern matching*) ist in funktionalen Programmiersprachen üblich.

Die Syntax eines Musters ist angelehnt an die Syntax von Ausdrücken. Ein Muster ist sozusagen ein Prototyp für einen erwarteten Wert, z.B. das Argument einer Funktion. Muster treten auf der linken Seite von Deklarationen bei Muster- und Funktionsbindungen und in den Alternativen von `case`-Ausdrücken auf. Beim Anpassen eines Musters an einen gegebenen Wert wird überprüft, ob die Form des Wertes mit der Form des Musters übereinstimmt. Die Form des Wertes wird durch die darin vorkommenden Datenkonstruktoren bestimmt .

Während ein Datenkonstruktor, der in einem Ausdruck vorkommt, ein Datenobjekt aus anderen Datenobjekten aufbaut, spielt ein Datenkonstruktor in einem Muster genau die entgegengesetzte Rolle. Er bewirkt den Test, ob ein Datenobjekt mit dem entsprechenden Konstruktor aufgebaut worden ist. Bei positivem Resultat wird das Datenobjekt in seine Teile zerlegt, nämlich in die Argumente des Datenkonstruktors.

2.6.1 Beispiel Im Deklarationsteil des folgenden `let`-Ausdrucks tritt eine Musterbindung des Listenmusters `x: xs` an die Liste `[1, 2, 3]` auf.

```
let { x: xs = [1, 2, 3] } in x
```

Das Auflösen der Kurzschreibweise für die Liste ergibt `1: 2: 3: [ ]`, bzw. mit expliziter Klammerung `1: (2: (3: [ ]))`. Dieser Wert „paßt" auf das Listenmuster `x: xs`, da beide mit demselben Datenkonstruktor beginnen. Der Effekt ist die Zerlegung der Liste in die beiden Argumente des obersten Datenkonstruktors des Wertes. Mithin ergeben sich die Bindungen `x = 1` und `xs = 2: 3: [ ]`. Probe:

```
? let { x: xs = [1, 2, 3] } in x
1 :: Int
? let { x: xs = [1, 2, 3] } in xs
[2, 3] :: [Int]
```

Der Versuch, die leere Liste durch `x: xs` zu zerlegen, schlägt fehl und erzeugt eine Fehlermeldung.

```
? let { x: xs = [] } in x

Program error: {v138 []}
```

Ebenso paßt das Listenmuster `[ ]` nur auf eine leere Liste `[ ]`. Dabei erfolgt keine Bindung, da `[ ]` ein Datenkonstruktor ohne Argumente ist. Der Versuch, das Muster `[ ]` auf eine nichtleere Liste anzupassen, schlägt fehl.

Der Geltungsbereich der Musterbindung umfaßt seine eigene rechte Seite, so ist etwa folgendes möglich:

```
? let { x: xs = [1, x, x + 1] } in xs
[1, 2] :: [Int]
```

Das angedeutete Zusammenspiel von Fehlschlag und Erfolg mit Bindung von Variablen ist nützlich bei der Definition von Funktionen. Diese Technik heißt *Funktionsdefinition durch Musteranpassung*. Gegeben sei die Definition einer Funktion f in der Form:

$$\begin{aligned} f\, p_1 &= e_1 \\ &\dots \\ f\, p_n &= e_n \end{aligned}$$

Um bei einem Funktionsaufruf $f\ a$ festzustellen, welche rechte Seite gültig ist, wird wie folgt vorgegangen.

Es wird der Reihe nach getestet, welches Muster vollständig zum Wert a paßt. Beginnend bei $j = 1$ kann bei jedem der Muster $p_1, \dots, p_n$ eine der drei folgenden Situationen auftreten.

1. Das Muster p_j paßt vollständig. Dann ist f a ein Redex und kann durch die entsprechende rechte Seite e_j der Funktionsdefinition ersetzt werden, wobei die bei der Anpassung aufgesammelten Bindungen der Variablen an Teile von a gültig sind.

2. Die Anpassung von p_j auf den Wert von a schlägt fehl. In diesem Fall wird versucht, das nächstfolgende Muster p_{j+1} auf a anzupassen. Falls es kein solches Muster mehr gibt (d.h. $j = n$), bricht die Auswertung mit einem Laufzeitfehler ab.

3. Beim Versuch, einen Datenkonstruktor an a (oder einem Teil von a) anzupassen, wird eine nichtabbrechende Berechnung angestoßen. In diesem Fall bricht auch die Berechnung des Wertes der Applikation f a nicht ab. Das geschieht unabhängig davon, ob der durch die Anpassung gebundene Wert benutzt wird.

Am letzten Fall ist ersichtlich, daß das Terminationsverhalten einer durch Musteranpassung definierten Funktion in hohem Maße von der Implementierung der Anpassung von Mustern abhängt. Genauer gesagt: Das Terminationsverhalten hängt von der Reihenfolge der Tests im anzupassenden Muster ab.

2.6.2 Beispiel Als Beispiel dafür dienen die folgenden Funktionsdefinitionen:

```
strange :: (Bool, Bool, Bool) -> Int
strange (False, True , _    ) = 1
strange (_    , False, False) = 2
strange (True , _    , True ) = 3

loop :: Bool -> Bool
loop x = loop x
```

Falls die Musteranpassung von links nach rechts ausgeführt wird, so führt die Auswertung des Ausdrucks `Strange (Loop True, False, False)` zu einer nichtabbrechenden Berechnung. Diese Strategie wird sowohl von Gofer wie auch von den meisten anderen funktionalen Programmiersprachen benutzt.

```
? strange (True, False, False)
2 :: Int
? strange (loop True, False, False)
{Interrupted!}
```

Würde die Musteranpassung von rechts nach links durchgeführt (was bei Implementierungen funktionaler Sprachen unüblich ist), so wird der gleiche Ausdruck zu 2 reduziert. Während es für den Wert eines Ausdrucks keine Rolle spielt, in welcher Reihenfolge seine Teilausdrücke ausgewertet werden, ist die Reihenfolge, in der die Tests bei der Musteranpassung durchgeführt werden, essentiell für das Terminationsverhalten.

Eine weitere Möglichkeit, in möglichst vielen Fällen zu einer terminierenden Berechnung zu gelangen, ist die Anwendung einer parallelen Auswertungsstrategie, wobei alle möglichen äußeren Ersetzungen gleichzeitig ausgeführt werden. Diese Strategie heißt *parallel-outermost*. Die bei Implementierungen auf sequentiellen Rechnern üblichen Auswertungsstrategien sind *leftmost-innermost*, d.h. die am weitesten links im Argument einer Applikation vorkommende Ersetzung wird ausgeführt, und *leftmost-outermost*, d.h. die äußerste mögliche, am weitesten links vorkommende Ersetzung wird ausgeführt.

Bei Funktionsdefinitionen mit Musteranpassung sollte darauf geachtet werden, daß eine vollständige Fallunterscheidung vorgenommen wird. Außerdem kann es durch die Überlappung von Mustern zu unerwünschten Effekten kommen. Zwei Muster überlappen sich, falls es einen Wert gibt, der zu beiden Mustern paßt. Manche Übersetzer prüfen eine Definition mit Musteranpassung auf Vollständigkeit und Nichtüberlappung der Muster und geben eine Warnung, falls eine der Bedingungen nicht erfüllt ist.

Einen Überblick über die Syntax von Mustern geben die Syntaxdiagramme in Abb. 2.11 (für unzerlegbare Muster, ***apat***) und Abb. 2.12 (für zusammengesetzte Muster, ***pat***). Die verschiedenen Varianten von Mustern und ihre Bedeutung sind wie folgt:

varid

Das Muster ist ein Variablenbezeichner. In diesem Fall paßt jeder Wert (auch ein unausgewerteter Ausdruck) und wird an den Bezeichner gebunden. Jeder Variablenbezeichner darf höchstens einmal in einem Muster vorkommen, da sonst nicht klar ist, welche Bindung erfolgen soll (d.h. die Muster sind *linear*). Beispiele hierzu sind:

```
square :: Int -> Int
square x = x * x

listify :: a -> [a]
listify x = [x]
```

Die Argumente von `square` und `listify` werden durch Variablenmuster gebunden.

_

Das Muster _ dient bei der Musteranpassung als Joker (auch *wildcard pattern*). Wie eine Variable paßt _ auf jeden Wert, es erfolgt aber keine Bindung. Ein Joker darf daher auch mehrfach in einem Muster auftreten.

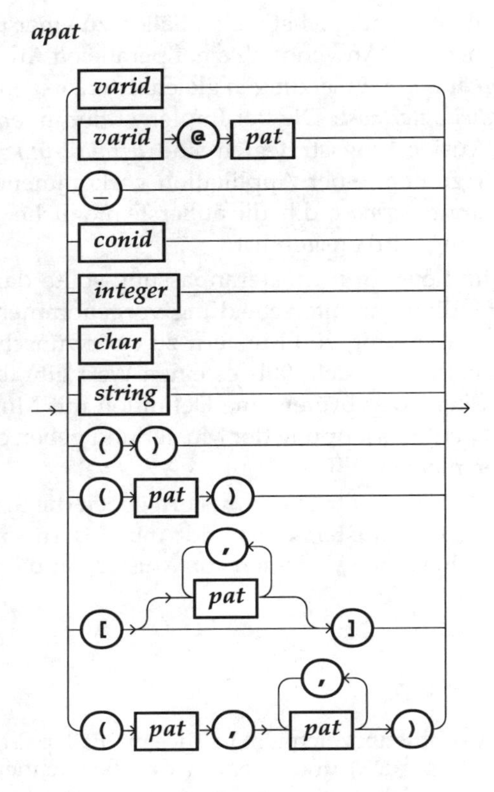

Abbildung 2.11: Syntax von unzerlegbaren Mustern.

conid, integer, char, string

Auftretende Konstruktorbezeichner, ganze Zahlen, Zeichenkonstanten und String-konstanten passen nur auf ihren eigenen Wert.

```
-- Beispiele für Datenkonstruktoren
invert :: Bool -> Bool
invert True  = False
invert False = True

head :: [a] -> a
head (x: _) = x

tail :: [a] -> [a]
tail (_: xs) = xs

-- ganze Zahlen
```

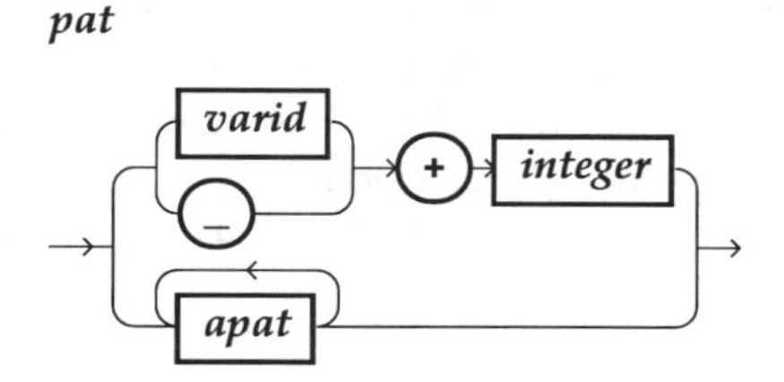

Abbildung 2.12: Syntax von zusammengesetzten Mustern.

```
signum 0 = 0
signum x | x < 0      = -1
         | otherwise =  1

-- Zeichen und Strings
translate ('\n': cs) = '\n': '\10': translate cs
translate (c: cs) = c: translate cs
translate "" = ""

hallo "Peter"  = "Guten Morgen!"
hallo "John"   = "good morning"
hallo "Yvonne" = "bon jour"
hallo person   = "Hallo " ++ person
```

Hierbei steht ++ für den Verkettungsoperator für Listen (insbesondere für `String`). Seine Definition ist

```
(++) :: [a] -> [a] -> [a]
(++) [ ]      ys = ys
(++) (x: xs) ys = x: (xs ++ ys)
```

varid @ *pat*

Dieses Muster ist ein Aliasmuster. Es paßt, falls ***pat*** paßt, sammelt die Bindungen in ***pat*** auf und bindet zusätzlich den gesamten Wert an die Variable ***varid***.

```
tails :: [a] -> [[a]]
tails [ ]          = [ ]
tails xxs@(_: xs) = xxs: tails xs
```

varid + *integer*

Natürliche Zahlen erfahren in Gofer eine Sonderbehandlung. Musteranpassung kann normalerweise nur auf Datentypen wie Listen angewendet werden, die Datenkonstruktoren besitzen. Natürliche Zahlen werden intern effizient dargestellt (als Bitmuster in einem Wort), für die Musteranpassung werden sie behandelt, als ob eine Zahl $n \geq 0$ mithilfe von (nicht vorhandenen) Datenkonstruktoren `Zero :: Int` und `Succ :: Int -> Int` durch den Ausdruck $\texttt{Succ}^n(\texttt{Zero})$ dargestellt wäre.

Das Muster p + k (mit einer Konstanten k) ist als Abkürzung für $\texttt{Succ}^k(\texttt{p})$ zu verstehen. p paßt in diesem Kontext nur auf positive ganze Zahlen.

```
sub7 :: Int -> Int
sub7 (n + 7) = n
```

Die Funktion `sub7` subtrahiert 7 von ihrem Argument, falls es größer oder gleich 7 ist. Anderenfalls (für $x < 7$) ist `sub7` undefiniert.

```
? sub7 8
1 :: Int
? sub7 6

Program error: {sub7 6}
```

Anstelle der Variablen kann auch das Jokermuster „_" benutzt werden. Gofer erlaubt darüber hinaus auch CNK-Muster der Form `c * n + k`, wobei `c` und `k` ganzzahlige Konstanten größer oder gleich 0 sind und `n` eine Variable ist.

[***pat*** ...]

Genau wie bei Ausdrücken gibt es Listenmuster, die an Listen von entsprechender Form anpaßbar sind.

```
endOfList [x]      = x
endOfList (x: xs) = endOfList xs

? endOfList "asd"
'd' :: Char
? endOfList [ ]

Program error: {endOfList []}
```

`()`

Das Muster `()` paßt nur auf den Wert `()`.

($\boldsymbol{pat_1}$, $\boldsymbol{pat_2}$)

Ein Paar (Tupel) von Mustern paßt auf ein Paar (Tupel) von Werten, dessen Komponentenwerte auf $\boldsymbol{pat_1}$ beziehungsweise auf $\boldsymbol{pat_2}$ passen. Die Anpassung geschieht von links nach rechts.

(***pat***)

Die Klammersetzung kann genau wie in Ausdrücken erfolgen.

2.7 Deklarationen auf der Skriptebene

Eine Textdatei mit Gofer-Deklarationen heißt *Skript*. Hat das Skript den Namen *Mname*, so trägt die Textdatei den Namen *Mname* mit einer der Erweiterungen aus der folgenden Tabelle.

Erweiterung	Bedeutung
`.gof` `.gs`	für Gofer-Skripte
`.has` `.hs`	für Haskell-Skripte
`.lhs` `.lit`	für Skripte im literate style
`.lgs` `.verb`	(idem)

Gofer erlaubt die Aufteilung von Skripten auf mehrere Dateien, die nacheinander zu laden oder zu übersetzen sind. In anderen funktionalen Sprachen, wie Haskell [Has92] oder Standard ML [Mac85, MTH90, Pau91], stehen dagegen mächtige Modulkonzepte zur Verfügung. Genauere Auskunft zum Modulsystem von Haskell gibt das Kap. 7.5.1. Der Gofer-Interpretierer erkennt die vollständige Syntax von Haskell, insbesondere von Modulen. Allerdings werden alle Deklarationen, die mit Modulen zusammenhängen, ignoriert.

In jede interaktive Sitzung lädt der Gofer-Interpretierer einen Standardvorspann die sogenannte *prelude*. In der `standard.prelude`, dem gewöhnlich benutzten Vorspann, sind viele der im Text angegebenen Funktionen bereits definiert und lassen sich daher nicht erneut definieren. Um dieses Problem zu umgehen, kann der Interpretierer mit einer Minimalversion des Vorspanns, der `min.prelude`, gestartet werden.

Auf der Skriptebene können gewöhnliche Deklarationen, Infixdeklarationen und Datentypdeklarationen erfolgen. Die Syntax für die Skriptebene zeigen die Nichtterminale ***module*** und ***topdecl*** in Abb. 2.13.

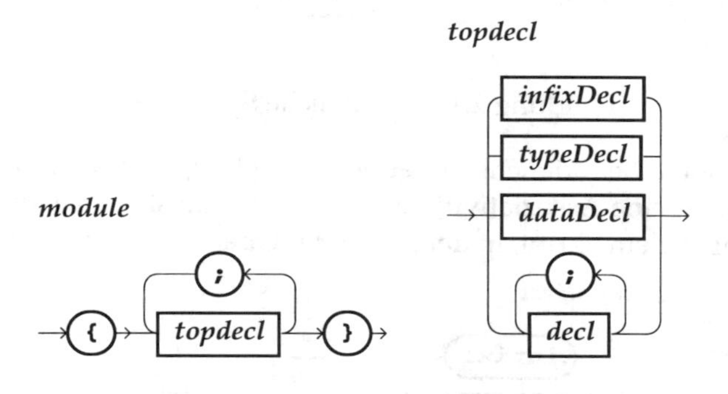

Abbildung 2.13: Syntax der Skriptebene.

2.7.1 Infixoperatoren

Operatoren (***varop, conop***) werden generell in Infixschreibweise verwendet. Allerdings kann ein gewöhnlicher Bezeichner (***varid, conid***) durch Einschließen in Backquotes „`" (accent grave) zum Infixoperator gemacht werden. Die vollständige Syntax von Operatoren (*op*) zeigt Abb. 2.14.

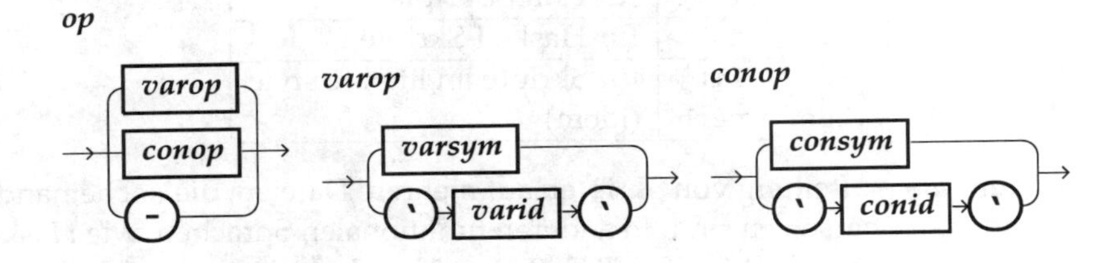

Abbildung 2.14: Syntax von Operatoren.

Die Umwandlung funktioniert an fast allen Stellen in Ausdrücken und Mustern. Die zusätzlichen Syntaxregeln zeigt Abb. 2.15. Die Infixdeklaration auf der

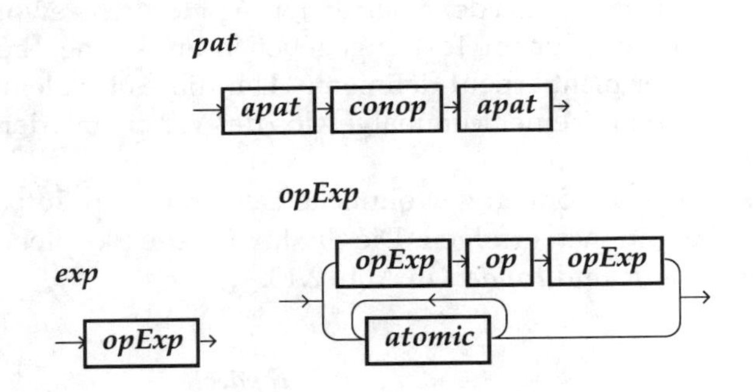

Abbildung 2.15: Zusätzliche Syntaxregeln.

Skriptebene bietet die Möglichkeit der Feineinstellung der Operatoren. Jedem Infixoperator kann eine Assoziativität und eine Bindungskraft zugeordnet werden; allerdings nur in dem Skript, in dem auch der Operator selbst deklariert wird.

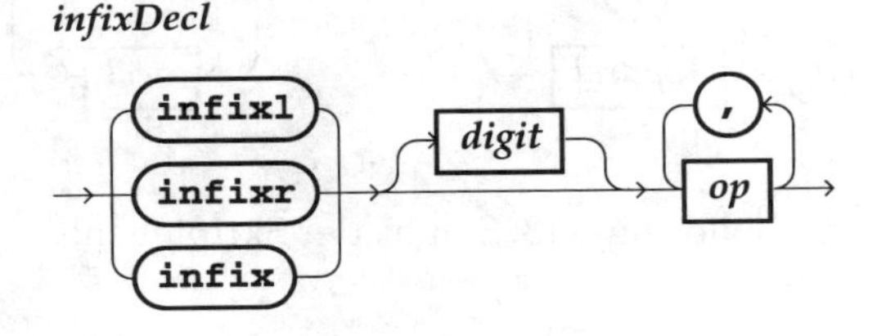

Die Ziffer (***digit***) in der Infixvereinbarung bezeichnet die Bindungskraft des Operators. Die stärkste Bindung wird mit der Ziffer 9 erreicht, die schwächste Bindung ist 1. Durch die Bindungskraft (Priorität, precedence) werden Regeln wie „Punktrechnung vor Strichrechnung" festgelegt. Eine Übersicht über die Bindungskraft der vordefinierten Operatoren befindet sich im Anhang C. Wird die Bindungskraft eines Operators nicht speziell deklariert, so wird die Bindungskraft 9 angenommen.

Ausdrücke mit Infixoperatoren, die mit `infixl` deklariert sind, werden von links nach rechts geklammert (d.h. der Operator ist *linksassoziativ*), während mit `infixr` vereinbarte Operatoren *rechtsassoziativ* sind. Ohne spezielle Deklaration kann ein Infixoperator nur mit zwei Argumenten benutzt werden. Er ist also nicht assoziativ. Zur Änderung seiner Bindungskraft wird `infix` benutzt.

```
infixr 8 ^                -- Exponentiation
infixl 7 *                -- Multiplikation
infix  7 /, `div`         -- Division
infixl 6 +, -             -- Addition, Subtraktion
-- Diese Deklarationen bewirken, daß
--       2+3*5^3^2 == 2 + (3 * (5 ^ (3 ^ 2)))
-- ist und daß
--       12 / 6 / 3
-- einen Syntaxfehler ergibt.
```

Der Typ eines Infixoperators f muß $f\colon T_1 \to T_2 \to T_3$ sein. Für einen linksassoziativen Operator sollte aus Typgründen $T_3 = T_1$ sein, für Rechtsassoziativität sollte $T_3 = T_2$ gelten.

Infixoperatoren können auch auf der linken Seite von Funktions- und Musterbindungen auftreten.

```
infix 7 `divmod`
divmod :: Int -> Int -> (Int, Int)
x `divmod` y = (x `div` y, x `mod` y)
-- eine äquivalente Schreibweise ist
divmod x y = (div x y, mod x y)
```

Ein Infixoperator kann durch einen Operatorschnitt (*operator section*) zu einem gewöhnlichen Bezeichner gemacht werden. Ist der Operator $\oplus$ als Funktion vom Typ $T_1 \to T_2 \to T$ deklariert, so bezeichnet $(\oplus)$ einen Wert vom gleichen Typ und $(\oplus)$ ist ein Präfixbezeichner für die gleiche Funktion. Weiter gilt für x_1 vom Typ T_1 und x_2 vom Typ T_2, daß $(x_1\oplus)$ eine Funktion vom Typ $T_2 \to T$ und $(\oplus x_2)$ eine Funktion vom Typ $T_1 \to T$ ist. Für sie gelten die folgenden Definitionen:

$$
\begin{array}{lcll}
(\oplus) & = & \backslash\, x_1\, x_2 & \texttt{->}\; x_1 \oplus x_2 \\
(x_1\oplus) & = & \backslash\, x_2 & \texttt{->}\; x_1 \oplus x_2 \\
(\oplus x_2) & = & \backslash\, x_1 & \texttt{->}\; x_1 \oplus x_2
\end{array}
$$

So ist beispielsweise `(+ 1)` die Nachfolgerfunktion vom Typ `Int -> Int`, `(2 *)` eine Funktion, die ihr `Int`-Argument verdoppelt, und `(1.0 /)` eine Funktion, die den Reziprokwert einer `Float`-Zahl berechnet.

Operatorschnitte sind in Mustern und in Ausdrücken erlaubt. Zu ergänzen sind die Syntaxdiagramme von ***apat*** (unzerlegbare Muster), von ***atomic*** (unzerlegbare Ausdrücke) und von ***fun*** (linke Seiten von Funktionsbindungen).

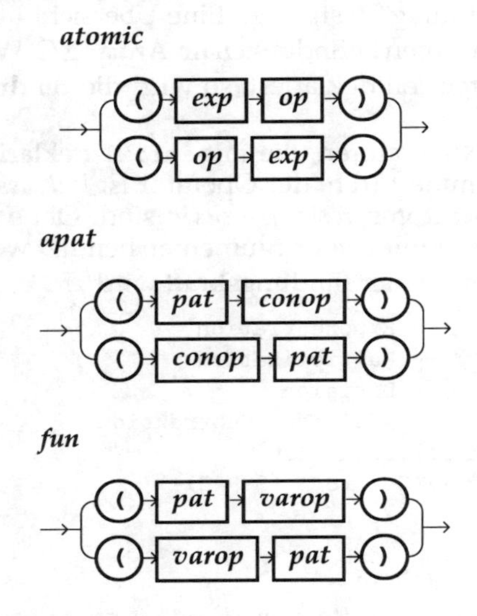

Die Schreibweise von Typkonstruktoren kann auf diese Weise nicht beeinflußt werden. Nur für die Konstruktoren von Listentypen, Tupeltypen und Funktionstypen sind Sonderschreibweisen vorgesehen. Alle anderen (selbst definierten) können nur in Präfixschreibweise verwendet werden.

2.7.2 Typdeklarationen

Typabkürzung

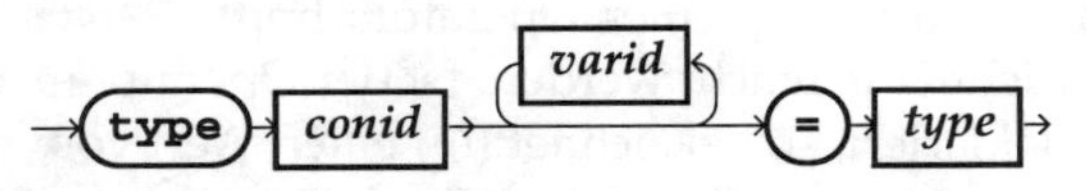

Mit der `type`-Vereinbarung wird eine Typabkürzung definiert. Eine Typabkürzung kann Parameter haben und wird wie ein Typkonstruktor verwendet. Es dient als Abkürzung bei der Deklaration von Funktionen, zur Dokumentation des Programms und zur Verbesserung seiner Lesbarkeit. Es tritt nur als Ausgabe des Interpretierers auf, wenn der ausgegebene Wert eine explizite Typangabe besitzt, in der die Typabkürzung auftritt.

```
type String   = [Char]
type Position = (Float, Float)
type Pair a b = (a, b)
```

Die Abkürzung `String` ist übrigens schon vordefiniert.

Einschränkungen:

- Die Typvariablen auf der linken Seite einer `type`-Deklaration müssen alle unterschiedlich sein, da sich eine Typabkürzung mit einer Funktion auf Typausdrücken vergleichen läßt: die Auswertung (Expansion) der Abkürzungen in einem Typausdruck geschieht durch Ersetzen der linken Seiten durch die zugehörigen rechten Seiten.
- Auf der rechten Seite einer `type`-Deklaration dürfen höchstens die auf der linken Seite vorkommenden Typvariablen auftreten.
- `type`-Deklarationen dürfen nicht rekursiv sein: Der Typ auf der rechten Seite darf nicht direkt oder indirekt vom Typ auf der linken Seite abhängen.

Algebraische Datentypen

Die `data`-Deklaration definiert einen *algebraischen Datentyp*. Mit ihr können Entsprechungen für Aufzählungstypen, (variante) Verbunde (records) und rekursive Datentypen definiert werden.

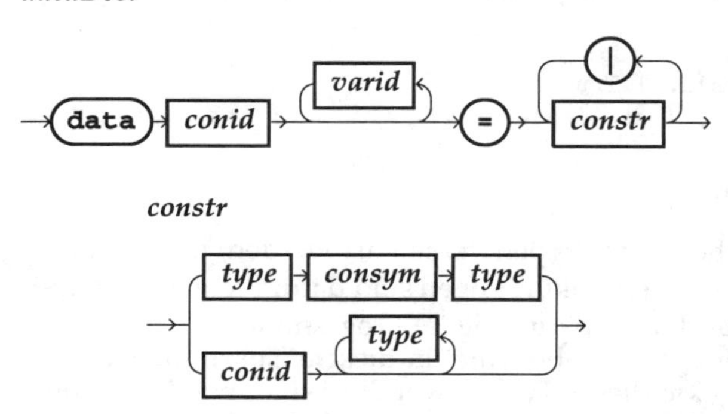

Eine `data`-Deklaration definiert gleichzeitig einen Typkonstruktor und alle Datenkonstruktoren, die Werte dieses Typs erzeugen können.

`data`-Deklarationen dürfen rekursiv sein, d.h. der deklarierte Typ darf auf der rechten Seite der Deklaration wieder auftreten. Die beiden anderen Einschränkungen von `type`-Deklarationen bleiben erhalten:

- Die Typvariablen auf der linken Seite einer `data`-Deklaration müssen alle unterschiedlich sein.
- Auf der rechten Seite einer `data`-Deklaration dürfen höchstens die auf der linken Seite vorkommenden Typvariablen auftreten.

Eine data-Deklaration definiert eine Funktion auf Typen, die jedoch — im Unterschied zur type-Deklaration — rekursiv sein darf. Damit diese Rekursion wohldefiniert ist, werden mit einer data-Deklaration gleichzeitig noch Datenkonstruktoren für den neuen Typ eingeführt. Anderenfalls wäre es möglich einen Datentyp ohne Elemente zu definieren, was nicht sehr sinnvoll ist.

Die folgenden Effekte können durch unterschiedliche Verwendung der data-Deklaration erzielt werden.

Aufzählungstypen

Ein neuer Aufzählungstyp Color, der als Elemente genau die Datenkonstruktoren Red, Yellow und Green hat, wird durch die folgende data-Deklaration eingeführt:

```
data Color = Red | Yellow | Green
```

Die Datenkonstruktoren können in Ausdrücken zur Konstruktion von Werten und in Mustern zum Zerlegen von Werten verwendet werden.

```
trafficLight :: Color -> Color
trafficLight Red    = Green
trafficLight Yellow = Red
trafficLight Green  = Yellow
```

Der vordefinierte Datentyp Bool ist ebenfalls ein Aufzählungstyp. Seine Definition lautet:

```
data Bool = False | True
```

Verbundtypen

Es können sichere Tupeltypen vereinbart werden, die auch als Typen von Ausdrücken auftreten. Typabkürzungen sind dafür nicht geeignet, sie dienen der Dokumentation und der Abkürzung im Programmtext.

Das Attribut „sicher" bedeutet in diesem Zusammenhang, daß keine Operationen auf Objekte dieses Typs anwendbar sind, bei denen dies nicht explizit so gedacht ist. Der Typ Position, der zuvor als Typabkürzung eingeführt wurde, ist ein Beispiel für einen unsicheren Tupeltyp. Jede Operation, die auf Paaren definiert ist, ist auch auf Objekte vom Typ Position anwendbar und umgekehrt. Ein besserer Schutz läßt sich durch eine data-Deklaration erreichen:

```
data Position = Position (Float, Float)
```

Der Konstruktorbezeichner Position ist gleichzeitig der Typkonstruktor und der einzige Datenkonstruktor. Das ist erlaubt, da Typkonstruktoren und Datenkonstruktoren getrennt verwaltet werden, d.h. die Namensräume für Typkonstruktoren und Datenkonstruktoren sind voneinander getrennt. Operationen können nur mithilfe von Musteranpassung auf den Datenkonstruktor Position vereinbart werden.

```
rotate :: Float -> Position -> Position
rotate phi (Position (px, py)) =
        Position (px * cphi - py * sphi, px * sphi + py * cphi)
        where cphi = cos phi
              sphi = sin phi
```

Variante Verbunde und rekursive Datentypen

Ein rekursiver Datentyp T enthält Elemente, deren Komponenten selbst wieder Elemente von T sein können. Hierunter fallen Listen, Bäume und ähnliche Strukturen: Eine nicht-leere Liste besteht aus einem Listenelement und einer Restliste, die selbst wieder eine Liste ist; ein nicht-leerer Baum besteht aus einem Baumknoten und einer Menge von Teilbäumen, die selbst wieder Bäume sind. Um die Rekursion abzubrechen müssen jeweils Varianten vorhanden sein: eine Liste bzw. ein Baum kann leer oder nicht-leer sein.

Bei der Deklaration wird ausgenutzt, daß der auf der linken Seite definierte Typ auf der rechten Seite benutzt werden darf. Auch der eingebaute Datentyp Liste ist als rekursiver Datentyp definierbar.

```
data List a = Nil | Cons a (List a)
```

Die Liste ist ein parametrisierter algebraischer Datentyp, daher wird `List` als Typkonstruktor mit einem Argument vereinbart. Es handelt sich um einen parametrisierten Datentyp, da die Definition nicht den Typ der Listenelemente festlegt, sondern an dieser Stelle einen Parameter, die Typvariable a verwendet. Eine Liste ist entweder leer (der Datenkonstruktor `Nil :: List a`) oder sie besteht aus einem Listenkonstruktor (der Datenkonstruktor `Cons :: a -> List a -> List a`) angewendet auf den Listenkopf und den Rest der Liste.

Die Elemente jedes algebraischen Datentyps können durch eine kontextfreie Grammatik beschrieben werden. Wenn A das Startsymbol einer Grammatik ist, mit der die Elemente einer Liste erzeugt werden können, ergibt sich durch Hinzufügen der Produktion „L $\rightarrow$ `Nil` | (`Cons` A L)" eine Grammatik — mit Startsymbol L —, mit der alle Listen mit Elementen aus A erzeugt werden können. Beim vordefinierten Listentyp ist der Listenkonstruktor der Infixoperator `:` und die leere Liste wird mit `[ ]` bezeichnet. Achtung: Diese Deklaration dient nur als Analogie, sie ist wegen des Auftretens von `[ ]` syntaktisch nicht zulässig!

```
infixr : 5
data [a] = [ ] | a : [a]
```

Ein weiteres Beispiel sind Binärbäume. Binärbäume über einem Grundtyp sind entweder ein Blatt mit einem Datenelement oder sie bestehen aus einer Verzweigung (einem Knoten) mit einem Datenelement und zwei Binärbäumen.

```
data BTree a
        = MTTree
        | Branch a (BTree a) (BTree a)
```

```
leaves :: BTree a -> Int
leaves MTTree                    = 0
leaves (Branch _ MTTree MTTree) = 1
leaves (Branch _ l r)            = leaves l + leaves r
```

Die Funktion leaves zählt die Anzahl der Blätter (= Anzahl der Branch-Konstruktoren, die nur leere Binärbäume MTTree als Argumente haben) in einem Binärbaum.

Allgemeine Bäume lassen sich durch Kombination mit dem Listenkonstruktor erklären.

```
data Tree element = Node element [Tree element]
```

Auch dieser Typ kann nicht mithilfe von type deklariert werden, da es sich um eine rekursive Definition handelt, d.h. der definierte Typkonstruktor Tree tritt auf der rechten Seite seiner Definition wieder auf. Auch verschränkt rekursive Datentypen sind möglich, da sich Deklarationen der gleichen Ebene beliebig aufeinander beziehen dürfen. Dies ist manchmal unumgänglich, wie die folgende Deklaration für einen Wald (Forest, eine Menge von Bäumen) zeigt:

```
data Forest a = NoTrees | Trees (Tree a) (Forest a)
data Tree a   = Node a (Forest a)
```

(Natürlich ist Forest eine Spezialversion des Listenkonstruktors.)

2.7.1 Beispiel Ein klassisches Beispiel für die Benutzung von algebraischen Datentypen ist das symbolische Rechnen. Die Aufgabe ist das Differenzieren von Polynomen, d.h. von arithmetischen Termen, gebildet aus Konstanten und Variablen unter Verwendung von Addition und Multiplikation. Ein Term wird durch einen algebraischen Datentyp repräsentiert. Ein Term ist entweder eine Konstante Const n, eine Variable Var x oder ein zweistelliger Operator $\oplus$ angewandt auf zwei Terme t_1 und t_2; dafür steht BOp $\oplus$ t_1 t_2 geschrieben, wobei $\oplus$ = Add oder $\oplus$ = Mult sein kann.

```
data Operator
        = Add
        | Mult
data Term
        = Const Float
        | Var String
        | BOp Operator Term Term
```

Die üblichen Regeln für das Differenzieren können nahezu unverändert übertragen werden.

$$
\begin{aligned}
\frac{d}{dx}c &= 0 \\
\frac{d}{dx}x &= \begin{cases} 1 & \text{falls } x = y \\ 0 & \text{falls } x \neq y \end{cases} \\
\frac{d}{dx}(s_1 + s_2) &= \frac{d}{dx}s_1 + \frac{d}{dx}s_2 \\
\frac{d}{dx}(f_1 f_2) &= \left(\frac{d}{dx}f_1\right) f_2 + f_1 \frac{d}{dx}f_2
\end{aligned}
$$

Das entsprechende Gofer-Programm erbt diese Struktur:

```
diff :: String -> Term -> Term
```

Als Ergebnis liefert `diff var poly` einen Term, der die Ableitung des Terms `poly` nach der Variablen `var` (vom Typ `String`) darstellt.

```
diff _ (Const _)                = Const 0.0
diff x (Var y)     | x == y     = Const 1.0
                   | otherwise = Const 0.0

diff x (BOp Add s1 s2)  = BOp Add (diff x s1) (diff x s2)
diff x (BOp Mult f1 f2) = BOp Add (BOp Mult f1 (diff x f2))
                                  (BOp Mult f2 (diff x f1))
```

2.8 Polymorphie

In imperativen Programmiersprachen wie Pascal oder C ist die Verwendbarkeit von selbstdefinierten Funktionen stark eingeschränkt. Die Typen der aktuellen Parameter eines Funktionsaufrufs müssen den bei der Definition der Funktion angegeben Typen der formalen Parameter entsprechen. Ausnahmen sind nur durch Umgehung der Typprüfung möglich. Solche undichten Stellen im Typsystem sind gewöhnlich zur Systemprogrammierung auf der untersten Ebene vorgesehen.

In Gofer ist eine strenge Typisierung aller Werte vorgesehen, gleichzeitig ist es aber möglich, Funktionen zu definieren, deren aktuelle Parameter mehrere Typen annehmen dürfen. Solche Funktionen heißen *polymorph* (vom griechischen πολύμορφοσ, vielgestaltig).

Polymorphie tritt in Programmiersprachen im wesentlichen in zwei Ausprägungen auf:

Eine Variante ist die *parametrische Polymorphie*. Eine parametrisch polymorphe Funktion wirkt gleichartig auf einer ganzen Klasse von Datenobjekten. So sind zum Beispiel die bisher definierten Listenoperationen, wie Länge einer Liste, Verkettung, Bestimmung des Kopfes und des Rests von Listen, völlig unabhängig vom Typ der Listenelemente. Im Typ treten anstelle von expliziten Typen Typvariablen auf, die andeuten, daß die Funktion für jede mögliche Einsetzung der Typvariablen definiert ist. Funktionen oder Werte, in deren Typ keine Typvariablen auftreten, heißen *monomorph*.

Die zweite Variante der Polymorphie ist die Überladung von Operatoren, von Strachey [Str67] auch *Ad-hoc-Polymorphie* genannt. Hier steht dasselbe Symbol für eine Reihe von unterschiedlichen Funktionen, von denen je nach Kontext die zutreffende ausgewählt wird. Dieses Phänomen tritt in vielen Programmiersprachen auf. So gibt es in Pascal die Datentypen `integer` und `real` mit den üblichen arithmetischen Operatoren +, − usw. Syntaktisch unterscheiden sich die Operatoren auf `integer` und auf `real` nicht. In beiden Fällen werden die Symbole +, -, usw. verwendet. Bei der Übersetzung wird festgestellt, welche Typen die Operanden haben und welche Operation gemeint ist. Wenn es erforderlich ist, werden dabei auch Konversionen eingefügt, z.B. von `integer` nach `real` oder umgekehrt.

In objekt-orientierten Programmiersprachen ist das Überladen von Bezeichnern ein fester Bestandteil des Programmierstils. Im Gegensatz zu Pascal wird die auszuführende Operation erst zur Ausführungszeit anhand der Typen der Operanden ausgewählt.

Funktionale Programmiersprachen unterstützen gewöhnlich parametrische Polymorphie. Die Sprachen Haskell und Gofer verfügen über ein Typsystem, das neben parametrischer Polymorphie auch parametrische Überladung zuläßt, so daß Bezeichner auf systematische Art überladen werden können. Darüber hinaus kann das Typsystem als streng und statisch charakterisiert werden. In einem *strengen* Typsystem ist es nicht möglich, den Typ eines Ausdrucks willkürlich zu ändern. Ein *schwaches* Typsystem erlaubt es, gewisse Werte einfach als Bitmuster zu betrachten und nach Geschmack umzuinterpretieren. In einem *statischen* Typsystem kann zur Übersetzungszeit jedem Ausdruck ein Typ zugeordnet werden. Demgegenüber hat bei einem *dynamischen* Typsystem zwar jeder Ausdruck einen Typ, der aber bei jeder Auswertung des Ausdrucks unterschiedlich sein kann. Bei einer Sprache mit dynamischem Typsystem muß daher der Typ eines Wertes zur Laufzeit ermittelbar sein. Dieser Mehraufwand ist bei einer statisch typisierten Sprache nicht erforderlich.

Eine weitere Eigenart des im folgenden beschriebenen Typsystems ist die Existenz von sogenannten prinzipalen oder allgemeinsten Typen. Das bedeutet, daß es zu jedem Ausdruck e einen Typ T gibt, so daß alle anderen Typen, die der Ausdruck e besitzt, durch Einsetzen von Typen für Typvariablen in T dargestellt werden kann. Der prinzipale Typ beschreibt sozusagen die minimalen Anforderungen an die Verwendung von e, so daß e ohne Typfehler ausgewertet werden kann.

2.8.1 Parametrische Polymorphie

Die Länge einer Liste kann unabhängig vom Typ der Listenelemente bestimmt werden. Daher ist der allgemeinste Typ der Längenfunktion:

```
length :: [a] -> Int
```

Diese Schreibweise bedeutet, daß die Funktion `length` für jede Einsetzung eines Typs T für die Typvariable `a` eine Liste mit Elementen vom Typ T auf eine ganze Zahl abbildet.

Die meisten anderen Funktionen zur Listenmanipulation sind ebenfalls vom Typ der Listenelemente unabhängig, z.B. `++`, `head`, `tail`, ...:

```
? (++)
(++) :: [a] -> [a] -> [a]
? head
head :: [a] -> a
? tail
tail :: [a] -> [a]
```

Die Komponenten eines Paares lassen sich durch Projektionsfunktionen herausfinden. Die entsprechenden Funktionen `fst` und `snd` haben die Typen

```
? fst
fst :: (a,b) -> a
? snd
snd :: (a,b) -> b
```

Die polymorphe identische Funktion `id :: a -> a` mit der Definition `id x = x` bildet jedes Objekt auf sich selbst ab, unabhängig von seinem Typ.

Auch der bedingte Ausdruck `if_then_else_` kann als dreistellige Funktion betrachtet werden, deren erstes Argument vom Typ `Bool` ist und deren weitere Argumente im Typ übereinstimmen müssen. Die Verwendung der Typvariable `a` erzwingt die erforderliche Übereinstimmung.

```
if_then_else :: Bool -> a -> a -> a
if_then_else    True    x    y =  x
if_then_else    False   x    y =  y
```

Die Bestimmung von Typen für Ausdrücke und Deklarationen ist manchmal wenig intuitiv. Die folgenden Faustregeln sollen lediglich Anhaltspunkte sein, die technischen Details zur Typprüfung finden sich in Kap. 15.4.

- Die Typen von Konstanten (Zahlen, Strings, usw.) sind bei der Erklärung der Ausdrücke aufgelistet.

- Für Funktionen vom Typ $T_1 \rightarrow T_2$ gilt, daß der Typ des Arguments mit T_1 übereinstimmen muß. Bei polymorphen Funktionen, in deren Typ Typvariable auftreten, müssen gegebenenfalls Typen für die Typvariablen eingesetzt werden, um Übereinstimmung zu erzielen. Das gleiche gilt für Argumente, denn eine leere Liste ist offenbar ein sinnvolles Argument für eine Funktion vom Typ `[Char] -> [Char]`.

Das heißt, eine Funktion f vom Typ $T_1' \to T_2'$ kann auf ein Argument a vom Typ T_1'' angewendet werden, falls es eine Funktion (Substitution) σ auf den Typen gibt, die Typvariablen durch Typen ersetzt, so daß $\sigma T_1' = \sigma T_1''$ ist. Eine solche Substitution heißt *Unifikator* von T_1' und T_1''. Der resultierende Ausdruck f a hat den Typ $\sigma T_2'$.

- `let`-Ausdrücke und lokale Deklarationen (mit `where`) definieren polymorphe Werte. Durch Abhängigkeiten im Rumpf der `let` oder `where`-Konstruktionen kann ein `let/where`-definierter Wert Typvariablen enthalten, für die innerhalb des Geltungsbereichs des `let/where` keine Typen eingesetzt werden dürfen. Das geschieht, wenn der Typ des definierten Wertes vom Typ eines in einem umschließenden Geltungsbereich definierten polymorphen Wert abhängt.

- Häufig treten Typfehler auf, wenn eine Funktion zu viele oder zu wenige Parameter erhält. Eine weitere Fehlerquelle sind Typdeklarationen, die nicht allgemein genug sind oder die nicht mit den Änderungen am Programm auf dem neusten Stand gehalten werden. Typdeklarationen sind aber auf jeden Fall notwendig zur Dokumentation eines Programms und sollten — soweit möglich — überall vorhanden sein.

2.8.2 Typklassen

Eine *Typklasse* ist eine Menge von Typen, die durch die Namen und Typen der auf sie anwendbaren Operationen charakterisiert ist. Ein Element einer Typklasse heißt *Exemplar* (*instance*) der Typklasse. Die Namen der Operationen sind überladen, da die Operationen auf allen Exemplaren der Typklasse gleich heißen, aber auf jedem Exemplar unterschiedliche Definitionen haben können. Dadurch wird auf systematische Art eine Ad-hoc-Polymorphie erzielt (eine parametrische Überladung), die für viele interessante Anwendungen ausreicht. Typklassen können hierarchisch organisiert werden.

Gleichheit

Der Test auf Gleichheit bzw. Ungleichheit (mit den Operatoren `==` und `/=`) sieht auf den ersten Blick wie eine parametrisch polymorphe Funktion aus. Intuitiv werden die folgenden Typen erwartet:

```
(==), (/=) :: a -> a -> Bool
```

Die Intuition ist leider falsch und zwar aus zwei Gründen.

Das Auftauchen einer Typvariablen im Typ einer Funktion bedeutet, daß ein Wert eines beliebigen Typs als Argument zulässig ist, also auch eine Funktion. Nun ist bekannt, daß die Gleichheit von Funktionen im allgemeinen unentscheidbar ist [HU79]. Daher gibt es keinen Algorithmus, der die Gleichheit von Funktionen testen kann. Also ist es unsinnig, die Gleichheit als Operation auf Funktionen zuzulassen.

Außerdem wird beim Test auf Gleichheit nicht für alle Typen die gleiche Operation durchgeführt. Vielmehr muß in Abhängigkeit vom Typ der Argumente die richtige Operation ausgewählt werden. Beim Vergleich von zwei Zeichenfolgen muß offenbar eine andere Operation durchgeführt werden als beim Vergleich zweier Zahlen.

Die Lösung in Gofer basiert auf sogenannten Typklassen. Die Typen der Operationen auf der Typklasse erhalten eine Qualifikation, einen sogenannten *Kontext*. Ein einfacher Kontext besteht aus dem Namen einer Typklasse `K` und einer Typvariablen `a`. Im Geltungsbereich dieses Kontextes dürfen für `a` nur Exemplare von `K` eingesetzt werden. In diesem Fall kann garantiert werden, daß die Operationen von `K` auf `a` ausgeführt werden können.

Die Typen, auf denen die Gleichheit, daß heißt die Operationen `(==)` und `(/=)`, definiert ist, sind in der Typklasse `Eq` zusammengefaßt. Daher hat der Typ der beiden Funktionen einen *Kontext* (vgl. ***context*** im folgenden Syntaxdiagramm) der Form `Eq a =>`. Die Typen

```
(==), (/=) :: Eq a => a -> a -> Bool
```

sind zu lesen als: Für alle Exemplare T von `Eq` (d.h. wenn eine Gleichheit auf T definiert ist) haben `(==)` und `(/=)` den Typ `T -> T -> Bool`.

Die Syntax zur Deklaration von Typklassen ist im folgenden Syntaxdiagramm beschrieben.

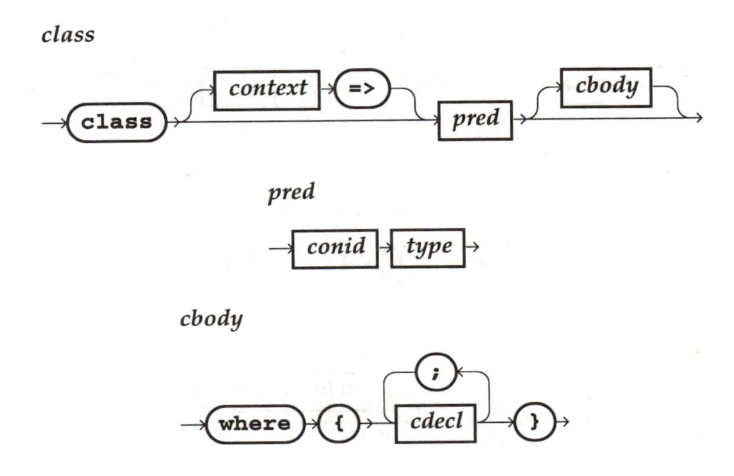

cdecl

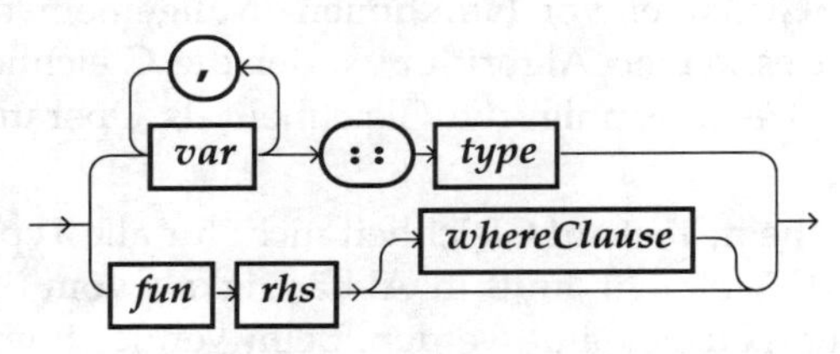

Das Symbol ***class*** beschreibt eine Typklassendeklaration, ***pred*** definiert den Namen der Typklasse und ihren Parameter, ***cbody*** beschreibt den Rumpf einer Typklassendeklaration und ***cdecl*** beschreibt die darin erlaubten Deklarationen.

Die Typklasse `Eq` ist im Standardvorspann (bei Haskell im Modul `PreludeCore`) deklariert durch:

```
class Eq a where
    (==), (/=) :: a -> a -> Bool
    x /= y      = not (x == y)
```

Die erste Zeile deklariert die Typklasse `Eq` mit dem Parameter `a`. In einer Klassendeklaration muß der Parameter immer eine Typvariable sein. Die zweite Zeile gibt den Typ der Operationen an, wobei die Typvariable `a` implizit durch den Kontext `Eq a =>` eingeschränkt ist. Die Operationen einer Typklasse heißen auch (Klassen-) *Methoden*. In der dritten Zeile wird eine Standardimplementierung für `(/=)` angegeben. In der Deklaration von `Eq` wird ***context*** nicht verwendet. Die Angabe eines Kontextes dient zur Einschränkung der Typen, die für die Typvariablen in ***pred*** einsetzbar sind. Dadurch kann eine Ordnungsstruktur auf Typklassen aufgebaut werden (vgl. weiter unten).

Durch die Deklaration von `Eq` ist allerdings noch nicht klar, welche Typen Exemplare der Typklasse `Eq` sind. Dies geschieht durch Exemplardeklarationen. Die Syntax hierfür lautet:

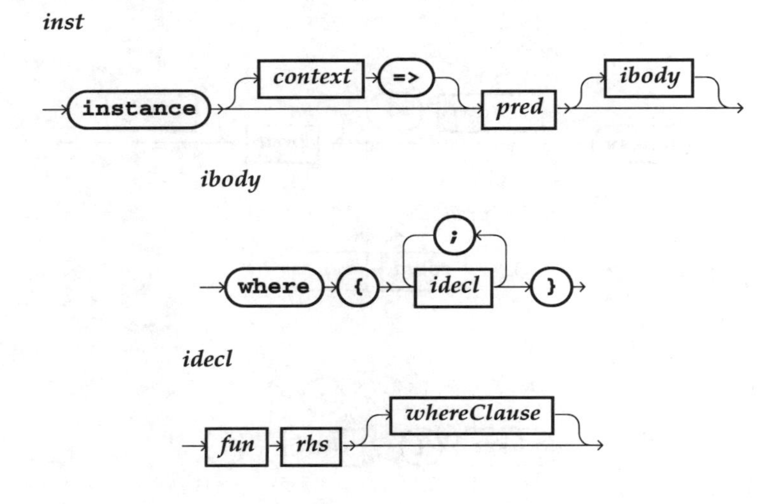

In einer Exemplardeklaration (***inst***) müssen Funktions- oder Musterbindungen (in ***ibody*** bzw. ***idecl***) für die Werte angegeben werden, für die in der Typklassendeklaration keine Standardimplementierung angegeben ist. Optional kann auch die Standardimplementierung überschrieben werden. In ***idecl*** ist keine Typdeklaration möglich.

Das Exemplar `Int` der Typklasse `Eq` wird definiert durch:

```
instance Eq Int where
    (==) = primEqInt
```

Diese Deklaration besagt zweierlei. Zum einen ist der Typ (-konstruktor) `Int` ein Exemplar der Typklasse `Eq` und zum anderen ist die Operation `primEqInt` die Implementierung der Gleichheit auf `Int`. `primEqInt` ist in diesem Fall eine primitive vordefinierte Funktion. Die Definition der Ungleichheit wird aus der Klassendeklaration abgeleitet und lautet:

```
x /= y = not (primEqInt x y)
```

Interessanter ist eine Exemplardeklaration für einen Typkonstruktor mit Parametern. Unter der Voraussetzung, daß Elemente vom Typ T verglichen werden können, können auch Listen über T miteinander verglichen werden. Diese Information wird durch einen Kontext (***context***) dargestellt.

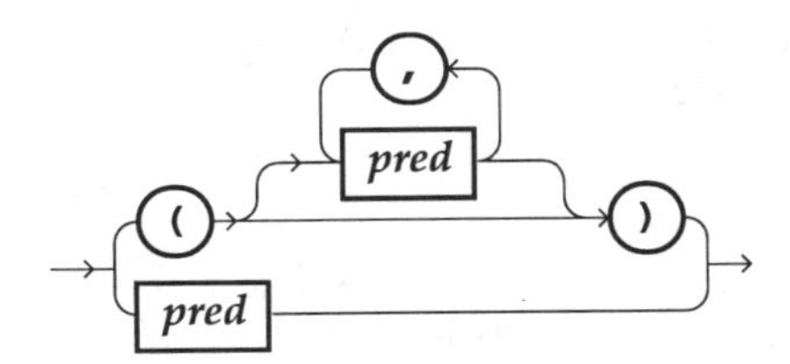

Für Listen ergibt sich

```
instance Eq a => Eq [a] where
    [ ]      == [ ]      = True
    (x: xs) == (y: ys) = x == y && xs == ys
    _        == _        = False
```

Für Paare sind Einschränkungen an zwei Typvariablen erforderlich.

```
instance (Eq a, Eq b) => Eq (a, b) where
    (x, y) == (x', y') = x == x' && y == y'
```

Zu lesen ist die Deklaration wie folgt: Falls die Typen `a` und `b` Exemplare der Klasse `Eq` sind, so ist auch der Typ `(a, b)` ein Exemplar von `Eq`, wobei die Gleichheit komponentenweise definiert ist.

Ebenso kann der zuvor definierte Datentyp `Color` zum Exemplar von `Eq` gemacht werden.

```
instance Eq Color where
    Red    == Red    = True
    Yellow == Yellow = True
    Green  == Green  = True
    _      == _      = False
```

Zwar können Funktionen im allgemeinen nicht miteinander verglichen werden, in speziellen Fällen kann es trotzdem möglich sein. Wenn der Vorbereich A zweier totaler Funktionen f und g endlich ist und ihr Nachbereich ein Exemplar von Eq ist, so können f und g verglichen werden, indem für alle $x \in A$ die Werte $f(x)$ und $g(x)$ miteinander verglichen werden. Also können f und g mit endlich vielen Tests verglichen werden. Für Funktionen mit Vorbereich Bool ergibt sich etwa:

```
instance Eq a => Eq (Bool -> a) where
    f == g = f True == g True && f False == g False
```

Ordnung

Auch das Vorhandensein von Vergleichsoperationen auf einem Typ läßt sich durch eine Typklasse spezifizieren. Die Typklasse Ord ist dadurch spezifiziert, daß auf ihren Exemplaren die Vergleichsoperationen <, >, <=, >=, sowie max und min definiert sind. Dabei soll <= mit den Elementen des Typs eine Halbordnung bilden. In einer Halbordnung gilt immer x <= x (Reflexivität), falls x <= y und y <= z, so auch x <= z (Transitivität), und daß aus x <= y und y <= x auch x == y (Antisymmetrie) folgt. Durch Ausnutzung der Antisymmetrie läßt sich die Gleichheit mithilfe von <= wie folgt definieren.

```
x == y = x <= y && y <= x
```

Daraus ergibt sich die Forderung, daß jedes Exemplar von Ord gleichzeitig auch Exemplar von Eq ist. Mit anderen Worten: Ord ist eine Unterklasse von Eq (und Eq ist eine Oberklasse von Ord). In der Klassendeklaration wird die Unterklassenbeziehung durch einen Kontext ausgedrückt.

```
class Eq a => Ord a where
    (<), (>), (<=), (>=) :: a -> a -> Bool
    max, min :: a -> a -> a
    x <  y = x <= y && x /= y
    x >= y = y <= x
    x >  y = y <= x && x /= y
    max x y | x <= y    = y
            | otherwise = x
    min x y | x <= y    = x
            | otherwise = y
```

In der ersten Zeile ist die Beziehung zwischen den Klassen geklärt: Wenn a zur Typklasse Eq gehört, dann kann a auch zu Ord gehören. Danach folgen die Typdeklarationen der Operationen und die Standardimplementierungen. Mithilfe der

Standardimplementierungen lassen sich alle Funktionen auf `<=` zurückführen. Daher muß eine Exemplardeklaration nur `<=` definieren, alle anderen Definitionen werden automatisch aus der Klassendeklaration abgeleitet.

Offenbar ist es sinnvoll, den Typ `Int` zu einem Exemplar von `Ord` zu machen. Wenn die `<=`-Operation auf den ganzen Zahlen durch die eingebaute Operation `primLeInt :: Int -> Int -> Bool` gegeben ist, so lautet die Exemplardeklaration für `Ord Int` wie folgt:

```
instance Ord Int where (<=) = primLeInt
```

Wenn zwei Typen `a` und `b` Exemplare von `Ord` sind, so kann auch auf Paaren mit Elementen aus `a` und `b` eine Ordnung definiert werden. Die zugehörige Exemplardeklaration lautet:

```
instance (Ord a, Ord b) => Ord (a, b) where
    (x1, x2) <= (y1, y2) = x1 < y1 || x1 == y1 && x2 <= y2
```

Die angegebene Deklaration liefert eine lineare Ordnung auf Paaren, falls die Ordnung auf den Komponenten ebenfalls linear ist. Sie ist in Gofer vordefiniert. Das ist natürlich nicht die einzig mögliche Halbordnung auf Paaren. Eine Alternative zeigt die folgende Deklaration:

```
instance (Ord a, Ord b) => Ord (a, b) where
    (x1, x2) <= (y1, y2) = x1 <= y1 && x2 <= y2
```

Die beiden vorangegangenen Deklarationen dürfen nicht gleichzeitig angegeben werden, da sonst der Übersetzer nicht mehr ermitteln kann, welche Definition für `<=` auf Paaren gültig ist. Allgemein gilt, daß jeder (durch `data` deklarierte) Typkonstruktor nur einmal als Exemplar einer Typklasse deklariert werden darf.

Auf Listen von Elementen eines `Ord`-Typs kann die lexikographische Ordnung wie folgt definiert werden.

```
instance Ord a => Ord [a] where
    [ ]     <= _       =  True
    (_: _)  <= [ ]     =  False
    (x: xs) <= (y: ys) =  x < y || x == y && xs <= ys
```

Textuelle Repräsentation

Nicht alle Typen einer funktionalen Sprache haben druckbare Werte. Zum Beispiel ist es nicht sinnvoll, Funktionen auszudrucken. Die Zugehörigkeit eines Typs zur Typklasse `Text` bedeutet, daß für alle Werte des Typs eine textuelle Darstellung (als Zeichenkette) existiert. Die Bereitstellung der textuellen Darstellung geschieht durch die Definition von Funktionen vom Typ `ShowS`. Er ist definiert durch:

```
type ShowS = String -> String
```

Eine Funktion vom Typ `ShowS` hängt immer nur Zeichen vor ihren Argumentstring. Den Grund für diese (auf den ersten Blick merkwürdige) Konvention liegt im Verkettungsoperator für Listen (und damit auch für `String`). Im Prinzip wird eine Funktion benötigt, die ein Datenelement in einen String umwandelt. Für ein zusammengesetztes Datenelement wie eine Liste oder einen Baum müßte die textuelle Repräsentation mithilfe von ++ aus den Repräsentationen der Komponenten zusammengesetzt werden. Dabei treten unter Umständen Ausdrücke der Form `(xs ++ ys) ++ zs` auf. Da das erste Argument von ++ zur Konstruktion des Ergebnisses einmal durchlaufen wird, bewirkt die Auswertung von `(xs ++ ys) ++ zs` den zweimaligen Durchlauf durch `xs`. Für das Erstellen der textuellen Darstellung eines Binärbaums bedeutet das einen quadratischen Aufwand in der Anzahl der Knoten des Baums.

```
bb2str :: BTree String -> String
bb2str MTTree              = ""
bb2str (Branch str l r) = str ++
                          ('<': bb2str l ++ ',': bb2str r ++ ">")
```

Dagegen geschieht die Zusammensetzung von `ShowS`-Funktionen einfach durch Funktionskomposition:

```
bb2shows :: BTree String -> ShowS
bb2shows MTTree              = id
bb2shows (Branch str l r) = (str ++)  . ('<':) . (bb2shows l ++)
                                      . (',':) . (bb2shows r ++)
                                      . ('>':)
```

Der Operator `.` bezeichnet die Komposition von Funktionen mit `(f . g) x = f (g x)` und `id x = x` ist die identische Funktion. Der Kompositionsoperator erzwingt die Konstruktion des Strings `bb2shows btree` in linearer Zeit.

Ein Teil der Klassendeklaration für `Text` lautet:

```
class Text a where
    showsPrec      :: Int -> a -> ShowS
```

Der Name `showsPrec` steht für „Zeige mit Priorität" und kann zur Konstruktion einer sparsam geklammerten Darstellung von Infixdatenkonstruktoren benutzt werden. Die Priorität ist eine Zahl d mit $0 \leq d \leq 10$. Der Ausdruck `showsPrec d x` hat als Wert eine Funktion, die die textuelle Darstellung von `x` an den Anfang einer Zeichenkette schreibt und sie in Klammern setzt, falls die Priorität des obersten Datenkonstruktors von `x` kleiner als d ist.

`Int` wird mithilfe einer vordefinierten Funktion `primShowsInt :: Int -> Int -> ShowS` zum Exemplar von `Text`. Die Deklaration lautet:

```
instance Text Int where
    showsPrec = primShowsInt
```

Zur Definition von weiteren Exemplaren sind einige Hilfsfunktionen nützlich.

```
shows       :: Text a => a -> ShowS
shows        = showsPrec 0


show        :: Text a => a -> String
```

```
show x       = shows x ""

showChar   :: Char -> ShowS
showChar    = (:)

showString :: String -> ShowS
showString  = (++)
```

Damit können Paare und Listen zu Exemplaren von `Text` gemacht werden, wenn ihre Komponententypen „druckbar" sind.

```
instance (Text a, Text b) => Text (a, b) where
    showsPrec d (x, y) = showChar '(' . shows x . showChar ','
                                      . shows y . showChar ')'

instance (Text a) => Text [a] where
    showsPrec d xs     = showChar '[' . showl xs . showChar ']'
        where showl [ ]     = id
              showl [x]     = shows x
              showl (x: xs) = shows x . showChar ',' . showl xs
```

Arithmetische Operationen

Typklassen helfen auch bei der Überladung der arithmetischen Operatoren. Die Operatoren sind auf ganzen Zahlen (`Int`) wie auch auf Gleitkommazahlen (`Float`) definiert. Die Typklasse, die die Zahlentypen und ihre Operationen zusammenfaßt, heißt `Num`. Die folgende Deklaration ist die Standardklassendefinition für `Num` in Gofer.

```
class (Eq a, Text a) => Num a where
    (+), (-), (*), (/) :: a -> a -> a
    negate             :: a -> a
    fromInteger        :: Int -> a
```

Die Deklaration verlangt von Exemplaren der Klasse `Num` zunächst, daß sie Exemplare der Klassen `Eq` und `Text` sind. Jedes Exemplar T von `Num` muß für die Bereitstellung einer Addition `(+)`, einer Subtraktion `(-)`, einer Multiplikation `(*)` und einer Division `(/)`, sowie einer Funktion `negate` zur Vorzeichenumkehr und einer Funktion `fromInteger`, die eine `Int`-Zahl nach T konvertiert, sorgen.

Die Exemplardeklarationen für `Int` und `Float` sind nicht sehr interessant, da sie lediglich die Operatoren an eingebaute Funktionen binden. Aber auch selbst definierte Datentypen können zu Exemplaren von `Num` erklärt werden. So können komplexe Zahlen als Datentyp eingeführt werden und zu einem Exemplar von `Num` gemacht werden.

```
data Complex = Float :+ Float
infix 5 :+
```

Die Darstellung einer komplexen Zahl $x + iy$ ist ein Paar `x :+ y` mit dem Konstruktor `:+`. Nun können die Operationen auf dem Datentyp `Complex` definiert werden.

```
-- zunächst muß Complex zu einem Exemplar von Eq gemacht werden.
instance Eq Complex where
    x :+ ix == y :+ iy = x == y && ix == iy

-- ... und zu einem Exemplar von Text!
instance Text Complex where
    showsPrec d (x :+ ix) =
        showChar '(' . shows x  . showString " +i "
                     . shows ix . showChar ')'

instance Num Complex where
    (x :+ ix) + (y :+ iy) = x + y :+ ix + iy
    (x :+ ix) - (y :+ iy) = x - y :+ ix - iy
    (x :+ ix) * (y :+ iy) = x * y - ix * iy :+ x * iy + ix * y
    (x :+ ix) / (y :+ iy) = (x * y + ix * iy)/ d
                               :+ (ix * y - x * iy)/ d
                            where d = y * y + iy * iy
    negate (x :+ ix) = ((-x) :+ (-ix))
    fromInteger x = (fromInteger x :+ 0.0)
```

Auflösung von Überladung

Für eine parametrisch polymorphe Funktion wird unabhängig vom Typ der Argumente immer dieselbe Operation ausgeführt. Bei einer Funktion mit Ad-hoc-Polymorphie entscheidet sich anhand der Typen der Argumente, welche Operation ausgeführt werden muß. Diese Entscheidung kann statisch (zur Übersetzungszeit) oder dynamisch (zur Laufzeit) erfolgen.

Falls die Typen der Argumente einer überladenen Funktion zur Übersetzungszeit bekannt sind, so kann direkt die Funktion aus der entsprechenden Exemplardeklaration eingesetzt werden. Ist zum Beispiel für die Operation == bekannt, daß die Argumente vom Typ `Int` sind, so kann der Übersetzer direkt `primEqInt` einsetzen.

Ist der Typ der Argumente einer überladenen Funktion zur Übersetzungzeit nicht bekannt, so geschieht die Auflösung der Überladung mithilfe von Tabellen, den sogenannten *dictionaries*. Für jede Typklasse, die im Kontext eines Funktionstyps auftritt, wird als zusätzlicher Parameter eine Tabelle übergeben. Die Tabelle hat — im einfachsten Fall — für jede Klassenmethode und für jede direkte Oberklasse einen Eintrag. Eine solche Tabelle wird für jede Exemplardeklaration einer Typklasse angelegt. Der Eintrag für eine Klassenmethode ist der entsprechende Wert aus der Exemplardeklaration und der Eintrag für eine Oberklasse ist (ein Verweis auf) die Tabelle der Oberklasse. Abb. 2.16 zeigt einen Teil der Tabellen für das Exemplar `Int` von `Eq` und `Ord`. Die darin vorkommenden Funktionen `stdEq(/=)`

und stdOrd(>=) sind die Standardimplementierungen aus den jeweiligen Klassendeklarationen.

dictEqInt =

==	primEqInt
/=	stdEq(/=) dictEqInt

dictEqOrd =

Eq	dictEqInt	Oberklasse
<=	primLeInt	
>=	stdOrd(>=) dictEqOrd	
...	...	

Abbildung 2.16: Exemplartabellen für Eq Int und Ord Int.

Eine Funktion wie == nimmt eine solche Tabelle dictEq als Parameter, wählt den entsprechenden Eintrag aus und führt ihn aus. Falls Tabellen durch Tupel repräsentiert werden, so ist dictEq gerade ein Paar von Werten und die Klassenfunktionen sind fst (für ==) und snd (für /=). Tritt die Funktion == im Kontext Ord auf, so liegt lediglich die Tabelle für Ord vor. In diesem Fall muß == zunächst die Tabelle für Eq aus der Tabelle für Ord auswählen und dann fst auf diese anwenden um die auszuführende Funktion zu finden.

Überladene Werte, die durch Musterbindung definiert werden, müssen unter bestimmten Umständen mit einer expliziten Typdeklaration versehen werden. Der Grund dafür ist eine Interaktion zwischen parametrischer Polymorphie und Überladung, die zu Mehrdeutigkeiten und/oder zur mehrfachen Auswertung von lokal definierten Werten führen kann. Die sogenannte Monomorphie-Restriktion (vgl. [Has92, 4.5.4]) erfaßt die genauen Umstände.

Ein Beispiel liefert die folgende Funktion g (wobei fac :: Num a => a -> a die Fakultätsfunktion berechnet).

```
g y = let x = fac y in (x, x)
```

Die Funktion g hat den Typ Num a => a -> (a, a). Das Einfügen der Tabellen liefert:

```
g dictNum y = let x dictNum = fac dictNum y in (x dictNum, x dictNum)
```

Aus dem Wert der Variablen x, der im Programmtext wie der Wert von fac y aussah, ist eine Funktion geworden, die im Rumpf des let-Ausdrucks zweimal aufgerufen wird.

Bei der Benutzung von Funktionsbindungen treten die erwähnten Probleme gewöhnlich nicht auf. Falls bei Musterbindungen Probleme auftreten, so hilft meist das Hinzufügen von expliziten Typdeklarationen.

2.8.3 Literaturhinweise

Das Standardtypsystem von funktionalen Programmiersprachen mit parametrischer Polymorphie ist das System von Milner [Mil78, DM82]. Die Erweiterung dieses Systems um Typklassen wurde von Wadler und Blott [WB89a] vorgeschlagen. Diese Erweiterung ist leider nicht entscheidbar [VS91], daher wird die oben beschriebene eingeschränkte Version in Haskell verwendet [Has92]. Einige Anwendungen von Typklassen in der Programmierung demonstriert Jones [Jon92a]. In einer weiteren Arbeit [Jon93] verallgemeinert er Typklassen zu Konstruktorklassen, bei denen auch mehrstellige Typkonstruktoren parametrisiert werden können. Konstruktorklassen sind in Gofer implementiert.

Die im Text beschriebene Implementierung von Typklassen folgt der Darstellung von Wadler und Blott [WB89a]. Ihre Naivität führt zu erheblichen Effizienzproblemen, bessere Lösungen werden von Augustsson, Peterson und Jones vorgeschlagen [Aug93a, PJ93, Jon94].

Chen, Hudak und Odersky [CHO92] erweitern Typklassen zu Typklassen mit Parametern. Mit dieser Erweiterung können auch Konstruktoren von parametrisierten Datentypen überladen werden.

Die Implementierung der Typprüfung mit Typklassen mithilfe von ordnungssortierter Unifikation wird vorgeschlagen von Nipkow und Snelting [NS91] und realisiert von Nipkow und Prehofer [NP93].

Andere Möglichkeiten zur Einbettung von Ad-hoc-Polymorphie in parametrische Polymorphie werden von Kaes geschildert [Kae88, Kae92]. In seinem System geht die Überladung allerdings von einigen eingebauten Grundoperationen aus. Nahezu uneingeschränkte Überladungsmöglichkeiten bietet die Spezifikationssprache OBJ [GM87a].

2.9 Aufgaben

2.1 Die Fibonacci-Zahlen sind definiert durch $F_0 = 0$, $F_1 = 1$, $F_{n+2} = F_n + F_{n+1}$. Programmieren Sie die Funktion `fib :: Int -> Int`, so daß $\texttt{fib}(n) = F_n$ ist.

2.2 Programmieren Sie Funktionen `ggt, kgv :: Int -> Int -> Int` zur Bestimmung des größten gemeinsamen Teilers `ggt` bzw. des kleinsten gemeinsamen Vielfachen `kgv` zweier Zahlen.

2.3 Geben Sie mithilfe von Musteranpassung Definitionen für die logischen Operationen `and, or, xor :: (Bool, Bool) -> Bool` an.

Programmieren Sie mithilfe der bereitgestellten Operatoren Funktionen, die einem Halbaddierer `ha` bzw. einem Volladdierer `fa` entsprechen.

```
ha :: (Bool, Bool) -> (Bool, Bool)
fa :: (Bool, Bool, Bool) -> (Bool, Bool)
```

2.4 Programmieren Sie die Funktion `showsInt :: Int -> Int -> ShowS` ohne Verwendung von `primShowsInt`.

2.5 Definieren Sie den Datentyp `Rational` für rationale Zahlen $\mathbb{Q}$ mit den arithmetischen Operationen Addition, Subtraktion, Multiplikation und Division. Benutzen Sie eine eindeutige Darstellung für rationale Zahlen.

Zusatzaufgabe: Definieren Sie `Rational` als Exemplar der Typklassen `Eq`, `Ord`, `Text` und `Num`!

2.6 Geben Sie Deklarationen an, so daß der Datentyp `BTree a` zu einem Exemplar von `Eq`, `Ord` und `Text` wird.

2.7 Die Funktion `length`, die die Länge einer Liste bestimmt, läßt sich auch auf die folgende Art und Weise definieren:

```
length' :: [a] -> Int
length' xs = len 0 xs
  where len n [ ]     = n
        len n (_: xs) = len (n + 1) xs
```

Hierbei wird eine Hilfsfunktion `len` benutzt, die einen zusätzlichen Parameter hat, in dem das Ergebnis akkumuliert wird. Die Funktion `len` ist *endrekursiv*, da die rekursiven Aufrufe auf der rechten Seite ihrer Definition nicht in andere Operationen eingeschachtelt sind. Für endrekursive Funktionen kann im allgemeinen besserer Code erzeugt werden, da sie sofort durch eine `WHILE`-Schleife dargestellt werden können.

Benutzen Sie diese Technik zur Programmierung von endrekursiven Versionen der folgenden Funktionen (mit Typdeklaration).

- `sum'` addiert alle Elemente einer Liste.
- `prod'` multipliziert alle Elemente einer Liste.
- `fac'`, die Fakultätsfunktion.
- `reverse'` dreht die Reihenfolge der Elemente in einer Liste um.

2.8 Definieren Sie einen Datentyp `Integer` für Zahlen mit beliebiger Genauigkeit und geben Sie eine Funktion zum Addieren sowie zum Multiplizieren zweier `Integer`-Zahlen an. Programmieren Sie auch die Umwandlung von `Integer` nach `String` und zurück!

Hinweis: Eine geeignete Darstellung für `Integer` ist `[Int]`.

2.9 Schreiben Sie eine Funktion `pretty :: Term -> String`, die die Terme aus Kap. 2.7.1 in lesbarer Form ausdruckt.

Alternative: Machen Sie `Term` zu einem Exemplar von `Text`!

2.10 Erweitern Sie die Funktion `diff` aus Kap. 2.7.1 um Brüche, die Exponentialfunktion und die trigonometrischen Funktionen sin, cos, arctan. Schreiben Sie eine Funktion `simplify :: Term -> Term` zur Vereinfachung der Ergebnisterme.

2.11 (schwer) Programmieren Sie eine Funktion zur symbolischen Integration auf `Term`.

2.12 Welche der folgenden Gleichungen zwischen Listen sind richtig? Warum?

$$
\begin{aligned}
[\,] : xs &= xs \\
[\,] : xs &= [[\,], xs] \\
xs : [\,] &= xs \\
xs : [\,] &= [xs] \\
x : y &= [x, y] \\
(x : xs) \mathbin{++} ys &= x : (xs \mathbin{++} ys)
\end{aligned}
$$

2.13 Für beliebige Listen sind die beiden Funktion `take, drop :: Int -> [a] -> [a]` vordefiniert, so daß für alle $n \in \mathbb{N}$ und alle Listen xs gilt:

$$\texttt{take}\ n\ [x_1, \ldots, x_m] = [x_1, \ldots, x_{\min\{n,m\}}]$$

$$\texttt{drop}\ n\ [x_1, \ldots, x_m] = [x_{n+1}, \ldots, x_m]$$

$$\texttt{take}\ n\ xs \mathbin{++} \texttt{drop}\ n\ xs = xs$$

Definieren Sie Funktionen

`prune :: Int -> BTree a -> BTree a`,
`branches :: Int -> BTree a -> [(BTree a, BTree a)]` und
`joinBT :: BTree a -> [(BTree a, BTree a)] -> BTree a`,

die in gleicher Weise auf Bäume wirken: `prune` n schneidet alle Knoten ab, deren Tiefe größer als n ist, `branches` n sammelt den Abfall von `prune` n auf und für `joinBT` soll für alle $n \in \mathbb{N}$ und alle Binärbäume *tree* gelten:

$$\texttt{joinBT}\ (\texttt{prune}\ n\ tree)\ (\texttt{branches}\ n\ tree) = tree$$

2.14 Schreiben Sie Funktionen `pruneT`, `branchesT` und `joinT` die analog zu den Funktionen `prune`, `branches` und `joinBT` auf dem Datentyp `Tree a` wirken.

2.15 Definieren Sie einen algebraischen Datentyp `HetList` mit den Datenkonstruktoren `Nil` und `Cons`, so daß das folgende Programmstück keine Typfehler enthält.

```
hetlength Nil          = 0
hetlength (Cons _ x) = 1 + hetlength x

heterogeneous = Cons 1 (Cons True (Cons 'X' Nil))
```

Geben Sie Typdeklarationen für `hetlength` und `heterogeneous` an!

3 Funktionen höheren Typs

Die bisher betrachteten Funktionen führen Operationen auf Datenobjekten wie Zahlen, Zeichen, booleschen Werten oder Listen aus. Dieses Kapitel geht auf Funktionen ein, deren Argumente oder Resultate selbst wieder Funktionen sind. Solche Funktionen heißen Funktionale oder Funktionen höheren Typs bzw. höherer Ordnung (*higher-order functions*). Ob eine Funktion von höherer Ordnung ist, ist sofort an ihrem Typ ersichtlich. Die Ordnung eines Typs t ist die maximale Schachtelungstiefe der Funktionskonstruktion ($\rightarrow$) in Argumentposition. Andere Typkonstruktoren spielen für die Ordnung keine Rolle. Genau das bestimmt die folgende Funktion order$[\![t]\!]$. Sie ist definiert durch:

$$
\begin{array}{lcl}
\text{order}[\![a]\!] & = & 0 \\
\text{order}[\![K]\!] & = & 0 \\
\text{order}[\![K\ t_1 \ldots t_n]\!] & = & \max\{\text{order}[\![t_i]\!] \mid 1 \leq i \leq n\} \\
\text{order}[\![(t_1, \ldots, t_n)]\!] & = & \max\{\text{order}[\![t_i]\!] \mid 1 \leq i \leq n\} \\
\text{order}[\![[t]]\!] & = & \text{order}[\![t]\!] \\
\text{order}[\![t_1 \rightarrow t_2]\!] & = & \max\{1 + \text{order}[\![t_1]\!], \text{order}[\![t_2]\!]\}
\end{array}
$$

Hierbei ist a eine Typvariable und K ein Typkonstruktor der Stelligkeit n. Die zweite Zeile deckt den Fall $n = 0$ ab. Die bisher verwendeten Funktionen haben allesamt die Ordnung 1, daher heißen sie auch Funktionen erster Ordnung (*first-order functions*). Mithilfe von Funktionalen ergeben sich neue Möglichkeiten zur Strukturierung von Problemen und Programmen. Häufig müssen die Elemente einer Datenstruktur auf gleichartige Weise behandelt werden, wobei die Struktur erhalten bleibt. Gewöhnlich sind die Funktionen auf den Elementen definiert und müssen nur noch auf die Datenstruktur fortgesetzt werden. In vielen Programmiersprachen muß schon aus Typgründen die Anwendung der Funktion mit dem Durchlaufen der Datenstruktur vermischt werden. Wenn also eine Funktion vorhanden ist, die ihr Argument quadriert (z.B. `square`), so muß eine Funktion programmiert werden, die eine Liste von Zahlen auf die Liste der entsprechenden Quadratzahlen abbildet. Von gleicher Qualität ist die Aufgabe, eine Liste von Zahlenpaaren zu addieren, also die Liste der Summen zu erzeugen. Hierfür muß eine neue Funktion zum Durchlaufen der Datenstruktur programmiert werden, die die Addition durchführt. Offenbar ist das Durchlaufen der Liste redundant, da es immer auf die gleiche Art und Weise abläuft.

In funktionalen Programmiersprachen sind Funktionen gleichberechtigte Datenobjekte. Daher ist es möglich, sowohl von der auf jedes Listenelement anzuwendenden Funktion zu abstrahieren als auch vom Typ der Listenelemente selbst.

Es bietet sich also an, zu jedem strukturierten Datentyp (z.B. Listen) häufig auftretende Rekursionsmuster (wie das Durchlaufen einer Liste unter Anwendung einer festen Funktion auf jedes Listenelement) zu identifizieren und zu isolieren. Die

Implementierung des Rekursionsmusters kann durch eine Funktion höheren Typs erfolgen, wobei die Funktionen, die auf den Teilstrukturen wirken, zu Parametern werden. Dies ist ein Schritt in Richtung Modularisierbarkeit von Programmen und zur Wiederverwendbarkeit von Funktionen. Durch die Verwendung eines festen Satzes von Funktionen höheren Typs wird die Lesbarkeit von Programmen verbessert. Dies hat wiederum positive Auswirkungen auf die Produktivität des Programmierers.

Anhand von Beispielen werden nun einige nützliche Funktionen höheren Typs vorgestellt.

3.1 Die Funktion `map`

Die Funktion `square` bilde eine Zahl auf ihr Quadrat ab. Leicht kann mithilfe einer rekursiven Definition eine Funktion programmiert werden, die alle Elemente einer Liste von Zahlen quadriert.

```
sqlist :: [Int] -> [Int]
sqlist [ ]      = [ ]
sqlist (x: xs) = square x: sqlist xs
```

Zur Verschlüsselung nach der Cäsar-Methode werden die Zeichen des Alphabets zyklisch um eine feste Distanz, nämlich um 13 Zeichen, verschoben. Dies geschieht mittels der Funktion `code`.

```
code :: Char -> Char
code x | x >= 'A' && x <= 'Z' = xox
       | otherwise = x
   where ox  = ord x + 13
         xox | ox > ord 'Z' = chr (ox - ord 'Z' + ord 'A' - 1)
             | otherwise    = chr ox
```

Da im allgemeinen nicht nur ein Zeichen verschlüsselt werden soll, sondern eine ganze Nachricht, ist eine Fortsetzung der Funktion `code` auf `[Char]` erforderlich.

```
codelist :: [Char] -> [Char]
codelist ""      = ""
codelist (c: cs) = code c: codelist cs
```

Die Gemeinsamkeit der beiden Funktionen `sqlist` und `codelist` liegt auf der Hand. Beide durchqueren eine Liste und ersetzen jedes Element der Liste durch den Funktionswert einer Funktion, `square` bzw. `code`, angewendet auf das Element. Eine Funktion höheren Typs kann von diesem Rekursionsmuster abstrahieren. Mit ihr kann eine Funktion vom Typ `a -> b` zu einer Funktion vom Typ `[a] -> [b]` mit dem gerade geschilderten Verhalten erweitert werden. Traditionell hat diese Funktion den Namen `map`.

```
map :: (a -> b) -> [a] -> [b]
map f [ ]     = [ ]
map f (x: xs) = f x: map f xs
```

Die Funktion map ist parametrisch polymorph, d.h. sie wirkt in gleicher Weise auf ihre Argumentliste, völlig unabhängig davon, welche Typen für a oder b eingesetzt werden.

Unter Verwendung von map ergeben sich Definitionen für sqlist und codelist, die ohne Rekursion auskommen. Die Rekursion (für das Durchlaufen der Argumentliste) ist in der Funktion map versteckt.

```
sqlist   numl = map square numl
codelist str  = map code   str
```

Diese Definitionen lesen sich als Gleichungen für Listen: Die Liste sqlist numl ist gleich der Liste map square numl. Genausogut können die Definitionen als Gleichungen für Funktionen geschrieben werden. Eine äquivalente Definition auf Funktionsebene lautet:

```
sqlist   = map square
codelist = map code
```

Dabei erhält map auf der rechten Seite nur einen von zwei Parametern. Also ist map unterversorgt mit Parametern, d.h. es liegt eine *partielle Anwendung* bzw. *partielle Applikation* von map vor. Eine Funktion, die ein Tupel von Argumenten erwartet, kann nicht partiell angewendet werden. Allerdings gibt es zu jeder Funktion, die ein Tupel von Argumenten erwartet, eine äquivalente *geschönfinkelte* Funktion (*curried function*), die ihre Argumente „der Reihe nach" akzeptiert und somit auch partiell angewendet werden kann. Der Name „Schönfinkeln" bzw. „Currying" rührt von den Logikern Curry und Schönfinkel her, die die kombinatorische Logik entwickelt haben [Sch24, CFC58].

Die geschönfinkelte Version einer Funktion $f\colon A \times B \to C$ ist eine Funktion f' vom Typ $A \to B \to C$, die durch $f'(a) = (b \mapsto f(a, b))$ definiert ist. Die Abbildung curry: $(A \times B \to C) \longrightarrow (A \to B \to C)$, die f auf f' abbildet, ist bijektiv (ein Isomorphismus). Die Definitionen von curry und der dazu inversen Funktion uncurry lauten:

```
curry   :: ((a, b) -> c) -> a -> b -> c
uncurry :: (a -> b -> c) -> (a, b) -> c

curry   f  = f' where f' x1 x2   = f (x1, x2)
uncurry f' = f  where f (x1, x2) = f' x1 x2
```

Es gilt für alle Funktionen f und g von passendem Typ uncurry (curry f) = f und curry (uncurry g) = g.

Dieser Zusammenhang wird in Abb. 3.1 verdeutlicht. In der Abbildung ist eval :: ((b -> c), b) -> c die Auswertungsabbildung eval (f, x) = f x. Sie nimmt als Argument ein Paar aus Funktion und Argument und liefert als Ergebnis den Wert der Anwendung der Funktion auf das Argument.

Viele der Funktionen, die als Argument von map auftauchen, werden an keiner anderen Stelle benötigt. Daher werden hier oft Lambda-Ausdrücke, deren Wert eine namenlose Funktion ist, benutzt.

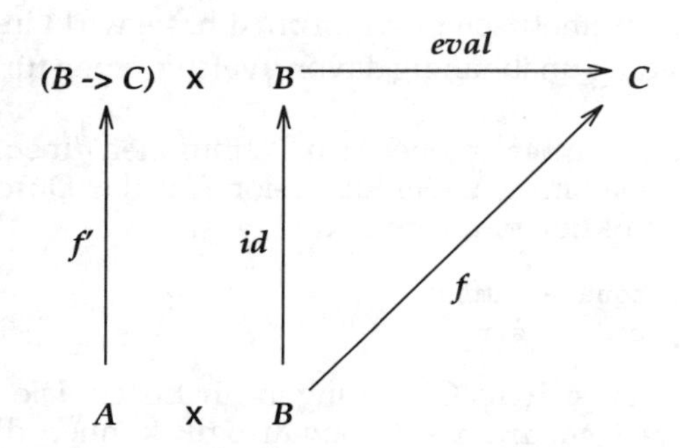

Abbildung 3.1: Wirkung von curry und uncurry.

```
inclist  = map (\x -> x + 1)
-- inclist  = map (+ 1)                -- mit Operatorschnitt

add2list :: Num a => [(a, a)] -> [a]
add2list = map (\(x, y) -> x + y)
```

Die Funktion `inclist` addiert 1 zu jedem Element einer Liste von Zahlen; die Funktion `add2list` erstellt die Liste der Summen einer Liste von Zahlenpaaren.

Zum Programmieren mit Funktionen ist es oft nützlich, die Funktionsapplikation (die Auswertungsabbildung) als Operator zur Verfügung zu haben. Er heißt in Gofer „$".

```
infixr 0 $
(f $ x) = f x
```

Ebenso nützlich ist der (Infix-) Kompositionsoperator „." für Funktionen mit einem Argument. In der kombinatorischen Logik heißt dieser *Kompositor* B, in der Mathematik wird gewöhnlich $\circ$ geschrieben. Auch die Komposition einer Funktion mit einer anderen, die zwei geschönfinkelte Argumente erwartet, tritt häufig auf.

```
infixr 9 ., ..
(.)     :: (b -> c) -> (a -> b) -> (a -> c)
f . g   =  \x -> f (g x)
(..)    :: (c -> d) -> (a -> b -> c) -> a -> b -> d
f .. g =  \x y -> f (g x y)
```

Hiermit ergibt sich z.B. die Addition zweier Listen als:

```
addlist :: [Int] -> [Int] -> [Int]
addlist = map (uncurry (+)) .. zip
```

Dabei ist `zip` definiert durch:

```
zip :: [a] -> [b] -> [(a, b)]
zip (x: xs) (y: ys) = (x, y): zip xs ys
zip _       _       = [ ]
```

Zwei weitere Funktionale sind `const` und `flip`. `const` erwartet zwei Argumente und liefert konstant das erste als Ergebnis. `flip` erwartet eine Funktion mit zwei Argumenten und liefert eine Funktion, die diese Argumente in umgekehrter Reihenfolge erwartet.

```
const :: a -> b -> a
const x y = x

flip  :: (a -> b -> c) -> (b -> a -> c)
flip f x y = f y x
```

In der kombinatorischen Logik sind die Operatoren `const` und `flip` unter den Namen K bzw. C bekannt.

3.2 Die Funktion `foldr`

Ein häufiges Rekursionsmuster liegt bei den Funktionen `sum` und `prod` vor, wobei `sum` die Summe, bzw. `prod` das Produkt einer Liste von Zahlen ausrechnet. Die folgenden rekursiven Gleichungen können als Definition dienen:

```
sum  [ ] = 0     sum  (x: xs) = x + sum  xs
prod [ ] = 1     prod (x: xs) = x * prod xs
```

Beide Funktionen sind nach dem gleichen Rekursionsmuster definiert: Ausgehend von einem Startwert 0 (bzw. 1) werden die Elemente von rechts nach links mit einem zweistelligen Operator + (bzw. $*$) behandelt. Beide Funktionen „ersetzen" die leere Liste durch den Startwert und den Listenkonstruktor durch eine zweistellige Funktion.

Bei der zu definierenden Funktion müssen daher ein Startwert `e` (0 bzw. 1) sowie eine Funktion `f`, die anstelle des Listenkonstruktors angewendet wird (+ bzw. $*$), als Parameter auftreten. Das führt zur folgenden Definition:

```
foldr :: (a -> b -> b) -> b -> [a] -> b
foldr f e [ ]     = e
foldr f e (x: xs) = x `f` foldr f e xs
```

Die Anwendung der Funktion `foldr` $(\oplus)$ e xs führt dazu, daß der Operator $\oplus$ von rechts geklammert zwischen den Elementen der Liste $xs = [a_1, \ldots, a_n]$ eingesetzt wird.

$$\texttt{foldr}\ (\oplus)\ e\ [a_1, \ldots, a_n] = a_1 \oplus (a_2 \oplus (\ldots (a_n \oplus e) \ldots))$$

Dual zu `foldr` gibt es eine Funktion `foldl`, bei der die Klammerung von links her geschieht.

$$\texttt{foldl}\ (\oplus)\ e\ [a_1, \ldots, a_n] = (\ldots ((e \oplus a_1) \oplus a_2) \ldots \oplus a_n)$$

Die Definition von `foldl` lautet:

```
foldl :: (a -> b -> a) -> a -> [b] -> a
foldl f e [ ]      = e
foldl f e (x: xs) = foldl f (e `f` x) xs
```

Die Definitionen für `sum` und `prod` unter Verwendung von `foldr` lauten:

```
sum  = foldr (+) 0
prod = foldr (*) 1
```

Da + (bzw. $*$) assoziativ und 0 (bzw. 1) sowohl Rechts- als auch Linksidentität ist, kann in diesem Beispiel auch `foldl` anstelle von `foldr` benutzt werden. Im Allgemeinen geht das nicht.

3.3 Funktionale auf Bäumen

Analog zu den Funktionen `map` und `foldr` auf Listen können für jeden algebraischen Datentyp Funktionale im Stil von `map` und `foldr` definiert werden. Zur Manipulation des parametrisierten Datentyps `Tree` (s.u.) für allgemeine Bäume können Funktionen `mapTree` bzw. `foldTree` definiert werden. `mapTree` wendet eine Funktion auf alle Knotenbeschriftungen eines Baums an. Die Funktion `foldTree` nimmt eine Funktion f als Parameter und ersetzt jedes Vorkommen des Datenkonstruktors `Node` durch f, nachdem `foldTree f` über die Liste der direkten Teilbäume gemappt worden ist.

```
data Tree element = Node element [Tree element]

mapTree :: (a -> b) -> Tree a -> Tree b
mapTree f (Node x     subtrees)
        =  Node (f x) (map (mapTree f) subtrees)

foldTree :: (a -> [b] -> b) -> Tree a -> b
foldTree f (Node x subtrees)
         =  f    x (map (foldTree f) subtrees)
```

3.3.1 Beispiel Viele Funktionen können mithilfe von `mapTree` und `foldTree` auf elegante Weise definiert werden.
`reciTree` ersetzt alle Zahlen in einem `Float`-Baum durch ihren Reziprokwert.

```
reciTree :: Tree Float -> Tree Float
reciTree =  mapTree (1.0 /)
```

`codeTree` kodiert alle Zeichen in einem `Char`-Baum nach der Cäsar-Methode.

```
codeTree :: Tree Char -> Tree Char
codeTree =  mapTree code
```

`substitute` x y ersetzt jedes Vorkommen von x durch y.

```
substitute     :: Eq a => a -> a -> Tree a -> Tree a
substitute x y =  mapTree (\z -> if x == z then y else z)
```

`treeDentity` ist die identische Funktion auf Bäumen.

```
treeDentity :: Tree a -> Tree a
treeDentity =  foldTree Node
```

`sumTree` bestimmt die Summe aller Zahlen in einem `Int`-Baum.

```
sumTree :: Tree Int -> Int
sumTree =  foldTree (flip ((+) . sum))
```

`leaves` bestimmt die Anzahl der Blätter in einem beliebigen Baum.

```
leaves :: Tree a -> Int
leaves =  foldTree check
  where check _ [ ]  = 1
        check _ sons = sum sons
```

`nodes` bestimmt die Anzahl der inneren Knoten eines Baums.

```
nodes :: Tree a -> Int
nodes =  foldTree checkNodes
  where checkNodes _ [ ]  = 0
        checkNodes _ sons = 1 + sum sons
```

Zu guter Letzt noch eine Version von `mapTree`, die unter Verwendung von `foldTree` programmiert ist.

```
mapTree'   :: (a -> b) -> Tree a -> Tree b
mapTree' f =  foldTree (Node . f)
```

3.4 Verallgemeinerte `map`- und `fold`-Funktionale

Wie schon erwähnt, können für fast alle algebraischen Datentypen Funktionale analog zu `map` und `fold` definiert werden. Im folgenden werden uniform definierte Datentypen betrachtet, deren Definitionen nicht verschränkt rekursiv sind. D.h. in der Definition des Datentyps tritt nur der definierte Datentyp selbst rekursiv auf, alle anderen vorkommenden Datentypen müssen bereits vorher definiert sein.

Ein algebraischer Datentyp $K\ a_1 \ldots a_m$ ist *uniform* definiert, falls seine Definition die Form (3.4.1) hat.

$$\text{(3.4.1)} \qquad \texttt{data}\ K\ a_1 \ldots a_m = C_1\ t_{11} \ldots t_{1k_1} \mid \ldots \mid C_n\ t_{n1} \ldots t_{nk_n}$$

Dabei liegen die $t_{ij} \in T$, was für $K' \neq K$ definiert ist durch:

$$T = V \mid K\ a_1 \ldots a_m \mid K'\ T \ldots T \mid (T,T) \mid () \mid T \to T$$

Hierbei steht V für die Typvariablen $a_1, \dots, a_m$. Die Einschränkung der uniformen Definition liegt darin, daß der definierte Typ $K\ a_1 \dots a_m$ nur unverändert auf der rechten Seite der Definition (in den Typen der Datenkonstruktoren) auftreten darf. Bei anderen (vorher definierten) Datentypen $K' \neq K$ dürfen beliebige Typen für die Typvariablen eingesetzt werden.

Die Definition des map-Funktionals für uniform definiertes K lautet:

$$\mathtt{map}_K\colon (a_1 \to b_1) \to \dots \to (a_m \to b_m) \to K\ a_1 \dots a_m \to K\ b_1 \dots b_m$$

$$\mathtt{map}_K\ g_1 \dots g_m\ (C_j\ v_1 \dots v_{k_j}) = C_j\ (M_K^{\overline{g}}[\![\ t_{j1}\ ]\!]\ v_1) \dots (M_K^{\overline{g}}[\![\ t_{jk_j}\ ]\!]\ v_{k_j})$$

Dabei steht $\overline{g}$ für das Tupel $(g_1, \dots, g_m)$. Die Schreibweise $[\![\ t\ ]\!]$ macht ein syntaktisches Argument kenntlich und hat keine weitere Bedeutung. Auf Vektoren von Funktionen sind Komposition und Invertierung komponentenweise definiert. Falls der Funktionskonstruktor $\to$ in der Definition von K vorkommt, so müssen die Funktionen $g_1, \dots, g_m$ invertierbar sein. Zur Abkürzung gelte $\overline{g}^{-1} = (g_1^{-1}, \dots, g_m^{-1})$. Die Funktionen $M_K^{\overline{g}}$ sind wie folgt definiert.

$$\begin{aligned}
M_K^{\overline{g}}[\![\ a_i\ ]\!] &= g_i \\
M_K^{\overline{g}}[\![\ K\ a_1 \dots a_m\ ]\!] &= \mathtt{map}_K\ g_1 \dots g_m \\
M_K^{\overline{g}}[\![\ K'\ t_1 \dots t_l\ ]\!] &= \mathtt{map}_{K'}\ (M_K^{\overline{g}}[\![\ t_1\ ]\!]) \dots (M_K^{\overline{g}}[\![\ t_l\ ]\!]) \\
M_K^{\overline{g}}[\![\ (t_1, t_2)\ ]\!] &= \lambda(u, v) \to (M_K^{\overline{g}}[\![\ t_1\ ]\!]u, M_K^{\overline{g}}[\![\ t_2\ ]\!]v) \\
M_K^{\overline{g}}[\![\ ()\ ]\!] &= id \\
M_K^{\overline{g}}[\![\ t_1 \to t_2\ ]\!] &= \lambda h \to M_K^{\overline{g}}[\![\ t_2\ ]\!] \circ h \circ M_K^{\overline{g}^{-1}}[\![\ t_1\ ]\!]
\end{aligned}$$

Dabei bezeichnet $\lambda h \to e$ eine Funktion, die einen Parameter namens h erwartet und deren Rumpf e ist. Die Funktionen $M_K^{\overline{g}}$ werden auf die Argumenttypen der Datenkonstruktoren von K angewendet. Tritt dabei die Typvariable a_i auf, so wird die entsprechende Funktion g_i darauf angewendet. Auf einen Wert vom Typ $K\ a_1 \dots a_m$, ein rekursives Auftreten des definierten Datentyps, wird rekursiv die gerade definierte map-Funktion angewendet. Auf Werte anderen Typs $K'\ t_1 \dots t_l$ wird die zum Typ K' gehörige map-Funktion angewendet, wobei als Funktionen gerade die $M_K^{\overline{g}}[\![\ t_i\ ]\!]$ benutzt werden. Die Funktion *id* ist dabei die identische Funktion $id\ x = x$.

Das fold-Funktional für den gleichen Datentyp K hat n Funktionen als Argumente, eins für jeden Konstruktor:

$$\begin{aligned}
\mathtt{fold}_K\colon\ & (T_K[\![\ t_{11}\ ]\!] \to \dots \to T_K[\![\ t_{1k_1}\ ]\!] \to b) \to \dots \\
& \to (T_K[\![\ t_{n1}\ ]\!] \to \dots \to T_K[\![\ t_{nk_n}\ ]\!] \to b) \\
& \to K\ a_1 \dots a_m \to b
\end{aligned}$$

$$\mathtt{fold}_K\ f_1 \dots f_n\ (C_j\ v_1 \dots v_{k_j}) = f_j\ (F_K^{\overline{f}}[\![\ t_{j1}\ ]\!]v_1) \dots (F_K^{\overline{f}}[\![\ t_{jk_j}\ ]\!]v_{k_j})$$

Hierbei gelten die folgenden Hilfskonstruktionen:

$$
\begin{aligned}
F_K^{\overline{f}}[\![\, a_i \,]\!] &= id \\
F_K^{\overline{f}}[\![\, K\; a_1 \ldots a_m \,]\!] &= \mathtt{fold}_K\; f_1 \ldots f_n \\
F_K^{\overline{f}}[\![\, K'\; t_1 \ldots t_l \,]\!] &= \mathtt{map}_{K'}\; (F_K^{\overline{f}}[\![\, t_1 \,]\!]) \ldots (F_K^{\overline{f}}[\![\, t_l \,]\!]) \\
F_K^{\overline{f}}[\![\, (t_1, t_2) \,]\!] &= \lambda(u, v) \to (F_K^{\overline{f}}[\![\, t_1 \,]\!] u, F_K^{\overline{f}}[\![\, t_2 \,]\!] v) \\
F_K^{\overline{f}}[\![\, () \,]\!] &= id \\
F_K^{\overline{f}}[\![\, t_1 \to t_2 \,]\!] &= \lambda h \to F_K^{\overline{f}}[\![\, t_2 \,]\!] \circ h \circ F_K^{\overline{f}}[\![\, t_1 \,]\!]
\end{aligned}
$$

$$
\begin{aligned}
T_K[\![\, a_i \,]\!] &= a_i \\
T_K[\![\, K\; a_1 \ldots a_m \,]\!] &= b \\
T_K[\![\, K'\; t_1 \ldots t_l \,]\!] &= K'\; (T_K[\![\, t_1 \,]\!]) \ldots (T_K[\![\, t_l \,]\!]) \\
T_K[\![\, (t_1, t_2) \,]\!] &= (T_K[\![\, t_1 \,]\!], T_K[\![\, t_2 \,]\!]) \\
T_K[\![\, () \,]\!] &= () \\
T_K[\![\, t_1 \to t_2 \,]\!] &= T_K[\![\, t_1 \,]\!] \to T_K[\![\, t_2 \,]\!]
\end{aligned}
$$

3.5 Literaturhinweise

Eine Sammlung von speziellen Rekursionsmustern zusammen mit Sätzen, die das formale Hantieren mit den Rekursionsmustern ermöglichen, befindet sich in [MFP91].

Sheard und Fegaras [SF93] propagieren die generelle Benutzung des verallgemeinerten `fold`-Operators für die Programmierung. Sie definieren eine Normalform für `fold`-Ausdrücke und geben einen Algorithmus an, der die Anzahl der `fold`-Operationen in einem Ausdruck minimiert.

3.6 Aufgaben

3.1 Schreiben Sie unter Verwendung von `foldr` die Funktionen `andl, orl :: [Bool] -> Bool`, die das logische „Und“ (bzw. „Oder“) einer Liste von Wahrheitswerten berechnen.

3.2 Schreiben Sie eine Funktion `twice :: (a -> a) -> a -> a`, so daß `twice f` eine Funktion ist, die $\mathtt{f}^{(2)}$ berechnet. Was ist die Wirkung von `twice twice`? Was ist der Wert von `twice twice twice twice (+1) 0`? Was ist der Wert von `twice` n-mal angewendet auf `(+1)` und auf `0`?

3.3 Programmieren Sie `map` mithilfe von `foldr`.

3.4 Die Funktion `remdups` entfernt aufeinanderfolgende Duplikate aus einer Liste. Programmieren Sie `remdups` unter Benutzung von `foldr` oder `foldl`.

3.5 Die Funktion `maxl :: Ord a => [a] -> a` zur Berechnung des Maximums einer Liste kann nicht mithilfe von `foldr` oder `foldl` definiert werden, da `maxl [ ]` nicht immer sinnvoll ergänzt werden kann. Dazu sind Versionen von `foldr` und `foldl` erforderlich, die nur auf nicht-leeren Listen funktionieren.

Schreiben Sie zwei Funktionen `foldr1, foldl1 :: (a -> a -> a) -> [a] -> a`, die `foldr` bzw. `foldl` für nichtleere Listen implementieren, so daß gilt

$$\texttt{foldr1}\ (\oplus)\ [a_1, \ldots, a_n] = a_1 \oplus (\ldots (a_{n-1} \oplus a_n) \ldots)$$
$$\texttt{foldl1}\ (\oplus)\ [a_1, \ldots, a_n] = (\ldots ((a_1 \oplus a_2) \oplus a_3) \ldots \oplus a_n)$$

3.6 Eine ungewöhnliche Darstellung von Mengen erhält man über ihre charakteristischen Funktionen. Das führt zu den folgenden Deklarationen:

```
type CSet element = element -> Bool

empty_set :: CSet a
empty_set = \x -> False
```

Implementieren Sie die Mengenoperationen Vereinigung, Durchschnitt, Elementtest, Komplement und Differenz für diese Darstellung. Hat man bei dieser Darstellung Zugriff auf die einzelnen Mengenelemente? Welche anderen Vor- oder Nachteile sehen Sie?

3.7 Der Typ von `foldr (+) 0` ist `[Int] -> Int`. Wie muß die Definition lauten, damit der Typ `Num a => [a] -> a` ist?

3.8 Geben Sie eine Funktion f an, für die `foldr` f $\neq$ `foldl` f ist.

3.9 Was bewirken die Funktionen `foldr (:)` und `foldl (flip (:)) [ ]`?

3.10 Definieren Sie f und e, so daß `foldl` f e = id gilt.

3.11 Geben Sie die verallgemeinerten `map`- und `fold`-Funktionale für die algebraischen Datentypen `BTree a` und `SP a b` an, mit den folgenden Definitionen

```
data BTree a = MTTree | Branch a (BTree a) (BTree a)
data SP a b  = PutSP b (SP a b) | GetSP (a -> SP a b) | NullSP
```

4 Fallstudien

4.1 Auswertung von Polynomen

Ein Polynom in einer Veränderlichen x ist eine Funktion

$$p(x) = c_n x^n + c_{n-1} x^{n-1} + \ldots + c_1 x + c_0 \tag{4.1.1}$$

Zur naiven Auswertung dieses Polynoms sind n Additionen und $n(n+1)/2$ Multiplikationen erforderlich. Das Horner-Schema ermöglicht die Auswertung des Polynoms mit n Additionen und n Multiplikationen durch einfaches Umklammern aus (4.1.1).

$$p(x) = (\ldots((c_n x + c_{n-1})x + c_{n-2})\ldots + c_1)x + c_0$$

Nach der algebraischen Umformung $c_n = 0x + c_n$ kann ohne Schwierigkeiten ein funktionales Programm aus der gesamten Formel hergeleitet werden.

Das Horner-Schema wird mithilfe einer „Pipeline" von Funktionen implementiert. Die Pipeline wird als Liste von Funktionen konstruiert und mit `foldl` abgearbeitet.

Ein Polynom wird als Liste von Koeffizienten dargestellt, wobei der Leitkoeffizient das erste Element der Liste bildet.

```
type Polynom = [Float]
```

Die Konstruktion der Auswertungsfunktion geschieht in zwei Schritten. Im ersten Schritt wird die Liste der nacheinander auszuführenden Funktionen aufgebaut, die die Auswertung im zweiten Schritt steuert.

```
eval :: Float -> Polynom -> Float
-- eval x0 p ==> p(x0)
evlist :: Float -> [Float] -> [Float -> Float]
evlist x0 [ ]      = [ ]
evlist x0 (c: cl) = (*x0): (+c): evlist x0 cl

apply :: (a -> b) -> a -> b
apply f x = f x

eval = foldl (flip apply) 0.0 . evlist
```

Effizienter ist natürlich die direkte Implementierung:

```
eval x0 = foldl (\c v -> x0 * v + c) 0.0
```

4.2 Operationen auf Matrizen und Vektoren

Da Gofer keine Felder zur Verfügung stellt, wie dies etwa in ML oder Haskell der Fall ist, müssen Vektoren durch Listen von Zahlen und Matrizen durch Listen von Listen von Zahlen dargestellt werden.

```
type Vector a = [a]
type Matrix a = [[a]]
```

Vektoraddition

```
vecAdd :: Num num => Vector num -> Vector num -> Vector num
vecAdd v1 = map (uncurry (+)) . zip v1
```

Hier muß das Argument `v1` erwähnt werden, denn der Operator `.` komponiert nur einstellige Funktionen. Abhilfe schafft der Kompositionsoperator `..`, dessen zweites Argument eine Funktion mit zwei geschönfinkelten Argumenten ist. Damit ergibt sich:

```
vecAdd = map (uncurry (+)) .. zip
```

Diese Kombination von `map` und `zip` in Verbindung mit einem zweistelligen Operator tritt in der Praxis oft auf. Die Funktion `zipWith` implementiert diese Kombination. Sie akzeptiert eine zwei-stellige Funktion `f` sowie zwei Listen und produziert eine Liste, deren `i`-tes Element gerade `f` angewendet auf die `i`-ten Elemente der beiden Listen ist.

```
zipWith :: (a -> b -> c) -> [a] -> [b] -> [c]
zipWith f (x: xs) (y: ys) = f x y: zipWith f xs ys
zipWith f _       _       = [ ]
```

Die Funktion `zipWith` ist vordefiniert. Als Vektoraddition ergibt sich:

```
vecAdd = zipWith (+)
```

Auch die Umkehrung von `zip` ist oft nützlich: Die (ebenfalls vordefinierte) Funktion `unzip` formt eine Liste von Paaren in ein Paar von Listen um.

```
unzip :: [(a,b)] -> ([a],[b])
unzip  = foldr (\(a,b) ~(as,bs) -> (a:as, b:bs)) ([], [])
```

Matrixaddition

Die Addition von Matrizen kann als iterierte Vektoraddition programmiert werden.

```
matAdd :: Num num => Matrix num -> Matrix num -> Matrix num
matAdd = zipwith (zipwith (+))
--
-- was dasselbe ist wie
--
-- matAdd      = zipwith vecAdd
```

Transposition einer Matrix

Eine Matrix ist eine Liste von Spaltenvektoren, die nun in eine Liste von Zeilenvektoren umgewandelt werden muß.

```
tr :: Matrix a -> Matrix a
tr [ ]      = [ ]
tr [v]      = map (\x -> [x]) v
tr (v: vs) = zipWith (:) v (tr vs)
```

Skalarprodukt zweier Vektoren

Jeder Eintrag im Ergebnis der Multiplikation zweier Matrizen A und B ist das Skalarprodukt einer Zeile von A mit einer Spalte von B. Das Skalarprodukt zweier Vektoren ist die Summe der Produkte der Komponenten, also $(v, w) = \sum_i v_i w_i$.

```
skProd :: Num num => Vector num -> Vector num -> num
skProd  = sum .. zipWith (*)
```

Bei dieser Definition tritt eine Ineffizienz auf, die sich nicht so leicht wie zuvor beseitigen läßt. Durch `zipWith` wird eine temporäre Liste aufgebaut, die von `sum` sofort wieder verarbeitet wird.

Für den Fall, daß die temporäre Liste durch ein `map` erzeugt wird, gibt es einen Satz, mit dessen Hilfe sich der entsprechende Ausdruck vereinfachen und die Liste eliminieren läßt. Jedes `map` gefolgt von einem `foldr f` kann durch ein einzelnes `foldr g` mit einer entsprechend veränderten Funktion g berechnet werden. Der folgende Satz präzisiert diese Aussage und gibt an, wie die Funktion g aus f bestimmt wird.

4.2.1 Satz

$$\texttt{foldr}\ (\oplus)\ e \circ \texttt{map}\ f \;=\; \texttt{foldr}\ g\ e \quad \texttt{where}\ g\ x\ y = f\ x \oplus y$$

Dieser Satz folgt aus einem allgemeineren Resultat, welches in Satz 6.2.4 bewiesen wird. Seine Verallgemeinerung für zwei Argumentlisten lautet:

$$\texttt{foldr}\ (\oplus)\ e\ ..\ \texttt{zipWith}\ f \;=\; \texttt{foldr'}\ g\ e \quad \texttt{where}\ g\ x\ y\ z = f\ x\ y \oplus z \qquad (4.2.2)$$

Dabei ist `foldr'` eine Variante von `foldr`, die zwei Listen gleicher Länge zusammen verarbeitet. `foldr'` nimmt als Argumente eine Funktion g vom Typ `a -> b -> c -> c`, einen Startwert vom Typ `c` und zweit Listen vom Typ `[a]` bzw. `[b]`. Das Ergebnis wird berechnet, indem die korrespondierenden Listenkonstruktoren in den beiden Eingabelisten durch g ersetzt werden und die leeren Listen durch den Startwert. Die Definition vom `foldr'` lautet:

```
foldr' :: (a -> b -> c -> c) -> c -> [a] -> [b] -> c

foldr' g e (x: xs) (y: ys) = g x y (foldr' g e xs ys)
foldr' g e _       _       = e
```

Die effizientere Version von `skProd` läßt sich mithilfe des verallgemeinerten `foldr`-Satzes in (4.2.2) ausrechnen.

```
skProd  = sum   .. zipWith (*)
        = foldr (+) 0 .. zipWith (*)
        = foldr' (\x y z -> x * y + z) 0
```

Matrixmultiplikation

Der nächste Baustein ist die Multiplikation einer Matrix mit einem Spaltenvektor. Sie ergibt sich sofort wie folgt:

```
vecMult :: Num num => Matrix num -> Vector num -> Vector num
vecMult m v = map (skProd v) (tr m)
```

Die Matrixmultiplikation setzt sich wie folgt aus den bereitgestellten Funktionen zusammen.

```
matMult :: Num num => Matrix num -> Matrix num -> Matrix num
matMult m1 = map (vecMult m1)
```

Spur einer Matrix

Die Spur einer Matrix ist die Summe der Werte auf ihrer Hauptdiagonalen. Die Aufgabe spaltet sich in natürlicher Weise in die Bestimmung der Hauptdiagonalen und die Berechnung der Summe der darauf liegenden Elemente auf. Die Deklarationen lauten:

```
diagonal :: Matrix a -> Vector a
diagonal [ ]      = [ ]
diagonal (l: ls) = head l: diagonal (map tail ls)

trace :: Num num => Matrix num -> num
trace = sum . diagonal
```

4.3 Graphische Darstellung von Bäumen

Auf einem Textbildschirm soll eine graphische Ausgabe von allgemeinen Bäumen nach der bekannten Definition von `Tree` erfolgen.

```
data Tree element = Node element [Tree element]
```

Dabei sind folgende Konventionen zu beachten.

```
? unlines ( layTree (
? Node "root" [ Node "x1" [ Node "x1'sub1" [ ],
?                           Node "x1-sub2" [ ]
?                         ],
?               Node "x2_is_big" [ ],
?               Node "x3" [ ]
?             ]))

            root
             |
     --------------------
     |            |     |
    x1       x2_is_big x3
     |
 ---------
 |       |
x1'sub1 x1-sub2
```

Abbildung 4.1: Auswertung von `layTree` mit dem Interpretierer.

- Der Typ der Datenelemente an den Baumknoten muß ein Exemplar der Typklasse `Text` sein, damit die Datenelemente in Zeichenketten umgewandelt werden können.
- Ein Baum soll in eine Liste von Listen von Zeichen verwandelt werden. Dies entspricht einer Liste von Zeilen, die einen graphischen Eindruck des Baums vermitteln, wenn sie untereinander ausgedruckt werden.
- Die Beschriftung der Wurzel eines Baumes befindet sich immer in der Mitte der ersten Zeile der Darstellung des Baumes.
- Alle Zeilen der Darstellung eines Baumes haben die gleiche Länge. Sie müssen ggf. mit Leerzeichen aufgefüllt werden.

Die Deklaration der zu programmierenden Funktion `layTree` ist:

```
layTree :: Text a => Tree a -> [String]
```

Ein Hilfsmittel zur Anzeige des Ergebnisses von `layTree t` ist die vordefinierte Funktion `unlines :: [String] -> String`. Sie fügt eine Liste von Zeichenketten unter Einfügung von Zeilenvorschüben (`'\n'`) zu einer einzigen Zeichenkette zusammen. Die Abb. 4.1 zeigt einen Aufruf und sein Ergebnis.

Der einfachste Fall liegt bei einem Blatt vor. Hier gilt:

```
layTree (Node x [ ]) = [ show x ]
```

Der zweite Fall ist das Vorliegen eines Knotens mit genau einem Teilbaum, d.h. der Baum hat die Form `Node x [t]`. Hier sind die folgenden Aufgaben zu lösen.

- Die Darstellung `xAsString` von `x` als `String` ist mithilfe von `show` zu bestimmen.
- Die Darstellung `tAsStrings` von `t` als `[String]` muß durch einen rekursiven Aufruf von `layTree` bestimmt werden.
- Das Maximum m der Breiten der beiden Textblöcke muß berechnet werden.
- Die beiden Blöcke müssen zu einem Block der Breite m zusammengesetzt werden. Unter Umständen muß dabei der schmalere Block in einem Rahmen der Breite m zentriert werden.

Somit ist eine Hilfsfunktion `center :: Int -> [Char] -> [Char]` erforderlich, die eine Liste von Zeichen links und rechts gleichmäßig mit Leerzeichen ergänzt. Die dazu benötigten Hilfsfunktionen sind:

```
-- replicate n x
-- erstellt eine Liste mit n Kopien von x

replicate :: Int -> a -> [a]
replicate 0       _ = [ ]
replicate (n + 1) x = x: replicate n x

spaces, underliners :: Int -> [Char]
underliners n = replicate n '_'
spaces      n = replicate n ' '

-- insertAt xs ys n
-- fügt die Liste xs in die Liste ys ein an Position n

insertAt :: [a] -> [a] -> Int -> [a]
insertAt xs ys      0       = xs ++ ys
insertAt xs [ ]     (n + 1) = xs
insertAt xs (y: ys) (n + 1) = y: insertAt xs ys n

center :: Int -> [Char] -> [Char]
center n str
    | n >= l    = insertAt str (spaces d) (d 'div' 2)
    | otherwise = take n str
   where l = length str
         d = n - l
```

Damit kann der momentan behandelte Fall für `layTree` so beschrieben werden:

```
layTree (Node x [t]) =
        map (center width)
            (xAsString: "|": "|": "|": tAsStrings)
```

```
  where
    xAsString  = show x
    tAsStrings = layTree t
    widthOfX   = length xAsString
    widthOfT   = length (head tAsStrings)
    width      = max widthOfX widthOfT
```

Im verbleibenden Fall der Definition liegt ein beliebiger innerer Knoten eines Baums vor, der mehr als einen Sohn besitzt, d.h. `Node x ts` mit `length ts` > 1. Zunächst müssen die Darstellungen aller Teilbäume und ihre Breiten bestimmt werden. Die Breite eines Blocks ist genau die Länge der ersten Zeile des Blocks.

```
    blocks   = map layTree ts
    widths   = map (length . head) blocks
```

In der Mitte jedes Elementes dieser Liste von Blöcken befindet sich die Wurzel des dargestellten Teilbaums. Darauf wird nun ein „Henkel" in Form eines | gesetzt.

```
    blocks'  = zipWith (\width  block -> center width "|": block)
                         widths blocks
```

Um nachher das Zusammenfügen der Blöcke zu vereinfachen, müssen sie alle die gleiche Höhe haben. Dazu wird zunächst die maximale Höhe bestimmt und dann alle Blöcke auf diese Höhe angeglichen.

```
    height   = (maximum . map length) blocks'
    blocks'' = zipWith (fillout height) widths blocks'
```

Die Funktion `maximum` bestimmt das Maximum einer Liste und ist eine vordefinierte Funktion vom Typ `maximum :: Ord a -> [a] -> a`. Die andere Funktion `fillout` nimmt als Argumente die gewünschte Höhe eines Blocks und seine Breite, um dann den Block am unteren Ende entsprechend zu vergrößern.

```
fillout :: Int -> Int -> [String] -> [String]
fillout 0       n xs      = xs
fillout (m + 1) n [ ]     = spaces n: fillout m n [ ]
fillout (m + 1) n (x: xs) = x: fillout m n xs
```

Als nächstes wird die Breite des zu konstruierenden Blocks bestimmt. Sie ergibt sich aus der Summe der Breiten der inneren Blöcke zuzüglich der Anzahl der Blöcke abzüglich eines Leerzeichens zur Trennung der Blöcke.

```
    width    = sum widths + length blocks - 1
```

Über die inneren Blöcke muß nun ein waagerechter Strich (aus Unterstrichen _) gelegt werden. Er beginnt in der Mitte des Blocks links außen und endet in der Mitte des Blocks rechts außen. Die Abstände vom linken bzw. rechten Rand werden mit

```
    leftm    = pos '|' (head (head blocks'))
    rightm   = (pos '|' . reverse . head . head . reverse) blocks'
```

ermittelt. Es verbleibt, das Ergebnis zusammenzusetzen.

```
layTree (Node x ts) =
        center width (show x)
        : center width "|"
        : (spaces leftm
                ++ underliners (width - leftm - rightm)
                ++ spaces rightm)
        : foldl (zipWith (\b1 b2 -> b1 ++ ' ': b2))
                (head blocks'') (tail blocks'')
  where ...
        -- hier folgen die zuvor gemachten Deklarationen
```

Zum Schluß noch einmal die Hauptfunktion im Zusammenhang.

```
layTree :: Text a => Tree a -> [String]

layTree (Node x [ ]) = [ show x ]

layTree (Node x [t]) =
        map (center width)
            (xAsString: "|": "|": "|": tAsStrings)
  where
    xAsString  = show x
    tAsStrings = layTree t
    widthOfX   = length xAsString
    widthOfT   = length (head tAsStrings)
    width      = max widthOfX widthOfT

layTree (Node x ts) =
        center width (show x)
        : center width "|"
        : (spaces leftm
                ++ underliners (width - leftm - rightm)
                ++ spaces rightm)
        : foldl (zipWith (\b1 b2 -> b1 ++ ' ': b2))
                (head blocks'') (tail blocks'')
  where
    blocks   = map layTree ts
    widths   = map (length . head) blocks
    blocks'  = zipWith (\width  block -> center width "|": block)
                         widths blocks
    height   = (maximum . map length) blocks'
    blocks'' = zipWith (fillout height) widths blocks'
    width    = sum widths + length blocks - 1
    leftm    = pos '|' (head (head blocks'))
    rightm   = (pos '|' . reverse . head . head . reverse) blocks'
```

5 Programmieren mit verzögerter Auswertung

Nicht-strikte Funktionen sind bereits in den vorangegangenen Kapiteln vorgekommen. In vielen funktionalen Programmiersprachen sind nicht nur Funktionen, sondern auch Datenkonstruktoren nicht-strikt. Das bedeutet, daß ein Element einer Liste (und auch der Listenrest) erst dann ausgewertet wird, wenn es in einer Berechnung gebraucht wird. Also bedingt der Test, ob eine Liste leer oder nicht-leer ist, nicht unbedingt die Auswertung von Listenkopf und Listenrest.

5.1 Auswertung

Die Auswertung eines Ausdrucks geschieht nur in einem der folgenden Fälle.

Musteranpassung: Bei zurückweisbaren Mustern, wie [ ], `x:xs`, usw. muß das anzupassende Argument so weit ausgewertet werden, daß entschieden werden kann, welcher Fall vorliegt.

Beim Muster `x:xs` wird allerdings weder `x` noch `xs` ausgewertet:

```
? length [ 1/0 ]
1 :: Int
```

Strikte Grundoperationen: Alle arithmetischen Operationen und Vergleichsoperationen erfordern die Auswertung ihrer Argumente.

Ausgabeanforderung: (Drucken des Ergebnisses) Die interaktive Eingabe eines Ausdrucks bewirkt seine Auswertung, soweit sie für die Überführung des Ergebnisses in Textform nötig ist.

Der gewöhnliche Auswertungsprozeß eines Ausdrucks stoppt beim Erreichen der schwachen Kopfnormalform (SKNF, auch *weak head normal form*, WHNF).

5.1.1 Definition Ein Ausdruck ist in SKNF, falls er in einer der folgenden Formen vorliegt.

b	$b \in \mathtt{Int} \cup \mathtt{Float} \cup \mathtt{Bool} \cup \mathtt{Char} \cup \mathtt{()}$,
$\backslash x \to e$	,
$f\ e_1 \ldots e_l$	f ist n-stellige Funktion und $l < n$,
$C\ e_1 \ldots e_k$	C ist Datenkonstruktor mit Stelligkeit $\geq k$,
$(e_1, \ldots, e_k)$	$k \geq 2$.

Dabei stehen e und die e_i für beliebige Ausdrücke. □

Die nicht-strikte Auswertung ermöglicht das Rechnen mit unendlichen Objekten, wenn sichergestellt ist, daß während der Rechnung nur ein endlicher Teil der Objekte betrachtet wird.

Ein *partieller Wert* ist ein noch nicht völlig ausgewerteter Wert, z.B. eine potentiell unendliche Liste. Um auch über solche Werte reden zu können, ist eine Bezeichnung für einen unbestimmten Wert erforderlich. Dieser Wert wird mit $\perp$ bezeichnet. Er kann insbesondere für eine nichtterminierende Berechnung oder eine Berechnung, die einen Laufzeitfehler verursachen wird, stehen.

5.1.2 Definition Eine Funktion $f : T_1 \to \cdots \to T_n \to T$ heißt *strikt in* x_i (für ein $i \in \{1, \ldots, n\}$), falls für alle $x_1, \ldots, x_{i-1}, x_{i+1}, \ldots, x_n$ mit $x_j \in T_j$ gilt:

$$f\, x_1 \ldots x_{i-1} \perp x_{i+1} \ldots x_n = \perp$$

□

5.1.3 Beispiel Die folgende Funktion f ist strikt in x, nicht jedoch in y:

```
f x y = if x<10 then 0 else y+y
```

Das zeigt die Auswertung des Ausdrucks `f 0 (loop 10)`.

```
? f 0 (loop 10)
0 :: Int
```

Es spielt dabei keine Rolle, wie `loop` definiert ist, auch eine nirgends definierte Funktion wie `loop x = loop x` liefert das obige Ergebnis.

5.2 Newtonscher Algorithmus

Ein typisches Paradigma in der Programmierung mit unendlichen Listen ist *generate and test*. Dabei wird zuerst die (potentiell unendliche) Liste aller Möglichkeiten für die Lösung eines Problems bzw. eine Liste von Approximationen an die Lösung spezifiziert. Danach wird diejenige Lösung herausgefiltert, die einem bestimmten (Abbruch-) Kriterium genügt. Dieses Verfahren wird oft für Optimierungsaufgaben benutzt.

Als Beispiel für die geschilderte Vorgehensweise dient der Newtonsche Algorithmus zur Berechnung von Quadratwurzeln.

Eingabe: Der Radikand $r \in \mathbb{R}$ mit $r \geq 0$ und die erste Approximation $a_0 \in \mathbb{R}$ mit $a_0 \geq 0$.

Ausgabe: $\sqrt{r} \in \mathbb{R}$

Verfahren: Die Folge der Approximationen ist definiert durch

$$a_{i+1} = (a_i + r/a_i)/2$$

Falls die Folge der a_i für $i \to \infty$ gegen den Grenzwert a konvergiert, so gilt:

$$a = (a + r/a)/2 \iff a = \sqrt{r}$$

Der numerische Test lautet: Falls $|a - a'| < \varepsilon$ ist, so ist a' die Ausgabe.

In Pascal wird der Algorithmus durch eine Schleife mit einer ε-Bedingung als Abbruchkriterium implementiert.

```
function sqrt ( r, a0: real): real;
const eps = ...;
var a, a': real;
begin
   a' := a0;
   repeat
      a := a';
      a' := (a + r/a)/2.0
   until abs(a - a') < eps;
   sqrt := a'
end
```

Die Implementierung des Algorithmus in Pascal ist eine monolithische Einheit und läßt sich nur als Ganzes modifizieren. In einer funktionalen Programmiersprache mit nicht-strikter Auswertung kann folgendermaßen vorgegangen werden.

Definition der Iterationsfunktion:

```
next :: Float -> Float -> Float
next r x = (x + r / x) / 2
```

Dann ist `next r :: Float -> Float` die Funktion, die eine Approximation auf die nächst folgende Approximation abbildet. Mit $f =$ `next r` ist

$$[a_0, f\ a_0, f(f\ a_0), f(f(f\ a_0))), \ldots]$$

die Liste der Approximationen.

Bereitstellen der Liste der Approximationen: Dies geschieht mithilfe der Funktion `iterate`, die das gerade beschriebene Muster implementiert.

```
iterate :: (a -> a) -> a -> [a]
iterate f x =  x: iterate f (f x)
```

Der Ausdruck `iterate (next r) a0` bezeichnet die Liste aller Approximationen. Das ist eine unendliche Liste, von der aber nur ein endliches Teilstück betrachtet wird. Die Länge dieses Teilstücks ist allerdings zu Beginn der Rechnung nicht vorherzusehen.

Definition des Abbruchkriteriums: Die Differenz zweier aufeinanderfolgender Folgenglieder (Approximationen) sei kleiner als ε. Dabei ist ε eine von der zugrunde liegenden Rechnerarithmetik abhängige Konstante.

```
within :: Float -> [Float] -> Float
within eps (x1: xs@(x2: _)) =
        | abs (x1 - x2) < eps = x2
        | otherwise           = within eps xs
```

Zusammengenommen:

```
sqrt :: Float -> Float -> Float -> Float
sqrt x0 eps n = within eps (iterate (next n) x0)
```

Diese Funktionsdefinition ist tatsächlich leichter zu ändern, als die monolithische Lösung in Pascal. Die Abbruchbedingung `within eps`, die den Absolutwert des Abstand zweier aufeinanderfolgender Folgenglieder testet, soll durch eine Abbruchbedingung ersetzt werden, die den relativen Abstand testet.

```
relative :: Float -> [Float]  -> Float
relative eps (x1: xs@(x2: _))
        | abs (1 - x1/x2) < eps = x2
        | otherwise             = relative eps xs
```

Es ergibt sich die neue Quadratwurzelfunktion:

```
rel_sqrt :: Float -> Float -> Float -> Float
rel_sqrt x0 eps n = relative eps (iterate (next n) x0)
```

Der Vorteil dieser Art der Programmierung liegt darin, daß auch der Einbau eines komplizierteren Abbruchkriteriums, das mehr als zwei Folgenglieder oder gar eine im voraus nicht zu bestimmende Anzahl von Folgengliedern benötigt, sich auf den Austausch der Funktion `within` beschränkt.

5.3 Das Sieb des Eratosthenes

Einer der ältesten Algorithmen ist das *Sieb des Eratosthenes* zur Berechnung von Primzahlen. Hierbei werden aus der Liste der natürlichen Zahlen gleichsam wie mit einem Sieb die Primzahlen herausgefiltert. Das Verfahren verläuft folgendermaßen:

Algorithmus Sieb

1. Erstelle eine Liste aller natürlichen Zahlen beginnend mit 2.
2. Markiere die erste unmarkierte Zahl.

3. Streiche alle Vielfachen der letzten markierten Zahl.

4. Weiter bei Schritt 2.

Nach der Durchführung des Verfahrens verbleibt eine Liste von markierten Zahlen. Das ist die Liste aller Primzahlen. Ein Schönheitsfehler des Verfahrens ist, daß es nicht terminiert, da es unendlich viele Primzahlen gibt. Ist man allerdings nur an den ersten 100 Primzahlen oder den Primzahlen kleiner als 4711 interessiert, so reicht es, das Sieben nur für ein endliches Anfangsstück der natürlichen Zahlen durchzuführen. Diese Intuition kann in einer Programmiersprache mit nicht-strikter Auswertung Schritt für Schritt in ein Programm umgesetzt werden.

Liste der natürlichen Zahlen ab 2:

```
from :: Int -> [Int]
from n =  n: from (n + 1)
```

Die Funktion `from` liefert zu einer natürlichen Zahl n die (unendliche) Liste aller Nachfolger von n. Der Ausdruck `from 2` bezeichnet die gewünschte Liste.

```
? from 2
[2, 3, 4, 5, 6, 7, 8, 9, 10, 11, 12, 13{Interrupted!}
```

Da Listen dieser Art häufig auftreten, hat Gofer eine spezielle Syntax für sie. Der Ausdruck `[n ..]` hat als Wert die Liste $[n, n+1, n+2, \ldots]$ und der Ausdruck `[m, n ..]` hat den Wert $[m, m+d, m+2d, \ldots]$ für $d = n - m$.

```
? [2..]
[2, 3, 4, 5, 6, 7, 8, 9, 10, 11, 12{Interrupted!}
```

```
? [2,4..]
[2, 4, 6, 8, 10, 12, 14, 16, 18, 20, 22{Interrupted!}
```

(In beiden Fällen muß der Lauf des Interpretierers unterbrochen werden, um eine endliche Ausgabe zu erhalten.)

Markiere die erste unmarkierte Zahl: Die Funktion `head :: [a] -> a` bestimmt den Kopf (das erste Element) einer nichtleeren Liste. Der gleiche Effekt läßt sich auch durch Musteranpassung bewerkstelligen.

Streichen aller Vielfachen: Das Streichen aller Listenelemente, die Vielfache einer gegebenen Zahl sind, erfolgt durch die Funktion `dropMultiples'`. Sie benutzt die Funktion `filter :: (a -> Bool) -> [a] -> [a]`. Sie erwartet als erstes Argument ein Prädikat `p` vom Typ `a -> Bool` und als zweites Argument eine Liste `xs`. Daraus produziert sie die Liste aller Elemente x von `xs`, für die $p(x)$ `True` ergibt. Sie ist wie folgt vordefiniert:

```
filter :: (a -> Bool) -> [a] -> [a]
filter p [ ]       = [ ]
filter p (x: xs) | p x       = x: filter p xs
                 | otherwise = filter p xs
```

Damit läßt sich die Funktion `dropMultiples'` definieren durch:

```
dropMultiples' :: Int -> [Int] -> [Int]
dropMultiples' x xs = filter (\y -> y 'mod' x /= 0) xs
```

```
? dropMultiples' 2 (from 3)
[3, 5, 7, 9, 11, 13, 15, 17, 19, 21{Interrupted!}
```

Rückkopplung: Zum Schluß muß noch die Rückkopplung „weiter bei Schritt 2." aus dem vierten Schritt und der `head` in die Funktionsdefinition eingebaut werden.

```
dropMultiples :: [Int] -> [Int]
dropMultiples xs
  = head xs:
    dropMultiples (dropMultiples' (head xs) (tail xs))
-- oder gleichwertig:
dropMultiples (x: xs) =
    x: dropMultiples (filter (\y -> y 'mod' x /= 0) xs)
```

Ergebnis: Die Liste `primes` aller Primzahlen kann mit der folgenden Deklaration bereitgestellt werden.

```
primes :: [Int]
primes = dropMultiples [2..]
```

```
? primes
[2, 3, 5, 7, 11, 13, 17, 19, 23, 29, 31, 37, 41, 43, 47{Interrupted!}
```

Die Liste der ersten 100 Primzahlen berechnet der Ausdruck:

```
take 100 primes
```

Der Ausdruck `filter (< 42) primes` liefert als Wert nicht die Liste aller Primzahlen, die kleiner als 42 sind, sondern:

```
? filter (<42) primes
[2, 3, 5, 7, 11, 13, 17, 19, 23, 29, 31, 37, 41
```

Der Interpretierer liefert nach 41 einfach keine weitere Ausgabe und muß abgebrochen werden. Der Wert des Ausdrucks weder eine endliche noch eine unendliche Liste, sondern vielmehr eine sogenannte *partielle Liste*! (Warum?)

Zur Lösung dieser Aufgabe ist eine Funktion `takeWhile` erforderlich, die ein Prädikat und eine Liste als Argumente nimmt und das längste Anfangsstück der Liste berechnet, für dessen Elemente das Prädikat erfüllt ist.

```
takeWhile :: (a -> Bool) -> [a] -> [a]
takeWhile p [ ]      = [ ]
takeWhile p (x: xs) | p x       = x: takeWhile p xs
                    | otherwise = [ ]
```

Das gewünschte Ergebnis liefert der Ausdruck:

```
takeWhile (< 4711) primes
```

5.4 Zirkuläre Datenstrukturen

Datenstrukturen benötigen Speicherplatz zu ihrer Darstellung in der Maschine. Daher ist beim Rechnen mit unendlichen Datenstrukturen letztlich der zur Verfügung stehende Speicherplatz das einzige Hindernis. Allerdings gibt es Fälle, in denen unendliche Datenstrukturen effizient mit endlichem Platzbedarf repräsentiert werden können. Von solchen zirkulären Datenstrukturen handeln die folgenden Abschnitte.

Unendlich viele Einsen

Das einfachste Beispiel ist eine Liste mit unendlich vielen Wiederholungen der Zahl 1.

```
ones :: [Int]
ones =  1: ones
```

Die Auswertung dieser Definition ergibt:

$$\texttt{ones} = 1\!:\!\texttt{ones} = 1\!:\!1\!:\!\texttt{ones} = 1\!:\!1\!:\!1\!:\ldots = [1,1,1,\ldots]$$

Die Darstellung dieser Liste ist eine zirkuläre Speicherstruktur, wie in Abb. 5.1 dargestellt. Ein Listenkonstruktor angewendet auf Kopf und Rest einer Liste benötigt

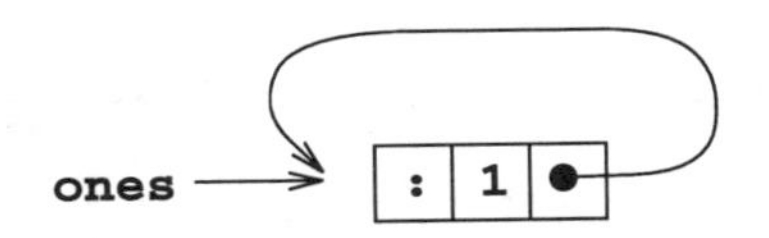

Abbildung 5.1: Zirkuläre Datenstruktur.

darin einen Speicherbereich aus drei aufeinanderfolgenden Speicherzellen. Die erste Zelle identifiziert den Listenkonstruktor :, die zweite Zelle enthält (einen Verweis auf) den Kopf der Liste und die dritte Zelle (einen Verweis auf) den Rest der Liste. Der Speicherbedarf für ones ist konstant, unabhängig von Zugriffen auf die Elemente der Liste.

Many

Der naheliegende Gedanke ist, die 1 als Parameter aus der Definition herauszuziehen und so eine Funktion `many` zu erhalten, die als Ergebnis von `many x` eine zirkuläre Darstellung der unendlichen Liste $[x, x, \ldots]$ liefert.

```
many :: a -> [a]
many  = \x -> x: many x
```

Die Liste von Einsen ist mit `many` wie folgt zu erhalten:

```
? many 1
[1, 1, 1, 1, 1, 1, 1, 1, 1, 1{Interrupted!}
```

Jeder rekursive Ausruf von `many x` erzeugt ein neues Listenelement! Bei jedem Zugriff auf ein Listenelement wird die Struktur weiter entfaltet. Der Speicherbedarf zur Auswertung von `many x` entspricht genau der Zugriffstiefe auf den Wert von `many x`. Aber auch in diesem Fall ist es möglich, eine zirkuläre Speicherstruktur zu konstruieren, deren Größe unabhängig von den Zugriffen ist. Zu diesem Zweck gibt es einen Kunstgriff: Der Wert wird in eine lokale Deklaration verpackt, in der der Zyklus offensichtlich ist. Sie sieht genau wie die Definition von `ones` aus, benutzt aber die freie Variable `x`. Die Definition lautet nun:

```
many' :: a -> [a]
many' = \x -> let l = x: l in l
```

Mit dieser Definition wird wieder eine zirkuläre Speicherstruktur erzeugt!

```
? let x = many 1 in (head(drop 100 x))
1 :: Int
(205 reductions, 310 cells)
? let x = many' 1 in (head(drop 100 x))
1 :: Int
(105 reductions, 110 cells)
```

iterate

Auch für `iterate` kann eine Version angegeben werden, die zirkuläre Datenstrukturen benützt.

```
iterate f x = itl
    where itl = x: map f itl
```

Diese Definition ist effizienter als die folgende äquivalente Definition:

```
iterate f = \x -> x: map f (iterate f x)
```

Bei dieser Variante wird beim ersten Zugriff auf das n-te Listenelement `f` n-mal auf a angewendet. Schon vorher (z.B. beim Zugriff auf das $n+1$-te Listenelement) berechnete Zwischenergebnisse können nicht verwendet werden.

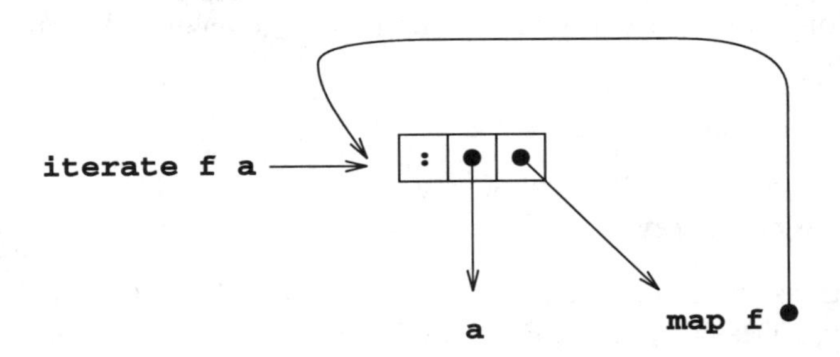

Abbildung 5.2: Der Wert von `iterate f a`.

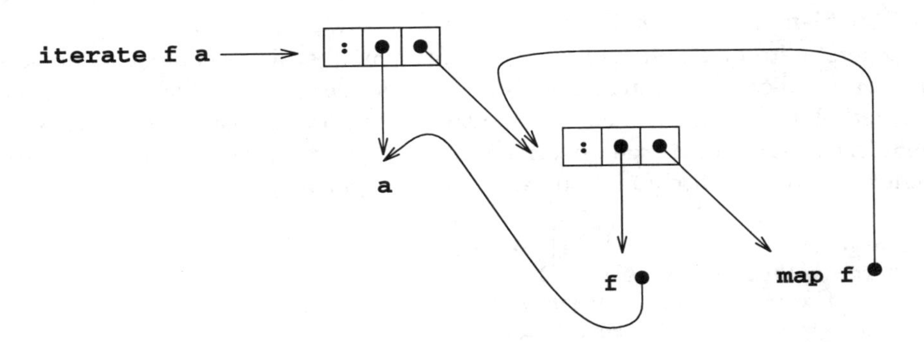

Abbildung 5.3: Speicherzustand nach Zugriff auf das zweite Listenelement.

In den Abbildungen 5.2 und 5.3 ist das Ergebnis eines Aufrufs der zyklischen Variante von `iterate` dargestellt. Die zweite Abbildung zeigt den Speicherzustand nach dem Zugriff auf das zweite Element des Ergebnisses.

Anmerkung: Die dem Autor vorliegende Version des Gofer-Interpretierers optimiert die folgende Definition zu der zuerst angegebenen zyklischen Definition von `iterate`.

```
iterate f x = x: map f (iterate f x)
```

Das Hamming-Problem

Ein interessantes Problem, welches mithilfe von unendlichen Listen effizient gelöst werden kann, ist das Hamming-Problem. Es besteht darin eine Folge $X = (x_i)_{i \in \mathbb{N}}$ mit folgenden Eigenschaften 1.–4. zu erzeugen.

1. $\forall i \in \mathbb{N} . x_{i+1} > x_i$.
2. $x_0 = 1$.
3. Falls x in der Folge X auftritt, dann auch $2x$, $3x$ und $5x$.
4. Nur die durch 1., 2. und 3. spezifizierten Zahlen treten in X auf.

Das Hamming-Problem ist ein Spezialfall des folgenden Problems: Berechne aus einer Menge S von Startwerten und einer Menge von Funktionen F den Abschluß von S unter Anwendung der Funktionen aus F. Der Abschluß ist die kleinste Menge M mit den Eigenschaften $S \subseteq M$ und $\forall f \in F . f(M) \subseteq M$.

Zuerst wird eine Hilfsfunktion `setMerge` benötigt, die zwei aufsteigend sortierte, unendliche Listen zu einer aufsteigenden sortierten, unendlichen Liste ohne Wiederholung von Elementen verschmilzt. (Diese Funktion ist nicht mit der vordefinierten Funktion `merge` zu verwechseln, die zum Sortieren durch Mischen benutzt wird. Die Mischfunktion `merge` erhält Duplikate.)

```
setMerge :: Ord a => [a] -> [a] -> [a]
setMerge xs'@(x: xs) ys'@(y: ys)
        | x == y    = x: setMerge xs  ys
        | x <  y    = x: setMerge xs  ys'
        | otherwise = y: setMerge xs' ys
```

Die Lösung des Hamming-Problems lautet folgendermaßen:

```
hamming :: [Int]
hamming = 1: setMerge (map (*2) hamming)
                      (setMerge (map (*3) hamming)
                                (map (*5) hamming))
```

D.h. `hamming` ist eine Zahlenfolge, die mit 1 beginnt, und deren weitere Glieder sich durch die Verschmelzung der mit 2, 3 und 5 multiplizierten Hammingfolge ergeben. Bei Definitionen dieser Art muß es möglich sein, das erste Element der zu verschmelzenden Listen zu bestimmen, ohne daß eine Schleife geschlossen wird. Ansonsten ergibt sich eine nicht-terminierende Berechnung, die von manchen Interpretierern und Übersetzern (allerdings nicht von Gofer) mit der Fehlermeldung „BLACK HOLE" abgebrochen wird.

Zur Berechnung eines neuen Listenelements werden höchstens 4 Vergleiche, 3 Multiplikationen und eine Listenkonstruktion (`:`) ausgeführt. Daraus folgt, daß das n-te Folgenglied in $O(n)$ Zeit bestimmt werden kann.

Der Leser versuche einmal, eine genauso klare und gleichzeitig effiziente Formulierung dieses Problems in einer imperativen Sprache zu finden.

Prozeßnetze

Es ist nicht immer einfach, die Manipulation von unendlichen Listen zu beschreiben und zu planen. Synchrone Prozeßnetze sind dafür ein gutes Hilfsmittel. Ein Prozeßnetz besteht aus Speichereinheiten, Prozessoreinheiten und Drähten. Jede Speichereinheit besitzt einen Eingang und einen Ausgang, eine Prozessoreinheit kann mehrere Ein- und Ausgänge besitzen. Einer der Drähte ist als Ausgabe gekennzeichnet, optional können auch Eingabedrähte vereinbart werden. Drähte können beliebige Verbindungen zwischen Speicher- und Prozessoreinheiten herstellen, solange jeder Draht entweder genau eine Verbindung zu einem Ausgang hat oder ein Eingabedraht ist. Durch einen globalen Taktimpuls wird die Speicherung der aktuellen Werte an den Eingängen aller Speichereinheiten bewirkt.

Die Zustände der Drähte in Abhängigkeit von der Zeit (Anzahl der Taktimpulse) können durch unendliche Listen dargestellt werden. Das i-te Element einer solchen Liste reflektiert den Zustand des Drahtes nach dem i-ten Taktimpuls. Die Funktion einer Prozessoreinheit `f` wird durch `map f` bzw. `zipWith f` simuliert, je nach Anzahl der Eingänge von `f` (also der Anzahl der Argumente von `f`). Auf diese Art und Weise kann ein synchrones Prozeßnetz als Spezifikation für eine unendliche Liste, nämlich die Zustände des Ausgabedrahtes, angesehen werden.

Die folgende Definition generiert die Liste der natürlichen Zahlen.

```
nats :: [Int]
nats = 0 : map (+ 1) nats
```

Ihre Übertragung in ein Prozeßnetz liefert die Darstellung:

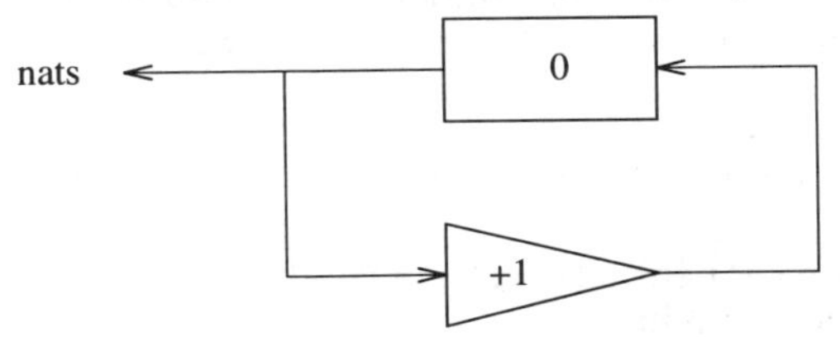

Die Folge $(F_n)_{n \in \mathbb{N}}$ der Fibonacci-Zahlen gehorcht dem Bildungsgesetz $F_0 = 0$, $F_1 = 1$, $F_{n+2} = F_n + F_{n+1}$. Die Liste aller Fibonacci-Zahlen kann definiert werden durch:

```
fibs :: [Int]
fibs = 0 : 1 : zipWith (+) fibs (tail fibs)
```

Die graphische Darstellung dieser Definition als Prozeßnetz ist:

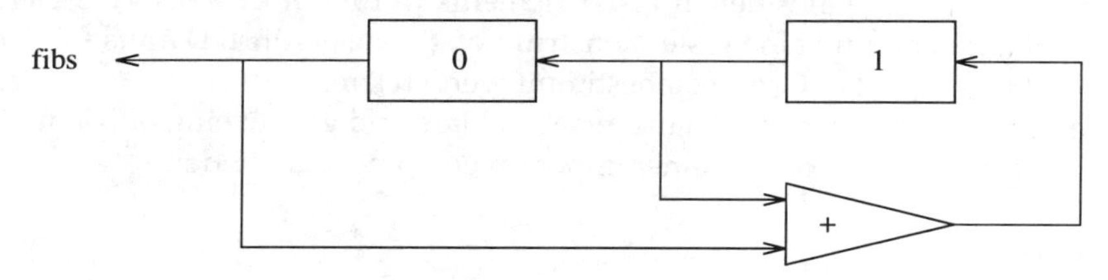

Eine alternative Definition lautet:

```
fibs :: [Int]
fibs@(_: tfibs) = 0: 1: zipWith (+) fibs tfibs
```

Die Umwandlung von Prozeßnetzen in Definitionen von unendlichen Listen geschieht allgemein auf folgende Art und Weise:

♦ Wähle Namen für alle Drähte des Prozeßnetzes. Benutze die ausgezeichneten Namen `in1, ..., inm` bzw. `out1, ..., outn` für die Ein- und Ausgabedrähte.

♦ Das Prozeßnetz wird durch die folgende Funktion `net` beschrieben:

```
net in1 ... inm = (out1, ..., outn) where
```

Die `where`-Klausel enthält genau die Definitionen der Drähte, die nicht Eingabedrähte sind.

♦ Die Definition für eine Speichereinheit vom Draht `delayin` nach `delayout` mit anfänglichem Inhalt `init` lautet:

```
delayout = init: delayin
```

♦ Die Definition für eine Prozessoreinheit, die die Funktion `f` von den Eingaben `procin1, ..., procinm` auf die Ausgaben `procout1, ..., procoutn` berechnet, lautet:

```
(procout1, ..., procoutn) = unZipWith_n_m f procin1 ... procinm
```

Dabei sind die Funktionen `unZipWithnm` Verallgemeinerungen von `map`, `zipWith` und `unzip` definiert durch:

```
unZipWith_1_1 = map

unZipWith_2_1 :: (a -> (b1, b2)) -> [a] -> ([b1], [b2])
unZipWith_2_1 f = foldr (\x ~(ys1, ys2) ->
                      let ~(y1, y2) = f x in (y1: ys1, y2: ys2))
                      ([], [])

unZipWith_n_1 :: (a -> (b1, ..., bn)) -> [a] -> ([b1], ..., [bn])
unZipWith_n_1 f = foldr (\x ~(ys1, ..., ysn) ->
                      let ~(y1, ..., yn) = f x in
                          (y1: ys1, ..., yn: ysn))
                      ([], ..., [])

unZipWith_1_2 :: (a1 -> a2 -> b) -> [a1] -> [a2] -> [b]
unZipWith_1_2 = zipWith

unZipWith_1_m :: (a1 -> ... -> am -> b) -> [a1] -> ... -> [am] -> [b]
unZipWith_1_m = zipWith_m

unZipWith_n_m :: (a1 -> ... -> am -> (b1, ..., bn))
              -> [a1] -> ... -> [am] -> ([b1], ..., [bn])
unZipWith_n_m f xs1 ... xsm = unzip_n (zipWith_m f xs1 ... xsm)

unzip_2 :: [(b1, b2)] -> ([b1], [b2])
unzip_2 = unzip

unzip_n :: [(b1, ..., bn)] -> ([b1], ..., [bn])
unzip_n = foldr (\(y1, ...,yn) ~(ys1, ..., ysn) -> (y1:ys1, ..., yn:ysn))
                ([], ..., [])
```

Nach diesem Schema ergibt sich eine weitere äquivalente Definition für `fibs` wie folgt:

```
fibs = out1 where
  out1 = 0: tmp1
  tmp1 = 1: tmp2
  tmp2 = zipWith (+) tmp1 out1
```

5.5 Aufgaben

5.1 Sei xs = `iterate` ((+3).(2∗)) 1. Was sind die Werte von `elem` 13 xs und `elem` 14 xs? Begründung?

5.2 Schreiben Sie ein Programm, das eine aufsteigend sortierte Liste aller Primzahlpotenzen erzeugt: $[2, 3, 4, 5, 7, 8, 9, 11, \ldots]$.

Hinweis: Erzeugen Sie für jede Primzahl die Liste aller ihrer Potenzen und verwenden Sie die Funktion `setMerge`.

5.3 Eine Zahl ist perfekt, wenn sie die Summe ihrer Teiler ist. Definieren Sie die Liste aller perfekten Zahlen.

5.4 Erzeugen Sie die Liste aller quadratfreien Zahlen.

$$\{n \in \mathbb{N} \mid \forall m > 1 \,.\, m^2 \not| n\}$$

5.5 Vergleichen Sie die Effizienz der folgenden Definition für `iterate` mit den Definitionen aus Kap. 5.4.

```
iterate f x = x: iterate f (f x)
```

5.6 Programmieren Sie die drei beschriebenen Abwandlungen des Hamming-Problems. Benutzen Sie zirkuläre Datenstrukturen, falls das möglich ist.

```
hamming1 :: Int -> Int -> Int -> [Int]
hamming2 :: [Int] -> [Int]
hamming3 :: [Int] -> [Int] -> [Int]
```

`hamming1`: Ersetzen Sie die Zahlen 2, 3 und 5 durch die Parameter a, b und c; an die Stelle von Eigenschaft 3. tritt

3′. Falls x in der Folge auftritt, dann auch ax, bx und cx.

`hamming2`: Anstelle von **drei** Multiplikatoren wird eine endliche Anzahl von Multiplikatoren in einer aufsteigend sortierten Liste as angegeben. Benutzen Sie also:

3″. Falls x in der Folge auftritt und a in der Liste as ist, ist auch ax ein Folgenelement.

`hamming3`: Zusätzlich zur Forderung 3″. wird das Vorkommen der Zahl 1 ersetzt durch das Vorkommen der Elemente einer beliebigen aufsteigend sortierten Liste `bs`. Es ergibt sich die Forderung:

2′. Die Elemente der Liste `bs` gehören zur Folge.

5.7 Schreiben Sie eine Funktion `minTree :: Ord a => Tree a -> Tree a`, die mit nur *einem* Baumdurchlauf die Werte an allen Knoten durch das Minimum aller Werte an den Knoten ersetzt. Dabei sei `Tree a` definiert durch:

```
data Tree a = Tree a [Tree a]
```

Hinweis: Benutzen Sie Hilfsfunktionen. Es gibt (mindestens) zwei Lösungswege: Ausnutzung der nicht-strikten Auswertung (Rechnen mit Unbekannten) oder Verwendung von Funktionen höheren Typs.

6 Eigenschaften von Programmen

Eine Folge der referentiellen Transparenz funktionaler Programmiersprachen ist die Möglichkeit, einen Ausdruck unabhängig vom Kontext, in dem er auftritt, durch einen anderen Ausdruck gleichen Wertes zu ersetzen. Die Intention bei einer solchen *Programmtransformation* ist die Ersetzung eines „teuren" Ausdrucks durch einen gleichwertigen Ausdruck, der „billiger" auszuwerten ist.

Um ein Repertoire von geeigneten Transformationen zusammenzustellen, müssen Sätze über die Eigenschaften von Ausdrücken bewiesen werden. Die hauptsächlichen Hilfsmittel zum Beweis solcher Sätze sind Substitutivität (die Korrektheit des Ersetzens von Teilausdrücken durch solche mit gleicher Bedeutung) und Induktion.

6.1 Induktionsbeweise

6.1.1 Vollständige Induktion

Die Menge $\mathbb{N}$ der natürlichen Zahlen läßt sich konstruktiv durch eine *induktive Definition* beschreiben.

1. Es gibt ein Element $0 \in \mathbb{N}$.

2. Es gibt eine injektive Funktion $\mathtt{succ}\colon \mathbb{N} \to \mathbb{N}$, so daß falls $n \in \mathbb{N}$ ist, auch $\mathtt{succ}\ n \in \mathbb{N}$ ist.

3. Für alle $n \in \mathbb{N}$ gilt $\mathtt{succ}\ n \neq 0$.

4. Nur die durch (1) und (2) konstruierten Elemente liegen in $\mathbb{N}$.

Aus dieser induktiven Beschreibung ergibt sich die Gültigkeit des Beweisprinzips der vollständigen Induktion über natürlichen Zahlen. Zum Beweis einer Eigenschaft P, die für alle $n \in \mathbb{N}$ gelten soll ($\forall n \in \mathbb{N} .\ P(n)$), reicht es zu zeigen:

1. (Induktionsanfang) Es gilt $P(0)$.

2. (Induktionsschritt) Für alle $n \in \mathbb{N}$ folgt aus $P(n)$ die Aussage $P(\mathtt{succ}\ n)$.

Außerdem muß natürlich die Aussage $P(n)$ für alle $n \in \mathbb{N}$ definiert sein.

Als Beispiel sei $P(n) \equiv \sum_{i=0}^{n} i = n(n+1)/2$ gewählt. Der Beweis verläuft wie folgt:

1. Zeige $P(0)$: $\sum_{i=0}^{n} i = 0 = 0(0+1)/2$.

2. $\mathsf{P}(n) \Longrightarrow \mathsf{P}(\mathtt{succ}\ n)$: Die Induktionsvoraussetzung (IV) ist $\mathsf{P}(n)$.

$$\begin{aligned}\sum_{i=0}^{n+1} i &= n+1+\sum_{i=0}^{n} i \\ &\overset{(IV)}{=} n+1+n(n+1)/2 \\ &= (n+1)(n+2)/2.\end{aligned}$$

6.1.2 Listeninduktion

Die Induktion über endlichen Listen ist eine Verallgemeinerung der vollständigen Induktion. Die Menge $[a]$ aller endlichen Listen über einem Grundtyp a ist induktiv definiert durch die folgenden Axiome.

1. Die leere Liste $[\,]$ ist Element von $[a]$.
2. Für ein beliebiges Element $x \in a$ und eine Liste $xs \in [a]$ ist auch $x{:}xs \in [a]$ und es gilt $(x{:}xs = y{:}ys) \Longrightarrow (x = y \wedge xs = ys)$ für alle $x, y \in a$ und alle $xs, ys \in [a]$.
3. Für alle $x \in a$ und $xs \in [a]$ ist $[\,] \neq x{:}xs$.
4. Nur die durch (1) und (2) erzeugten Elemente liegen in $[a]$.

Daraus ergibt sich — analog zu den natürlichen Zahlen — das Prinzip der *Listeninduktion* für endliche Listen. Sei P eine Eigenschaft von Listen, die unabhängig von den einzelnen Listenelementen ist. Zum Beweis der Aussage $\forall L \in [a] \,.\, \mathsf{P}(L)$ reichen die beiden folgenden Schritte aus, falls $\mathsf{P}(L)$ für alle Listen L definiert ist.

1. (Induktionsanfang) Beweise $\mathsf{P}([\,])$.
2. (Induktionsschritt) Beweise $\forall L \in [a] \,.\, \forall x \in a \,.\, \mathsf{P}(L) \Longrightarrow \mathsf{P}(x{:}L)$.

Viele Aussagen über listenverarbeitende Funktionen sind durch Listeninduktion beweisbar.

Assoziativität der Listenverkettung

Der Listenverkettungsoperator `(++) :: [a] -> [a] -> [a]` ist definiert durch die beiden Gleichungen

(++1) $\qquad [\,] \mathbin{++} y = y$

(++2) $\qquad (x{:}xs) \mathbin{++} y = x{:}(xs \mathbin{++} y)$

Wird in einem der folgenden Beweise eine definierende Gleichung benutzt, so wird dies durch $\overset{(++1)}{=}$ angedeutet. $\overset{(++1R)}{=}$ bedeutet, daß die definierende Gleichung von rechts nach links angewendet wird.

Die Verkettung von Listen ist *assoziativ* und die leere Liste $[\,]$ ist neutrales Element, d.h. für alle endlichen Listen xs, ys und zs gilt

$$[\,] \mathbin{+\!\!+} xs = xs \tag{6.1.1}$$

$$xs \mathbin{+\!\!+} [\,] = xs \tag{6.1.2}$$

$$xs \mathbin{+\!\!+} (ys \mathbin{+\!\!+} zs) = (xs \mathbin{+\!\!+} ys) \mathbin{+\!\!+} zs \tag{6.1.3}$$

Die Gleichung (6.1.1) ergibt sich sofort aus (++1). Für (6.1.2) muß eine Induktion über xs durchgeführt werden.

Fall $[\,]$: Es ergibt sich $[\,] \mathbin{+\!\!+} [\,] \overset{(++1)}{=} [\,]$.

Fall $x{:}xs$: Hier erweist sich

$$\begin{aligned} (x{:}xs) \mathbin{+\!\!+} [\,] &\overset{(++2)}{=} x{:}(xs \mathbin{+\!\!+} [\,]) \\ &\overset{(IV)}{=} x{:}xs \end{aligned}$$

Der Beweis von (6.1.3) erfolgt durch strukturelle Induktion über den Parameter xs.

Fall $[\,]$: Es ergibt sich:

$$\begin{aligned} [\,] \mathbin{+\!\!+} (ys \mathbin{+\!\!+} zs) &\overset{(++1)}{=} ys \mathbin{+\!\!+} zs \\ &\overset{(++1R)}{=} ([\,] \mathbin{+\!\!+} ys) \mathbin{+\!\!+} zs \end{aligned}$$

Fall $x{:}xs$: Hier gilt:

$$\begin{aligned} (x{:}xs) \mathbin{+\!\!+} (ys \mathbin{+\!\!+} zs) &\overset{(++2)}{=} x{:}(xs \mathbin{+\!\!+} (ys \mathbin{+\!\!+} zs)) \\ &\overset{(IV)}{=} x{:}((xs \mathbin{+\!\!+} ys) \mathbin{+\!\!+} zs) \\ &\overset{(++2R)}{=} (x{:}(xs \mathbin{+\!\!+} ys)) \mathbin{+\!\!+} zs \\ &\overset{(++2R)}{=} ((x{:}xs) \mathbin{+\!\!+} ys) \mathbin{+\!\!+} zs \end{aligned}$$

Monoideigenschaften

Ein *Monoid* ist eine algebraische Struktur $(M, \langle\oplus, e\rangle)$, wobei M eine Menge, $\oplus\colon M \to M \to M$ eine totale Funktion und $e \in M$ ist, so daß $\oplus$ assoziativ ist und e neutrales Element bezüglich $\oplus$ ist.

Der vorangegangene Abschnitt belegt, daß $([a], \langle \mathbin{+\!\!+}, [\,]\rangle)$ ein Monoid ist. Der Leser prüfe nach, daß auch $(\mathbb{N}, \langle +, 0\rangle)$, $(\mathbb{N}, \langle *, 1\rangle)$ und $(a \to a, \langle \circ, id\rangle)$ Monoide sind.

Sind $(M_i, \langle \oplus_i, e_i \rangle)$ Monoide (für $i = 1, 2$), so ist ein *Monoidhomomorphismus* eine Abbildung $h\colon M_1 \to M_2$ mit den Eigenschaften:

(H1) $$h(e_1) = e_2$$

(H2) $$\forall m, m' \in M_1 \,.\, h(m \oplus_1 m') = h(m) \oplus_2 h(m').$$

Die Betrachtung von Homomorphismen liefert sofort interessante Aussagen über viele listenverarbeitende Funktionen. Die Länge einer Liste `length :: [a] -> Int` ist definiert durch:

(`len1`) $$\texttt{length}\,[\,] = 0$$

(`len2`) $$\texttt{length}\,(x\colon xs) = 1 + \texttt{length}\,xs.$$

Die Funktion `length` ist ein Monoidhomomorphismus von $([a], \langle ++, [\,] \rangle)$ nach $(\mathbb{N}, \langle +, 0 \rangle)$. Dafür sind zwei Aussagen zu zeigen:

(6.1.4) $$\texttt{length}\,[\,] = 0$$

(6.1.5) $$\texttt{length}\,(xs \mathbin{++} ys) = \texttt{length}\,xs + \texttt{length}\,ys.$$

Die erste Aussage gilt, da sie der Gleichung (`len1`) entspricht. Die Gleichung 6.1.5 wird mittels Induktion über den Parameter xs bewiesen.

Fall $[\,]$: Es gilt:

$$\begin{aligned}
\texttt{length}\,([\,] \mathbin{++} ys) &\overset{(++1)}{=} \texttt{length}\,ys \\
&= 0 + \texttt{length}\,ys \\
&\overset{(\texttt{len1R})}{=} \texttt{length}\,[\,] + \texttt{length}\,ys.
\end{aligned}$$

Fall $x\!:\!xs$: Hier gilt:

$$\begin{aligned}
\texttt{length}\,((x\!:\!xs) \mathbin{++} ys) &\overset{(++2)}{=} \texttt{length}\,(x\!:\!(xs \mathbin{++} ys)) \\
&\overset{(\texttt{len2})}{=} 1 + \texttt{length}\,(xs \mathbin{++} ys) \\
&\overset{(IV)}{=} 1 + \texttt{length}\,xs + \texttt{length}\,ys \\
&\overset{(\texttt{len2R})}{=} \texttt{length}\,(x\!:\!xs) + \texttt{length}\,ys
\end{aligned}$$

Ein *Erzeugendensystem* für ein Monoid $(M, \langle \oplus, e \rangle)$ ist eine Teilmenge $A \subseteq M$, so daß jedes $m \in M$ durch wiederholte Anwendung von $\oplus$ aus A und e konstruiert werden kann. Im Falle der Listen bilden offenbar die einelementigen Listen ein Erzeugendensystem. Diese Tatsache kann zur Klassifikation der Listenhomomorphimen ausgenutzt werden.

Ein Listenhomomorphismus $h\colon [a] \to M$ ist eindeutig durch die Angabe der Bilder der einelementigen Listen $h[x]$, für alle $x \in a$, bestimmt. Dies gilt, da $[a]$ ein besonderer Monoid, nämlich der *freie Monoid* über a ist. M ist ein *freier Monoid* über A, falls jede Abbildung $f\colon A \to M'$ in einen Monoid M' auf eindeutige Weise zu einem Homomorphismus $M \to M'$ fortsetzbar ist.

6.1.1 Satz $([a], \langle ++, [\,]\rangle)$ *ist freier Monoid über* $X = \{[x] \mid x \in a\}$.

Beweis: Offenbar ist X ein Erzeugendensystem für $[a]$.
Sei $(M, \langle \oplus, e\rangle)$ ein Monoid und $f\colon X \to M$ eine Abbildung.

Eindeutigkeit: Seien $h_1, h_2\colon [a] \to M$ Homomorphismen mit $h_1[x] = h_2[x] = f[x] \in M$. Zu zeigen ist $h_1 = h_2$, d.h. $\forall xs \in [a]\,.\, h_1(xs) = h_2(xs)$. Dies erweist sich per Induktion über xs.

Für $xs = [\,]$ ist $h_1[\,] = [\,] = h_2[\,]$ aufgrund der Homomorphieeigenschaft (H1).

Auf einelementigen Listen stimmen h_1 und h_2 nach Definition überein und für $xs = xs' \mathbin{++} ys'$ gilt wegen (H2):

$$h_1(xs' \mathbin{++} ys') = h_1(xs') \oplus h_1(ys') \overset{(IV)}{=} h_2(xs') \oplus h_2(ys') = h_2(xs' \mathbin{++} ys')$$

Existenz: Definiere $h\colon [a] \to M$ durch:

$$\begin{aligned} h\,[\,] &:= e \\ h\,(x\!:\!xs) &:= f\,[x] \oplus h\,xs. \end{aligned}$$

Offenbar ist h Homomorphismus mit $h\,[x] = f\,[x]$.

□

Da die Menge der einelementigen Listen über a isomorph zu a selbst ist, ist jeder Homomorphismus durch eine Funktion `hom :: (a -> b) -> (b -> b -> b) -> b -> [a] -> b` konstruierbar, so daß gilt:

$$\begin{aligned} \texttt{hom}\,f\,(\oplus)\,e\,[\,] &= e \\ \texttt{hom}\,f\,(\oplus)\,e\,(x\!:\!xs) &= f\,x \,\oplus\, \texttt{hom}\,f\,(\oplus)\,e\,xs \end{aligned}$$

Dies entspricht einem `map` f gefolgt von einem `foldr` $(\oplus)$ e und es gilt der folgende Satz.

6.1.2 Satz *Sei* $(M, \langle \oplus, e\rangle)$ *ein Monoid.*
Eine Funktion $h\colon [a] \to M$ *ist genau dann ein Homomorphismus, falls es eine Funktion* $f\colon a \to M$ *gibt, so daß gilt*

$$h = \texttt{foldr}\,(\oplus)\,e \circ \texttt{map}\,f$$

Nun erweisen sich viele listenverarbeitende Funktionen sofort als Homomorphismen:

```
length     = foldr (+)  0  . map (const 1)
map f      = foldr (++) [] . map (\x -> [f x])
foldr f e = foldr f    e   . map id
-- filter p xs filtert alle die Elemente
-- x aus xs heraus, für die p x == True ist.
filter p   = foldr (++) [] . map (test p)
  where test p x | p x        = [x]
                 | otherwise = []
-- any p xs ergibt True,
--    falls p x == True für irgendein Element aus xs
-- all p xs ergibt True,
--    falls p x == True für alle Elemente von xs
-- (Bool, < (||), False > ) und (Bool, < (&&), True > ) sind Monoide
any p      = foldr (||) False . map p
all p      = foldr (&&) True  . map p
```

Wohlfundierte Induktion

Induktion kann nicht nur über den induktiven Aufbau eines Datentyps betrieben werden, sondern auch über allgemeinere Ordnungsrelationen.

6.1.3 Definition Eine Relation $\prec \subseteq S \times S$ heißt *Wohlordnung*, falls gilt:

1. $\prec$ ist transitiv,
2. $\prec$ ist assymmetrisch, d.h. für alle $s, s' \in S$ gilt nicht gleichzeitig $s \prec s'$ und $s' \prec s$,
3. jede absteigende Folge $x_1, x_2, \ldots$ mit $x_{i+1} \prec x_i$ bricht ab.

□

Falls eine Menge S wohlgeordnet durch $\prec$ ist, so läßt sich zum Beweis von $\forall x \in S \,.\, P(x)$ das Schema der wohlfundierten Induktion anwenden. Es reicht dann nämlich zu zeigen

$$\forall x \in S \,.\, (\forall y \in S \,.\, y \prec x \Longrightarrow P(y)) \Longrightarrow P(x)$$

Eine wohlfundierte Ordnung auf Paaren von endlichen Listen ist z.B. definiert durch

$$([\,], ys) \preceq (xs, ys)$$
$$(xs, [\,]) \preceq (xs, ys)$$
$$(xs, ys) \prec (x\!:\!xs, y\!:\!ys)$$

Mit dieser Ordnung läßt sich die folgende Aussage mit `length` und `zip` beweisen.

$$\texttt{length}\ (\texttt{zip}\ xs\ ys) = \min(\texttt{length}\ xs, \texttt{length}\ ys)$$

Der Beweis der Aussage erfolgt durch wohlfundierte Induktion über (xs, ys) unter Verwendung der folgenden Definition für `zip`:

$$\begin{array}{lrcl}
(\texttt{zip1}) & \texttt{zip}\ [\,]\ _ & = & [\,] \\
(\texttt{zip2}) & \texttt{zip}\ (x:\ xs)\ [\,] & = & [\,] \\
(\texttt{zip3}) & \texttt{zip}\ (x:\ xs)\ (y:ys) & = & (x,y):\texttt{zip}\ xs\ ys.
\end{array}$$

♦ Ist $xs = [\,]$, so gilt

$$\begin{array}{rcl}
\texttt{length}\ (\texttt{zip}\ [\,]\ ys) & \stackrel{(\texttt{zip1})}{=} & \texttt{length}\ [\,] \\
& \stackrel{(\texttt{len1})}{=} & 0 \\
& = & \min(0, \texttt{length}\ ys) \\
& \stackrel{(\texttt{len1R})}{=} & \min(\texttt{length}\ [\,], \texttt{length}\ ys)
\end{array}$$

♦ Ist $xs \neq [\,]$ und $ys = [\,]$, so gilt

$$\begin{array}{rcl}
\texttt{length}\ (\texttt{zip}\ xs\ [\,]) & \stackrel{(\texttt{zip2})}{=} & \texttt{length}\ [\,] \\
& \stackrel{(\texttt{len1})}{=} & 0 \\
& = & \min(\texttt{length}\ xs, 0) \\
& \stackrel{(\texttt{len1R})}{=} & \min(\texttt{length}\ xs, \texttt{length}\ [\,])
\end{array}$$

♦ Schließlich gilt für $x:xs$ und $y:ys$:

$$\begin{array}{rcl}
\texttt{length}\ (\texttt{zip}\ (x:xs)\ (y:ys)) & \stackrel{(\texttt{zip3})}{=} & \texttt{length}\ ((x,y):\texttt{zip}\ xs\ ys) \\
& \stackrel{(\texttt{len2})}{=} & 1 + \texttt{length}\ (\texttt{zip}\ xs\ ys)) \\
& \stackrel{(\text{IV})}{=} & 1 + \min(\texttt{length}\ xs, \texttt{length}\ ys) \\
& = & \min(1 + \texttt{length}\ xs, 1 + \texttt{length}\ ys) \\
& \stackrel{(\texttt{len2R})}{=} & \min(\texttt{length}\ (x:xs), \texttt{length}\ (y:ys))
\end{array}$$

Eine weiteres interessantes Paar von Funktionen für Listen ist `take` und `drop`. Die Applikation `take` n `xs` ergibt das längstmögliche Präfix der Länge $\leq n$ von xs, während `drop` n xs das Präfix der Länge n von xs abspaltet.

```
take, drop :: Int -> [a] -> [a]

take 0       _       = [ ]
take (n+1) [ ]       = [ ]
take (n+1) (x: xs) = x: take n xs

drop 0     xs        = xs
drop (n+1) [ ]       = [ ]
drop (n+1) (x: xs) = drop n xs
```

Es sei dem Leser überlassen, durch wohlfundierte Induktion über (n, xs) zu zeigen, daß für alle $n \in \mathbb{N}$ und alle Listen xs gilt:

$$\texttt{take}\; n\; xs\; \texttt{++}\; \texttt{drop}\; n\; xs = xs$$

6.1.3 Induktion über algebraischen Datentypen

Nach dem gleichen Muster lassen sich Aussagen über endliche Elemente beliebiger algebraischer Datentypen $K\ a_1 \dots a_m$ beweisen. Sei K definiert durch

$$\texttt{data}\; K\ a_1 \dots a_m = C_1\ t_{11} \dots t_{1k_1} \mid \cdots \mid C_n\ t_{n1} \dots t_{nk_n}$$

für $n > 0$, $k_i \in \mathbb{N}$ für alle $1 \leq i \leq n$ und $t_{ij} \in T$. Dabei ist T eine Teilmenge der Typausdrücke und ist definiert durch

$$T' = V \mid K'\ T' \dots T' \mid (T', \dots, T') \mid T' \to T' \qquad (K' \neq K)$$
$$T = T' \mid K\ a_1 \dots a_m$$

Der Beweis einer Aussage $\forall d \in K\ a_1 \dots a_m \,.\, P(d)$ verläuft für endliches d nach dem folgenden Prinzip der *strukturellen Induktion*.

Für jedes j ist zu beweisen: Falls $i_1, \dots, i_k$ alle die Indizes von Argumentpositionen von C_j sind, für die $t_{ji_l} = K\ a_1 \dots a_m$ gilt, so muß für alle $d_1, \dots, d_{k_j}$ gelten, daß aus $P(d_{i_1}) \land \cdots \land P(d_{i_k})$ genau $P(C_j\ d_1 \dots d_{k_j})$ folgt.

Die durch T beschriebenen Typausdrücke erlauben ein rekursives Vorkommen von $K\ a_1 \dots a_m$ nur an der obersten Ebene, d.h. als direktes Argument eines Datenkonstruktors. Auch wenn dies nicht der Fall ist, kann ein Induktionsprinzip angegeben werden. Dies ist allerdings technisch aufwendiger und erfordert u.U. eine Verschachtelung von mehreren Induktionen.

6.1.4 Beispiel Ein Datentyp `TTree a` definiere einen einfachen Binärbaum mit den Operationen `leaves` (Anzahl der Blätter) und `nodes` (Anzahl der inneren Knoten).

```
data TTree a
        = Leaf a
        | Node (TTree a) (TTree a)

leaves, nodes :: TTree a -> Int
```

(lea1) $\quad$ `leaves (Leaf ) = 1`

(lea2) $\quad$ `leaves (Node l r) = leaves l + leaves r`

(nod1) $\quad$ [2ex]`nodes (Leaf ) = 0`

(nod2) $\quad$ `nodes (Node l r) = 1 + nodes l + nodes r`

Zu beweisen ist die Aussage

(6.1.6) $\quad$ $\forall$`t` $\in$ `TTree a . leaves t = 1 + nodes t`

mittels struktureller Induktion über den Aufbau von `t`. Es liegen zwei Datenkonstruktoren `Leaf` und `Node` vor, wobei `Leaf` keine und `Node` zwei Argumente vom Typ `TTree a` besitzt.

Fall `Leaf x`: Es gilt:

$$
\begin{aligned}
\texttt{leaves (Leaf x)} &\overset{\text{(lea1)}}{=} 1 \\
&= 1 + 0 \\
&\overset{\text{(nod1R)}}{=} 1 + \texttt{nodes (Leaf x)}
\end{aligned}
$$

Fall `Node l r`: Es gelte die Induktionsbehauptung (6.1.6) für `l` und `r`.

$$
\begin{aligned}
\texttt{leaves (Node l r)} &\overset{\text{(lea2)}}{=} \texttt{leaves l + leaves r} \\
&\overset{\text{(6.1.6)}}{=} \texttt{1 + nodes l + 1 + nodes r} \\
&= \texttt{1 + (1 + nodes l + nodes r)} \\
&\overset{\text{(nod2R)}}{=} \texttt{1 + nodes (Node l r)}
\end{aligned}
$$

6.2 Aussagen über Funktionen

Viele Aussagen über Funktionen lassen sich auf einer höheren Abstraktionsebene einfacher darstellen und verallgemeinern. An die Stelle vieler Spezialfälle treten wenige allgemeine Definitionen und Aussagen. Kategorien liefern eine solche Abstraktionsebene.

Eine Kollektion von Objekten zusammen mit einer Kollektion von Pfeilen (*Morphismen*) zwischen den Objekten bildet eine *Kategorie*, falls für jedes Objekt A ein Identitätspfeil id_A von A nach A vorhanden ist und auf den Pfeilen eine Operation $\circ$ definiert ist, so daß für Pfeile f von B nach C und g von A nach B auch der Pfeil $f \circ g$ von A nach C vorhanden ist. Weiterhin gilt:

1. (*id* ist Links- und Rechtsidentität bezüglich $\circ$) Für alle Objekte A, B und Pfeile f von A nach B ist
$$f \circ id_A = id_B \circ f = f.$$

2. (Die Verkettung $\circ$ von Pfeilen ist assoziativ.) Für alle Objekte A, B, C, D und Pfeile f von C nach D, g von B nach C und h von A nach B gilt
$$f \circ (g \circ h) = (f \circ g) \circ h.$$

6.2.1 Satz *Die Kollektion aller Mengen (als Objekte) zusammen mit den mengentheoretischen totalen Funktionen zwischen den Mengen (als Pfeile) bildet eine Kategorie.*

Beweis: Der Identitätspfeil auf einer Menge A ist die identische Funktion auf A. Die Verkettung von Pfeilen ist gerade die Funktionskomposition, also $(f \circ g)\ x = f(g\ x)$.

Für alle Funktionen $f\colon A \to B$ gilt
$$f \circ id_A = id_B \circ f = f,$$
denn für alle $x \in A$ ist $id_A\ x = x$ und damit auch $f(id_A\ x) = f\ x$, weiter ist $id_B(f\ x) = f\ x$ nach Definition von *id*.

Für alle Funktionen $f\colon C \to D$, $g\colon B \to C$ und $h\colon A \to B$ gilt
$$f \circ (g \circ h) = (f \circ g) \circ h,$$
denn beide Seiten lösen sich für alle $x \in A$ zu $f(g(h\ x))$ auf. □

Ein *Funktor* ist eine strukturerhaltende Abbildung zwischen zwei Kategorien. Genauer: Sind $\mathbf{A}$ und $\mathbf{B}$ Kategorien, so besteht ein Funktor $F\colon \mathbf{A} \to \mathbf{B}$ aus einer Abbildung F_{Obj}, die Objekte von $\mathbf{A}$ in Objekte von $\mathbf{B}$ abbildet (dem Objektanteil des Funktors) und einer Abbildung F_{Mor}, die Pfeile von $\mathbf{A}$ in Pfeile von $\mathbf{B}$ abbildet (dem Pfeil- oder Morphismenanteil von F). Dabei muß für alle Objekte A, A', A'' und Morphismen f von A nach A', g von A' nach A'' in $\mathbf{A}$ gelten, daß $F_{Mor}(f)$ von $F_{Obj}(A)$ nach $F_{Obj}(A')$ (in B) ist und weiter
$$F_{Mor}(id_A) = id_{F_{Obj}(A)}$$
$$F_{Mor}(g \circ f) = F_{Mor}(g) \circ F_{Mor}(f)$$

Die Funktion `map` auf Listen ist ein Beispiel für einen Funktor. Genauer gesagt ist `map` der Morphismenteil des Funktors. Sein Objektteil bildet die Menge A auf die Menge $[A]$ der Listen über A ab.

Auch die in Kap. 3.4 vorgestellten `map`-Funktionale sind Funktoren. Falls der zugrundeliegende Typkonstruktor mehrere Argumente besitzt, so handelt es sich um Funktoren mit mehreren Argumenten.

6.2.2 Satz (Funktoreigenschaft von map) *Sei* K *ein uniform definierter algebraischer Datentyp. Dann gilt*

$$\texttt{map}_K\ id \ldots id = id \tag{6.2.7}$$

$$\texttt{map}_K\ f_1 \ldots f_m \circ \texttt{map}_K\ g_1 \ldots g_m = \texttt{map}_K\ (f_1 \circ g_1) \ldots (f_m \circ g_m) \tag{6.2.8}$$

Beweis: Da der Beweis zwar technisch aufwendig, aber nicht schwierig ist, werden lediglich einige Teile der Aussage (6.2.8) vorgeführt.

Der Beweis verläuft per Induktion über $K\ a_1 \ldots a_m$ und über die Anzahl der vorangegangenen `data`-Deklarationen. Für den Konstruktor $C\colon t_1 \to \ldots t_k \to K\ a_1 \ldots a_m$ ergibt sich

$$\begin{aligned}
&\texttt{map}_K\ f_1 \ldots f_m\ (\texttt{map}_K\ g_1 \ldots g_m\ (C\ d_1 \ldots d_k))\\
&= \texttt{map}_K\ f_1 \ldots f_m\ (C\ (M_K^{\overline{g}}[\![\, t_1 \,]\!]\ d_1) \ldots (M_K^{\overline{g}}[\![\, t_k \,]\!]\ d_k))\\
&= C(M_K^{\overline{f}}[\![\, t_1 \,]\!]\ (M_K^{\overline{g}}[\![\, t_1 \,]\!]\ d_1)) \ldots (M_K^{\overline{f}}[\![\, t_k \,]\!]\ (M_K^{\overline{g}}[\![\, t_k \,]\!]\ d_k))
\end{aligned}$$

Es reicht also, für alle $t \in T$ zu zeigen, daß

$$M_K^{\overline{f}}[\![\, t \,]\!] \circ M_K^{\overline{g}}[\![\, t \,]\!] = M_K^{\overline{f \circ g}}[\![\, t \,]\!]$$

falls die Induktionsvoraussetzung gültig ist, also auf $d_1, \ldots, d_k$. Dieser Beweis erfordert eine Induktion über den Aufbau von t.

Beispielhaft sei der Fall $t \equiv K'\ t_1 \ldots t_l$ vorgeführt.

$$\begin{aligned}
&M_K^{\overline{f}}[\![\, K'\ t_1 \ldots t_l \,]\!] \circ M_K^{\overline{g}}[\![\, K'\ t_1 \ldots t_l \,]\!]\\
&= \texttt{map}_{K'} \ldots (M_K^{\overline{f}}[\![\, t_j \,]\!]) \cdots \circ \texttt{map}_{K'} \ldots (M_K^{\overline{g}}[\![\, t_j \,]\!]) \ldots\\
&\quad \text{nach Induktion ist die Aussage für } K' \text{ bereits bewiesen}\\
&= \texttt{map}_{K'} \ldots (M_K^{\overline{f}}[\![\, t_j \,]\!] \circ M_K^{\overline{g}}[\![\, t_j \,]\!]) \ldots\\
&\quad \text{nach Induktion gilt die Aussage für alle } t_j\\
&= \texttt{map}_{K'} \ldots (M_K^{\overline{f \circ g}}[\![\, t_j \,]\!]) \ldots\\
&= M_K^{\overline{f \circ g}}[\![\, K'\ t_1 \ldots t_l \,]\!]
\end{aligned}$$

Der Beweis der anderen Fälle verläuft analog. □

6.2.3 Korollar *Für alle* $f\colon B \to C$ *und* $g\colon A \to B$ *gilt*

$$\texttt{map}\ f \circ \texttt{map}\ g = \texttt{map}\ (f \circ g)$$

$$\texttt{mapTree}\ f \circ \texttt{mapTree}\ g = \texttt{mapTree}\ (f \circ g)$$

(Zur Definition von `mapTree` *vgl. Kap. 3.3.)*

Bei der Charakterisierung der Homomorphismen tritt der Ausdruck

(6.2.9) $$\texttt{foldr}\ (\oplus)\ e \circ \texttt{map}\ f$$

auf. Die Auswertung dieses Ausdrucks, angewendet auf eine Liste xs, erfordert

1. zwei Durchläufe durch xs (ein Durchlauf für map und ein weiterer Durchlauf für foldr) und
2. den Aufbau der temporären Liste map f xs.

Diese beiden Nachteile können vermieden werden, wenn es möglich ist, den Ausdruck (6.2.9) zu einer fold-Operation zusammenzufassen. In der Tat ist es unter schwachen Voraussetzungen allgemein möglich, fold und map in der Kombination (6.2.9) zu einem fold zusammenzufassen.

6.2.4 Satz *Falls in der Definition von* K *in keinem der* t_{ij} *das rekursive* $K\ a_1 \ldots a_m$ *in Argumentposition auftritt, so gilt*

$$\texttt{fold}_K\ f_1 \ldots f_n \circ \texttt{map}_K\ g_1 \ldots g_m = \texttt{fold}_K\ f'_1 \ldots f'_n$$

wobei für $C_j : t_1 \to \cdots \to t_k \to K\ a_1 \ldots a_m$ *gerade*

$$f'_j\ x_1 \ldots x_k = f_j (G^{\overline{g}}[\![\ t_1\ ]\!]\ x_1) \ldots (G^{\overline{g}}[\![\ t_k\ ]\!]\ x_k)$$

mit

$$\begin{aligned}
G^{\overline{g}}[\![\ a_i\ ]\!] &= g_i \\
G^{\overline{g}}[\![\ K\ a_1 \ldots a_m\ ]\!] &= id \\
G^{\overline{g}}[\![\ K'\ t_1 \ldots t_l\ ]\!] &= \texttt{map}_{K'}\ (G^{\overline{g}}[\![\ t_1\ ]\!]) \ldots (G^{\overline{g}}[\![\ t_l\ ]\!]) \\
G^{\overline{g}}[\![\ (t_1, t_2)\ ]\!] &= \lambda(u, v) \to (G^{\overline{g}}[\![\ t_1\ ]\!] u, G^{\overline{g}}[\![\ t_2\ ]\!] v) \\
G^{\overline{g}}[\![\ ()\ ]\!] &= id \\
G^{\overline{g}}[\![\ t_1 \to t_2\ ]\!] &= \lambda h \to G^{\overline{g}}[\![\ t_2\ ]\!] \circ h \circ G^{\overline{g}^{-1}}[\![\ t_1\ ]\!]
\end{aligned}$$

Beweis: Zunächst zwei Beobachtungen:

1. Falls $K\ a_1 \ldots a_m$ nicht in t auftritt, so ist $G^{\overline{g}}[\![\ t\ ]\!] = M_K^{\overline{g}}[\![\ t\ ]\!]$.
2. $M_K^{\overline{g}}[\![\ t\ ]\!] \circ M_K^{\overline{g}^{-1}}[\![\ t\ ]\!] = id$.

Der Beweis ist eine Induktion über den Aufbau eines Arguments in $K\ a_1 \ldots a_m$. Zunächst gilt für $C_j : t_1 \to \cdots \to t_k \to K\ a_1 \ldots a_m$:

$$\begin{aligned}
&\texttt{fold}_K\ f'_1 \ldots f'_n\ (C_j\ d_1 \ldots d_k) \\
&= f'_j \ldots (F_K^{\overline{f'}}[\![\ t_i\ ]\!]\ d_i) \ldots \\
&= f_j \ldots (G^{\overline{g}}[\![\ t_i\ ]\!]\ (F_K^{\overline{f'}}[\![\ t_i\ ]\!]\ d_i)) \ldots
\end{aligned}$$

und

$$\begin{aligned}
&\texttt{fold}_K\ f_1 \ldots f_n\ (\texttt{map}_K\ g_1 \ldots g_m\ (C_j\ d_1 \ldots d_k)) \\
=\ &\texttt{fold}_K\ f_1 \ldots f_n\ (C_j \ldots (M_K^{\overline{g}}[\![\, t_i \,]\!]\ d_i) \ldots) \\
=\ &f_j \ldots (F_K^{\overline{f}}[\![\, t_i \,]\!](M_K^{\overline{g}}[\![\, t_i \,]\!]\ d_i)) \ldots
\end{aligned}$$

Es reicht also zu zeigen, daß für $d_1, \ldots, d_k$ und alle $t \in T$ gilt

$$G^{\overline{g}}[\![\, t \,]\!] \circ F_K^{\overline{f'}}[\![\, t \,]\!] = F_K^{\overline{f}}[\![\, t \,]\!] \circ M_K^{\overline{g}}[\![\, t \,]\!]$$

Dazu ist eine Induktion über t erforderlich. Der interessante Fall ist dabei $t \equiv t_1 \to t_2$.

$$\begin{aligned}
&F_K^{\overline{f}}[\![\, t_1 \to t_2 \,]\!] \circ M_K^{\overline{g}}[\![\, t_1 \to t_2 \,]\!] \\
=\ &(\lambda h \to F_K^{\overline{f}}[\![\, t_2 \,]\!] \circ h \circ F_K^{\overline{f}}[\![\, t_1 \,]\!]) \circ (\lambda h \to M_K^{\overline{g}}[\![\, t_2 \,]\!] \circ h \circ M_K^{\overline{g}^{-1}}[\![\, t_1 \,]\!]) \\
=\ &\lambda h \to F_K^{\overline{f}}[\![\, t_2 \,]\!] \circ M_K^{\overline{g}}[\![\, t_2 \,]\!] \circ h \circ M_K^{\overline{g}^{-1}}[\![\, t_1 \,]\!] \circ F_K^{\overline{f}}[\![\, t_1 \,]\!] \\
&\text{nach Induktion gilt die Behauptung für } t_2 \\
&\text{und es ist } M_K^{\overline{g}}[\![\, t_1 \,]\!] \circ M_K^{\overline{g}^{-1}}[\![\, t_1 \,]\!] = id \\
=\ &\lambda h \to G^{\overline{g}}[\![\, t_2 \,]\!] \circ F_K^{\overline{f'}}[\![\, t_2 \,]\!] \circ h \circ M_K^{\overline{g}^{-1}}[\![\, t_1 \,]\!] \circ F_K^{\overline{f}}[\![\, t_1 \,]\!] \circ M_K^{\overline{g}}[\![\, t_1 \,]\!] \circ M_K^{\overline{g}^{-1}}[\![\, t_1 \,]\!] \\
&\text{nach Induktion gilt die Behauptung für } t_1 \\
=\ &\lambda h \to G^{\overline{g}}[\![\, t_2 \,]\!] \circ F_K^{\overline{f'}}[\![\, t_2 \,]\!] \circ h \circ M_K^{\overline{g}^{-1}}[\![\, t_1 \,]\!] \circ G^{\overline{g}}[\![\, t_1 \,]\!] \circ F_K^{\overline{f'}}[\![\, t_1 \,]\!] \circ M_K^{\overline{g}^{-1}}[\![\, t_1 \,]\!] \\
&\text{wegen Beobachtung 1.} \\
&\text{und da nach Voraussetzung } K\ a_1 \ldots a_m \text{ nicht in } t_1 \text{ auftritt} \\
=\ &\lambda h \to G^{\overline{g}}[\![\, t_2 \,]\!] \circ F_K^{\overline{f'}}[\![\, t_2 \,]\!] \circ h \circ F_K^{\overline{f'}}[\![\, t_1 \,]\!] \circ G^{\overline{g}^{-1}}[\![\, t_1 \,]\!] \\
=\ &(\lambda h \to G^{\overline{g}}[\![\, t_2 \,]\!] \circ h \circ G^{\overline{g}^{-1}}[\![\, t_1 \,]\!]) \circ (\lambda h \to F_K^{\overline{f'}}[\![\, t_2 \,]\!] \circ h \circ F_K^{\overline{f'}}[\![\, t_1 \,]\!]) \\
=\ &G^{\overline{g}}[\![\, t_1 \to t_2 \,]\!] \circ F_K^{\overline{f'}}[\![\, t_1 \to t_2 \,]\!]
\end{aligned}$$

Die anderen Fälle verlaufen analog. □

6.2.5 Korollar *Für Listen gilt:*

$$\texttt{foldr}\ (\oplus)\ e \circ \texttt{map}\ f = \texttt{foldr}\ (\otimes)\ e$$

mit $x \otimes y = G^f[\![\, a \,]\!]x \oplus G^f[\![\, [a] \,]\!]y = f\,x \oplus y$.

Weitere Sätze

Die folgende Auflistung gibt eine (nicht vollständige) Auswahl von Sätzen für Funktionen über endlichen Listen an. Die Beweise (meist Listeninduktion) sind dem Leser überlassen.

6.2.6 Satz *Distributivität von* map *und* ++.

$$\begin{aligned} \texttt{map}\ f\ (x\!:\!xs) &= f\ x\!:\!\texttt{map}\ f\ xs \\ \texttt{map}\ f\ (xs\texttt{++}ys) &= \texttt{map}\ f\ xs\texttt{++}\texttt{map}\ f\ ys \\ \texttt{map}\ f \circ \texttt{concat} &= \texttt{concat} \circ \texttt{map}\ (\texttt{map}\ f) \end{aligned}$$

Dabei verkettet concat eine Liste von Listen zu einer Liste. Die Definition lautet:

```
concat :: [[a]] -> [a]
concat =  foldr (++) [ ]
```

6.2.7 Satz *Distributivität von* foldr *und* ++. *Sei* $\oplus$: $A \to A \to A$ *assoziativ mit neutralem Element* e.

$$\begin{aligned} \texttt{foldr}\ (\oplus)\ e\ (x\!:\!xs) &= x \oplus (\texttt{foldr}\ (\oplus)\ e\ xs) \\ \texttt{foldr}\ (\oplus)\ e\ (xs\texttt{++}ys) &= (\texttt{foldr}\ (\oplus)\ e\ xs) \oplus (\texttt{foldr}\ (\oplus)\ e\ ys) \\ \texttt{foldr}\ (\oplus)\ e \circ \texttt{concat} &= \texttt{foldr}\ (\oplus)\ e \circ \texttt{map}\ (\texttt{foldr}\ (\oplus)\ e) \end{aligned}$$

6.2.8 Satz (1. Dualitätssatz) *Sei* f: $A \to A \to A$ *assoziativ mit neutralem Element* e.

$$\texttt{foldr}\ f\ e = \texttt{foldl}\ f\ e$$

6.2.9 Satz (2. Dualitätssatz)

$$\texttt{foldr}\ f\ e = \texttt{foldl}\ (\texttt{flip}\ f)\ e \circ \texttt{reverse}$$

6.2.10 Satz *Aussagen über* filter.

$$\begin{aligned} \texttt{filter}\ p \circ \texttt{concat} &= \texttt{concat} \circ \texttt{map}\ (\texttt{filter}\ p) \\ \texttt{filter}\ p \circ \texttt{filter}\ q &= \texttt{filter}\ (\lambda x \to p\ x \land q\ x) \\ \texttt{filter}\ p \circ \texttt{map}\ f &= \texttt{map}\ f \circ \texttt{filter}\ (p \circ f) \end{aligned}$$

6.2.11 Satz *Aussagen über* reverse.

(6.2.10)
$$\texttt{reverse} \circ \texttt{reverse} = id$$

(6.2.11) $$\texttt{reverse} \circ \texttt{map}\ f = \texttt{map}\ f \circ \texttt{reverse}$$

(6.2.12) $$\texttt{reverse}\ (xs\texttt{++}ys) = \texttt{reverse}\ ys\texttt{++}\texttt{reverse}\ xs$$

(6.2.13) $$\texttt{reverse} \circ \texttt{concat} = \texttt{concat} \circ \texttt{reverse} \circ \texttt{map}\ \texttt{reverse}$$

6.3 Programmsynthese

Ein Gebiet, in dem Gesetzmäßigkeiten von Funktionen zur Anwendung kommen, ist die Programmsynthese. Dabei ist das Ziel, von einer (ggf. ausführbaren) Spezifikation durch Anwendung von algebraischen Identitäten zu einem (effizienten) funktionalen Programm zu gelangen.

6.3.1 Duale Listenoperationen

So haben die Listenoperationen `(:)`, `head` und `tail` Gegenstücke gleichen Typs in einer gespiegelten (dualen) Welt, wo Listen von rechts bearbeitet werden. Sie heißen `postfix` (dual zu `(:)`), `last` (dual zu `head`) und `init` (dual zu `tail`). Die Spezifikationen der gespiegelten Operationen lauten:

$$(a{:}) \circ \texttt{reverse} = \texttt{reverse} \circ \texttt{postfix}\ a \tag{6.3.14}$$

$$\texttt{tail} \circ \texttt{reverse} = \texttt{reverse} \circ \texttt{init} \tag{6.3.15}$$

$$\texttt{head} \circ \texttt{reverse} = \texttt{last} \tag{6.3.16}$$

Aus diesen ausführbaren Spezifikationen können effiziente rekursive Definitionen für die Operationen `postfix`, `last` und `init` ausgerechnet werden. Das geschieht durch Anwendung der spezifizierten Funktionen auf die Argumente [] und `x:xs`, für beliebige `x` und `xs`, und nachfolgendes Vereinfachen. Diese Technik heißt *Spezialisierung*. Da jede endliche Liste entweder leer ist oder die Form `x:xs` hat, definieren die sich ergebenden Gleichungen eine Funktion über endlichen Listen, die die Spezifikation erfüllt.

Für `postfix` ergibt sich durch Anwendung des `reverse`-Satzes (6.2.10):

$$\texttt{postfix}\ a = \texttt{reverse} \circ (a{:}) \circ \texttt{reverse}.$$

Die Spezialisierung liefert:

Fall []:

$$\begin{aligned}
&\texttt{postfix}\ a\ []\\
=\ &\texttt{reverse}((a{:})(\texttt{reverse}\ []))\\
=\ &\texttt{reverse}\ (a{:}\ [])\\
=\ &\texttt{reverse}\ [a]\\
=\ &[a]
\end{aligned}$$

Fall `x:xs`:

$$
\begin{aligned}
&\texttt{postfix}\ a\ (\texttt{x:xs})\\
&= \texttt{reverse}((a\texttt{:})(\texttt{reverse}\ (\texttt{x:xs})))\\
&= \texttt{reverse}(a\texttt{:}(\texttt{reverse}\ \texttt{xs++}[\texttt{x}]))\\
&= \texttt{reverse}((a\texttt{:reverse}\ \texttt{xs})\texttt{++}[\texttt{x}]))\\
&= \texttt{reverse}\ [\texttt{x}]\texttt{++reverse}\ (a\texttt{:reverse}\ \texttt{xs})\\
&\quad \text{nach Spezifikation}\\
&= \texttt{reverse}\ [\texttt{x}]\texttt{++postfix}\ a\ \texttt{xs}\\
&= [\texttt{x}]\texttt{++postfix}\ a\ \texttt{xs}\\
&= \texttt{x:postfix}\ a\ \texttt{xs}
\end{aligned}
$$

`flatten` und `swap`

Die Funktion `flatten` sei gegeben durch

```
data TTree a = Leaf a | Node (TTree a) (TTree a)

flatten :: TTree a -> [a]
flatten (Leaf n)   = [n]
flatten (Node l r) = flatten l ++ flatten r
```

und die Funktion `swap :: TTree a -> TTree a` sei spezifiziert durch:

(6.3.17) $\forall b \in \texttt{TTree}\ a\,.\,\texttt{reverse}\ (\texttt{flatten}\ b) = \texttt{flatten}\ (\texttt{swap}\ b).$

Diese Spezifikation ist nicht ausführbar. Sie ist auch nicht eindeutig, da die Funktion `flatten` nicht injektiv ist. Trotzdem ist es möglich, eine Funktion swap herzuleiten, die (6.3.17) erfüllt.

Fall `Leaf x`:

$$
\begin{aligned}
&\texttt{flatten}\ (\texttt{swap}\ (\texttt{Leaf}\ \texttt{x}))\\
&= \texttt{reverse}\ (\texttt{flatten}\ (\texttt{Leaf}\ \texttt{x}))\\
&= \texttt{reverse}\ [\texttt{x}]\\
&= \texttt{flatten}\ (\texttt{Leaf}\ \texttt{x})
\end{aligned}
$$

Fall `Node l r`:

$$
\begin{aligned}
&\texttt{flatten}\ (\texttt{swap}\ (\texttt{Node}\ l\ r))\\
&= \texttt{reverse}\ (\texttt{flatten}\ (\texttt{Node}\ l\ r))\\
&= \texttt{reverse}\ (\texttt{flatten}\ l\texttt{++flatten}\ r)\\
&= \texttt{reverse}\ (\texttt{flatten}\ r)\texttt{++reverse}\ (\texttt{flatten}\ l)\\
&= \texttt{flatten}\ (\texttt{swap}\ r)\texttt{++flatten}\ (\texttt{swap}\ l)\\
&= \texttt{flatten}\ (\texttt{Node}\ (\texttt{swap}\ r)\ (\texttt{swap}\ l))
\end{aligned}
$$

Falls eine Funktion die Gleichungen

(6.3.18) $$\texttt{swap (Leaf x)} = \texttt{Leaf x}$$

(6.3.19) $$\texttt{swap (Node l r)} = \texttt{Node (swap r) (swap l)}$$

erfüllt, so erfüllt sie auch die Spezifikation (6.3.17). Aufgrund der induktiven Definition von Bäumen gibt es genau eine Funktion `swap`, die die Gleichungen (6.3.18) und (6.3.19) erfüllt. Allerdings gibt es noch weitere Funktionen, die dieselbe Spezifikation erfüllen.

6.4 Programmtransformation

Der erste Versuch, Programmtransformationen mit algebraischen Identitäten zu automatisieren, wird von Burstall und Darlington beschrieben [BD77]. Sie kristallisieren drei grundlegende Transformationsschritte namens **fold**, **unfold**, **def** (*define*) und **spec** (*specialize*) heraus.

unfold: Ein **unfold**-Schritt besteht in dem Ersetzen eines Funktionsaufrufs durch seine Definition, wobei die formalen Parameter durch die aktuellen Parameterausdrücke ersetzt werden. Angenommen, es existiert die Definition

$$f\, p_1 \dots p_n = e$$

mit Mustern $p_1, \dots, p_n$ und in einem Ausdruck e' liegt ein Funktionsaufruf $f\ e_1 \dots e_n$ vor. (schreibe hierfür $e' = E'\langle f\ e_1 \dots e_n\rangle$, $E'\langle\ \rangle$ bezeichnet den Kontext des Funktionsaufrufs in e'). Falls die Werte der Ausdrücke $e_1, \dots, e_n$ auf $p_1, \dots, p_n$ passen, so gilt

$$E'\langle f\ e_1 \dots e_n\rangle \xrightarrow{\textbf{unfold}\ f} E'\langle e[e_1/p_1, \dots, e_n/p_n]\rangle.$$

Dabei bezeichnet $e[e_i/p_i]$ den Ausdruck, der entsteht, wenn gleichzeitig alle Vorkommen der Variablen in p_i durch die entsprechenden Teilausdrücke von e_i ersetzt werden. Unter Umständen müssen vorher gebundene Variable in e (Variable, die in Mustern von `let`-, `where`-, `case`- oder Lambda-Ausdrücke definiert werden) umbenannt werden:

Sei $e' = f\ y\ 0$ und $f\ x_1\ x_2 = \texttt{let}\ y = g\ x_2\ \texttt{in}\ h\ x_1\ y$. Wird nun ein **unfold**-Schritt ohne Umbenennung von y vorgenommen, so ist das Ergebnis $e'' = \texttt{let}\ y = g\ 0\ \texttt{in}\ h\ y\ y$, ein Fehler.

def: Sei e ein Ausdruck und $\{x_1, \dots, x_n\}$ eine Obermenge der in e frei vorkommenden Variablen (Variablen, die nicht von `let`-, `where`-, `case`- oder Lambda-Ausdrücken definiert werden oder nicht im Geltungsbereich eines solchen Ausdrucks liegen). Ein **def**-Schritt wählt ein neues Funktionssymbol f und fügt die Funktionsdefinition $f\ x_1 \dots x_n = e$ zu den vorhandenen Funktionsdefinitionen hinzu.

spec: Ein **spec**-Schritt erzeugt eine spezialisierte Variante einer Funktion. Sei f definiert durch

$$f\ x_1 \ldots x_n = e$$

und $p_1, \ldots, p_n$ Muster, so daß jedes p_j vom gleichen Typ wie das zugehörige x_j ist. Dann ist

$$f\ p_1 \ldots p_n = e[p_j/x_j].$$

Dadurch entsteht keine Mehrdeutigkeit, da die Variante auf allen Argumenten, auf die die Muster $p_1, \ldots, p_n$ passen, das gleiche Ergebnis wie die ursprüngliche Funktion liefert.

fold: Ein **fold**-Schritt macht einen **unfold**-Schritt rückgängig. Er ersetzt einen Ausdruck durch einen Funktionsaufruf. Falls f durch $f\ x_1 \ldots x_n = e$ definiert ist, so ist die folgende Transformation durchführbar:

$$E'\langle e[e_1/x_1, \ldots, e_n/x_n]\rangle \xrightarrow{\textbf{fold}\ f} E'\langle f\ e_1 \ldots e_n\rangle.$$

Ein verwandter nützlicher Schritt ist das Einführen einer lokalen Definition.

$$e[e_1/z_1, \ldots, e_n/z_n] \xrightarrow{\textbf{where}} e\ \texttt{where}\ (z_1, \ldots, z_n) = (e_1, \ldots, e_n).$$

Solche Programmtransformationen können zur Verbesserung der Effizienz von Programmen beitragen, indem sie bessere Definitionen für Funktionen finden. Ein spektakuläres Beispiel liefert die Fibonacci-Funktion, die n auf die n-te Fibonacci-Zahl abbildet. Die naive Definition lautet wie folgt.

(6.4.20) $$\texttt{fib}\ 0 = 0$$

(6.4.21) $$\texttt{fib}\ 1 = 1$$

(6.4.22) $$\texttt{fib}\ (n+2) = \texttt{fib}\ n + \texttt{fib}\ (n+1)$$

Ein **where**-Schritt angewandt auf (6.4.22) liefert

$$\begin{aligned}\texttt{fib}\ (n+2) &= z_1 + z_2\\ &\quad \texttt{where}\ (z_1, z_2) = (\texttt{fib}\ n, \texttt{fib}\ (n+1))\end{aligned}$$

Definiere nun eine Funktion, die der rechten Seite dieser Hilfsdefinition entspricht.

$$\texttt{fib2}\ n = (\texttt{fib}\ n, \texttt{fib}\ (n+1))$$

dann ist (**spec**)

$$\texttt{fib2}\ 0 = (\texttt{fib}\ 0, \texttt{fib}\ 1) = (0, 1)$$

und (**spec**)

$$\begin{aligned}
\texttt{fib2}\,(n+1) &= (\texttt{fib}\,(n+1), \texttt{fib}\,(n+2)) \\
\{\textbf{unfold}\} &= (\texttt{fib}\,(n+1), \texttt{fib}\,(n+1) + \texttt{fib}\,n) \\
&= (z_2, z_2 + z_1) \\
&\quad \texttt{where}\,(z_1, z_2) = (\texttt{fib}\,n, \texttt{fib}\,(n+1)) \\
\{\textbf{fold}\} &= (z_2, z_2 + z_1) \\
&\quad \texttt{where}\,(z_1, z_2) = \texttt{fib2}\,n
\end{aligned}$$

und daraus

$$\begin{aligned}
\texttt{fib}\,n &= z_1\ \texttt{where}\,(z_1, z_2) = \texttt{fib2}\,n \\
&= \texttt{fst}\,(\texttt{fib2}\,n).
\end{aligned}$$

Während die ursprüngliche naive Definition von `fib` exponentiellen Aufwand hat, ist der Aufwand zur Berechnung von `fib2` linear im Argument.

Für nicht-strikte Programmiersprachen (Gofer, Haskell, usw.) ist die **unfold**-Transformation korrekt, das heißt das transformierte Programm hat den gleichen Definitionsbereich und berechnet darauf die gleiche Funktion wie das ursprüngliche Programm. Bei strikter Auswertung kann sich der Definitionsbereich vergrößern, falls ein **unfold**-Schritt auf einer äußeren Funktionsanwendung durchgeführt wird.

6.4.1 Beispiel Gegeben seien die folgenden Funktionsdefinitionen:

$$\begin{aligned}
f\,x &= 0 \\
g\,x &= g\,x \\
h\,x &= f(g\,x)
\end{aligned}$$

Bei strikter Auswertung ist $h\,x$ undefiniert für alle x. Ein **unfold**-Schritt angewendet auf den Aufruf von f auf der rechten Seite der Definition von h liefert:

$$h'\,x = 0$$

und $h'\,x$ ist überall definiert und liefert 0.

(Bei nicht-strikter Auswertung sind h und h' äquivalent.)

Dagegen sind **fold**-Schritte nicht immer korrekt, da sie den Definitionsbereich von Funktionen verkleinern können.

6.4.2 Beispiel Gegeben sei die Funktionsdefinition:

$$f\,x = 0$$

f ist überall definiert und liefert 0. Auf der rechten Seite ist ein **fold**-Schritt ausführbar, der 0 zu $f\,x$ einfaltet. Ergebnis: $f'\,x = f'\,x$. Damit ist f' die nirgends definierte Funktion.

6.5 Partielle Listen

Viele der Aussagen, die in den vorangegangenen Abschnitten bewiesen werden, gelten nicht nur für endliche Objekte, sondern auch für unendliche Objekte. Allerdings sind die Eigenschaften von unendlichen Objekten selten intuitiv und bedürfen daher einer sorgfältigen Betrachtung. Die folgenden Ausführungen geben am Beispiel der Listen einen Einblick in die notwendigen Techniken.

Jede unendliche Liste kann als Supremum (kleinste obere Schranke) einer Folge von *partiellen Listen* angesehen werden. Eine Liste xs heißt partiell, falls es ein $n \in \mathbb{N}$ gibt, so daß $\texttt{take}\ n\ xs = \bot$ ist. Eine partielle Liste ist also eine endliche Approximation an eine unendliche Liste. Dabei dient $\bot$ als Approximation an einen beliebigen Wert xs. Schreibe hierfür $\bot \sqsubseteq xs$. So ist beispielsweise die unendliche Liste $[1,2,\dots]$ Supremum ($\bigsqcup$) bezüglich der Ordnung $\sqsubseteq$ der Folge:

$$
\begin{array}{l}
\bot \\
1:\bot \\
1:2:\bot \\
1:2:3:\bot \\
\dots
\end{array}
$$

Mit fortschreitendem Folgenindex werden die partiellen Listen immer definierter. Der Beweis einer Aussage für unendliche Listen soll aus der Gültigkeit der Aussage für alle partiellen Listen hervorgehen, d.h. für ein Prädikat P soll der Wert von $P(xs)$ aus den Werten der Approximationen an xs hervorgehen.

Die Konstruktion des Wertes einer beliebigen Funktion auf einer unendlichen Liste xs geschieht wie folgt. Falls $xs = \bigsqcup_{i \in \mathbb{N}} xs_i$ (mit $xs_i = \texttt{take}\ i\ xs$), so ist $f\ xs = \bigsqcup_{i \in \mathbb{N}} f\ xs_i$. Diese Eigenschaft heißt *Stetigkeit* von f und gilt für jede berechenbare Funktion.

Die entsprechende Eigenschaft für Prädikate ist die *Zulässigkeit*. Ein zulässiges Prädikat ist eine stetige Funktion nach `Bool`. Für ein zulässiges Prädikat P gilt daher $\forall i \in \mathbb{N}\,.\, P(xs_i) \Longrightarrow P(xs)$. In diesem Fall reicht es also aus, P für alle partiellen Listen zu beweisen. Das zugehörige Induktionsschema ist:

Für alle unendlichen Listen xs und zulässiges P gilt $P(xs)$ genau dann, wenn

1. $P(\bot)$ gilt und
2. für alle x und alle partiellen xs gilt $P(xs) \Longrightarrow P(x:xs)$.

Sei $P(xs) \equiv xs{+}{+}ys = xs$. $P(xs)$ gilt für alle unendlichen Listen xs und beliebige Listen ys, denn

Fall $P(\bot)$: $\bot{+}{+}ys = \bot$, da die linken Seiten der Definition von ++ alle Datenkonstruktoren von definierten Listen abdeckt.

Fall $P(xs) \Longrightarrow P(x:xs)$: $(x:xs){+}{+}ys \overset{(++2)}{=} x:(xs{+}{+}ys) \overset{(IV)}{=} x:xs$.

Die Aussage $\texttt{reverse} \circ \texttt{reverse} = id$ hingegen gilt nur für endliche Listen, denn $\texttt{reverse}\ (\texttt{reverse}\ (\mathtt{x}:\bot)) = \bot \neq \mathtt{x}:\bot$.

Zum Beweis von zulässigen Prädikaten P, die für alle (endliche, partielle und unendliche) Listen gelten, muß zum obigen Induktionsschema der Fall P([ ]) hinzugenommen werden. Schreibe hierfür $\forall^\bot xs \in [a]\,.\,P$. Falls also

$$P(\bot),\ P([\,])\ \text{und}\ \forall^\bot x \in a\,.\,\forall^\bot xs \in [a]\,.\,P(xs) \Longrightarrow P(x:xs)$$

gelten, so gilt $\forall^\bot xs \in [a]\,.\,P(xs)$, sofern das Prädikat P selbst auf allen Listen definiert ist.

6.6 Literaturhinweise

Eine der ersten Beschreibungen eines Systems zur Transformation von funktionalen Programmen stammt von Burstall und Darlington [BD77]. Ein Transformationssystem für eine Sprache, die sowohl funktionale als auch imperative Konstruktionen umfaßt, ist das CIP-System [BBB+85]. Mit transformationeller Spezifikation und Programmentwicklung befassen sich [Par90, KBH90].

Eine ganze Schule der funktionalen Programmentwicklung mit algebraischen Datenstrukturen ist der „Bird-Meertens Formalismus" [Mee86, Bir87, Bir89a, Bir89b, Mee89, Bir90]. Ein ähnlicher Stil wird auch im Buch von Bird und Wadler [BW88] vermittelt. Weiterführende Artikel sind [Mal89, Mal90, MFP91].

Interessante Sätze können oft aus den Typen von polymorphen Funktionen hergeleitet werden [Rey83, Wad89].

Programmtransformationen werden oft benutzt, um den interpretativen Anteil aus Programmen entfernen. Das Verfahren dazu heißt partielle Auswertung [JGS93, CD93]. Verwandt damit sind die „Deforestation" (Entwaldung) [Wad90b, Chi92, GLP93], Supercompilation [Tur86, Tur93, GK93] und verallgemeinerte partielle Auswertung [FN88] wie in [SGJ94] argumentiert wird.

6.7 Aufgaben

6.1 Beweisen Sie die folgenden Aussagen:

$$\forall n \in \mathbb{N}\,.\,\forall xs \in [a]\,.\,\texttt{take}\ n\ xs\ \texttt{++}\ \texttt{drop}\ n\ xs = xs, \tag{6.7.23}$$

$$\forall xs, ys \in [a]\,.\,\texttt{reverse}\ (xs\ \texttt{++}\ ys) = \texttt{reverse}\ ys\ \texttt{++}\ \texttt{reverse}\ xs. \tag{6.7.24}$$

6.2 Gegeben sei die Definition für `swap :: TTree a -> TTree a`:

```
swap (Leaf n)       = Leaf n
swap (Branch l r) = Branch (swap r) (swap l)
```

Beweisen Sie: $\forall b \in \texttt{TTree}\ a\,.\,\texttt{reverse}\ (\texttt{flatten}\ b) = \texttt{flatten}\ (\texttt{swap}\ b)$.

6.3 Für welche $b \in$ `TTree` a gilt die Aussage `swap (swap b) = b`?

6.4 Gegeben seien die Definitionen:

```
data BTree a = MTTree | Branch a (BTree a) (BTree a)

inorder  MTTree            = [ ]
inorder  (Branch x l r)    = inorder l ++ x: inorder r

inorder' MTTree c          = c
inorder' (Branch x l r) c = inorder' l (x: inorder' r c)
```

Beweisen Sie: $\forall t \in$ `BTree` a . `inorder t = inorder' t [ ]`.

6.5 Geben Sie eine Funktion `swap'` $\neq$ `swap` an, die die folgende Gleichung erfüllt: `reverse` $\circ$ `flatten` $=$ `flatten` $\circ$ `swap`.

6.6 Leiten Sie eine rekursive Definition für `postorder` aus der Spezifikation `postorder` $=$ `reverse` $\circ$ `flatten` her.

6.7 Synthetisieren Sie rekursive Definitionen für `take` und `drop` aus der folgenden Spezifikation (für alle endlichen Listen xs und alle $n \in \mathbb{N}$).

$$\texttt{take}\ n\ xs\ \texttt{++}\ \texttt{drop}\ n\ xs = xs \texttt{length}(\texttt{take}\ n\ xs) = \min\{n, \texttt{length}\ xs\}$$

6.8 Zeigen Sie, daß `reverse` ein Listenhomomorphismus ist.

6.9 Zeigen Sie, daß `reverse xs` $= \perp$ für alle unendlichen Listen `xs` ist.

6.10 Beweisen Sie die beiden Dualitätssätze Satz 6.2.8 und Satz 6.2.9.

6.11 Zeigen Sie, daß die Gleichungen (6.1.1), (6.1.2) und (6.1.3) (Eigenschaften der Listenverkettung) für alle Listen (nicht nur für endliche) gelten.

6.12 Leiten Sie durch Programmtransformation eine effiziente rekursive Definition für `concmap f = concat . map f` her.

6.13 Formulieren Sie das Induktionsprinzip für den Typ `Tree a`.

7 Fortgeschrittene Programmierkonzepte

Funktionen höherer Ordnung und nicht-strikte Auswertung sind die Hauptwerkzeuge in der funktionalen Programmierung. Anhand von ausgewählten Beispielen wird deutlich, wie diese mächtigen Eigenschaften vorteilhaft zur Erstellung von kurzen und eleganten Programmen eingesetzt werden können. Zusätzlich werden in Kap. 7.5 Besonderheiten von Haskell gegenüber Gofer diskutiert.

7.1 Komprehensionen für Listen

Der Begriff der Komprehension stammt aus der Mengenlehre. Komprehensionen dienen zur Konstruktion von Mengen aus anderen Mengen unter Verwendung von Prädikaten. Ein typisches Beispiel ist

$$M = \{f(x,y) \mid x \in A, y \in B, P(x) \land Q(y)\}$$

Eine Listenkomprehension benutzt diese Schreibweise zur Konstruktion von Li-

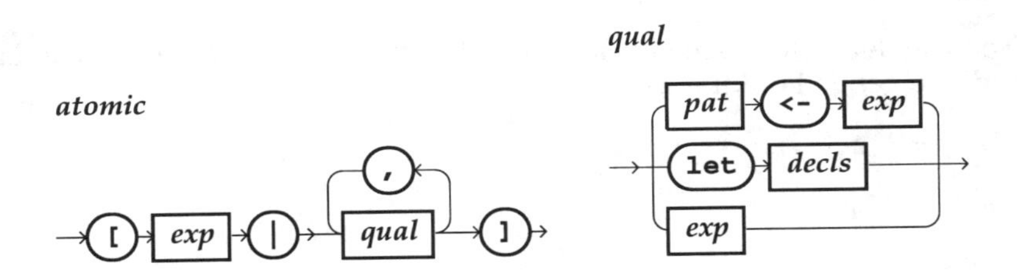

Abbildung 7.1: Syntax von Listenkomprehensionen.

sten. Die Syntaxdiagramme in Abb. 7.1 definieren die Syntax. Die Syntax für unzerlegbare Ausdrücke (***atomic***) wird erweitert um die Syntax von Listenkomprehensionen. Sie besteht aus einem Ausdruck gefolgt von einer Folge von *Qualifikatoren*, durch die die Werte für die freien Variablen des Ausdrucks generiert bzw. eingeschränkt werden. Das Nichtterminal ***qual*** definiert die möglichen Qualifikatoren. Der Qualifikator ***pat*** `<-` ***exp*** heißt *Generator*, `let` ***decls*** ist eine lokale Definition und ein Qualifikator der Form ***exp*** muß ein boolescher Ausdruck sein, er heißt Wache (guard).

Der Wert der Listenkomprehension $[e \mid qs]$ ist die Liste aller Werte von e, wobei für die freien Variablen von e alle die generierten Werte eingesetzt werden, für die alle Prädikate erfüllt sind. Dabei ist qs eine Folge von Qualifikatoren. Formal wird die Bedeutung einer Listenkomprehension durch die Transformation $\xrightarrow{\textbf{decomp}}$ auf

Ausdrücken erklärt. Der dabei auftretende Ausdruck [e |] ist syntaktisch nicht erlaubt, er vereinfacht aber die Beschreibung der Transformation.

$$
\begin{array}{rcl}
[\mathrm{e} \mid\,] & \xrightarrow{\textbf{decomp}} & [\mathrm{e}] \\
[\mathrm{e} \mid \mathrm{p} \leftarrow \mathrm{e}', \mathrm{qs}] & \xrightarrow{\textbf{decomp}} & \texttt{concat (map f e')} \\
 & & \texttt{where f p} = [\mathrm{e} \mid \mathrm{qs}] \\
 & & \qquad\;\; \texttt{f \_} = [\,] \\
[\mathrm{e} \mid \mathrm{e}', \mathrm{qs}] & \xrightarrow{\textbf{decomp}} & \texttt{if } \mathrm{e}' \texttt{ then } [\mathrm{e} \mid \mathrm{qs}] \\
 & & \qquad\quad \texttt{else } [\,] \\
[\mathrm{e} \mid \texttt{let } \textbf{\textit{decls}}, \mathrm{qs}] & \xrightarrow{\textbf{decomp}} & \texttt{let } \textbf{\textit{decls}} \texttt{ in } [\mathrm{e} \mid \mathrm{q}]
\end{array}
$$

Hiermit können viele Listen auf einfache Weise beschrieben werden.

7.1.1 Beispiel Eine Zahl heißt perfekt, falls sie die Summe ihrer echten Teiler ist. Die kleinste perfekte Zahl ist $6 = 1+2+3$. Die Liste der perfekten Zahlen wird wie folgt definiert.

```
perfect    = [ n | n <- [2..],  n + n == sum (divisors n) ]
divisors n = [ i | i <- [1..n], n `mod` i == 0 ]
```

Die Liste der ersten Elemente alle nicht-leeren Listen in einer Liste von Listen liefert die folgende Funktion `heads`:

```
heads xss = [ x | x:xs <- xss ]
```

7.2 Parser

Ein Parser implementiert einen Erkennungsmechanismus für eine Sprache. Bei Eingabe eines Textes stellt er fest, ob der Text zur Sprache gehört. Ist dies der Fall, so gibt er eine Untergliederung des Textes in Struktureinheiten an.

Eine typische Anwendung für Parser ist die Übersetzung von Programmiersprachen. Ein Parser für eine Programmiersprache ist Teil eines Übersetzers oder Interpretierers der Sprache. Er kennt die Struktureinheiten der Programmiersprache wie Deklarationen, Ausdrücke und Anweisungen. Beim Einlesen des Programmtextes ist der Parser in der Lage, die Struktur zu rekonstruieren, falls die Eingabe ein syntaktisch korrektes Programm ist.

7.2.1 Definition Die Beschreibung der Syntax einer Programmiersprache geschieht mithilfe einer kontextfreien Grammatik. Die Grammatik einer funktionalen Minisprache definiert die folgende BNF (Backus-Normal-Form).

```
AExp    = Ident
        | Number
        | AExp "+" AExp
        | "let" Ident "=" AExp "in" AExp
        | "(" AExp ")".
```

Dabei entspricht `Ident` den Variablenbezeichnern ***varid*** von Gofer und `Number` steht für ganze Zahlen. Ein Ausdruck `AExp` ist also entweder ein Bezeichner, eine Zahl, eine Summe zweier Ausdrücke, eine lokale Deklaration `let` $x = e_1$ `in` e_2 (x ist nur in e_2 sichtbar) oder ein Ausdruck in Klammern. □

In funktionalen Sprachen ist es möglich, eine Auswahl von Funktionen höheren Typs zu vereinbaren, so daß der Programmtext des Parsers praktisch wie die kontextfreie Grammatik der zu erkennenden Sprache aussieht. Auch ist auf einfache Weise ein „Backtracking" (bei Auftreten eines Fehlschlages wird der Parser in den letzten vorangegangenen Zustand zurückgesetzt, in dem es noch Alternativen gibt) möglich, wodurch einige Sprachen mit nicht-deterministischen Grammatiken erkannt werden können.

Die im folgenden vorgestellte Programmiertechnik nutzt die nicht-strikte Auswertung von Gofer aus. Sie geht zurück auf eine Arbeit von Wadler [Wad85]. In strikten Sprachen kann ähnliche Funktionalität mithilfe von Ausnahmen erzielt werden [Pau91]. Die folgende Darstellung ist angelehnt an einen Artikel von Hutton [Hut92].

7.2.1 Ein Datentyp für Parser

Ein Parser wird dargestellt als Funktion, die eine Liste von Token als Eingabe hat und als Ausgabe einen semantischen Wert gepaart mit dem nicht verbrauchten Rest der Eingabe liefert.

Ein Token ist ein Symbol, das für eine logisch zusammengehörige Zeichengruppe (ein Lexem) steht, z.B. `Number` oder `Ident`. Die Gruppierung von Zeichen zu Lexemen und deren Umwandlung in Token geschieht durch eine vorhergehende lexikalische Analyse.

Ein semantischer Wert kann eine Repräsentation der Struktur des Textes sein oder auch der Wert des erkannten Ausdrucks. Die Struktur des Textes wird als Objekt eines algebraischen Datentyps dargestellt, während der Rest der Eingabe wieder eine Liste von Token ist. Für die Minisprache aus der obigen Grammatik ist

```
type Ident = String
type Value = Int

data AExp = Var Ident
          | Const Value
          | Plus AExp AExp
          | Let Ident AExp AExp
```

ein geeigneter Typ zur Repräsentation der Struktur eines Ausdrucks, der sogenannten *abstrakten Syntax*.

Da es möglich ist, einen Parser auf eine Eingabe anzuwenden, die nicht zur erkannten Sprache gehört, muß es ihm möglich sein, sowohl Erfolg als auch Mißerfolg zu signalisieren. Eine Idee von Wadler ermöglicht das Signalisieren von Erfolg und Mißerfolg und darüber hinaus noch eine einfache Backtrackingmöglichkeit unter Ausnutzung der nicht-strikten Auswertung [Wad85]. Anstatt als Rückgabewert einen semantischen Wert gepaart mit der noch nicht verbrauchten Eingabe zu wählen, ist der Rückgabewert eine Liste von Paaren dieser Bauart. Gibt ein Parser die leere Liste zurück, so gehört die Eingabe nicht zur von ihm erkannten Sprache. Falls es ein oder mehrere Anfangsstücke der Eingabe gibt, die in der erkannten Sprache liegen, so werden die Ergebnisse absteigend nach der Länge des erkannten Anfangsstücks sortiert zurückgegeben.

Der Typ eines Parsers ist parametrisiert mit dem Typ `tok` der Token und dem Typ `a` der semantischen Werte, die er erzeugt.

```
type Parser toks a = [toks] -> [(a, [toks])]
```

7.2.2 Elementare Parser

Der einfachste Parser akzeptiert die leere Sprache ∅. Er heißt `fail` und akzeptiert keinerlei Eingabe.

```
fail :: Parser a b
fail = const []
```

Der Parser `succeed` erkennt die Sprache {ε}, die genau das leere Wort enthält. Er ist immer erfolgreich und liefert sein Argument als Wert.

```
succeed :: a -> Parser tok a
succeed value toks = [(value, toks)]
```

Der nächste Baustein ist schon ein Parsergenerator. `satisfy` nimmt ein Prädikat `p` als Parameter und liefert einen Parser. Der Parser `satisfy p` erkennt die Sprache derjenigen Token, die das Prädikat `p` erfüllen, also {`t` | `p t`}. Als Ergebnis liefert er das erkannte Token.

```
satisfy :: (tok -> Bool) -> Parser tok tok
satisfy p [] = []
satisfy p (tok: toks) | p tok     = succeed tok toks
                      | otherwise = []
```

Mithilfe von `satisfy` kann ein Parsergenerator `lit` zur Erkennung von Schlüsselworten und Literalen gebaut werden. Seine Eingabe ist ein Token `t` und `lit t` liefert einen Parser, der die Sprache {`t`} erkennt, die genau das Token `t` enthält.

```
lit :: Eq tok => tok -> Parser tok tok
lit tok = satisfy (== tok)
```

7.2.3 Kombination von Parsern

Aus den geschilderten elementaren Parsern können durch Kombination weitere Parser erzeugt werden. Dazu sind Operationen höherer Ordnung (Kombinatoren) erforderlich, die bei Eingabe von einem oder mehreren Parsern als Ergebnis einen neuen Parser liefern. Wünschenswert sind auf alle Fälle die Konstruktionen, die auch in kontextfreien Grammatiken auftreten, nämlich die sequentielle Verkettung und die Alternative von Parsern.

Die sequentielle Verkettung konstruiert aus Parsern p_1 und p_2 für L_1 bzw. L_2 einen Parser p_1 `+.+` p_2 für das Komplexprodukt von L_1 und L_2, d.h. für die Sprache $L_1L_2 = \{w_1w_2 \mid w_1 \in L_1, w_2 \in L_2\}$. Der neue Parser liefert als Ergebnis Paare, deren Komponenten den Ergebnissen von w_1 bzw. w_2 entsprechen.

```
(+.+) :: Parser tok a -> Parser tok b -> Parser tok (a, b)
(p1 +.+ p2) toks = [((v1, v2), rest2) | (v1, rest1) <- p1 toks,
                                         (v2, rest2) <- p2 rest1]
```

Zunächst wird p_1 auf die Eingabe angesetzt. Damit durchläuft `(v1, rest1)` alle Paare aus Ergebnis und Eingaberest, die p_1 liefert. Danach wird p_2 auf die Eingabereste `rest1` angewendet und liefert Paare `(v2, rest2)`. Die Ergebnisse des kombinierten Parsers ergeben sich durch Paarung von `(v1, v2)` mit dem Eingaberest nach p_2, nämlich `rest2`.

Die zweite Konstruktion ist die Alternative oder Vereinigung von Sprachen. Sind wieder L_1 und L_2 die von p_1 und p_2 erkannten Sprachen, so erkennt p_1 `|||` p_2 die Sprache $L_1 \cup L_2$. Die Definition lautet:

```
(|||) :: Parser tok a -> Parser tok a -> Parser tok a
(p1 ||| p2) toks = p1 toks ++ p2 toks
```

Die Verknüpfung `|||` ist nicht kommutativ und implementiert daher nicht ganz die Vereinigung von Sprachen. Wenn p_1 eine mehrdeutige Sprache erkennt, d.h. daß es Worte gibt, für die p_1 unendlich viele Möglichkeiten zum Parsen hat oder schon vor der Produktion des ersten Wertes in eine Endlosschleife gerät, so kommt p_2 gar nicht erst zum Zuge.

Mit den bisherigen Kombinatoren ist es nicht möglich, die Ergebnisse der Parser zu manipulieren. Der Parser für Literale liefert das erkannte Literal selbst und der Parser für die Aneinanderreihung von Sprachen liefert Paare aus den Ergebnissen der Teilparser. Dieser Mißstand läßt sich mit einer weiteren Funktion höherer Ordnung beheben. Sie wirkt ähnlich wie `map`.

```
(<<<) :: Parser tok a -> (a -> b) -> Parser tok b
(p <<< f) toks = [ (f v, rest) | (v, rest) <- p toks ]
```

Der Parsergenerator `<<<` nimmt als Argumente einen Parser `p` und eine Transformation von Ergebnissen und liefert einen Parser, der die gleiche Sprache wie `p` erkennt und das transformierte Ergebnis erzeugt.

7.2.4 Infixschreibweise

Die Operatoren +.+, ||| und <<< können die Konstruktionen in einer kontextfreien Grammatik nachbilden. Mithilfe geeigneter Präzedenzen kann die Schreibweise der Parserfunktionen der BNF einer kontextfreien Grammatik angenähert werden. Geeignete Infixdeklarationen sind:

```
infixr 8 +.+ , +.. , ..+
infixl 7 <<<
infixr 6 |||
```

Die zusätzlichen Operatoren ..+ bzw. +.. sind Varianten von +.+, die das Ergebnis des vorderen bzw. des hinteren Parsers ignorieren.

```
(..+) :: Parser tok x -> Parser tok a -> Parser tok a
(+..) :: Parser tok a -> Parser tok x -> Parser tok a

p1 ..+ p2 = p1 +.+ p2 <<< snd
p1 +.. p2 = p1 +.+ p2 <<< fst
```

Die oben angegebene Grammatik für AExp ist nicht direkt zum Parsen mit Kombinatoren geeignet. Das Symbol AExp selbst ist links-rekursiv und führt daher für manche Eingaben dazu, daß der Parser nicht terminiert. Dies kann behoben werden, indem die Linksrekursion aus der Grammatik entfernt wird. Eine äquivalente Grammatik ohne Linksrekursion ist die folgende.

```
AExp    = TExp AExp' .
AExp'   =
        | "+" TExp AExp' .
TExp    = "let" Ident "=" AExp "in" AExp
        | Ident
        | Number
        | "(" AExp ")" .
```

Der Parser für diese Grammatik, der als Ergebnis einen Wert vom Typ AExp (die abstrakte Syntax des gelesenen Ausdrucks) liefert, lautet:

```
texp :: Parser String AExp
texp
 =   lit "let" ..+ ident +.+ lit "=" ..+ aexp +.+ lit "in" ..+ aexp
                                <<< \(ide, (e1, e2)) -> Let ide e1 e2
 ||| ident                      <<< Var
 ||| number                     <<< Const . str2int
 ||| lit "(" ..+ aexp +.. lit ")"
aexp' :: Parser [String] [AExp]
aexp'
 =   lit "+" ..+ texp +.+ aexp' <<< uncurry (:)
 ||| succeed []
aexp :: Parser [String] AExp
aexp
 =   texp +.+ aexp'             <<< \(t, as) -> foldl Plus t as
```

mit den Hilfsfunktionen

```
ident   = satisfy (all isIdent)
number  = satisfy (all isDigit)
```

Dieser Parser setzt voraus, daß die Eingabe schon in Lexeme, d.h. in Gruppen von zusammengehörigen Zeichen, aufgeteilt worden ist. Diese Aufteilung heißt lexikalische Analyse. Sie wird durch eine Funktion `lexer` vorgenommen, die zusätzlich dafür sorgt, daß Leerzeichen, Tabulatoren und Zeilenendezeichen aus der Eingabe entfernt werden.

```
lexer :: String -> [String]
lexer "" = []
lexer (c: cs)
        | isSpace c = lexer cs
        | isAlpha c = (c: ident): lexer cs'
        | isDigit c = (c: digits): lexer cs''
        | otherwise = [c]: lexer cs
        where (ident,  cs')  = span isIdent cs
              (digits, cs'') = span isDigit cs

isIdent c = isAlpha c || isDigit c || c `elem` "_'"

str2int' n ""       = n
str2int' n (d: ds) = str2int' (10 * n + ord d - ord '0') ds
str2int = str2int' 0
```

Hierbei sind `span`, `isSpace`, `isAlpha` und `isDigit` wie folgt spezifiziert.

```
span p xs = (takeWhile p xs, dropWhile p xs)
isSpace   = flip elem " \t\n\r\f\v"
isAlpha c = c >= 'A' && c <= 'Z' || c >= 'a' && c <= 'z'
isDigit c = c >= '0' && c <= '9'
```

Zum Abschluß fehlt nur noch eine Funktion, mit der das ganze zusammengefaßt wird.

```
parser = fst . head . aexp . lexer
```

Hutton [Hut92] zeigt, wie ein Parser der geschilderten Bauart auch für die lexikalische Analyse verwendet werden kann. Weiterhin definiert er einen Kombinator `offside`, mit dessen Hilfe die Abseitsregel elegant implementiert werden kann. Allerdings muß hierfür jedes eingelesene Zeichen mit seiner Position im Quelltext annotiert werden, was nicht sehr effizient erscheint.

7.3 Monaden

Eine Monade `M a` ist ein parametrisierter Datentyp, der eine Berechnung kapselt, die einen Wert vom Typ a liefert. Der Effekt der Kapselung ist, daß *zwei* Berechnungen quasi gleichzeitig ablaufen können. Auf der Ebene der Ergebnisse (vom Typ `a`) findet eine uneingeschränkte Berechnung statt. Innerhalb der Monade selbst kann eine weitere, eingeschränkte Berechnung stattfinden. Diese zweite Berechnung wird in der Monade selbst durch auf ihr definierte primitive Operationen durchgeführt. Der Programmierer kann sich auf die Spezifikation der uneingeschränkten Berechnung konzentrieren, ohne durch eine Flut von Details den Überblick zu verlieren. Daher kann die Benutzung von Monaden die Modularität, die Lesbarkeit und die Wartbarkeit von Programmen entscheidend verbessern.

Die Entwicklung eines Interpretierers für arithmetische Ausdrücke mit Zwischenergebnissen untermauert diese These. Ein einfacher strikter Interpretierer wird um Fehlerbehandlung, Zählen der ausgeführten arithmetischen Operationen und Nichtdeterminismus erweitert. Die Erweiterung geschieht hauptsächlich durch Änderung der Monade, die der Interpretierer benutzt. Der Code des Interpretierers selbst bleibt nahezu unverändert.

7.3.1 Gesetze für Monaden

Die grundlegenden Deklarationen für eine Monade `M a` lauten:

```
type M a

result :: a -> M a
bind   :: M a -> (a -> M b) -> M b
```

Die erste Funktion `result` transportiert einen Wert vom Typ `a` in die Monade vom Typ `M a`. Sie spielt die Rolle einer identischen Funktion. Die zweite Funktion `bind` ersetzt die Komposition von Funktionen. Sie erhält eine Monade `M a` als Argument, extrahiert den transportierten Wert und wendet auf ihn den zweiten Parameter, eine Funktion vom Typ `a -> M b`, an, woraus sich ein Wert in der Monade `M b` ergibt.

Dabei muß `result` sowohl Links- als auch Rechtsidentität für `bind` sein, und `bind` muß das Assoziativgesetz erfüllen. Das heißt, für alle Monaden gelten die Gesetze (I), (II) und (III).

(I) $\texttt{result}\ x\ \texttt{`bind`}\ f = f\ x$

(II) $m\ \texttt{`bind`}\ \texttt{result} = m$

(III) $(m\ \texttt{`bind`}\ f)\ \texttt{`bind`}\ g = m\ \texttt{`bind`}\ (\backslash x \rightarrow f\ x\ \texttt{`bind`}\ g)$

Der Monadenoperator `bind` wird gewöhnlich in der Infixschreibweise benutzt, da er eine Sequentialisierung der Auswertung seiner Argumente bedingt. m `` `bind` `` f führt zuerst die Berechnung m aus und dann die durch f bestimmte Berechnung. In der Literatur wurde anstelle von `result` oft der Name `unit` verwendet, was aber zur Verwirrung führen kann, da `unit` schon mit vielen anderen Bedeutungen überladen ist.

7.3.2 Strikte Auswertung

Der im folgenden entwickelte Interpretierer implementiert die strikte Auswertung von Ausdrücken in der funktionalen Minisprache, wie sie in Definition 7.2.1 angegeben ist. Zunächst die generische Version des Interpretierers.

```
data AExp = Var   Variable
          | Const Value
          | Plus  AExp AExp
          | Let   Variable AExp AExp

type Value    = Int
type Variable = String
type Env      = [(Variable, Value)]

eval :: AExp -> Env -> M Value

eval (Var v) e          = lookup v e
eval (Const c) e        = result c
eval (Plus a1 a2) e     = eval a1 e `bind`
                          (\v1 -> eval a2 e `bind`
                          (\v2 -> add v1 v2))
eval (Let v a1 a2) e    = eval a1 e `bind`
                          (\x -> eval a2 (update e v x))
```

Dazu kommen die Hilfsfunktionen `addV`, die zwei Werte addiert und eine triviale Berechnung vom Typ `M Int` konstruiert, die die Summe als Ergebnis liefert, `update` zum Einfügen einer Bindung in die Umgebung `Env`, die aus Paaren von Variablennamen und Wert vom Typ `Value` besteht, und `lookup` zum Ermitteln des Werts, der an eine Variable gebunden ist. Falls `lookup` fehlschlägt, dann wird eine Funktion `raise` aufgerufen, die die Fehlerbehandlung durchführt. Die Funktion `test` ruft die Auswertungsfunktion `eval` mit dem auszuwertenden Ausdruck `a` und der leeren Umgebung `[ ]` auf und wendet auf das Ergebnis die von der benutzten Monade abhängige Funktion `showM` an.

```
addV :: Value -> Value -> M Value
addV x y                 = result (x + y)

update :: Env -> Variable -> Value -> Env
update e v x             = (v, x): e

lookup :: Variable -> Env -> M Value
lookup v' ((v, x): e)    | v' == v   = result x
                         | otherwise = lookup v' e
lookup v' _              = raise v'

display :: Text a => M a -> String
test a = display (eval a [])
```

7.3.3 Die Identitätsmonade

Die einfachste Berechnung, die Werte vom Typ a liefert, ist eine Berechnung, die wirklich nur a liefert. Das entspricht gerade der Identitätsmonade `I a`. Sie ist definiert durch:

```
type I a =  a
result   =  id
bind x f =  f x
raise i  =  error "lookup failed"
add      =  addV
display  =  show
display  :: Text a => a -> String
```

Dabei bewirkt die Auswertung der Funktion `error :: String -> a` den Abbruch der Programmausführung, wobei der Parameter als Nachricht ausgegeben wird.

Für den Fall `M a` = `I a` ist der Interpretierer ein Call-by-value Interpretierer für arithmetische Ausdrücke.

```
? test (Plus (Const 1) (Const 2))
3
? test (Var "x")

Program error: lookup failed
```

Dabei ist `Program error:...` eine Meldung des Gofer-Interpretierers. Die Signalisierung von Fehlern geschieht also nicht mehr unter Kontrolle des Programms. Dieses Manko kann mit der Fehlermonade behoben werden.

7.3.4 Fehlerbehandlung

Die Fehlermonade `E a` propagiert entweder einen Wert vom Typ a oder eine Fehlermeldung. Die Deklaration lautet:

```
data E a            = Error String | Ok a
result x            = Ok x
bind m f            = case m of
                      Error s -> Error s
                      Ok x    -> f x
raise s             = Error s
add                 = addV
display (Error s)   = "Error: " ++ s
display (Ok x)      = "Ok: " ++ show x
```

Ohne irgendeine Änderung des Hauptprogramms ergibt sich durch Einsetzen von `E a` für `M a`:

```
? test (Plus (Const 1) (Const 2))
Ok: 3
? test (Var "x")
Error: x
```

Diesmal erfolgt die Fehlermeldung unter der Kontrolle des Programms selbst, besser gesagt durch die Fehlermonade. Die Fehler, die von primitiven Operationen der Monade (`addV` im Beispiel) erzeugt werden, können vom Programm abgefangen und ggf. berichtigt werden.

Die Fehlermonade hat mehr Struktur als die Identitätsmonade. `E a` besitzt Nullelemente. Eine Monade mit Null besitzt einen Wert `zero :: M a`, welcher sich bezüglich `bind` wie eine Null verhält, d.h. `zero 'bind' f = zero` und `m 'bind' \x -> zero = zero`.

7.3.5 Zustandstransformation

In dieser Variation wird eine Monade dazu benutzt, eine Zustandskomponente durch eine Berechnung durchzuschleifen. Er dient zum Zählen der ausgeführten Additionen. Der Zustand ist dabei der Zählerstand, der bei jeder Addition angepaßt werden muß. Daher ist in diesem Fall eine Modifikation der Funktion `add` erforderlich. Der Code des Interpretierers bleibt unverändert. Die Zustandsmonade `ST s a` ist außer vom Ergebnistyp `a` auch vom Typ `s` des propagierten Zustands abhängig. Er bleibt für eine Inkarnation der Monade konstant.

```
type ST s a =  s -> (a, s)
result x    =  \s -> (x, s)
bind m f    =  \s -> let (x', s') = m s
                     in  f x' s'
add         :: Value -> Value -> ST Int Value
add x y     =  incr 'bind' const (addV x y)
incr        :: ST Int ()
incr        =  \s -> ((), s + 1)
raise x     =  error "lookup failed"
display m   =  case m 0 of
               (a, s) -> "Count: " ++ show s ++ " Value: " ++ show a
```

In der Funktion `display` wird die in der Monade verborgene Berechnung mit dem anfänglichen Zählerstand 0 gestartet. Das Ergebnis der Monade ist ein Paar aus Ergebnis der Rechnung und Zustand (Zählerstand). `incr` ist eine Spezialfunktion, die kein Ergebnis liefert, sondern nur auf der Zustandskomponente der Monade `ST Int ()` wirkt. Die Definition von `add` bewirkt, daß vor jeder Addition zunächst der Zähler um 1 erhöht wird.

```
? test (Plus (Const 1) (Const 2))
Count: 1 Value: 3
? test (Let "x" (Plus (Const 8) (Const 13)) (Plus (Var "x") (Var "x")))
Count: 2 Value: 42
? test (Let "x" (Var "y") (Const 0))
Count:
Program error: lookup failed
```

Nun wird offenbar, daß der Interpretierer den Ausdruck wirklich strikt auswertet. Am Stand des Zählers ist ersichtlich, daß der Ausdruck 8 + 13 nur einmal ausgewertet wird. Ebenso wird versucht, auf die Variable y zuzugreifen, obschon sie für die Berechnung irrelevant ist.

Wenn der Zählerstand beobachtbar sein soll, so ist eine weitere Operation `get` vom Typ `ST s s` erforderlich.

```
get         =  \s -> (s, s)
```

Das Einfügen in den Interpretierer geschieht durch Hinzufügen einer Alternative `Count` zu `AExp` und der Erweiterung von `eval` wie folgt:

```
eval Count  = get
```

7.3.6 Nicht-strikte Auswertung

Eine geringfügige Modifikation macht den strikten Interpretierer zu einem nicht-strikten Interpretierer. In der Umgebung werden nicht mehr Werte (vom Typ `Value`) abgelegt, sondern Berechnungen, die Werte liefern (vom Typ `M Value`). Das führt dazu, daß bei jedem Auftreten einer Variablen die zugehörige Berechnung erneut ausgeführt wird, was der nicht-strikten Auswertung entspricht.

Die Änderungen am Interpretierer sind:

```
type Env    = [(Variable, M Value)]

eval (Let v a1 a2) e     = eval a2 (update e v (eval a1 e))

lookup v' ((v, x): e)    | v' == v   =  x
                         | ...
```

Eine Umgebung `Env` bindet nun nicht mehr Namen an Werte, sondern an Berechnungen, die Werte liefern. Entsprechend wird beim `Let`-Ausdruck nicht der Wert von `a1`, sondern die Berechnung des Wertes von `a1` in der Umgebnung abgelegt. In der Funktion `lookup` ist `x` direkt ein Wert aus der Monade `M Value`. Daher kann die Anwendung von `result` entfallen.

Auch dieser Interpretierer kann unverändert mit allen Monaden gekoppelt werden. Im Zusammenhang mit der Zustandsmonade wird der Unterschied zum strikten Interpretierer sofort offenbar.

```
? test (Let "x" (Plus (Const 8) (Const 13)) (Plus (Var "x") (Var "x")))
Count: 3 Value: 42
? test (Let "x" (Var "y") (Const 0))
Count: 0 Value: 0
```

Am Zählerstand 3 wird klar, daß der Ausdruck 8 + 13 zweimal ausgewertet wird. Der zweite Testausdruck wird zu 0 ausgewertet, obwohl er die nicht definierte Variable y enthält, die allerdings in der Berechnung keine Rolle spielt.

Eine Monade, die der verzögerten Auswertung entspricht, ist bislang nicht bekannt.

7.3.7 Nichtdeterminismus

Auch nicht-deterministische Berechnungen lassen sich mit einer geeigneten Monade ausdrücken. Genau wie bei den Ergebnissen der Parser in 7.2.1 wird eine nicht-deterministische Auswahl durch eine Liste der möglichen Ergebnisse dargestellt. Somit ist die Listenmonade `L a` eine geeignete Monade für diesen Zweck.

```
type L a      = [a]
result x      = [x]
bind m f      = concat (map f m)
zero          = []
plus m1 m2    = m1 ++ m2

display [ ] = "[]"
display m     = '[': tail (concat (map (('|':) . show) m)) ++ "]"

add           = addV
raise i       = zero
```

Die Listenmonade besitzt eine Null, nämlich die leere Liste, und auch eine Addition `plus`, die der Verkettung von Listen entspricht.

Dazu kommt eine kleine Erweiterung des Datentyps `AExp` und die entsprechende Anpassung von `eval`.

```
data AExp = ... | Choice [AExp]

eval (Choice as) e = foldr plus zero (map (flip eval e) as)
```

Dann ergibt sich mit dem strikten Interpretierer:

```
? test (Var "y")
[]
```

Die Referenz auf die nicht gebundene Variable y erzeugt kein Ergebnis.

```
? test (Choice [Const 1, Const 2])
[1|2]
```

Die Auswahl zwischen 1 und 2 erzeugt eine Liste mit den Elementen 1 und 2.

```
? test (Let "x" (Choice [Const 1, Const 2]) (Plus (Var "x") (Var "x")))
[2|4]
```

Die Bindung der Variablen `x` erfolgt offenbar nach der nicht-deterministischen Auswahl zwischen 1 und 2. Beim nicht-strikten Interpretierer sind für denselben Ausdruck vier Auswertungsvarianten zu erwarten, da die Variable x an die nicht-deterministische Auswahl zwischen 1 und 2 gebunden ist. Bei jedem Zugriff auf x erfolgt somit eine neue Auswahl.

```
? test (Let "x" (Choice [Const 1, Const 2]) (Plus (Var "x") (Var "x")))
[2|3|3|4]
```

7.3.8 Weitere Monadengesetze

Monaden können auch mithilfe der Grundoperationen `result`, `map` und `join` definiert werden. Die Operation `result :: a -> M a` ist bereits bekannt, die beiden Funktionen

```
map  :: (a -> b) -> M a -> M b
join :: M (M a) -> M a
```

können in jeder Monade mithilfe von `result` und `bind` definiert werden.

```
map f = (`bind` (result . f))
join  = (`bind` id)
```

Für das Zusammenwirken von `result`, `map` und `join` gelten die folgenden Sätze.

(M1) $\texttt{map}\ id = id$

(M2) $\texttt{map}\ (\texttt{f} \circ \texttt{g}) = \texttt{map f} \circ \texttt{map g}$

(M3) $\texttt{map f} \circ \texttt{result} = \texttt{result} \circ \texttt{f}$

(M4) $\texttt{map f} \circ \texttt{join} = \texttt{join} \circ \texttt{map (map f)}$

(M5) $\texttt{join} \circ \texttt{result} = id$

(M6) $\texttt{join} \circ \texttt{map result} = id$

(M7) $\texttt{join} \circ \texttt{map join} = \texttt{join} \circ \texttt{join}$

Die ersten vier Gesetze entspringen der Kategorientheorie. (M1) und (M2) besagen, daß `map` ein Funktor ist. (M3) und (M4) sagen aus, daß `result` und `join` natürliche Transformationen sind (von `map` nach `id` bzw. von `map` nach $\texttt{map} \circ \texttt{map}$).

Eine *natürliche Transformation* zwischen zwei Funktoren $F, G\colon \mathbf{A} \to \mathbf{B}$ ist eine Abbildung ν, die Objekte von $\mathbf{A}$ auf Morphismen in $\mathbf{B}$ abbildet, so daß für jedes Objekt A in $\mathbf{A}$ gilt $\nu(A)$ ist Morphismus von $F(A)$ nach $G(A)$ in $\mathbf{B}$ und für alle Morphismen f von A nach A' in $\mathbf{A}$ gilt $\nu(A') \circ F(f) = G(f) \circ \nu(A)$.

Alternative Definition von Monaden

Wenn für einen Typkonstruktor `M a` Funktionen `result`, `mapM` und `joinM` gegeben sind, so daß die Gesetze (M1) – (M7) erfüllt sind, so ist `M a` eine Monade. In diesem Fall kann die `bind` Funktion mithilfe von `map` und `join` definiert werden.

```
m `bind` f = join (map f m)
```

7.3.9 Komprehensionen für Monaden

Auch für Monaden kann eine Komprehensionsschreibweise analog zu den Listenmonaden benutzt werden. Dadurch wird die Programmierung mit Monaden noch übersichtlicher und einfacher. Für beliebige Monaden ist die Syntax auf Qualifikatoren der Form $x \leftarrow e$ eingeschränkt, wobei x eine Variable und e ein Ausdruck ist.

$$
\begin{aligned}
[e \mid\,] &\xrightarrow{\textbf{decomp}} \texttt{result}\ e\\
[e \mid x \leftarrow e', qs] &\xrightarrow{\textbf{decomp}} e'\ \texttt{\`{}bind\`{}}\ (\lambda x \rightarrow [e \mid qs])\\
[e \mid \texttt{let}\ \textbf{\textit{decls}}, qs] &\xrightarrow{\textbf{decomp}} \texttt{let}\ \textbf{\textit{decls}}\ \texttt{in}\ [e \mid qs]
\end{aligned}
$$

Besitzt die Monade mehr Struktur, d.h. falls es sich um eine Monade mit Null handelt, so können als Qualifikatoren auch Generatoren mit Mustern und boolesche Ausdrücke zugelassen werden.

$$
\begin{aligned}
[e \mid\,] &\xrightarrow{\textbf{decomp}} \texttt{result}\ e\\
[e \mid p \leftarrow e', qs] &\xrightarrow{\textbf{decomp}} e'\ \texttt{\`{}bind\`{}}\ f\\
&\quad \texttt{where}\ f\ \ p = [e \mid qs]\\
&\quad \phantom{\texttt{where}}\ f\ \ \_ = \texttt{zero}\\
[e \mid e', qs] &\xrightarrow{\textbf{decomp}} \texttt{if}\ e'\ \texttt{then}\ [e \mid qs]\\
&\qquad\qquad \texttt{else}\ \texttt{zero}\\
[e \mid \texttt{let}\ \textbf{\textit{decls}}, qs] &\xrightarrow{\textbf{decomp}} \texttt{let}\ \textbf{\textit{decls}}\ \texttt{in}\ [e \mid qs]
\end{aligned}
$$

Für die Listenmonade entspricht diese Definition genau der in Kap. 7.1 gegebenen Definition.

7.4 Funktionale Ein-/Ausgabe

Die Ein- und Ausgabe ist ein erwünschter Seiteneffekt eines Programms. Da reinfunktionale Sprachen keine Seiteneffekte erlauben, scheint die Ein- und Ausgabe auf den ersten Blick ein Schwachpunkt funktionaler Programmiersprachen zu sein. Es ist aber möglich, Ein- und Ausgabe funktionaler Programme ohne Seiteneffekte zu spezifizieren. Dazu gibt es verschiedene Ansätze von gleicher Ausdruckskraft [Gor93]. Die beiden folgenden Abschnitte behandeln traditionelle Ansätze zur Ein-/Ausgabe (E/A). Die dort geschilderten Standardtechniken sind in Gofer und Haskell implementiert. Der dritte Abschnitt behandelt die E/A mithilfe einer Monade.

7.4.1 Strombasierte Ein- und Ausgabe

Das Ein-/Ausgabemodell mit Strömen (*streams*) basiert auf der Idee, daß das Betriebssystem eines Rechners einen Strom von Anfragen (*requests*) verarbeitet und dabei einen Strom von Antworten (*responses*) erzeugt (siehe Abb. 7.2). Für jede

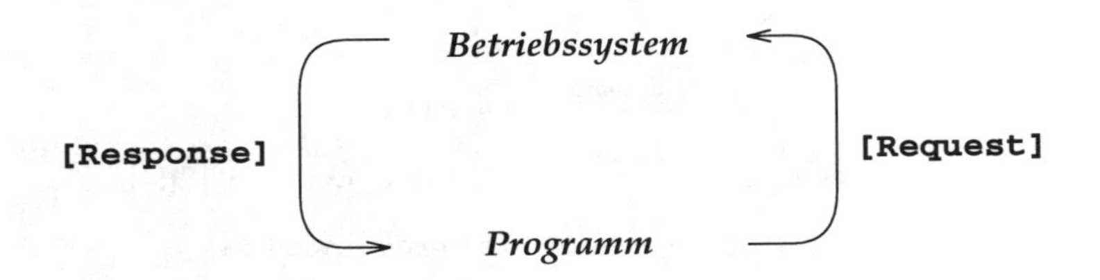

Abbildung 7.2: Ein- und Ausgabe mit Strömen.

bearbeitete Anfrage wird genau eine Antwort erzeugt und die Reihenfolge der Antworten entspricht der Reihenfolge der Anfragen. Ein Strom ist dabei einfach eine nicht-strikte Liste. Die Unterscheidung und der Name „Strom" entstammen den funktionalen Programmiersprachen mit strikten Datenstrukturen und Funktionen.

Wenn das Betriebssystem eine Funktion vom Typ `Worker` ist, mit

```
type Worker = [Request] -> [Response]
```

muß demzufolge ein Programm, das mit dem Betriebssystem kommuniziert, den Typ `Dialogue` haben:

```
type Dialogue = [Response] -> [Request]
```

Dabei ist wieder die nicht-strikte Auswertung essentiell, da die erste Anforderung an das Betriebssystem übergeben werden muß, *bevor* die zugehörige Antwort betrachtet wird.

Die Definitionen von `Request` und `Response` lauten in Gofer:

```
data Request  =  -- file system requests:
                ReadFile      String
              | WriteFile     String String
              | AppendFile    String String
                 -- channel system requests:
              | ReadChan      String
              | AppendChan    String String
                 -- environment requests:
              | Echo          Bool
              | GetArgs
              | GetProgName
```

```
                | GetEnv         String

data Response = Success
                | Str     String
                | Failure IOError
                | StrList [String]

data IOError  = WriteError   String
                | ReadError    String
                | SearchError  String
                | FormatError  String
                | OtherError   String

type Dialogue = [Response] -> [Request]
```

Die möglichen Anfragen an das Betriebssystem teilen sich auf in Anfragen an das Dateisystem, Anfragen an das Kanalsystem und Anfragen, die die Umgebung betreffen, in der das Programm abläuft.

Anfragen an Dateien

`ReadFile` *file*
: Die Datei mit Namen *file* wird gelesen. Falls die Datei erfolgreich gelesen werden konnte, ist die Antwort `Str` *contents*, wobei der `String` *contents* der komplette Inhalt der Datei ist. Anderenfalls ist die Antwort `Failure` *error*, wobei *error* einer der möglichen unter `IOError` angegebenen Fehler ist.

`WriteFile` *file what*
: Die Datei mit dem Namen *file* wird mit dem `String` *what* überschrieben. Dabei wird *file* angelegt, falls die Datei vorher nicht vorhanden war. Falls der Schreibvorgang erfolgreich abgeschlossen werden konnte, ist die Antwort `Success`, anderenfalls `Failure` *error*.

`AppendFile` *file what*
: Der `String` *what* wird ans Ende der Datei *file* angehängt. Nach erfolgreichem Schreiben ist die Antwort `Success`, anderenfalls `Failure` *error*.

Falls bei den Anfragen `ReadFile` und `AppendFile` die Datei nicht existiert, so ist *error* gerade `SearchError` *message*.

Anfragen an Kanäle

Kanäle sind E/A-Einheiten, die nur einmal gelesen werden können. Ihr Inhalt ist nicht dauerhaft, wie etwa der Inhalt einer Datei, sondern kann nur ein einziges Mal verwendet werden und steht danach nicht mehr zur Verfügung. Die Standardkanäle sind `stdin`, `stdout`, `stderr` und `stdecho`.

`ReadChan` *channel*
Der Kanal *channel* wird zum Lesen einer Eingabe eröffnet. Diese Anforderung darf für jeden Kanal nur einmal während eines Programmlaufs erfolgen. Die Antwort ist entweder `Str` *contents* oder `Failure` *error*, falls der Kanal nicht existiert oder falls er schon einmal eröffnet worden ist.

`AppendChan` *channel what*
Der `String` *what* wird auf dem Kanal *channel* ausgegeben. Die neue Ausgabe wird dabei an alle vorangegangenen Ausgaben angehängt. Bei Erfolg ist die Antwort `Success`, anderenfalls `Failure` *error*.

Anfragen an die Umgebung

Auch die Abfrage von Kommandozeilenargumenten und Umgebungsvariablen geschieht über Anfragen und Antworten.

`Echo` *echo*
Die automatische Ausgabe jeder Eingabe, die über `stdin` erfolgt, wird ein- bzw. ausgeschaltet, je nachdem ob *echo* `True` oder `False` ist. Bei erfolgreicher Umschaltung ist die Antwort `Success` ansonsten `Failure` *error*.

`GetArgs`
Die Antwort auf die Anfrage `GetArgs` liefert die Argumente auf der Kommandozeile des Programms in Form einer Liste von `Strings` (`StrList` *argVec*).

`GetProgName`
Bewirkt die Antwort `Str` *progName*, wobei *progName*, der vom Betriebssystem ermittelte Name ist, unter dem das Programm aufgerufen wurde. Ist der Name nicht zu ermitteln, so ist die Antwort `Failure` *error*.

`GetEnv` *name*
Sucht nach der Definition der Umgebungsvariable *name*. Falls keine Definition vorhanden ist, erfolgt die Antwort `Failure (SearchError` *error*`)`. Anderenfalls ist die Antwort `Str` *def*, wobei *def* die Definition der Variable *name* ist.

7.4.1 Beispiel Das einfachste Programm ist das Hello-World-Programm. Es nimmt keine Eingaben an und produziert die Ausgabe „`Hello, world!`" auf dem Bildschirm.

```
main :: Dialogue
main _ = [AppendChan stdout "Hello, world!\n"]
```

Eine einfache Variation des Themas ist das generische Guten-Morgen-Programm. Als Hilfsfunktion dient die Funktion `hallo` aus Kap. 2.6.

```
main :: Dialogue
main ~(response: _) = [ReadChan   stdin,
```

```
                            AppendChan stdout (hallo person)]
  where
        Str person = response

hallo ...
```

Hier muß die Musteranpassung auf das erste Element `response` der Antwortliste in einem nicht-zurückweisbaren Muster der Form ~ ***pat*** versteckt werden. Anderenfalls wird bei der Auswertung zunächst versucht, das Muster `response: _` anzupassen. Dafür muß das Betriebssystem eine Antwort auf eine Anfrage geben, die aber erst erzeugt wird, wenn das Betriebssystem eine Antwort gegeben hat. Dieses gegenseitige Warten (ein *deadlock*) wird durch das nicht-zurückweisbare Muster aufgebrochen.

Dieses Programm ist hochgradig unsicher, da es die Möglichkeit jedweden Fehlers ignoriert. Außerdem nimmt es alles, was auf der Standardeingabe erscheint, als Namen einer Person an. Die Verbesserung des Programms ist Thema von Aufgabe 7.11.

Eine etwas schwierigere Aufgabe ist die Ausgabe von Dateiinhalten auf dem Bildschirm.

```
main :: Dialogue
main responses =
        [AppendChan stdout "Dateiname? ",
         ReadChan stdin,
         ReadFile fileName,
         AppendChan stdout output]
  where
        Str fileName = responses !! 1
        output = case responses !! 2 of
                 Str fileContents -> fileContents
                 _ -> "Fehler beim Öffnen von " ++ fileName
```

Dabei bewirkt der Infixoperator `!!` den indizierten Zugriff auf die Elemente einer Liste. Seine Definition lautet:

```
(!!) :: [a] -> Int -> a
(x: xs) !! 0       = x
(x: xs) !! (n + 1) = xs !! n
```

7.4.2 Ein- und Ausgabe mit Fortsetzungen

Eine Fortsetzung (*Continuation*) ist eine Funktion, die die Abhängigkeit des Rests einer Berechnung von einem Wert zusammenfaßt. Sie führt die angefangene Berechnung zu Ende ohne dabei an ihren Aufrufort zurückzukehren. Auch der Interpretierer aus Kap. 7.3 kann mithilfe von Fortsetzungen geschrieben werden.

```
type Cont = (Value -> Value) -> Value
eval :: AExp -> Env -> Cont
eval (Var x) e c          = lookup x e c
eval (Const k) e c        = c k
eval (Plus a1 a2) e c     = eval a1 e (\v1 ->
                            eval a2 e (\v2 -> c (v1 + v2)))
eval (Let x a1 a2) e c    = eval a1 e (\v1 ->
                            eval a2 (update e x v1) c)
```

Der Trick hierbei ist die Tatsache, daß die Fortsetzungen die Reihenfolge der Berechnungen festlegen. So ist es klar, daß bei der Auswertung von `Plus a1 a2` zuerst `a1` und dann `a2` ausgewertet wird, und zwar einfach durch die Schachtelung der Funktionen.

Auch die Fortsetzungen `K a z`, die von Werten in `a` abhängen und Antworten in `z` liefern, bilden eine Monade. Dabei ist `a` der transportierte Wert und `z` ein Parameter der Monade. Die Definitionen von `result` und `bind` lauten:

```
type K a z =  (a -> z) -> z
result     :: a -> K a z
result x c =  c x
bind       :: K a z -> (a -> K b z) -> K b z
bind m f c =  m (\x -> f x c)
```

Die durch die Aufrufschachtelung der Fortsetzungen festgelegte zeitliche Reihenfolge wird für die fortsetzungsbasierte Ein- und Ausgabe benutzt. Zusätzlich können problemlos Fehler von erfolgreichen E/A-Transaktionen unterschieden werden. Die E/A-Funktionen erhalten einfach zwei Fortsetzungen als Argumente, die eine davon wird nach erfolgreicher Ausführung der E/A-Aktion aktiviert, die andere im Fehlerfall. Entsprechend dem Datentyp `Response` gibt es drei Typen von erfolgreichen Fortsetzungen und einen Typ für die Fehlerfortsetzung.

```
type SuccCont    =                Dialogue
type StrCont     =  String     -> Dialogue
type StrListCont =  [String]   -> Dialogue
type FailCont    =  IOError    -> Dialogue
```

Zusammen mit dem Datentyp `Request` ergeben sich sofort die E/A-Funktionen mit Fortsetzungen und ihre Typen.

```
done        ::                                                 Dialogue
readFile    :: String ->           FailCont -> StrCont      -> Dialogue
writeFile   :: String -> String -> FailCont -> SuccCont     -> Dialogue
appendFile  :: String -> String -> FailCont -> SuccCont     -> Dialogue
readChan    :: String ->           FailCont -> StrCont      -> Dialogue
appendChan  :: String -> String -> FailCont -> SuccCont     -> Dialogue
echo        :: Bool ->             FailCont -> SuccCont     -> Dialogue
getArgs     ::                     FailCont -> StrListCont -> Dialogue
getProgName ::                     FailCont -> StrCont      -> Dialogue
getEnv      :: String ->           FailCont -> StrCont      -> Dialogue
```

Die Funktion `done` dient zur Beendigung des Dialoges, sie schließt jegliche E/A-Aktivität ab. Die anderen Funktionen bewirken genau die Aktionen, die die gleichnamigen Anfragen bewirken. Wenn die Aktion fehlschlägt, wird die `FailCont` mit einem Argument vom Typ `IOError` aufgerufen. Nach einer erfolgreichen Aktion wird eine Fortsetzung vom `StrCont`, `SuccCont` oder `StrListCont` (je nach Aktion) mit dem entsprechenden Argument aufgerufen. Zwei weitere Funktionen, die ein Programm im Fehlerfall abbrechen, sind `exit :: FailCont` und `abort :: FailCont`. `exit` druckt eine Fehlermeldung und beendet den Programmlauf, während `abort` den Programmlauf kommentarlos abbricht.

Ein Vorteil der Verwendung von fortsetzungsbasierter E/A liegt in der Verpflichtung, im Programm immer auch den Fehlerfall abdecken zu müssen, da die Fortsetzung für den Fehlerfall (`FailCont`) immer angegeben werden muß. Diese Verpflichtung ist bei der strombasierten E/A weitgehend der Verantwortung des Programmierers überlassen.

Der Typ `Dialogue` kann beliebig gewählt werden, so daß seine Definition unbekannt ist (mit anderen Worten: als abstrakter Typ). Allerdings kann die E/A mit Fortsetzungen mithilfe der strombasierten E/A implementiert werden. Dann hat `Dialogue` gerade die bekannte Definition.

7.4.2 Beispiel Das Hello-World-Programm mit fortsetzungsbasierter E/A lautet:

```
main :: Dialogue
main = appendChan stdout "Hello World!\n" exit done
```

Der Inhalt einer Datei, deren Name erfragt wird, wird vom folgenden Programm ausgedruckt.

```
main :: Dialogue
main =  appendChan stdout "Dateiname? " exit $
        readChan stdin exit                  $ \ fileName ->
        readFile fileName exit               $ \ output ->
        appendChan stdout output exit done
```

7.4.3 Monadische Ein- und Ausgabe

Monaden stellen einen allgemeinen Mechanismus zur Kapselung von Berechnungen dar. Die E/A-Monade ist ein Spezialfall der Zustandsmonade (vgl. Kap. 7.3.5). Die E/A-Monade operiert auf einem versteckten Zustand, vom Typ `RealWorld` und erreicht die Einhaltung der Reihenfolge der E/A-Operationen durch eine in der Monade versteckte Datenabhängigkeit von der `RealWorld`. Insbesondere ist es nicht möglich, Kopien von dem versteckten Zustand der `RealWorld` zu machen. Die Möglichkeit der Existenz solcher Kopien würde die referentielle Transparenz zerstören. Dies wird am folgenden Beispiel ohne Benutzung der E/A-Monade deutlich.

```
getChar :: World -> (Char, World)
-- eine eingebaute Funktion, die ein Zeichen vom Terminal liest

leak    :: World -> (Char, Char, World, World)
leak w = (c1, c2, w1, w2)
    where
        (c1, w1) = getChar w
        (c2, w2) = getChar w
```

Aufgrund der referentiellen Transparenz hängt der Wert jedes Ausdrucks nur von den Werten seiner Teilausdrücke ab. Daher müssen beide Aufrufe von `getChar` den gleichen Wert liefern. Wegen des Substitutionsprinzips ist nämlich die oben definierte Funktion gleichwertig zur folgenden Funktion `leak'`.

```
leak' w = (c1, c2, w1, w2)
    where
        (c1, w1) = gcw
        (c2, w2) = gcw
        gcw      = getChar w
```

Aus diesem Grund müßte eine Implementierung für jede Kopie der `World` den vollständigen Zustand aller E/A-Einheiten speichern (den aktuellen Speicherinhalt, den kompletten Inhalt der Festplatten, usw.), was natürlich nicht akzeptabel ist.

Da nur bestimmte Funktionen auf der E/A-Monade definiert sind, ist es insbesondere nicht möglich, Kopien von dem versteckten Zustand der `RealWorld` zu machen. Dadurch bleibt das Substitutionsprinzip erhalten. Für monadische Ein- und Ausgabe liegen zur Zeit nur experimentelle Implementierungen vor.

Für die E/A-Monade `IO a` heißen die Monadenoperationen `returnIO` und `thenIO` (entsprechend `result` und `bind`).

```
returnIO :: a -> IO a
thenIO   :: IO a -> (a -> IO b) -> IO b

-- eine nützliche Variante von thenIO ist
thenIO_  :: IO a -> IO b -> IO b
io1 `thenIO_` io2 = io1 `thenIO` const io2
```

Typische primitive Operationen zur Ein- und Ausgabe von Zeichen sind die Funktionen `getChar` und `putChar`.

```
getChar :: IO Char
putChar :: Char -> IO ()
```

Damit kann eine Funktion `putString` wie folgt programmiert werden.

```
putString :: String -> IO ()
putString ""       = returnIO ()
putString (c: cs) = putChar c `thenIO_` putString cs
-- oder kürzer:
putString' = foldr (thenIO_ . putChar) (returnIO ())
```

Die Schnittstelle der Implementierung von monadischer Ein- und Ausgabe umfaßt die folgenden Funktionen:

```
readFileIO      :: String ->            IO String
writeFileIO     :: String -> String -> IO ()
appendFileIO    :: String -> String -> IO ()
deleteFileIO    :: String ->            IO ()
statusFileIO    :: String ->            IO String
readChanIO      :: String ->            IO String
appendChanIO    :: String -> String -> IO ()
statusChanIO    :: String ->            IO String
echoIO          :: Bool   ->            IO ()
getArgsIO       ::                      IO [String]
getEnvIO        :: String ->            IO String
setEnvIO        :: String -> String -> IO ()
```

Die einzelnen Funktionen haben genau die aus den vorangegangenen Abschnitten bekannte Bedeutung. So ist `readFileIO fileName :: IO String` eine E/A-Aktion, die einen `String` als Ergebnis liefert, nämlich den Inhalt der Datei `fileName` als nicht-strikte Liste.

Die E/A-Monade `IO a` fängt automatisch und unsichtbar alle Fehler ab. Zur expliziten Fehlerbehandlung im Programm wird eine Kombination aus der E/A-Monade und der Fehlermonade `E a` zur Verfügung gestellt. Sie hat die (sichtbare) Definition:

```
data IoResult a
  = IoSucc a
  | IoFail IOError

type IOE a = IO (IoResult a)
```

Die Funktionen sind die gleichen wie bisher, wobei das Suffix `IO` durch das Suffix `IOE` ersetzt ist.

Bei Verwendungen der Monade `IO a` ist das Hauptprogramm nun vom Typ:

```
mainIO :: IO ()
```

7.5 Spezifische Eigenschaften von Haskell und Gofer

Die folgenden Abschnitte stellen das Modulsystem, die Handhabung von Feldern sowie das Konzept der Konstruktorklassen vor. Das Modulsystem und Felder gehören zum Standardsprachumfang von Haskell. Der Gofer-Interpretierer unterstützt keine Module aber — seit der Version 2.30 — Felder. Konstruktorklassen sind bisher eine Gofer-spezifische Eigenschaft.

7.5.1 Module

Module dienen der Strukturierung von größeren Programmen, z.B. durch Kapselung von Datentypen oder Zusammenfassung von Funktionen mit gemeinsamen Eigenschaften (Bibliotheken). Außerdem verhindern Module eine Überschwemmung des Namensraums mit Bezeichnern, die nur lokale Bedeutung haben. Die von Haskell bereitgestellten Module bieten die Möglichkeit, Objekte von anderen Modulen in den eigenen Namensraum abzubilden und sie dabei gegebenenfalls umzubenennen. Der Namensraum innerhalb eines Moduls ist flach.

module

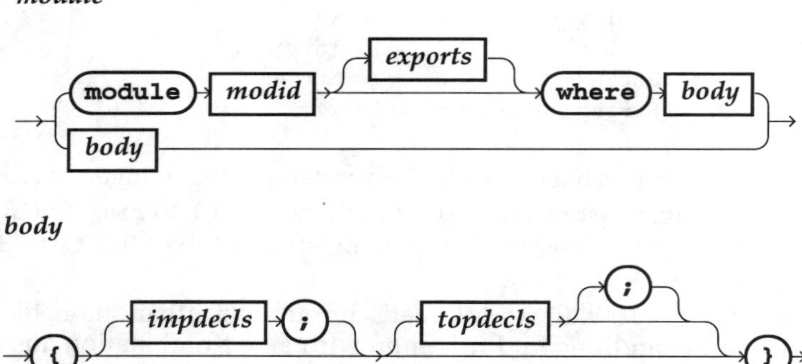

Der Name eines Haskellmoduls (***modid***) wird groß geschrieben, denn er muß ein Konstruktorbezeichner sein. Wenn ein Haskellmodul nicht mit dem Schlüsselwort `module` beginnt, so wird `module Main where` ergänzt und alle Deklarationen auf der obersten Ebene werden automatisch exportiert. Der automatische Export geschieht auch dann, wenn keine Exportliste (***exports***) angegeben wird. Importierte Objekte werden vom automatischen Export nicht erfaßt. Im Modul `Main` muß auf der obersten Ebene eine Funktion `Main` vom Typ `Dialogue` definiert sein. Diese Funktion spielt die Rolle des Hauptprogramms. Der Typ `Dialogue` wird in Kap. 7.4 erklärt. Den Rumpf eines Moduls spezifiziert das Nichtterminal ***body***; es besteht aus Importdeklarationen (siehe unten) gefolgt von Deklarationen auf der Skriptebene.

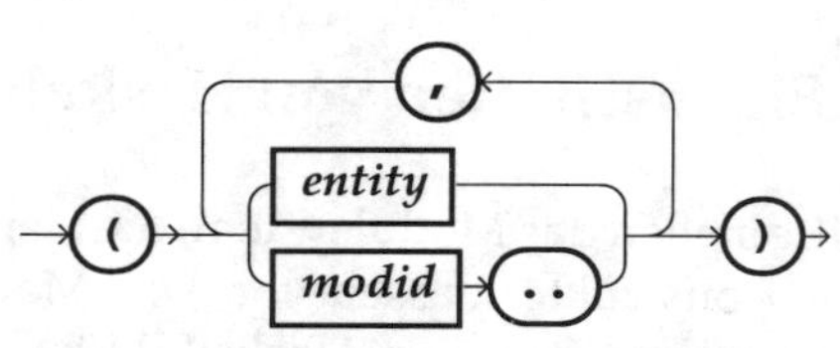

Falls ein Export die Form ***modid*****..** hat, so werden alle Objekte, die vom Modul ***modid*** importiert werden, auch wieder exportiert.

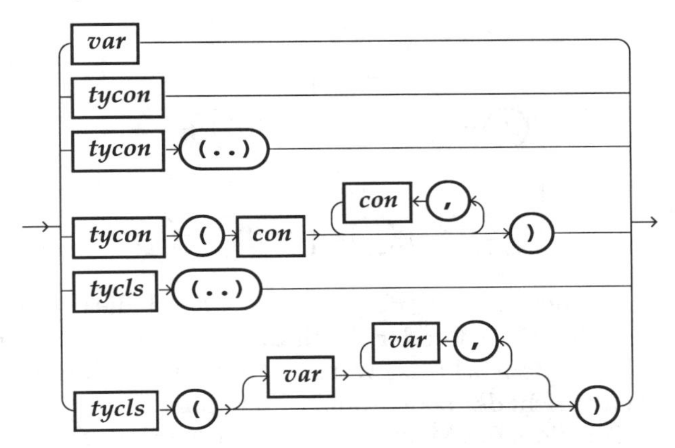

Exportierbare Objekte beschreibt das Nichtterminal ***entity***. Durch Aufzählung können Werte exportiert werden (***var***), Typkonstruktoren ohne ihre Datenkonstruktoren (***tycon***) oder mit allen Datenkonstruktoren (***tycon***`(..)`), Typabkürzungen mit ihrer Definition (***tycon***`(..)`) und Typklassen *mit allen* Operationen auf dieser Klasse (***tycls***`(..)`). Sollen die Datenkonstruktoren eines Typkonstruktors mit exportiert werden, so müssen sie entweder vollständig aufgezählt werden oder mit `..` abgekürzt werden. Bei Typklassen müssen alle Operationen mit exportiert werden. Auch sie können entweder vollständig aufgezählt oder durch `..` abgekürzt werden.

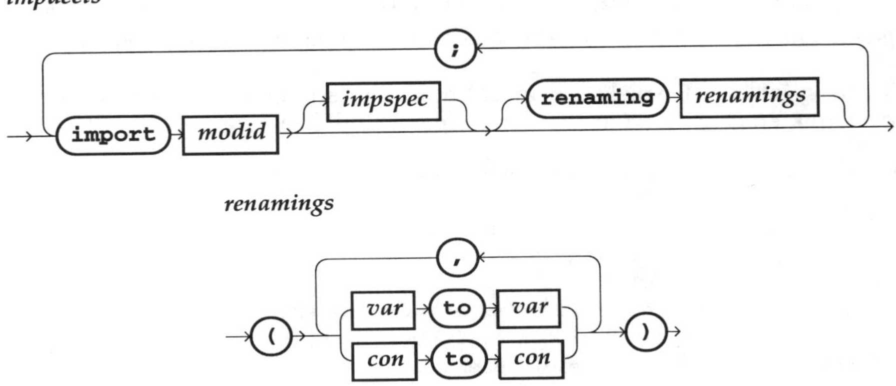

Ein Import benennt ein Modul, von dem Objekte importiert werden sollen. Optional folgt eine Einschränkung des Imports (***impspec***). Ohne die Einschränkung werden alle exportierten Objekte des Moduls importiert. Dies ist gefolgt von einer optionalen Umbenennung der importierten Objekte (vgl. ***renamings***).

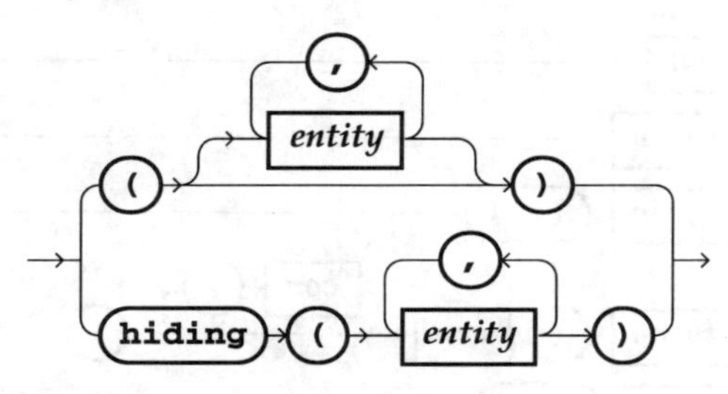

Die Einschränkung eines Imports erfolgt entweder durch die explizite Auflistung der zu importierenden Objekte oder durch die Auflistung der nicht zu importierenden Objekte (mit dem Schlüsselwort `hiding`). Die Bedeutung der einzelnen Objekte (*entity*) entspricht der Bedeutung beim Export.

Einen Spezialfall bildet das Modul `Prelude`, in dem Standardfunktionen und -operatoren von Haskell definiert sind. Es wird immer vollständig importiert, außer wenn eine explizite Importdeklaration für `Prelude` vorliegt. In diesem Fall wird die Importdeklaration befolgt. Ein weiteres Modul, das immer importiert wird ist `PreludeCore`. Da es die absoluten Grundfunktionen (wie z.B. die Deklaration von `Bool` und die Deklarationen von Typklassen wie `Eq` und `Ord`) enthält, kann dieser Import nicht unterdrückt werden.

Eine Möglichkeit zum Einsatz des Modulsystems ist die Programmierung von parametrisierten abstrakten Datentypen. Dazu wird in einem Modul eine Implementierung des abstrakten Datentyps angegeben. Sie besteht aus der Deklaration des Datentyps und seiner Operationen, sowie der Deklaration von Hilfsdatentypen und Hilfsoperationen. Die Exportspezifikation wird so gewählt, daß nur der Typkonstruktor des Datentyps und seine Operationen exportiert werden. So bleiben Hilfsdeklarationen und die wirkliche Implementierung des Typs versteckt.

7.5.1 Beispiel Als Beispiel seien zwei Implementierungen für den parametrisierten abstrakten Datentyp `Queue` (Warteschlange, FIFO) angegeben.

```
module Queue (Queue, mtQ, enQ, deQ, frontQ) where

-- Für eine Queue q und ein Element e gilt
-- mtQ q        testet, ob q leer ist
-- enQ e q      fügt e an q an
-- deQ q        ergibt ein Paar (e, q') aus dem erstem Element
--              und dem Rest von q, falls q nicht leer ist
-- frontQ q     ergibt das erste Element von q,
--              falls q nicht leer ist

-- Implementierung der Queue als Liste

data Queue a = Queue [a]
```

```
mtQ :: Queue a -> Bool
enQ :: a -> Queue a -> Queue a
deQ :: Queue a -> (a, Queue a)
frontQ :: Queue a -> a

mtQ (Queue [ ]) = True
mtQ _           = False

enQ x Queue q = Queue (q ++ [x])

deQ (Queue (x: q')) = (x, Queue q')

frontQ (Queue (x: _)) = x
```

Obwohl der Name `Queue` hier in drei verschiedenen Bedeutungen auftritt, gibt es keinen Namenskonflikt. `Queue` taucht als Modulname (in der ersten Zeile), als Typkonstruktor und als einziger Datenkonstruktor vom Typ `Queue :: [a] -> Queue a` (auf der linken bzw. rechten Seite der `data`-Deklaration) auf.

Die vorangegangene Implementierung ist austauschbar gegen die folgende (effizientere) Implementierung, da außerhalb des Moduls `Queue` die Darstellung eines Wertes vom Typ `Queue a` nicht bekannt ist.

```
module Queue (Queue, mtQ, enQ, deQ, frontQ) where

-- Spezifikation der Operationen wie oben

-- Implementierung einer Warteschlange als Paar von Listen
-- Erfolg: Gemittelt über alle Operationen benötigt jede einzelne
--         Operation konstante Zeit.

data Queue a = Queue ([a], [a])

mtQ :: Queue a -> Bool
enQ :: a -> Queue a -> Queue a
deQ :: Queue a -> (a, Queue a)
frontQ :: Queue a -> a

mtQ (Queue ([ ], [ ])) = True
mtQ (Queue _)          = False

enQ x Queue (q1, q2)) = Queue (x: q1, q2)

deQ (Queue (q1,          x: q2)) = (x, Queue (q1, q2))
deQ (Queue (q1@ (_: _), [ ]  )) = deQ (Queue ([ ], reverse q1))
-- Mißerfolg bei leerer Queue

frontQ q = fst (deQ q)
```

Die Funktionen `reverse` zum Umdrehen einer Liste und `fst` zum Extrahieren der ersten Komponente eines Paars sind vordefiniert:

```
reverse :: [a] -> [a]
reverse [ ]     = [ ]
reverse (x: xs) = reverse xs ++ [x]

fst :: (a, b) -> a
fst (x, _) = x
```

7.5.2 Felder

Felder werden durch eine vordefinierte Funktion aus einer Assoziationsliste konstruiert. Eine Assoziationsliste ist eine Liste von Paaren (i, a_i) aus Feldindex i und dem Wert a_i, der an Position i im Feld a abgelegt werden soll. Jeder erlaubte Index für a muß in der Assoziationsliste genau einmal auftreten. Zum Aufbau von Assoziationslisten dient der Datentyp `Assoc a b`.

```
data Assoc a b = a := b
```

Als Index kann jeder Datentyp verwendet werden, der bijektiv auf ein Intervall $[0, n] \subseteq \mathbb{N}$ abgebildet werden kann. Diese Restriktion wird durch die Typklasse `Ix` spezifiziert.

```
class (Ord a) => Ix a where
    range   :: (a, a) -> [a]
    index   :: (a, a) -> a -> Int
    inRange :: (a, a) -> a -> Bool
```

Die Funktion `range (low, high)` liefert die Liste der Elemente des Indexbereichs in aufsteigender Folge, `index (low, high) ix` liefert die Position von `ix` in `range (low, high)` und `inRange (low, high) ix` testet, ob `ix` ein Element von `range (low, high)` ist. Das führt zu den folgenden (ineffizienten) Spezifikationen für `index` und `inRange`, die als Standardimplementierung in die Klassendeklaration einbezogen werden können.

```
inRange lh ix = ix 'elem' range lh
index   lh ix | inRange lh ix = length (takeWhile (< ix) (range lh))
```

Ganze Zahlen `Int` werden durch die folgende Exemplardeklaration zu prospektiven Feldindizes gemacht.

```
instance Ix Int where
    range   (lo, hi)    = [lo .. hi]
    inRange (lo, hi) ix = lo <= ix && ix <= hi
    index   (lo, hi) ix = ix - lo
```

Ein Paar von Indizes kann selbst wieder als Index verwendet werden.

```
instance (Ix a, Ix b) => Ix (a, b) where
    range ((loa, lob), (hia, hib)) =
        [(xa, xb) | xa <- range (loa, hia), xb <- range (lob, hib)]
```

Zur Konstruktion eines Feldes vom Typ `Array a b` mit Indizes vom Typ `a` und Elementen vom Typ `b` dient die vordefinierte Funktion `array`. Sie nimmt als Argumente einen Indexbereich und eine Assoziationsliste und konstruiert daraus das entsprechende Feld, falls die Assoziationsliste gültig ist und alle Indizes in der Assoziationsliste im Indexbereich liegen. `array` ist strikt in dem Indexanteil der Assoziationen, nicht jedoch im Wertanteil. Der Zugriff auf ein Feldelement erfolgt durch die Funktion `!`. Es ist garantiert, daß ein Feldzugriff `a ! i` auf die `i`-te Komponente des Feldes a in konstanter Zeit ausgeführt wird. Weiterhin gibt es eine Funktion `bounds`, die den Indexbereich eines Feldes ermittelt.

```
array  :: (Ix a) => (a, a) -> [Assoc a b] -> Array a b
(!)    :: (Ix a) => Array a b -> a -> b
bounds :: (Ix a) => Array a b -> (a, a)
```

Wie oben bereits angesprochen, ist `array` nicht strikt im Wertanteil der Assoziationsliste. Daher können Felder auch rekursiv definiert werden, wie die folgende Liste `fibs` der ersten 100 Fibonacci-Zahlen.

```
fibs = array (0, 100) (0 := 1: 1 := 1:
                       [ i := fibs!(i-1) + fibs!(i-2) | i <- [2..100]])
```

Es gibt noch weitere Operationen, die effiziente Versionen von Kombinationen der beschriebenen Operationen sind. Sie sind im Haskell-Report beschrieben [Has92].

7.5.3 Konstruktorklassen

In Gofer können Typvariable nicht nur über Typen variieren, sonder auch über Typkonstruktoren. Die Grundbausteine des Typsystems sind daher Konstruktorausdrücke, die eine gewisse Ähnlichkeit mit geschönfinkelten Funktionen haben.

$$\mathsf{K} ::= \alpha \mid \mathsf{C} \mid (\mathsf{K}_1\ \mathsf{K}_2)$$

Konstruktorausdrücke sind entweder Konstruktorvariablen (α), Typkonstruktoren (C) oder Konstruktorapplikationen ($\mathsf{K}_1\ \mathsf{K}_2$). Genau wie die Anwendung einer Funktion auf ihr Argument erfordert, daß das Argument von passendem Typ sein muß, so muß auch für Konstruktoranwendungen Ähnliches gefordert werden: Die Anwendung des nullstelligen Typkonstruktors `Int` auf eine Konstruktorvariable oder einen anderen Typ ist sinnlos. Der Konstruktorausdruck `Int a` liefert daher einen *Kindfehler* — ein Kind ist für einen Konstruktor so etwas Ähnliches wie ein Typ für einen Datenwert.

Jeder gewöhnliche Typ hat Kind `*`. Der Listenkonstruktor `[]` bildet Typen auf Typen ab und hat daher Kind `* -> *`. Die Konstruktion von Paaren `(,)` hat Kind

`* -> * -> *`, die von Tripeln hat Kind `* -> * -> * -> *` und so weiter. Bei der Bildung von Konstruktorausdrücken spielen Kinds nur bei der Konstruktorapplikation eine Rolle: Hat K_1 das Kind $\kappa_2 \rightarrow \kappa_1$ und K_2 das Kind κ_2, so hat die Applikation $(K_1\ K_2)$ Kind κ_1, anderenfalls ist $(K_1\ K_2)$ nicht wohlgeformt und wird vom System zurückgewiesen.

Eine einfache Anwendung ist die Programmierung eines generischen Datentyps Baum, der zu binären, ternären und beliebigen Bäumen gemacht werden kann.

```
data XTree sons a = XMt | XBranch a (sons (XTree sons a))
```

Mit dieser Deklaration hat `XTree` Kind `(* -> *) -> * -> *`, `sons` ist eine Konstruktorvariable vom Kind `* -> *` und `a` eine vom Kind `*` (also eine gewöhnliche Typvariable). Nun stellt `XTree Pair` den Typ der Binärbäume, `XTree []` den Typ der allgemeinen Bäume und `XTree TwoThree` den Typ der 2 – 3-Bäume dar. Dabei sind `Pair` und `TwoThree` Typkonstruktoren vom Kind `* -> *` mit der Definition:

```
data Pair a     = Pair a a
data TwoThree a = Node2 a a | Node3 a a a
```

Es stellt sich natürlich die Frage, ob auch Funktionen über `XTree` geschrieben werden können, die in `sons` polymorph sind. Die Antwort darauf sind die *Konstruktorklassen*. Konstruktorklassen verallgemeinern Typklassen: Während eine Typklasse eine Menge von Typen beschreibt, beschreibt eine Konstruktorklasse eine Menge von Typkonstruktoren gleichen Kinds.

Für das Durchlaufen eines Baumes reicht es eine Funktion zu haben, die zu einem Knoten `XBranch` die Liste der direkten Teilbäume liefert. Im vorliegenden Fall müssen also Paare, Listen oder Werte aus `TwoThree` auf Listen abgebildet werden. Das geschieht durch die überladene Funktion `destruct :: struct a -> [a]`. Sie ist parametrisiert über die Struktur `struct` und muß daher als Methode einer Konstruktorklasse `Components` vereinbart werden. Die Funktion `construct :: [a] -> struct a` erstellt eine Struktur aus einer Liste.

```
class Components struct where
    construct :: [a] -> struct a
    destruct  :: struct a -> [a]
```

Exemplare dieser Klasse sind beispielsweise `Pair`, Listen oder `TwoThree`:

```
instance Components Pair where
    construct [x, y]   = Pair x y
    destruct (Pair x y) = [x, y]

instance Components [] where
    construct xs = xs
    destruct  xs = xs

instance Components TwoThree where
    construct [x, y]        = Node2 x y
```

```
    construct [x, y, z]      = Node3 x y z
    destruct  (Node2 x y)    = [x, y]
    destruct  (Node3 x y z)  = [x, y, z]
```

Das Durchlaufen von beliebigen Bäumen kann nun ganz allgemein für alle Typkonstruktoren `struct` erklärt werden, die Exemplare von `Components` sind.

```
traverse :: Components sons => XTree sons a -> [a]
traverse XMt = [ ]
traverse (XBranch x xs) = x: concat (map traverse) (destruct xs)

? traverse (XBranch 1 [XMt])
[1] :: [Int]
? traverse (XBranch 1 (Pair XMt XMt))
[1] :: [Int]
? traverse (XBranch 1 (Node2 XMt XMt))
[1] :: [Int]
? traverse (XBranch 1 (Node3 XMt XMt XMt))
[1] :: [Int]
? traverse (XBranch 1 (Node3 (XBranch 2 (Node2 XMt XMt)) XMt XMt))
[1, 2] :: [Int]
```

Weitere interessante Beispiele liefert die Kategorientheorie. So kann der Name `map` jetzt für den Pfeilanteil jeder Typkonstruktion vom Kind `* -> *` benutzt werden.

```
class Functor f where
    map :: (a -> b) -> f a -> f b
```

Dabei ist die Methode für das Exemplar `[]` gerade die gewöhnliche Funktion `map` für Listen.

```
instance Functor [] where
    map f []      = []
    map f (x: xs) = f x: map f xs
```

Für Binärbäume mit Typkonstruktor `TTree` (siehe Beispiel 6.1.4) lautet die Definition von `map`:

```
instance Functor TTree where
    map f (Leaf x)   = Leaf (f x)
    map f (Node l r) = Node (map f l) (map f r)
```

Auch die Abbildung eines Typs `a` auf den Typ der Funktionen `c -> a` (für einen festen Typ `c`) ist ein Funktor. Seine Schreibweise als Konstruktor vom Kind `* -> *` ist `(->) c`, denn `->` hat Kind `* -> * -> *`. Der Morphismenanteil des Funktors hat den Typ `(a -> b) -> (c -> a) -> (c -> b)` und entspricht der Funktionskomposition.

```
instance Functor ((->) c) where
    map f g = f . g
```

Der Typ der Zustandsmonade ist `ST s a` (vgl. Kap. 7.3). Der Konstruktorausdruck `ST s` hat Kind `* -> *` und ist ein Funktor. Aus technischen Gründen muß der Konstruktor `ST` durch eine `data`-Deklaration wie folgt definiert sein.

```
data ST s a = ST (s -> (a, s))

instance Functor (ST s) where
    map f (ST m) = ST (\s -> let (x', s') = m s in (f x', s'))
```

Auch Monaden können mittels Konstruktorklassen erfaßt werden. Wenn ein Typkonstruktor schon ein Funktor ist und somit schon eine Funktion `map` vorhanden ist, fehlen zu einer Monade nur noch die Funktionen `result` und `join` (und die Erfüllung der Monadengesetze muß sichergestellt sein).

```
class Funktor m => Monad m where
    result :: a -> m a
    join   :: m (m a) -> m a
```

Für den Listenkonstruktor ergibt sich die folgende Exemplardeklaration:

```
instance Monad [] where
    result x = [x]
    join     = concat
```

Für einen Binärbaum liefert `result` einen Baum, der nur aus einem Blatt besteht, und `join` hängt die Bäume in den Blättern einfach ein.

```
instance Monad TTree where
    result x        = Leaf x
    join (Leaf t)   = t
    join (Node l r) = Node (join l) (join r)
```

Auch der Funktor der `a` auf `c -> a` abbildet, liefert eine Monade. Sie wird oft Lesermonade genannt, da sie ein Argument `y` eines festen Typs `c` „liest". Hier ist `result` die Funktion, die nichts liest (also `y` ignoriert) und einfach ihr Argument als Ergebnis liefert. Die Funktion `join :: (c -> (c -> a)) -> (c -> a)` verdoppelt das Argument `y :: c`.

```
instance Monad ((->) c) where
    result  = const
    join mm = \y -> (mm y) y
```

Schließlich wird `ST s` auf die bekannte Art und Weise zur Zustandsmonade.

```
instance Monad (ST s) where
    result x = ST (\s -> (x, s))
    join mm  = ST (\s -> let (ST m, s') = mm s in m s')
```

Auch die Eigenschaft der Listenmonade (und anderer Monaden), ein Nullelement zu besitzen, kann durch eine Konstruktorklasse ausgedrückt werden.

```
class Monad m => Monad0 m where
    zero :: m a

instance Monad0 [] where
    zero = [ ]
```

7.6 Literaturhinweise

Das Konstruktion von Monaden ist eine klassische Konstruktion in der Kategorientheorie [Mac71]. Moggi erkannte, daß Monaden ein nützliches Mittel zur Strukturierung der Definition von Semantiken sind [Mog89]. Wadler „übersetzte" die Arbeit von Moggi in die im vorliegenden Text verwendete Terminologie und schlug die Verwendungen von Komprehensionen für Monaden vor [Wad90a, Wad92]. EIn interessantes Problem im Zusammenhang mit Monaden ist ihre Kombinierbarkeit. Dieses Problem wird von verschiedenen Autoren behandelt [KL93, JD93, Ste94].

Die Ausdruckskraft verschiedener Ansätze zur funktionalen Ein-/Ausgabe wurde von Sundaresh und Hudak [HS89] und später von Gordon [Gor93] untersucht. Interaktive funktionale Programme werden auch von Thompson [Tho90] betrachtet. Graphische Benutzeroberflächen können mithilfe von sogenannten „Fudgets" unter Verwendung der strombasierten Ein-/Ausgabe programmiert werden [CH93]. In einer Erweiterung dieses Konzepts können auch Netzwerkanwendungen in „Client-Server-Architektur" realisiert werden. Einen völlig anderen Ansatz zur E/A in einer rein-funktionalen Sprache verfolgt die Sprache Clean [vEHN+92, AP94], die Elemente zur interaktiven Programmierung von graphischen Benutzeroberflächen enthält.

Fortsetzungen wurden ursprünglich eingeführt, um die Semantik von Sprungbefehlen in imperativen Programmiersprachen zu beschreiben [Rey93].

7.7 Aufgaben

7.1 Transformieren Sie die folgende Definition in eine äquivalente Definition, die keine Listenkomprehensionen verwendet.

```
factors n    = [ i | i<-[1..n-1], n 'mod' i == 0 ]
```

7.2 Programmieren Sie mithilfe von Listenkomprehensionen eine Funktion `chg :: Int -> [[Int]]`, so daß `chg` x die Liste aller Möglichkeiten ist, den Geldbetrag x in Münzen herauszugeben. Dabei soll jede Wechselmöglichkeit genau einmal auftreten. Stellen Sie Geldbeträge und Münzen durch ihren Wert in Pfennigen dar.

Finden Sie auch die optimale Geldbeutelentleerung: Sei x ein zu zahlender Geldbetrag und ys `:: [Int]` der Inhalt Ihres Geldbeutels. Geben Sie eine Funktion an, die x mithilfe von ys so bezahlt, daß die Anzahl der verbleibenden Münzen minimal ist.

7.3 Die EBNF kann über Alternative und Sequenz hinaus erweitert werden um die Option (`opt`), die Wiederholung (`star`), die mindestens einmalige Wiederholung (`plus`) und eine Konstruktion `list p q`, die die Sprache $\{w_0 v_1 w_1 \ldots v_n w_n \mid n \in \mathbb{N}, w_i \in L(p), v_j \in L(q)\}$ erkennt. Schreiben Sie Funktionen zur Konstruktion der entsprechenden Parser.

```
opt  :: Parser a b -> Parser a [b]
star :: Parser a b -> Parser a [b]
plus :: Parser a b -> Parser a [b]
list :: Parser a b -> Parser a c -> Parser a [b]
```

Hinweis: Bei `opt pars` ist das Ergebnis die leere Liste, falls `pars` versagt. Ansonsten wird eine einelementige Liste erzeugt. `list pars pars'` ignoriert die Ergebnisse von `pars'`.

7.4 Gegeben sei der folgende Datentyp und eine Grammatik zur Definition von einfachen arithmetischen Ausdrücken, wobei Punktrechnung Vorrang vor Strichrechnung hat.

```
data AExp = Const Int
          | AExp :+ AExp | AExp :- AExp | AExp :/ AExp | AExp :* AExp
```

E	::=	T | E + T | E − T	Addition, Subtraktion
T	::=	F | T ∗ F | T/F	Multiplikation, Division
F	::=	c | (E)	Konstante, Klammerung

Schreiben Sie eine Funktion `eval :: String -> Int` zur Auswertung von arithmetischen Ausdrücken mithilfe eines Kombinatorparsers für die obige Grammatik. Beachten Sie, daß Sie die Grammatik zuerst umformen müssen, um die Linksrekursionen zu entfernen!

7.5 Kombinieren Sie die Fehlermonade mit der Zustandsmonade, um einen Interpretierer zu erhalten, der Fehler behandelt und dabei Additionen zählt! Geben sie beide Kombinationen und ihre Interpretation an.

7.6 Erweitern Sie den Datentyp `AExp` aus Kap. 7.3 um die Ausdrücke

```
data AExp = ... | Set String AExp | Get String
```

Damit sollen Seiteneffekte simuliert werden. Der Ausdruck `Set "x" a` hat den gleichen Wert wie a und setzt gleichzeitig die globale Variable x auf den Wert von a. Mit `Get "x"` kann die globale Variable wieder ausgelesen werden.

Implementieren Sie dieses Verhalten mit einer um geeignete Operationen erweiterten Zustandsmonade. Die einzige Änderung am Interpretierer soll die Behandlung der `Set`- und `Get`-Ausdrücke sein.

7.7 Eine Monade `M a` sei gegeben durch `result` und `bind`. Zeigen Sie, daß `M a` mit `result` und den Funktionen `map` und `join` die Gesetze (M1) – (M7) erfüllt.

```
map :: (a -> b) -> M a -> M b      join :: M (M a) -> M a
map f = (`bind` (result . f))      join = (`bind` id)
```

7.8 Definieren Sie für eine Monade `M a` die Kleisli-Komposition `@@:: (b -> M c) -> (a -> M b) -> (a -> M c)` in Entsprechung zur gewöhnlichen Funktionskomposition, so daß `result` Rechts- und Linksidentität und `@@` assoziativ ist.

7.9 Geben Sie explizit die Funktionen `map` und `join` für die Fehlermonade, die Zustandsmonade und die Listenmonade an.

7.10 Zeigen Sie, daß der Typ `K a z` der Fortsetzungen mit Antworttyp `z` mit den Operationen `result` und `bind` eine Monade bildet. Wie sind die Operationen `map` und `join` definiert?

```
result :: a -> K a z
result x c = c x
bind :: K a z -> (a -> K b z) -> K b z
bind m f c = m (\x -> f x c)
```

7.11 Verbessern Sie das generische Guten-Morgen-Programm!

Übergehen Sie Leerzeichen in der Eingabe und lesen Sie nur das folgende Wort als Namen, fangen Sie alle Fehler ab, die die Anfrage `ReadChan` produzieren kann und geben Sie geeignete Fehlermeldungen auf den Kanal `stderr` aus.

Variation: Holen Sie den Namen der Person von der Argumentliste.

7.12 Schreiben Sie ein Programm, das dem Unix™-Befehl `cat` entspricht. Bei leerer Argumentliste kopiert es die Standardeingabe auf die Standardausgabe. Anderenfalls werden die Argumente als Namen von Dateien aufgefaßt, die nacheinander gelesen und auf der Standardausgabe ausgegeben werden.

7.13 Schreiben Sie eine Version des Befehls `grep`. Der Aufruf von `grep expr [ files ... ]` durchsucht die angegebene Liste `files` von Dateien nach Zeilen, von denen ein Teilstring in der Sprache des regulären Ausdrucks `expr` liegt und gibt diese Zeilen aus. Falls keine `files` auf der Kommandozeile angegeben sind, so wird die Standardeingabe gelesen.

Syntax und Semantik der regulären Ausdrücke:

expr ::=		c	das Zeichen c
	|	.	jedes Zeichen außer Zeilenende
	|	*expr* \?	*expr* ist optional
	|	*expr* *	*expr* kann beliebig oft wiederholt werden
	|	*expr expr*	Sequenz
	|	*expr* \\| *expr*	Alternative
	|	\(*expr* \)	Klammerung
	|	^	leerer String am Zeilenanfang
	|	$	leerer String am Zeilenende

7.14 Implementieren Sie einen Teil der IO-Monade mithilfe der strombasierten Ein- und Ausgabe.

Benutzen Sie eine geeignete Zustandsmonade kombiniert mit einer Fehlermonade als IO-Monade (mit Operationen `returnIO` und `thenIO`) und schreiben Sie die Funktionen `readFileIO :: String -> IO String` und `writeFileIO :: String`

`-> String -> IO ()`, so daß die IO-Berechnung `readFileIO fileName` die Datei `fileName` liest und den Dateiinhalt als String liefert, und die IO-Berechnung `writeFileIO fileName str` die Datei `fileName` anlegt und `str` hineinschreibt.

Schreiben Sie weiter die Funktion `main :: Dialogue`, die die Funktion `mainIO` aufruft, also die IO-Berechnung startet.

7.15 Auch der Datentyp `Maybe a` mit der Definition

```
data Maybe a = Nothing | Just a
```

kann zur Definition einer Monade ähnlich der Fehlermonade benutzt werden. Definieren Sie `Maybe` als Exemplar der Konstruktorklassen `Functor`, `Monad` und `Monad0`.

7.16 Ein Typkonstruktor vom Kind `* -> * -> *` ist ein Bifunktor, d.h. ein Typkonstruktor mit zwei Parametern, der in jedem Parameter ein Funktor ist. Beispiele hierzu sind der Paarkonstruktor `(,)` und der Funktionenraumkonstruktor `->`. Entsprechend arbeitet der Morphismenanteil eines Bifunktors auf Paaren von Pfeilen. Definieren Sie also eine Konstruktorklasse `BiFunctor` mit einer Funktion `bimap`, die genau diesen Morphismenanteil darstellen soll.

Ist es sinnvoll, Exemplardefinitionen für `(,)` und auch für `->` in der Konstruktorklasse `BiFunctor` zu haben? Begründen Sie ihre Antwort.

7.17 Schreiben Sie eine möglichst allgemeingültige Funktion zur Matrixmultiplikation unter Verwendung von Feldern.

8 Überblick und Anwendungen

Dieser Abschnitt enthält einen kurzen Abriß über die Geschichte der funktionalen Programmiersprachen und interessante Anwendungen. Die wichtigsten Sprachen werden in ihren Grundkonzepten dargestellt und anhand von Beispielen vorgeführt.

8.1 Lisp

Um 1960 herum hat McCarthy am MIT (Massachusetts Institute of Technology) die Sprache Lisp zunächst als Notation für Algorithmen zur Verarbeitung von Listen entwickelt (Lisp = List Processor). Die primitiven Operationen von Lisp sind inspiriert von einer Erweiterung von FORTRAN um Funktionen zur Listenmanipulation. Lisp entstand unter anderem, weil FORTRAN keine Rekursion und keine bedingten Ausdrücke erlaubte.

Die Semantik von Lisp wird durch einen Interpretierer beschrieben, der aus zwei verschränkt rekursiven Funktionen „eval" und „apply" besteht [McC60]. Die beiden Funktionen sind selbst Lisp-Programme und interpretieren die als Datenstruktur in Lisp gegebene Beschreibung eines Lisp-Programms. Diese Art der Definition heißt *metazirkulär*, da die Semantik à la Münchhausen am eigenen Schopf aus dem Sumpf gezogen wird. Um die Lisp-Notation als Programmiersprache zu benutzen, müssen nur „eval" und „apply" implementiert werden. Die ersten Implementierungen erfolgten in FORTRAN und Assembler auf der IBM 704, einer Maschine mit einer Wortbreite von 36 bit.

Lisp gilt im allgemeinen als Vorreiter der modernen funktionalen Programmiersprachen. Allerdings unterstützt es Funktionen höheren Typs nur mit einer speziellen Syntax. Die typischen Eigenschaften von Lisp sind:

- Berechnungen geschehen auf der Basis von symbolischen Ausdrücken. Jedes Datenobjekt von Lisp ist entweder ein Atom oder ein Paar. Ein Atom ist eine Zahl, ein Symbol oder die leere Liste `nil` bzw. `()`. Ein Paar `(`d_1 `.` d_2`)` ist ein Datenobjekt, welches (Verweise auf) zwei Datenobjekte d_1 und d_2 aufnimmt, eine sogenannte `cons`-Zelle. Auf Paare können die Selektorfunktionen `car` und `cdr` (erste bzw. zweite Komponente) angewendet werden. Listen werden durch verschachtelte Paare dargestellt, wobei die `car`s jeweils die Listenelemente aufnehmen und die `cdr`s das Rückgrat der Liste bilden, welches mit `nil` abgeschlossen ist. Die Liste `(1 . (2 . nil))` kann durch `(1 2)` abgekürzt werden.

  Die Bezeichnungen `car` und `cdr` entstammen der ersten Lisp-Implementierung. Sie entsprechen Assembleranweisungen der IBM 704: `car` steht für „contents of the address part of register" und `cdr` steht für „contents of the decrement part of register". Sie transferieren 15 bit große Teile aus einem 36 bit Wort in das Indexregister.

Weitere elementare Operationen sind der Test, ob ein Objekt ein Atom oder ein Paar ist (`atom`), der Test auf die leere Liste (`null`) usw. Die Lisp-Liste ist nach heutigem Empfinden eher ein binärer Baum, da eine beliebige Verschachtelung der Listenstruktur zulässig ist.

- Lisp ist dynamisch getypt. Jedes Datenobjekt trägt mit sich eine Kennzeichnung, die es als Paar, Symbol oder als Zahl ausweist.

- Auch Programme werden durch Lisp-Datenobjekte dargestellt. Ein Funktionsaufruf hat die Form (Funktion Arg1 Arg2 ...), Variablen und Konstante werden durch Atome dargestellt. In einem Lisp-Programm ist keine Trennung zwischen Daten und Programm möglich. Das Programm kann während seines eigenen Ablaufs betrachtet und manipuliert werden. Die Funktion „eval" ist in jedem Lisp-System vorhanden und kann jederzeit aufgerufen werden.

  Es ist nicht verwunderlich, daß viele Werkzeuge zur Programmanipulation (z.B. partielle Auswertung [Fut71, JGS93]) in und für Lisp-ähnliche Sprachen geschrieben sind.

- Der bedingte Ausdruck (das McCarthy-Conditional), der in allen funktionalen Sprachen vorhanden ist, tritt zuerst in Lisp auf. Auch die booleschen Operatoren „Und" und „Oder" werden als bedingte Ausdrücke interpretiert:

  `x and y = if x then y else False.`

  Dabei wird in Lisp die leere Liste als `False` und jeder andere Wert als `True` betrachtet.

- Lisp war die erste Sprache mit automatischer, dynamischer Speicherverwaltung. Sobald der Speicher mit `cons`-Zellen gefüllt war, wurde eine Speicherbereinigung (*collection*) angestoßen.

- Variablen in Lisp sind Variablen im Sinne imperativer Programmiersprachen. Der Funktionsaufruf `(setq var value)` entspricht der Zuweisung `var := value`. Auch weitergehende Strukturveränderungen sind möglich: Die Funktionen `replaca` und `replacd` ersetzen den `car` (bzw. `cdr`) ihres ersten Arguments durch ihr zweites Argument. Daher ist Lisp keine rein-funktionale Programmiersprache.

  Lisp stellt neben der Rekursion auch einige imperative Kontrollstrukturen zur Verfügung, die ohne Seiteneffekte sinnlos sind.

- Funktionsaufrufe werden call-by-name ausgeführt.

Call-by-name bedeutet, daß Parameterausdrücke unausgewertet an die aufgerufene Funktion übergeben werden. Dem gegenüber steht die Übergabetechnik Call-by-value, die Wertübergabe. Dabei werden die Parameterausdrücke vor dem Funktionsaufruf ausgewertet.

- Für den Geltungsbereich der Variablen gilt die dynamische Sichtbarkeitsregel.

  Dynamische Sichtbarkeit (*dynamic scoping*) liegt vor, wenn die letzte Definition in der dynamischen Aufrufkette die jeweils aktive Definition einer Variablen ist. Die andere Möglichkeit ist statische Sichtbarkeit (*static scoping*). Hier ist der Gültigkeitsbereich einer Variablen schon durch die statische Schachtelung der Funktionen im Programm bestimmt. Diese Art von Sichtbarkeit ist bei heutigen Programmiersprachen die Norm.

Die beiden letztgenannten Eigenschaften treffen nur auf ältere Lisp-Implementierungen zu. Die Angabe der Auswertungsfunktionen „eval" und „apply" ist keine eindeutige Spezifikation hierfür. Der Auswerter funktioniert unabhängig davon, ob statische oder dynamische Sichtbarkeit, bzw. call-by-name oder call-by-value zur Parameterübergabe benutzt wird. Die nur unzureichende Festlegung von Sprachmerkmalen ist der Hauptkritikpunkt an der oben vorgestellten Art der metazirkulären Definition.

Moderne Dialekte von Lisp wie Common-Lisp oder Scheme übergeben Parameter „by-value" und haben statische Sichtbarkeitsregeln. Auch Seiteneffekte sind in beiden möglich. Weitere Informationen zu diesem Thema geben das Buch von Abelson und Sussman [AS85], das Common-Lisp Handbuch [Ste90], sowie die Sprachdefinition von Scheme [CR91]. Weitere Einzelheiten zur Geschichte und Entwicklung von Lisp geben McCarthy [McC81] sowie Steele und Gabriel [SG93].

8.1.1 Beispiel Als Beispiel für Funktionen in Lisp seien die Fakultätsfunktion und die Listenverkettung gewählt. Sie sind in einem allgemein verfügbaren Lisp-Dialekt geschrieben (EMACS-Lisp).

```
(defun fak (n)
  (if (= 0 n)
      1
      (* n (fak (- n 1)))))

(defun app (x y)
  (if (null x) y
      (cons (car x) (app (cdr x) y))))
```

Eine Idiosynchrasie von Lisp ist an diesen Miniprogrammen bereits zu sehen: Die Häufung von schließenden Klammern am Schluß einer Definition. Gegner von Lisp halten eine solche Darstellung für Menschen einfach für ungenießbar. Viele Lisp-Systeme haben mächtige Editoren, die es erlauben, dieser Tücken Herr zu werden. Andererseits ist die syntaktische Einfachheit von Lisp ein Vorteil, da der Lernaufwand sehr gering ist.

8.2 ISWIM und FP

Landins Beschreibung von ISWIM [Lan66] hat einen großen Einfluß auf die Entwicklung funktionaler Programmiersprachen gehabt. Das Akronym ISWIM steht für „If You See What I Mean". ISWIM ist keine funktionale Programmiersprache, sondern kennzeichnet eine Gruppe von Programmiersprachen, deren Berechnungsprinzip das Substitutionsprinzip ist, d.h. die Ersetzung von Ausdrücken durch andere Ausdrücke des gleichen Wertes. Eine ISWIM-Sprache ist also referentiell transparent. Weiterhin propagiert Landin die syntaktischen Konstruktionen `let` und `where`, sowie die Infixschreibweise für Operatoren. Er ist auch der Erfinder der Abseitsregel zur syntaktischen Klammerung. Kurz gesagt: Moderne rein-funktionale Programmiersprachen besitzen die Eigenschaften einer ISWIM-Sprache.

Eine weitere einflußreiche Arbeit wird in Backus' Turing-Award-Lecture [Bac78] dargestellt. Backus zeigt darin die inhärenten Schwächen von imperativen Programmiersprachen auf. Sie sind konzeptuell auf die von Neumann-Architektur von Rechenanlagen zugeschnitten und erben daher auch die Einschränkungen dieser Architektur. Er plädiert für einen funktionalen Programmierstil, den er beispielhaft an der Sprache FP vorführt. In FP können Daten nur funktional gehandhabt werden, d.h. aus den vorhandenen Grundfunktionen werden durch Komposition und spezielle „combining forms" neue Funktionen gebildet. Gewöhnliche Datenelemente treten nur in Form von konstanten Funktionen auf. Dagegen ist der sonst vorherrschende (auch im vorliegenden Buch benutzte) Programmierstil eher applikativ zu nennen, da er neben Funktionskomposition auch die Funktionsapplikation zuläßt.

8.3 ML

Beginnend mit ML verfügen die im folgenden beschriebenen funktionalen Programmiersprachen über ein strenges, statisches Typsystem. Die Grundlage dafür ist das Hindley/Milner Typsystem, welches unabhängig zunächst von Hindley [Hin69] und später von Milner [Mil78] entdeckt worden ist. Während Hindley nur theoretisches Interesse an Typen hatte, rührte Milners Arbeit unmittelbar von der Beschäftigung mit der Programmiersprache ML her. Milner gibt den ersten effizienten Algorithmus für die Ableitung von Typen an.

ML (meta language) diente zunächst als Implementierungssprache des LCF-Systems (logic for computable functions) [GMW79]. Mit LCF können Beweise von Programmeigenschaften geführt werden. Es ist eine Implementierung der unterliegenden Logik des Scott-Strachey-Ansatzes zur Semantik von Programmiersprachen (vgl. Kap. 10). Kurze Zeit später wurde klar, daß ML auch als allgemeine Programmiersprache von Interesse war [GMM+78]. ML ist eine funktionale Sprache mit strikter Semantik, d.h. mit call-by-value Parameterübergabe und Seiteneffekten. Die wichtigsten Eigenschaften von ML sind:

- ein polymorphes Typsystem, dessen Typen statisch, d.h. zur Übersetzungszeit, durch einen Algorithmus ermittelt werden können und garantieren, daß während der Programmausführung keine Typfehler geschehen können („strenge" Typen),
- voll geschönfinkelte Funktionen,
- ein flexibles System zur Behandlung von Ausnahmen (exceptions),
- Verfügbarkeit von abstrakten Datentypen,
- als Strukturierungsmöglichkeiten stehen neben Listen auch Felder (imperative Arrays), Vektoren (funktionale Arrays) und Verbunde (Records) zur Verfügung,
- Existenz eines mächtigen Modulsystems [Mac85, Tof92],
- statisch getypte Referenzen, d.h. ein Konzept, das Zeiger zur Verfügung stellt, ohne daß dadurch das Typsystem unterwandert werden kann. Letzteres ist erst in neuester Zeit zufriedenstellend gelungen.

Das Vorhandensein von Referenztypen bedeutet das Vorhandensein von Seiteneffekten. Das macht Korrektheitsüberlegungen kompliziert und führt dazu, daß ML gewöhnlich nicht als rein-funktionale Programmiersprache bezeichnet wird.

8.3.1 Beispiel Die Fakultätsfunktion und die Listenverkettung in ML kodiert lauten wie folgt:

```
fun fak n = if n=0 then 1
                   else n * fak (n-1)


fun app [ ]      ys = ys
  | app (x:: xs) ys = x:: app xs ys
```

Das Symbol `::` bezeichnet den Listenkonstruktor. Anstelle der Abseitsregel sind syntaktische Klammern wie `let ... in ... end` erforderlich. Aus dieser Eingabe werden vom System automatisch die Typen von `fak` und `app` ermittelt. Sie lauten:

```
> fun fak : int -> int
> fun app : 'a list -> 'a list -> 'a list
```

Die Antworten des ML-Interpretierers beginnen mit dem Zeichen >. In ML werden Typkonstruktoren in Postfixschreibweise verwendet und Typvariablen beginnen mit einem Apostroph.

ML hat schon eine längere Evolution hinter sich. Der aktuelle Zustand ist in einem Standard niedergelegt [MTH90, MT91]. Hierin sind auch Dinge vorgesehen, die im ursprünglichen ML nicht vorhanden waren, nämlich Musteranpassung und algebraische Datentypen. Es gibt verschiedene Lehrbücher, die einführendes Material zu Standard-ML enthalten (z.B. [Wik87] (für Anfänger) und [Pau91]). Für Standard-ML liegen Implementierungen von verschiedenen kommerziellen Anbietern vor, die sehr komfortable Entwicklungsumgebungen mit Hilfen zur Fehlersuche und zum „Profiling" beinhalten.

Weiterhin gibt es nicht-strikte Varianten von ML. Der bekannteste Vertreter dieser Gattung ist LML (lazy ML) von Augustsson und Johnsson [Aug84, AJ89].

8.4 Hope

Hope ist eine strikte funktionale Programmiersprache mit nicht-strikten Datenkonstruktoren. Hope war die erste Programmiersprache, die Musteranpassung in voller Allgemeinheit besaß und die Definition von algebraischen Datentypen durch den Programmierer erlaubte. Insofern war Hope auf diesem Gebiet richtungweisend für alle modernen funktionalen Programmiersprachen. In Hope müssen alle Funktionen deklariert werden, beim Auffinden einer Definition wird ihr Typ lediglich überprüft, nicht hergeleitet. Allerdings können zu einem Funktionssymbol mehrere Deklarationen angegeben werden, deren Typen sich nicht überlappen dürfen. Auf diese Weise können Funktionssymbole fast beliebig überladen werden. Eine Beschreibung der Sprache geben Burstall, MacQueen und Sannella [BMS80].

8.5 Miranda™

Miranda ist eine der ersten nicht-strikten rein-funktionalen Programmiersprachen mit polymorphem Typkonzept. Sie wurde von Turner [Tur85] entwickelt und wird kommerziell vertrieben. Ihre Vorläufer waren die ungetypten nicht-strikten Sprachen SASL (*Saint Andrews Static Language*) und KRC (*Kent Recursive Calculator*). Zur Implementierung von Miranda wird eine interessante Technik, die SKI-Kombinatorreduktion, benutzt, von der noch später (in Kap. 15.7) die Rede sein wird. Der Name Miranda kommt vom lateinischen „mirari", sich wundern, und bedeutet „die zu bewundernde". David Turner hat einmal gesagt, sie sei nach der Tochter des Magiers Prospero aus Shakespeares Schauspiel „Der Sturm" benannt. Demnach lebt Miranda auf einer verzauberten Insel, beschützt vor allem Bösen der Welt (den Seiteneffekten, was sonst). Aus der ersten Szene des fünften Akts stammt ferner der Ausspruch (Miranda) „Oh, brave new world ..." („Oh, schöne neue (seiteneffektfreie) Welt ..."), der auch Huxley zu seinem gleichnamigen Roman inspiriert hat.

Miranda hat einige (vornehmlich syntaktische) Eigenarten, die im Folgenden beschrieben sind.

- In der Syntax existiert kein `if`, Fallunterscheidungen können nur durch bedingte Gleichungen (*guards*, siehe Beispiel) vorgenommen werden. Auch müssen Funktionen (im Beispiel `app`) nicht unbedingt eine feste Stelligkeit besitzen.

```
fak n = 1                 , n = 0
      = n * fak (n-1)

app [ ]         = id
app (x: xs) ys = x: app xs ys
```

- Miranda kennt keine explizite syntaktische Klammerung wie in `let` {...} `in ...`, (Abgesehen davon, daß es auch `let` nicht gibt: Nur `where` ist vorhanden.) es muß die Abseitsregel in etwas veränderter Version benutzt werden.
- Es gibt keine namenlosen Funktionen (λ-Abstraktionen). In Miranda müssen alle Funktionen benannt sein. Hilfsfunktionen müssen in `where`-Konstruktionen vereinbart werden.
- Die Auswertungsstrategie ist verzögerte Auswertung implementiert durch SKI-Kombinatorgraphreduktion.
- Ein einfaches Modulsystem ist vorhanden.
- Es gibt spezielle Notationen für endliche und unendliche Listen:

  `[1..]` bezeichnet die Liste $[1, 2, 3, 4, \ldots]$,

  `[a,b,..]` bezeichnet die Liste $[a, b, b + (b - a), b + 2(b - a), \ldots]$,

  `[a..b]` steht für $[a, a + 1, \ldots, b]$.
- Listenkomprehensionen heißen in Miranda *ZF-Ausdrücke* (ZF = Zermelo-Fränkel, nach den Begründern der axiomatischen Mengenlehre). In Miranda lauten die Definitionen für `primes` bzw. für `fibs` (die Liste aller Fibonacci-Zahlen) wie folgt:

```
primes = sieve [2..]
         where
         sieve (p: rest) = p: sieve [ x <- rest | x rem p ~= 0 ]

fibs = [ a | (a,b) <- (0,1), (b,a+b) .. ]
```

Über die Sprache Miranda und ihre Implementierungstechnik hat Turner mehrere Arbeiten veröffentlicht [Tur79, Tur85, Tur90a]. Einige einführende Bücher zur funktionalen Programmierung beschäftigen sich mit Miranda [BW88, Hin91].

8.6 Haskell

Die Sprache Haskell ist der bisherige Höhepunkt in der Entwicklung von funktionalen Programmiersprachen mit verzögerter Auswertung. Haskell ist nach dem Logiker Curry benannt, der auf dem Gebiet der kombinatorischen Logik gearbeitet hat (vgl. auch Kap. 15.7). Beim Design der Sprache haben viele Wissenschaftler mitgewirkt und versucht, Standardlösungen für Probleme zu entwerfen, die in vorangegangenen funktionalen Sprachen unterschiedlich und zum Teil wenig elegant gelöst worden waren. An Stellen, wo Standardlösungen bisher nicht verfügbar waren, wurden einige Erweiterungen entwickelt, die substantiellste davon ist die Einführung von Typklassen. Die Arbeit an der Definition von Haskell begann 1987 und wird weiterhin aktiv fortgesetzt. Die Sprachdefinition der derzeit aktuellen Version 1.2 ist veröffentlicht als Haskell-Report [Has92].

Zu den Eigenschaften von Haskell im Einzelnen:

- Ein Typsystem mit parametrischer Polymorphie und parametrischer Überladung mit Typklassen. Haskell definiert standardmäßig eine umfangreiche Hierarchie von Typklassen, insbesondere für Arithmetik.

- Verschiedene Zahlendarstellungen: Exakte ganze und rationale Zahlen, ganze und rationale Zahlen mit eingeschränktem Rechenbereich (entsprechend der Maschinenarithmetik), Gleitkommazahlen mit einfacher und doppelter Genauigkeit, sowie komplexe Gleitkommazahlen (mit einfacher und doppelter Genauigkeit).

- Ein Modulsystem, das separate Übersetzung unterstützt (vgl. Kap. 7.5.1).

- Rein-funktionale (d.h. seiteneffektfreie) Ein- und Ausgabemechanismen. Haskell unterstützt strombasierte E/A und fortsetzungsbasierte E/A, wie in den Kap. 7.4.1 und 7.4.2 geschildert. Dazu kommt bei einigen Implementierungen ein monadisches E/A-System.

- Felder, deren Inhalt rekursiv spezifiziert werden kann (vgl. Kap. 7.5.2).

- Syntaktische Konventionen, durch die Programme kurz und prägnant werden, wie z.B. die Abseitsregel.

Die Weiterentwicklung der Sprache Haskell und ihre effiziente Implementierung ist Gegenstand der aktuellen Forschung. So werden zum Beispiel die Implementierung von Typklassen [Aug93a], die Erweiterung von algebraischen Datentypen zu „echten" abstrakten Datentypen [LO92], Verallgemeinerungen von Typklassen [CHO92, Jon93] sowie die semantisch saubere Einführung von Zuweisungen und Variablen ohne Verlust der referentiellen Transparenz diskutiert [Wad90a, PW93, Hud93, Lau93, LP93].

8.7 Anwendungen

Ein großes Einsatzgebiet funktionaler Programmiersprachen ist der Programmierunterricht für Anfänger. Hier kommen die Sprachen Scheme, ML, Miranda, Gofer usw. zum Zuge. Ein Sonderheft des „Journal of Functional Programming" bietet eine Auswahl von Artikeln zu diesem Thema [TW93, LLR93, Mol93, Jvv93, Har93, Aug93b, RTF93].

Viele Anwendungen aus dem Bereich des symbolischen Rechnens, wie regelbasierte Systeme, Expertensysteme oder Computeralgebrasysteme (MACSYMA), sind in Lisp programmiert. Eines der ersten Lisp-Programme ist das Differenzieren von symbolischen Termen (vgl. Beispiel 2.7.1). Das Termersetzungslabor REVE [Les83] ist in CAML, einem ML-Dialekt, geschrieben. Das System ISABELLE (ein System zur Unterstützung des Beweises von wahren Aussagen in einer spezifizierbaren Logik) [Pau90] ist ebenso wie das bereits erwähnte LCF-System [GMW79] in Standard-ML geschrieben. Aus einem solchen Beweissystem entstand das Systementwurfswerkzeug „LAMBDA™" der Firma Abstract Hardware Limited (geschrieben in Standard ML), das den Entwurf von korrekt bewiesenen synchronen Schaltwerken unterstützt [Fin94].

Funktionale Programmiersprachen eignen sich gut zur Erstellung von Prototypen von Programmen. Mit einer Prototypimplementierung wird die Tragfähigkeit einer Idee, ihre Implementierbarkeit, demonstriert [Gla94, Har94]. Bei Erfolg wird das Programm anschließend in einer herkömmlichen Programmiersprache re-implementiert.

Ein besonders geeignetes Feld für funktionale Programmierung ist der Übersetzerbau. Mehrere Übersetzer wurden schon in funktionalen Sprachen geschrieben: der Übersetzer für Lazy-ML [AJ89], der ghc (Glasgow Haskell Compiler) [PHH+93], der Standard-ML Übersetzer [AM87]. Hierbei ist die implementierte Sprache jeweils gleich der Implementierungssprache des Übersetzers. Die Haskell-Implementierung der Universität Yale ist in Lisp geschrieben.

Neuerdings gibt es mehrere Ansätze zur Beschreibung und Programmierung von graphischen Benutzerschnittstellen in rein-funktionalen Programmiersprachen. Carlsson und Hallgren beschreiben die FUDGETS-Bibliothek für Lazy-ML (und Haskell) [CH93]. Die Sprache „Concurrent Clean" umfaßt eine reichhaltige Bibliothek zur Programmierung von interaktiven, fensterbasierten Anwendungen [vEHN+92, Pv93]. Einen ersten Schritt in Richtung Benutzerschnittstellen beschreibt Dwelly [Dwe89].

In der schwedischen Firma Ericsson wurde eine funktionale Sprache namens Erlang entwickelt, in der Software zum Echtzeiteinsatz in Telekommunikationssystemen geschrieben wird [AVW93]. Erlang kommt in Netzwerkmonitoren und graphischen Benutzeroberflächen zum Einsatz. Erlang ist strikt, echtzeitfähig und unterstützt die Programmierung von parallelen und verteilten Rechnern.

Ein problematischer Bereich für rein-funktionale Sprachen ist der effiziente

Umgang mit großen externen Speichern, z.B. Datenbanken. Das Hauptproblem dabei ist die Vermeidung von Seiteneffekten. Trotzdem gibt es funktionale Datenbankzugriffssprachen [Sof90] und funktionale Datenbanken [Tri89, Bun90].

Weitere Ansätze zur methodischen Konstruktion von Programmen in funktionalen Sprachen gibt Joosten in seiner Dissertation [Joo89]. Er gibt einen Überblick über die Programmentwicklung und liefert überzeugende Darstellungen von Anwendungen, wie die Ermittlung verdeckter Linien (ein Problem aus der Bildverarbeitung), ein Simulationsprogramm, was als formales Modell der Medikamentenverteilung in einem Krankenhaus diente. Weiterhin berichtet er vom Entwurf eines Datenbanksystems, dem Einsatz von funktionaler Programmierung zum computergestützten Unterricht (über reguläre Ausdrucke und endlicher Automaten) und der Programmierung eines Geldautomaten.

Eine Implementierung des Lempel-Ziv-Welch Algorithmus zur Datenkompression beschreiben Sanders und Runciman [SR92]. Page und Moe [PM93] beschreiben die Implementierung eines Programms zur Auswertung von seismischen Messungen bei der Ölexploration. Kozato und Otto [KO93] haben Miranda zur Implementierung von Algorithmen zur Bildverarbeitung benutzt. Alle stimmen darin überein, daß die Entwicklungszeit funktionaler Programme kürzer ist, daß die Programme selbst kürzer und besser lesbar sind, daß sie besser dokumentierbar sind, aber daß sie unglücklicherweise noch nicht schnell genug sind.

Weitere Einsatzgebiete sind: Funktionale Programmiersprachen als Entwurfssprachen für Hardware [O'D94], Spracherkennung [Fro94, Gob94, Mor94], Analysewerkzeuge für genetische Sequenzen [FT94, Gie94], Programmierung von digitalen Signalprozessoren [Fre94] und Echtzeitsystemen [Tru94], numerische Anwendungen [Sha94, Mil94].

9 Einführung in die denotationelle Semantik

Eine Semantik ordnet syntaktischen Konstruktionen ihre Bedeutung zu. Die denotationelle Semantik bildet syntaktische Konstruktionen auf mathematische Objekte ab. Für eine funktionale Programmiersprache ist die Semantik einer Deklaration eine Umgebung, d.h. eine Funktion, die Bezeichner auf mathematische Objekte abbildet (z.B. auf Funktionen). Der naheliegende Gedanke, Typen als Mengen zu betrachten und als Werte die Elemente dieser Mengen, funktioniert nur, solange keine rekursiven Definitionen vorhanden sind.

9.1 Semantik von Funktionsgleichungen

Gegeben sei eine totale Funktion $f\colon A \to A$ und ein Prädikat $p\colon A \to \texttt{Bool}$. Ferner sei $g(x)$ wie folgt definiert.

(9.1.1) $$g(x) \quad = \quad \texttt{if}\ p(x)\ \texttt{then}\ g(f(x))\ \texttt{else}\ x$$

Die Semantik der definierten Funktion g ist eine partielle Funktion $g\colon A \dashrightarrow A$. Sie kann auf operationelle Weise durch Fallunterscheidung nach einem Argumentwert $a \in A$ definiert werden. Dabei wird $g(e)$ als Funktionsaufruf mit Parameter e interpretiert. Zunächst wird A zerlegt in diejenigen $a \in A$, für die die Rekursion terminiert bzw. nicht terminiert.

$$\begin{aligned} A_n &:= \{a \in A \mid \forall i < n \,.\, p(f^i(a)) = \texttt{True}, p(f^n(a)) = \texttt{False}\} \\ A_\infty &:= \{a \in A \mid \forall i \in \mathbb{N} \,.\, p(f^i(a)) = \texttt{True}\} \end{aligned}$$

Offenbar gilt $A = \bigcup_{n=0}^{\infty} A_n$ mit $A_i \cap A_j = \emptyset$ für $i \neq j$ und es gilt

(9.1.2) $$a \in A_{n+1} \Longrightarrow f(a) \in A_n$$

(9.1.3) $$a \in A_\infty \Longrightarrow f(a) \in A_\infty.$$

Die Definition von g erfolgt durch Fallunterscheidung nach dem Argument.

(9.1.4) $$g(x) := \begin{cases} f^n(x) & \text{falls } x \in A_n \\ \text{nicht definiert} & \text{falls } x \in A_\infty \end{cases}$$

Die intuitive Vorgehensweise hat den Nachteil, daß für jede Funktion neue Überlegungen angestellt werden müssen. Viel eleganter ist die direkte Berechnung des Wertes von g aus den Werten von f und p.

Dahin führt die Beobachtung, daß g, wie in (9.1.4) definiert, die folgende Funktionalgleichung löst: (Eine Funktionalgleichung ist eine Gleichung, in der eine Funktion (hier G) die unbekannte Größe ist.)

(9.1.5) $$G(x) \quad = \quad \texttt{if}\ p(x)\ \texttt{then}\ G(f(x))\ \texttt{else}\ x$$

Beweis: Mittels Induktion über die Anzahl der rekursiven Aufrufe gemäß der operationellen Semantik. Zu zeigen ist:

(9.1.6) $\forall n \in \mathbb{N} \cup \{\infty\} . \forall a \in A_n . g(a) = \texttt{if } p(a) \texttt{ then } g(f(a)) \texttt{ else } a.$

$n = 0$: Sei $a \in A_0$. Auf der linken Seite ergibt sich $g(a) = f^0(a) = a$. Die rechte Seite ergibt

$$\begin{aligned} & \texttt{if } p(a) \texttt{ then } g(f(a)) \texttt{ else } a \\ = \; & \texttt{if False then } g(f(a)) \texttt{ else } a \\ = \; & a. \end{aligned}$$

$n \Longrightarrow n+1$: Sei $a \in A_{n+1}$. Die linke Seite ergibt nach (9.1.4) $g(a) = f^{n+1}(a)$. Auf der rechten Seite geschieht folgendes:

$$\begin{aligned} & \texttt{if } p(a) \texttt{ then } g(f(a)) \texttt{ else } a \\ = \; & \texttt{if True then } g(f(a)) \texttt{ else } a \\ = \; & g(f(a)) \\ \stackrel{(9.1.2)}{=} \; & f^n(f(a)) \\ = \; & f^{n+1}(a). \end{aligned}$$

$n = \infty$: Sei $a \in A_\infty$. Die linke Seite $g(a)$ ist undefiniert. Rechte Seite:

$$\begin{aligned} & \texttt{if } p(a) \texttt{ then } g(f(a)) \texttt{ else } a \\ = \; & \texttt{if True then } g(f(a)) \texttt{ else } a \\ = \; & g(f(a)). \end{aligned}$$

Da nach (9.1.3) mit a auch $f(a) \in A_\infty$ liegt, ist auch $g(f(a))$ undefiniert.

□

Im allgemeinen ist eine Funktionalgleichung wie (9.1.5) nicht eindeutig lösbar. Beispielsweise ist für $A = \mathbb{N}$, $p(x) = \texttt{True}$ für alle $x \in A$ und $f(x) = x + 1$ die Gleichung (9.1.5) gerade

(9.1.7) $g(x) = \texttt{if True then } g(x+1) \texttt{ else } x.$

Das ist gleichbedeutend mit $g(x) = g(x+1)$. Jede beliebige konstante Funktion $c_n : \mathbb{N} \to \mathbb{N}$ mit $c_n(m) = n$ löst diese Gleichung. Eine spezielle Lösung von $g(x) = g(x+1)$ ist die überall undefinierte Funktion, deren Definitionsbereich die leere Menge ist. Die operationelle Interpretation von g in 9.1.7 als rekursive Funktion spricht für die undefinierte Funktion als gewünschte Lösung, da g für kein Argument terminiert.

Aus diesem Grund wird unter den Lösungen einer Funktionalgleichung die Funktion mit kleinstem Definitionsbereich ausgezeichnet. Anders ausgedrückt:

Gesucht wird die Lösung mit dem, bezüglich der Mengeninklusion, kleinsten Funktionsgraphen.

Mengentheoretisch gesehen ist eine partielle Funktion $f\colon A \dashrightarrow B$ eine Teilmenge des cartesischen Produkts $A \times B$, also $f \subseteq A \times B$ wobei aus $(a, b), (a, b') \in f$ folgt, daß $b = b'$ ist. Diese Teilmenge heißt Funktionsgraph von f. Die Mengeninklusion der Funktionsgraphen definiert eine Halbordnung $\subseteq$ auf $[A \dashrightarrow B] = \{f\colon A \dashrightarrow B\}$, der Menge der partiellen Funktionen von A nach B. Nun ist g die kleinste Lösung von (9.1.5) in der Halbordnung $([A \dashrightarrow B], \subseteq)$.

Die kleinste Lösung einer Funktionalgleichung läßt sich mathematisch als Supremum (kleinste obere Schranke) einer aufsteigenden Folge von Approximationen konstruieren. Sei $\tau\colon [A \dashrightarrow A] \to [A \dashrightarrow A]$ definiert durch

$$\tau(h)(x) = \texttt{if } p(x) \texttt{ then } h(f(x)) \texttt{ else } x.$$

τ ist eine stetige Funktion auf der Menge der partiellen Funktionen über A. Die Stetigkeit von τ bedeutet, daß τ mit der Bildung des Supremums vertauschbar ist.

Sei $h_\emptyset\colon A \dashrightarrow A$ die nirgends definierte Funktion mit der leeren Menge als Funktionsgraph: $h_\emptyset = \emptyset \subseteq A \times A$. Dann ist

$$h_\emptyset \subseteq \tau(h_\emptyset) \subseteq \tau^2(h_\emptyset) \subseteq \quad \ldots \quad \subseteq \tau^i(h_\emptyset) \subseteq \ldots \tag{9.1.8}$$

eine aufsteigende Folge in $[A \dashrightarrow A]$. Beginnend mit der leeren Funktion wird bei jeder Anwendung von τ der Definitionsbereich der Folgenglieder erweitert. Der Funktionsgraph der Folgenglieder wächst monoton an. Andererseits werden durch die wiederholte Anwendung von τ nur die unbedingt erforderlichen Stellen in den Definitionsbereich aufgenommen.

Nun sei angenommen, daß die kleinste obere Schranke $\overline{g}$ der Folge (9.1.8) existiere. Schreibweise hierfür: $\overline{g} = \bigsqcup_{i \in \mathbb{N}} \tau^i(h_\emptyset)$. Die Funktion $\overline{g}$ erfüllt die Gleichung (9.1.5), denn, da die rechte Seite $\texttt{if } p(a) \texttt{ then } \overline{g}(f(a)) \texttt{ else } a$ gerade $\tau(\overline{g})(a)$ entspricht, gilt für $\overline{g} = \bigsqcup_{i \in \mathbb{N}} \tau^i(h_\emptyset)$:

$$\begin{aligned}
\tau(\overline{g}) &= \tau\Big(\bigsqcup_{i \in \mathbb{N}} \tau^i(h_\emptyset)\Big) \\
&= \quad \{\tau \text{ ist stetig}\} \\
&\quad \bigsqcup_{i \in \mathbb{N}} \tau^{i+1}(h_\emptyset) \\
&= h_\emptyset \sqcup \bigsqcup_{i \in \mathbb{N}} \tau^{i+1}(h_\emptyset) \\
&= \bigsqcup_{i \in \mathbb{N}} \tau^i(h_\emptyset) \\
&= \overline{g}.
\end{aligned}$$

Folglich löst $\overline{g}$ die Gleichung (9.1.5). Da für jede Lösung g die Gleichung $g = \tau(g)$ gilt, ist g ein Fixpunkt der Funktion τ. Die kleinste obere Schranke $\overline{g}$ der aufsteigenden Kette $(\tau^i(h_\emptyset))_{i\in\mathbb{N}}$ löst die Gleichung und ist der kleinste Fixpunkt von τ. Schreibweise: $\overline{g} = \text{lfp}\,\tau$. In Kap. 10 werden die technischen Voraussetzungen für diese Konstruktion näher behandelt. Ihre Korrektheit liefert Satz 10.1.11.

9.2 Strikt vs. nicht-strikt

Die Funktionen f, g und h seien partielle Funktionen in $\mathbb{N} \dashrightarrow \mathbb{N}$ definiert als kleinster Fixpunkt des folgenden Gleichungsystems.

$$\begin{aligned} f(n) &= g(h(n)) \\ g(n) &= 3 \\ h(n) &= h(n) \end{aligned}$$

Was ist der Wert des Ausdrucks $f(1)$? Es stellt sich heraus, daß es hierfür zwei sinnvolle Möglichkeiten gibt.

1. Die Parameter eines Funktionsaufrufs werden by-name übergeben. In diesem Fall ist $f(1) = g(h(1)) = 3$.

2. Die Parameter eines Funktionsaufrufs werden by-value übergeben. Dann ergibt sich die nicht-terminierende Berechnung

$$f(1) = g(h(1)) = g(h(1)) = g(h(1)) = \ldots.$$

Die Bedeutung des Ausdrucks $f(1) = g(h(1))$ soll sich aus den Bedeutungen der Teile des Ausdrucks bestimmen lassen. Diese Eigenschaft heißt *Kompositionalität*. Klar ist, daß die Berechnung von $h(n)$ für alle $n \in \mathbb{N}$ nicht terminiert, also $h = h_\emptyset$, und daß $g(n) = 3$ ist, für alle $n \in \mathbb{N}$.

Da $g(h(1)) = (g \circ h)(1)$ ist und die Werte der Teilausdrücke g, h und 1 schon festliegen, kann nur die Definition des Kompositionsoperators $\circ$ bzw. der Funktionsapplikation den Unterschied bewirken. Dies erweist sich als schwierig, da mit einem unbestimmten Wert nicht gerechnet werden kann. Hier hilft ein formaler Trick: Der Rechenbereich $\mathbb{N}$ wird um einen zusätzlichen Wert $\perp$ zu $\mathbb{N}_\perp = \mathbb{N} \cup \{\perp\}$ erweitert. Damit erhält der Wert „Undefiniert" einen Namen und kann in Rechnungen und Definitionen benutzt werden. Diese Vorgehensweise ist nur im mathematischen Modell möglich, nicht aber in einer realen Maschine, da das Prädikat $f(x) = \perp$ nicht berechenbar ist (es ist äquivalent zum Halteproblem, siehe [HU79]).

An die Stelle von partiellen Funktionen $\mathbb{N} \dashrightarrow \mathbb{N}$ treten totale Funktionen $\mathbb{N}_\perp \to \mathbb{N}_\perp$. Nun kann „Undefiniert" ein Funktionswert sein, wie z.B. $\forall n \in \mathbb{N}_\perp \,.\, h(n) = \perp$, und $\perp$ steht auch als Argument zur Verfügung. Damit ist es möglich zu definieren, welchen Wert $g(\perp)$ haben soll.

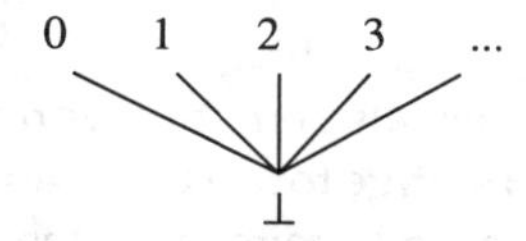

Abbildung 9.1: Hasse-Diagramm von $\mathbb{N}_\perp$.

Zu jeder partiellen Funktion $k\colon \mathbb{N} \dashrightarrow \mathbb{N}$ gibt es eine *strikte Fortsetzung* $k_\perp : \mathbb{N}_\perp \to \mathbb{N}_\perp$, die definiert ist durch

$$k_\perp(x) = \begin{cases} \perp & \text{falls } x = \perp, \\ \perp & \text{falls } k(x) \text{ nicht definiert,} \\ k(x) & \text{sonst.} \end{cases}$$

Die Konstruktion der strikten Fortsetzung ist immer möglich. Für konstante Funktionen wie g, kann auch eine nicht-strikte Fortsetzung definiert werden.

die nicht-strikte Fortsetzung $\hat{g}$ von g mit $\hat{g}(\perp) = 3$, sowie
die strikte Fortsetzung $g_\perp$ von g $g_\perp(\perp) = \perp$.

Der Grund für die Existenz von unterschiedlichen Fortsetzungen ist, daß $\perp$ „weniger definiert" ist als eine Zahl. Ist eine Funktion k auf $\perp$ definiert (d.h. $k(\perp) \neq \perp$), so muß der Wert $k(\perp)$ konsistent mit den Funktionswerten auf „definierteren" Objekten sein. Insbesondere kann k nirgends undefiniert sein, es muß $k(n) = k(\perp)$ für alle $n \in \mathbb{N}$ gelten. Ist hingegen $k(\perp) = \perp$, so sind die anderen Funktionswerte nicht eingeschränkt. Mithin muß k monoton sein, d.h. $x \sqsubseteq y \Longrightarrow k(x) \sqsubseteq k(y)$ für eine geeignete Halbordnung $\sqsubseteq$.

Formal bildet $\mathbb{N}_\perp$ eine *flache Halbordnung*, wobei die Ordnungsrelation $\sqsubseteq\ \subseteq \mathbb{N}_\perp \times \mathbb{N}_\perp$ für alle $a, b \in \mathbb{N}_\perp$ durch

$$a \sqsubseteq b \qquad \Longleftrightarrow \qquad a = b \vee a = \perp$$

definiert ist. Abb. 9.1 illustriert die entstehende Halbordnung $\mathbb{N}_\perp$. Durch punktweise Fortsetzung ergibt sich eine Ordnung auf $\mathbb{N}_\perp \to \mathbb{N}_\perp$, die mit der Inklusionsordnung der Funktionsgraphen auf $\mathbb{N} \dashrightarrow \mathbb{N}$ verträglich ist. Sind $f, g\colon \mathbb{N}_\perp \to \mathbb{N}_\perp$ so ist durch

$$f \sqsubseteq g \qquad \Longleftrightarrow \qquad \forall x \in \mathbb{N}_\perp \,.\, f(x) \sqsubseteq g(x)$$

eine Halbordnung auf dem Funktionenraum definiert. Den Zusammenhang mit der Inklusionsordnung der Funktionsgraphen stellt der folgende Satz her.

9.2.1 Satz *Die strikte Fortsetzung* $\ldots_\perp : (\mathbb{N} \dashrightarrow \mathbb{N}) \to (\mathbb{N}_\perp \to \mathbb{N}_\perp)$ *ist eine ordnungserhaltende Einbettung.*

Beweis: Zu zeigen ist die Injektivität von $\ldots_\perp$ und daß für alle $f, g \in \mathbb{N} \dashrightarrow \mathbb{N}$ genau dann $f \subseteq g$ gilt, wenn $f_\perp \sqsubseteq g_\perp$ gilt. □

An die Stelle partieller Funktionen als Semantik von rekursiven funktionalen Programmen treten monotone und stetige totale Funktionen über geeigneten Halbordnungen. Hiermit kann auch das Striktheitsverhalten der Funktionen ausgedrückt werden, was mit partiellen Funktionen nicht möglich ist.

10 Bereichstheorie

10.1 Vollständige Halbordnungen, stetige Funktionen, Fixpunktsatz

10.1.1 Definition $(A, \sqsubseteq)$ heißt *Halbordnung*, falls $A \neq \emptyset$ eine Menge und $\sqsubseteq \subseteq A \times A$ eine reflexive, transitive und antisymmetrische Relation ist.

Reflexivität	$\forall a \in A\,.$	$a \sqsubseteq a.$
Transitivität	$\forall a, b, c \in A\,.$	$a \sqsubseteq b \wedge b \sqsubseteq c \Longrightarrow a \sqsubseteq c.$
Antisymmetrie	$\forall a, b \in A\,.$	$a \sqsubseteq b \wedge b \sqsubseteq a \Longrightarrow a = b.$

□

10.1.2 Beispiel 1. Für eine beliebige Menge M ist $(M, =)$ eine Halbordnung, die *diskrete Halbordnung* über M.

2. $(\mathbb{N}, \leq)$ ist eine Halbordnung.

3. Für jede beliebige Menge M bildet die Potenzmenge $(\mathcal{P}(M), \subseteq)$ mit der Mengeninklusion eine Halbordnung.

4. Die Menge der partiellen Funktionen zwischen zwei Mengen M und N bilden eine Halbordnung unter der Mengeninklusion der Funktionsgraphen: $(M \dashrightarrow N, \subseteq)$.

10.1.3 Definition Sei $(A, \sqsubseteq)$ eine Halbordnung, $D \subseteq A$, $D \neq \emptyset$.
D heißt *gerichtet*, falls es für alle $a, b \in D$ ein $c \in D$ gibt, so daß $a \sqsubseteq c$ und $b \sqsubseteq c$. □

10.1.4 Beispiel 1. In der diskreten Halbordnung sind genau die einelementigen Teilmengen gerichtet.

2. In $(\mathbb{N}, \leq)$ ist jede Teilmenge gerichtet.

3. Sei $M = \{1, 2, 3\}$. In $(\mathcal{P}(M), \subseteq)$ sind die Teilmengen $\{\{1\}\}$ sowie $\{\{2\}, \{3\}, \{1, 2, 3\}\}$ gerichtet. Hingegen ist $\{\{1\}, \{2, 3\}\}$ nicht gerichtet (vgl. die Hasse-Diagramme in Abb. 10.1 und 10.2).

4. In $(\mathbb{N} \dashrightarrow \mathbb{N}, \subseteq)$ ist die Menge $\{f, g\}$ mit $f(n) = n$ und $g(n) = 2n$ nicht gerichtet. Hingegen ist die Menge $F = \{f_i \mid i \in \mathbb{N}\}$ gerichtet, wobei

$$f_i(n) = \begin{cases} n! & n < i \\ \text{undefiniert} & \text{sonst} \end{cases}$$

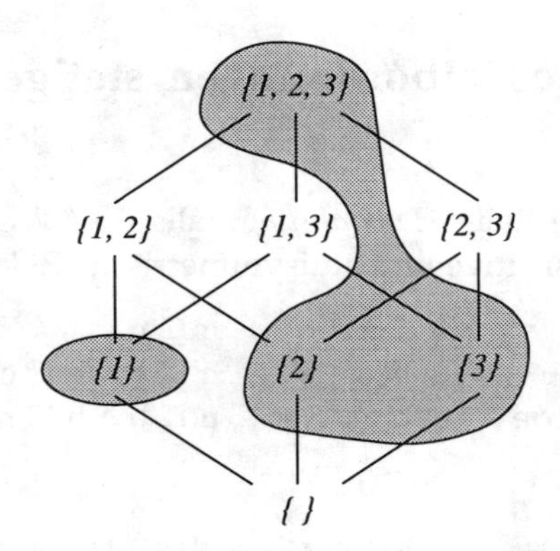

Abbildung 10.1: Gerichtete Teilmengen von $(\mathcal{P}(\{1,2,3\}), \subseteq)$.

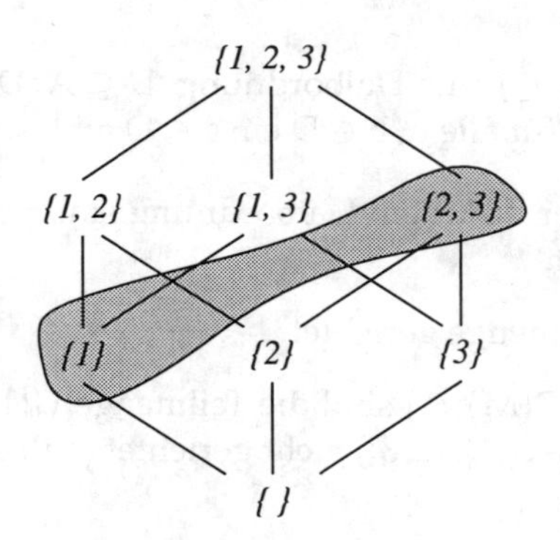

Abbildung 10.2: Ungerichtete Teilmenge von $(\mathcal{P}(\{1,2,3\}), \subseteq)$.

10.1.5 Definition Sei $(A, \sqsubseteq)$ eine Halbordnung und $X \subseteq A$, $a \in A$:

- a ist eine *obere Schranke* von X, falls $\forall x \in X \,.\, x \sqsubseteq a$.
- a heißt *kleinstes Element von* X, falls $a \in X$ und $\forall x \in X \,.\, a \sqsubseteq x$.
- Falls die Menge $\{x \in A \mid x \text{ ist obere Schranke von } X\}$ ein kleinstes Element a besitzt, so heißt a *kleinste obere Schranke von* X oder *Supremum* von X. Schreibweise: $a = \bigsqcup X$. $a \sqcup b$ bezeichnet das Supremum von $X = \{a, b\}$, falls es existiert.

□

Durch Umkehren der Relation $\sqsubseteq$ und das Ersetzen von „obere" durch „untere", „kleinste" durch „größte" und „Supremum" durch „Infimum" ergeben sich die dualen Definitionen für *untere Schranke, größtes Element* und *größte untere Schranke*. Die Schreibweise für das Infimum zweier Elemente a und $b \in A$ ist $a \sqcap b$ und für eine Menge $X \subseteq A$ lautet sie $\sqcap X$.

10.1.6 Definition Eine Halbordnung $(A, \sqsubseteq)$ heißt *vollständig*, falls

1. es ein kleinstes Element $\perp \in A$ gibt und
2. $\bigsqcup D \in A$ existiert für jede gerichtete Teilmenge $D \subseteq A$.

Eine vollständige Halbordnung heißt auch CPO (*complete partial order*). □

10.1.7 Beispiel 1. $(\mathbb{N}, \leq)$ besitzt zwar ein kleinstes Element 0, ist aber kein CPO, da die gerichtete Menge $\mathbb{N}$ kein Supremum in $\mathbb{N}$ besitzt.

2. Für eine beliebige Menge M ist die Potenzmenge $(\mathcal{P}(M), \subseteq)$ CPO mit kleinstem Element $\emptyset$.
3. $\mathbf{1} = (\{*\}, =)$, der Einpunktbereich mit der diskreten Ordnung ist CPO.
4. Sei $(\mathbb{Q}, \leq)$ die Menge der rationalen Zahlen mit der üblichen Ordnung. $(\mathbb{Q}, \leq)$ ist keine vollständige Halbordnung, da die Menge $D = \{\sum_{i=0}^{j} 1/j! \mid j \in \mathbb{N}\}$ zwar gerichtet ist, aber ihr Supremum nicht in $\mathbb{Q}$ liegt. Die kleinste obere Schranke von D ist der Grenzwert der Potenzreihe $\sum_{i=0}^{\infty} 1/i!$, die Eulersche Zahl e, wobei $e \notin \mathbb{Q}$ ist.
5. $(M \dashrightarrow N, \subseteq)$ ist CPO; das kleinste Element ist die nirgends definierte Funktion $h_\emptyset$.

10.1.8 Definition Eine Halbordnung $(A, \sqsubseteq)$ heißt *Verband*, falls

$$\forall a, b \in A \,.\, \exists a \sqcup b, a \sqcap b \in A.$$

Ein Verband heißt *vollständig*, falls beliebige Suprema und Infima existieren. □

Im Gegensatz zu einer vollständigen Halbordnung, wo nur die Suprema von gerichteten Teilmengen existieren müssen, müssen in einem Verband die Suprema (und Infima) von beliebigen Teilmengen existieren.

10.1.9 Definition Seien $(A, \sqsubseteq), (A', \sqsubseteq')$ CPOs und $f\colon A \to A'$.

- f ist *monoton*, falls für alle $a, b \in A$ mit $a \sqsubseteq b$ gilt, daß $f(a) \sqsubseteq' f(b)$ ist.
- f ist *stetig*, falls für jede gerichtete Teilmenge $D \subseteq A$ auch das Bild $f(D)$ gerichtet ist und $f(\bigsqcup D) = \bigsqcup' f(D)$ ist. Schreibe hierfür $f \in A \to A'$.
- A und A' sind *isomorph* ($A \cong A'$), falls es $f \in A \to A'$ und $g \in A' \to A$ gibt, so daß $f \circ g = id_{A'}$ und $g \circ f = id_A$ gilt.

□

Mit dieser Definition folgt aus der Stetigkeit einer Funktion ihre Monotonie, vgl. Aufgabe 10.3.

10.1.10 Beispiel 1. Die identische Funktion $id\colon A \to A$ ist stetig in jedem CPO A.

2. Für jedes $a' \in A'$ ist die konstante Funktion $c_{a'}\colon A \to A'$ mit $c_{a'}(x) = a'$ stetig.
3. Sind f, g stetige Funktionen, so ist auch ihre Komposition $f \circ g$ stetig.
4. Sei M eine endliche Menge und $N = \{0, \ldots, |M|\}$. Die Funktion $card\colon \mathcal{P}(M) \to N$, die die Anzahl der Elemente einer Teilmenge angibt, ist stetig von $(\mathcal{P}(M), \subseteq)$ nach $(N, \leq)$.
5. Auf $\mathbb{N} \dashrightarrow \mathbb{N}$ ist die Funktion $\phi \in (\mathbb{N} \dashrightarrow \mathbb{N}) \to (\mathbb{N} \dashrightarrow \mathbb{N})$ stetig bezüglich der Inklusionsordnung der Funktionsgraphen. ϕ ist definiert durch:

$$\phi(f) = \{(0, 1)\} \cup \{(n + 1, (n + 1)m) \mid (n, m) \in f\}.$$

Wegen 1. und 3. sind die CPOs Objekte einer Kategorie **CPO**, deren Morphismen die stetigen Funktionen sind.

10.1.11 Satz (Fixpunktsatz von Tarski) *Sei* $(A, \sqsubseteq)$ *ein CPO und* $f \in A \to A$ *stetig. Dann existiert*

$$x_0 = \bigsqcup \{f^{(i)}(\bot) \mid i \in \mathbb{N}\}$$

und es gilt

1. $f(x_0) = x_0$ *und*
2. *für alle* $x \in A$ *mit* $f(x) = x$ *gilt* $x_0 \sqsubseteq x$.

D.h. x_0 *ist Fixpunkt und* x_0 *ist unter allen Fixpunkten der kleinste. Schreibweise:* $x_0 = \mathbf{lfp}\ f$.

Beweis: Es gilt $\forall i \in \mathbb{N} .\ f^{(i)}(\bot) \sqsubseteq f^{(i+1)}(\bot)$ wegen der Monotonie von f. Daher ist die Menge der Folgenglieder gerichtet und ihr Supremum x_0 existiert als Element von A.

1. Aufgrund der Stetigkeit von f gilt

$$\begin{aligned} f(x_0) &= f(\bigsqcup\{f^{(i)}(\bot) \mid i \in \mathbb{N}\}) \\ &= \bigsqcup\{f^{(i+1)}(\bot) \mid i \in \mathbb{N}\} \\ &= \bigsqcup\{f^{(i)}(\bot) \mid i \in \mathbb{N}\} \\ &= x_0 \end{aligned}$$

2. Sei x_1 ein beliebiger Fixpunkt von f, d.h. $f(x_1) = x_1$. Dann gilt $\forall i \in \mathbb{N} .\ f^{(i)}(\bot) \sqsubseteq f^{(i)}(x_1) = x_1$, da f monoton ist und $\bot \sqsubseteq x_1$ ist. Es folgt

$$x_0 = \bigsqcup\{f^{(i)}(\bot) \mid i \in \mathbb{N}\} \sqsubseteq \bigsqcup\{f^{(i)}(x_1) \mid i \in \mathbb{N}\} = \bigsqcup\{x_1\} = x_1$$

□

10.2 Konstruktion von Halbordnungen

Die Eigenschaft, vollständige Halbordnung zu sein, bleibt mit den in funktionalen Programmiersprachen vorhandenen Möglichkeiten zur Datenkonstruktion erhalten.

10.2.1 Definition (Summe, Produkt, Funktionenraum, Lift) Gegeben seien Halbordnungen $(A_1, \sqsubseteq_1)$ und $(A_2, \sqsubseteq_2)$.

1. Die *verschmolzene Summe* $(A_1 \oplus A_2, \sqsubseteq)$ ist definiert durch

$$A_1 \oplus A_2 = \{(1, a_1) \mid a_1 \in A_1, a_1 \neq \bot\} \cup \{(2, a_2) \mid a_2 \in A_2, a_2 \neq \bot\} \cup \{\bot\}$$

   und die Relation $\sqsubseteq$ auf $A_1 \oplus A_2$ durch: $a \sqsubseteq a'$ genau dann, wenn $a = \bot$ oder $a = (i, a_i)$, $a' = (i, a_i')$ und $a_i \sqsubseteq_i a_i'$ $(i \in \{1, 2\})$ ist.

2. Auf dem cartesischen Produkt $(A_1 \times A_2, \sqsubseteq)$ sei die Relation $\sqsubseteq$ erklärt durch: $(a_1, a_2) \sqsubseteq (a_1', a_2')$ genau dann, wenn $a_1 \sqsubseteq_1 a_1'$ und $a_2 \sqsubseteq_2 a_2'$.

3. Auf der Menge der totalen stetigen Funktionen $A_1 \to A_2$ wird die punktweise Ordnung $\sqsubseteq$ definiert durch: $f \sqsubseteq g$ genau dann, wenn $\forall a_1 \in A_1 .\ f(a_1) \sqsubseteq g(a_1)$.

4. Der Lift $((A_1)_\perp, \sqsubseteq)$ ist definiert durch $(A_1)_\perp = \{(1, a_1) \mid a_1 \in A_1\} \cup \{\perp\}$ und die Relation $\sqsubseteq$ ist darauf definiert durch: $a \sqsubseteq a'$ genau dann, wenn $a = \perp$ oder $a = (1, a_1), a' = (1, a_1')$ und $a_1 \sqsubseteq_1 a_1'$.

□

10.2.2 Satz *Wenn* $(A_1, \sqsubseteq_1)$ *und* $(A_2, \sqsubseteq_2)$ *Halbordnungen sind, dann auch* $(A_1 \oplus A_2, \sqsubseteq), (A_1 \times A_2, \sqsubseteq), (A_1 \to A_2, \sqsubseteq)$ *und* $((A_1)_\perp, \sqsubseteq)$ *wie in Definition 10.2.1 definiert.*

Zur Klammerersparnis gilt die Konvention, daß das Produkt $\times$ stärker bindet als die Summe $\oplus$, welche wiederum stärker bindet als der Pfeil $\to$. Wie gewohnt assoziiert $\to$ nach rechts.

10.2.3 Satz *Für* $i = 1, 2, 3$ *seien* $(A_i, \sqsubseteq_i)$ *CPOs.*

1. $A_1 \oplus A_2$ *ist CPO und die folgenden Funktionen sind stetig.*

$$\begin{array}{ll} \mathbf{in}_1\colon A_1 \to A_1 \oplus A_2 & \mathbf{in}_1(a_1) = (1, a_1) \\ \mathbf{in}_2\colon A_2 \to A_1 \oplus A_2 & \mathbf{in}_2(a_2) = (2, a_2) \\ \multicolumn{2}{l}{\mathbf{case}\colon (A_1 \oplus A_2) \times (A_1 \to A_3) \times (A_2 \to A_3) \to A_3} \\ \multicolumn{2}{l}{\mathbf{case}(\perp, f, g) = \perp} \\ \multicolumn{2}{l}{\mathbf{case}((1, a), f, g) = f(a)} \\ \multicolumn{2}{l}{\mathbf{case}((2, b), f, g) = g(b)} \end{array}$$

2. $A_1 \times A_2$ *ist CPO und die folgenden Funktionen sind stetig.*

$$\begin{array}{ll} \mathbf{on}_1\colon A_1 \times A_2 \to A_1 & \mathbf{on}_1(a_1, a_2) = a_1 \\ \mathbf{on}_2\colon A_2 \times A_2 \to A_2 & \mathbf{on}_2(a_1, a_2) = a_2 \\ (\_, \_)\colon A_1 \times A_2 \to (A_1 \times A_2) & \end{array}$$

3. $A_1 \to A_2$ *ist CPO und die Funktionsapplikation*

$$\mathbf{apply}\colon (A_1 \to A_2) \times A_1 \to A_2 \qquad \mathbf{apply}(f, x) = f(x)$$

ist stetig. Weiterhin ist für $f \in A_1 \times A_2 \to A_3$ *und für alle* $x \in A_1$ *die Funktion* $g := y \mapsto f(x, y) \in A_2 \to A_3$. *Zusätzlich ist die Abbildung von* f *auf* g *stetig in* x.

4. $(A_1)_\perp$ *ist CPO und die folgenden Funktionen sind stetig.*

$$\begin{array}{ll} \mathbf{up}\colon A_1 \to (A_1)_\perp & \mathbf{up}(a_1) = (1, a_1) \\ \mathbf{down}\colon (A_1)_\perp \to A_1 & \mathbf{down}(x) = \begin{cases} \perp & \textit{falls } x = \perp \\ x' & \textit{falls } x = (1, x') \end{cases} \end{array}$$

10.2.4 Satz *1.* $\_ \oplus \_$ *ist Funktor in der Kategorie CPO mit Morphismenanteil*

$$(f \oplus g)(\mathbf{in}_1(x)) = \mathbf{in}_1(f(x))$$
$$(f \oplus g)(\mathbf{in}_2(x)) = \mathbf{in}_2(g(x))$$

2. $\_ \times \_$ *ist Funktor in CPO mit Morphismenanteil*

$$(f \times g)(x, y) = (f(x), g(y))$$

3. $\_ \to \_$ *ist Funktor in CPO mit Morphismenanteil*

$$(f \to g)(h) = g \circ h \circ f$$

4. $\_{\perp}$ *ist Funktor in CPO. Seine Wirkung auf Funktionen ist die Konstruktion der strikten Fortsetzung.*

Es gibt mehrere Möglichkeiten einen Summen-, Produkt- oder Funktionenraum zu definieren. Eine Alternative bei der Summenkonstruktion ist die separierte Summe (*lifted sum*) $A_1 + A_2$, bei der beide Halbordnungen erhalten bleiben und getrennt voneinander über ein neues Bottomelement gesetzt werden. Es gilt $A_1 + A_2 \cong (A_1)_\perp \oplus (A_2)_\perp$. In $A_1 + A_2$ kann zwischen $\perp_1$, $\perp_2$ und $\perp$ unterschieden werden. Der Wert $\perp_1$ enthält noch die Information, daß er in A_1 liegt, kann also noch zur Fallunterscheidung mit case benutzt werden. Diese Information geht in $A_1 \oplus A_2$ verloren, da $\perp_1$ und $\perp_2$ mit $\perp$ identifiziert sind (daher auch der Name verschmolzene Summe, engl. *coalesced sum*).

Die Produktkonstruktion in Definition 10.2.1 erhält soviel Information wie möglich. So können einzelne Komponenten eines Tupels undefiniert sein, ohne daß das ganze Tupel undefiniert ist. Das heißt, der Tupelkonstruktor ist nichtstrikt. Das „smash product" $A_1 \otimes A_2$ ist ein Produkt mit strikter Tupelkonstruktion. Das führt zur Identifizierung aller Tupel mit undefinierten Komponenten mit dem völlig undefinierten Tupel, d.h. $(a_1, \perp_2) = (\perp_1, \perp_2) = (\perp_1, a_2)$. Es ist

$$A_1 \otimes A_2 = \{(a_1, a_2) \mid a_1 \in A_1, a_1 \neq \perp, a_2 \in A_2, a_2 \neq \perp\} \cup \{\perp\}$$

mit der Ordnung $\perp \sqsubseteq x$ für alle $x \in A_1 \otimes A_2$ und $(a, b) \sqsubseteq (a', b')$ genau dann, wenn $a \sqsubseteq_1 a'$ und $b \sqsubseteq_2 b'$.

Auch der Raum $A_1 \circ\!\!\to A_2$ der strikten stetigen Funktionen von A_1 nach A_2 ist ein CPO.

Zur Modellierung von Datenwerten in Programmiersprachen haben CPOs zu viele Elemente. In CPOs gibt es Elemente, die durch kein Programm berechnet werden können, daher sind sie zur Modellierung von Datenwerten nicht abstrakt genug. Eine sinnvolle Einschränkung ist die Benutzung von berechenbaren CPOs. Jedes Element eines berechenbaren CPOs muß durch einen Algorithmus konstruierbar sein und es muß Algorithmen für die Grundoperationen wie $\sqsubseteq$ und $\sqcup$ geben.

Leider ist es möglich, berechenbare CPOs anzugeben, deren stetige Funktionen nicht mehr berechenbar sind. Ein notwendiges Kriterium für die Berechenbarkeit der stetigen Funktionen zwischen CPOs ist, daß jedes Element durch abzählbar viele Elemente approximierbar ist. (Dann können die Elemente rekursiv aufzählbar sein und die Operationen sind effektiv durchführbar.)

10.2.5 Definition Sei D ein CPO.

1. $x \in D$ ist *kompakt*, falls für alle $M \subseteq D$, M gerichtet, gilt: Falls $x \sqsubseteq \bigsqcup M$, dann gibt es ein $y \in M$ mit $x \sqsubseteq y$.
   $K(D) = \{x \in D \mid x \text{ kompakt}\}$.
2. D heißt *algebraisch*, falls für alle $x \in D$ die Menge $M_x = \{y \in K(D) \mid y \sqsubseteq x\}$ gerichtet ist und $\bigsqcup M_x = x$.
3. D ist ein *Bereich*, falls D algebraisch und $K(D)$ abzählbar ist.

□

10.2.6 Beispiel ♦ $\mathbb{N}_\perp \circ\!\!\rightarrow \mathbb{N}_\perp$ ist ein Bereich. Die kompakten Elemente sind die Funktionen mit endlichem Definitionsbereich.

♦ $\mathcal{P}(\mathbb{N})$ ist ein Bereich. Die kompakten Elemente sind die endlichen Mengen.

Der folgende Satz zeigt, daß jede stetige Funktion f zwischen Bereichen durch eine abzählbare Menge G_f darstellbar ist.

10.2.7 Satz *Seien* D, E *Bereiche,* $f \in D \rightarrow E$ *und*

$$G_f = \{(x_0, y_0) \mid x_0 \in K(D), y_0 \in K(E), y_0 \sqsubseteq f(x_0)\}$$

Dann gilt für alle $x \in D$*:*

$$f(x) = \bigsqcup\{y_0 \mid (x_0, y_0) \in G_f \wedge x_0 \sqsubseteq x\}$$

Beweis:

$$\begin{aligned} f(x) = {} & \text{(E algebraisch)} \\ & \bigsqcup\{y_0 \mid y_0 \sqsubseteq f(x), y_0 \in K(E)\} \\ = {} & \text{(D algebraisch)} \\ & \bigsqcup\{y_0 \mid y_0 \sqsubseteq f(\bigsqcup\{x_0 \mid x_0 \sqsubseteq x, x_0 \in K(D)\}), y_0 \in K(E)\} \\ = {} & \text{(f stetig)} \\ & \bigsqcup\{y_0 \mid y_0 \sqsubseteq \bigsqcup\{f(x_0) \mid x_0 \sqsubseteq x, x_0 \in K(D)\}, y_0 \in K(E)\} \\ = {} & \text{(y_0 kompakt)} \\ & \bigsqcup\{y_0 \mid y_0 \sqsubseteq f(x_0), x_0 \sqsubseteq x, x_0 \in K(D), y_0 \in K(E)\} \\ = {} & \bigsqcup\{y_0 \mid (x_0, y_0) \in G_f, x_0 \sqsubseteq x\} \end{aligned}$$

□

Mit der jetzigen Definition für Bereiche gibt es noch Bereiche D und E, so daß $D \to E$ kein Bereich ist. Für diese Abschlußeigenschaft müssen noch weitere Anforderungen an Bereiche gestellt werden.

10.2.8 Definition Eine Halbordnung $(A, \sqsubseteq)$ ist *schrankenvollständig*, falls

- A ein kleinstes Element hat und
- jede beschränkte Teilmenge von A eine kleinste obere Schranke besitzt.

□

10.2.9 Definition Ein Bereich D ist *algebraischer Verband*, falls jede Teilmenge von D eine kleinste obere Schranke besitzt. □

10.2.10 Beispiel ♦ $\mathcal{P}(\mathbb{N})$ ist schrankenvollständige Halbordnung, sogar algebraischer Verband.

- $\mathbb{N}_\perp \circ\!\!\to \mathbb{N}_\perp$ ist schrankenvollständige Halbordnung, aber kein Verband, da kein größtes Element vorhanden ist.

10.2.11 Satz *Falls* D, E *schrankenvollständige Bereiche sind, so auch* $D \oplus E$, $D \times E$, $D \to E$, $D \circ\!\!\to E$, $D_\perp$, $D + E$ *und* $D \otimes E$.

10.3 Beziehungen zwischen Bereichen

10.3.1 Lemma *Es gelten die folgenden Isomorphien für Bereiche* D, E *und* F.

$$D \times E \cong E \times D \qquad D \otimes E \cong E \otimes D$$
$$(D \times E) \times F \cong D \times (E \times F) \qquad (D \otimes E) \otimes F \cong D \otimes (E \otimes F)$$
$$D \to (E \times F) \cong (D \to E) \times (D \to F) \qquad D \circ\!\!\to E \circ\!\!\to F \cong D \otimes E \circ\!\!\to F$$
$$D \to E \to F \cong D \times E \to F \qquad D_\perp \circ\!\!\to E \cong D \to E$$

10.3.2 Definition Seien D und E Bereiche, $f \in D \to E$, $g \in E \to D$. f und g bilden ein *Retraktionspaar*, falls $g \circ f \sqsubseteq id_D$ und $f \circ g = id_E$ gilt. f heißt Retraktion oder *Projektion* und g heißt *Einbettung*. □

Mit vielen der vorgestellten Konstruktionen verbinden sich Retraktionspaare.

- Sei **strict** $\in (D \to E) \to (D \circ\!\!\to E)$ die Funktion mit

$$\mathbf{strict}\ f\ x = \begin{cases} \perp, & x = \perp \\ f\ x, & \text{sonst} \end{cases}$$

und **incl** $\in (D \circ\!\!\rightarrow E) \rightarrow (D \rightarrow E)$ die Inklusionsabbildung **incl** $f\ x = f\ x$. **strict** und **incl** bilden ein Retraktionspaar.

- Sei **smash** $\in D \times E \rightarrow D \otimes E$ definiert durch

$$\textbf{smash}\ (x, y) = \begin{cases} \bot, & x = \bot \vee y = \bot \\ (x, y), & \text{sonst} \end{cases}$$

und **unsmash** $\in D \otimes E \rightarrow D \times E$ definiert durch

$$\textbf{unsmash}\ z = \begin{cases} (x, y), & z = (x, y) \\ (\bot, \bot), & z = \bot \end{cases}$$

Dann ist **smash** eine Projektion und **unsmash** die zugehörige Einbettung.

- Für die Funktionen **down** $\in D_\bot \rightarrow D$ und **up** $\in D \rightarrow D_\bot$ gilt **down** $\circ$ **up** $=$ **id**$_D$, aber **id**$_{D_\bot} \sqsubseteq$ **up** $\circ$ **down**. Daher bilden **up** und **down** kein Retraktionspaar, vielmehr ist **up** ein *Hüllenoperator*.

10.4 Bereichsgleichungen

Algebraische Datentypen sind Lösungen von rekursiven Bereichsgleichungen. Die Bezeichnung „Gleichung" ist etwas mit Vorsicht zu genießen, da es sich in Wirklichkeit um Isomorphien handelt. So bezeichnet zum Beispiel die Bereichsgleichung

$$T \cong T + T$$

einen Bereich T, der isomorph zur gelifteten Summe von T mit sich selbst ist. Die Bereichstheorie stellt sicher, daß ein solcher Bereich existiert.

Die Lösung einer Bereichsgleichung erfolgt auf ganz ähnliche Weise wie die Berechnung eines Fixpunktes. Die Abbildung von T auf $T + T$ ist ein Funktor F in der Kategorie **CPO**. Falls die Abbildungsvorschrift eines solchen Funktors durch einen Ausdruck mit den bekannten Bereichskonstruktionen definiert ist (hier $T+T$), in dem der Parameter (hier T) nicht in Argumentposition des Funktionsraumkonstruktors $\rightarrow$ auftritt, so kann bewiesen werden, daß F Retraktionspaare in Retraktionspaare abbildet. Die benötigte Ordnung $\lhd$ auf **CPO** liefert die Setzung „$D \lhd E$ falls es ein Retraktionspaar zwischen D und E gibt". Der „kleinste" Bereich in dieser Ordnung ist der Einpunktbereich $\mathbf{1}$ mit der trivialen Ordnung. Wie beim Satz von Tarski liefert der Einpunktbereich den Startpunkt für die iterierte Anwendung von F. Daraus ergibt sich die Folge $\mathbf{1}, F(\mathbf{1}), F(F(\mathbf{1})), \ldots$. Das entspricht der wiederholten Einsetzung in die Bereichsgleichung. Das „Supremum" $F^{(\infty)}(\mathbf{1})$ ist der sogenannte „inverse Limes" der so konstruierten Folge von Iterationen. Die Existenz dieses Limes ist nicht offensichtlich. Die Existenz von $F^{(\infty)}$ bedeutet, daß es zu jedem $n \in \mathbb{N}$ ein Retraktionspaar zwischen $F^{(n)}$ und $F^{(\infty)}$ gibt.

$$
\begin{aligned}
\mathsf{T}_0 &= \mathbf{1} \\
\mathsf{T}_1 &= \mathsf{T}_0 + \mathsf{T}_0 = \mathbf{1} + \mathbf{1} \\
\mathsf{T}_2 &= \mathsf{T}_1 + \mathsf{T}_1 \\
&\vdots
\end{aligned}
$$

Das Ergebnis ist eine Folge von Approximationen, die sich in eine volle Binärbaumstruktur einbetten lassen. Diese Struktur ist der Grenzwert der Konstruktion, d.h. die Lösung der rekursiven Bereichsgleichung.

Die Konstruktion von Listen geht auf ähnliche Weise vonstatten.

$$\mathsf{L} \cong \mathbf{1} + \mathsf{D} \times \mathsf{L}$$

Der erste Summand 1 entspricht der leeren Liste, der zweite Summand $\mathsf{D} \times \mathsf{L}$ entspricht dem Listenkonstruktor. Die ersten Approximationen an die Lösung sind

$$
\begin{aligned}
\mathsf{L}_0 &= \mathbf{1} \\
\mathsf{L}_1 &= \mathbf{1} + \mathsf{D} \times \mathbf{1} \cong \mathbf{1} + \mathsf{D} \\
\mathsf{L}_2 &= \mathbf{1} + \mathsf{D} \times (\mathbf{1} + \mathsf{D}) \cong \mathbf{1} + \mathsf{D} + \mathsf{D} \times \mathsf{D} \\
&\vdots \\
\mathsf{L}_\infty &\cong \mathbf{1} + \mathsf{D} + \mathsf{D} \times \mathsf{D} + \ldots + \mathsf{D}^n + \ldots
\end{aligned}
$$

Die so konstruierten Listen sind nicht-strikt, da es Listenelemente geben kann, die $\bot$ sind, ohne daß die ganze Datenstruktur $\bot$ wird. Strikte Listen liefert die folgende Bereichsgleichung.

$$\mathsf{L} \cong \mathbf{1}_\bot \oplus \mathsf{D} \otimes \mathsf{L}$$

Die zugehörige Folge von Approximationen lautet

$$
\begin{aligned}
\mathsf{L}_0 &= \mathbf{1} \\
\mathsf{L}_1 &= \mathbf{1}_\bot \oplus \mathsf{D} \otimes \mathbf{1} \cong \mathbf{1}_\bot \\
\mathsf{L}_2 &= \mathbf{1}_\bot \oplus \mathsf{D} \otimes \mathbf{1}_\bot \cong \mathbf{1}_\bot \oplus \mathsf{D} \\
\mathsf{L}_3 &= \mathbf{1}_\bot \oplus \mathsf{D} \otimes (\mathbf{1}_\bot \oplus \mathsf{D}) \cong \mathbf{1}_\bot \oplus \mathsf{D} \oplus \mathsf{D} \otimes \mathsf{D} \\
&\vdots
\end{aligned}
$$

Bemerkung: Zunächst einmal ist garnicht klar, daß eine rekursive Bereichsgleichung überhaupt eine Lösung hat. Die Bereichstheorie stellt jedoch sicher, daß es Bereiche gibt, in denen jeder Funktor, der nur mithilfe von $+$, $\times$, $\oplus$, $\otimes$, $\_{}_\bot$, $\rightarrow$ und $\circ\!\!\rightarrow$ konstruiert ist, einen kleinsten Fixpunkt besitzt.

10.5 Literaturhinweise

Weiterführende Literatur zur Bereichstheorie und zur denotationellen Semantik ist z.B. [Sto81, Sch86, NN92, GS90, Mos90]. Die beiden letztgenannten Artikel enthalten umfangreiche Bibliographien.

10.6 Aufgaben

10.1 Wieviele Funktionen $\texttt{Bool}_\perp \to \texttt{Bool}_\perp$ gibt es? Wieviele davon sind strikt? Wieviele sind monoton?

10.2 1. Geben Sie alle monotonen Fortsetzungen von

```
and, or :: (Bool, Bool) -> Bool
```

auf $\texttt{Bool}_\perp \times \texttt{Bool}_\perp \to \texttt{Bool}_\perp$ an. Zeichnen Sie Hasse-Diagramme für die Inklusionsbeziehungen zwischen den verschiedenen Fortsetzungen. Was ist die operationelle Interpretation der verschiedenen Fortsetzungen?

2. Bestimmen Sie alle monotonen Fortsetzungen von $+, *\colon \mathbb{N}_\perp \times \mathbb{N}_\perp \to \mathbb{N}_\perp$.

10.3 Zeigen Sie, daß aus der Stetigkeit einer Funktion ihre Monotonie folgt.

10.4 Sei D eine Halbordnung. Eine aufsteigende Kette in D ist eine Folge $(d_i)_{i\in\mathbb{N}}$ mit $d_i \sqsubseteq d_{i+1}$ für alle i. Eine Kette ist endlich, falls $\exists i \in \mathbb{N}.\, \forall n \in \mathbb{N}.\, d_i = d_{i+n}$. Sei $\mathcal{E}(D)$ die Eigenschaft, daß alle aufsteigenden Ketten in D endlich sind. Zeigen Sie:

1. Ist D eine flache Halbordnung oder D endlich, so gilt $\mathcal{E}(D)$.

2. Eine Halbordnung D ist vollständig, falls $\mathcal{E}(D)$ gilt.

3. Es gelte $\mathcal{E}(D)$: Falls $f\colon D \to E$ monoton ist, so ist $f \in D \to E$ stetig.

10.5 Sei A eine abzählbare Menge. Weisen Sie explizit nach, daß die Menge der partiellen Funktionen $A \dashrightarrow A$ geordnet durch die Graphinklusion ein algebraischer CPO ist.

10.6 Ein Prä-Fixpunkt für $f \in A \to A$ ist ein Element $a \in A$ mit $a \sqsubseteq f(a)$.

Formulieren Sie den Tarskischen Fixpunktsatz unter Verwendung eines Prä-Fixpunktes anstelle von $\perp$ und beweisen Sie ihn.

10.7 Betrachten Sie die Teilbarkeitsrelation $m|n$ definiert durch $\exists i \in \mathbb{N}.\, n = im$ für $m, n \in \mathbb{N}$. Zeigen Sie, daß $(\mathbb{N}, |)$ eine Halbordnung ist und bestimmen Sie ihre Eigenschaften.

10.8 Zeigen Sie, daß die Funktionsapplikation **eval**: $(A_1 \to A_2) \times A_1 \to A_2$ mit **eval**$(f, x) = f(x)$ stetig ist.

10.9 Beweisen Sie die folgenden Aussagen.

1. Seien D, E und F CPOs. Sei $f: D \times E \to F$ eine totale Funktion und $\forall d \in D$, $\forall e \in E$ seien $f_d: E \to F$ und $f_e: D \to F$ definiert durch $f_d(e) = f(d, e) = f_e(d)$.

   f ist stetig genau dann, wenn $\forall d \in D$ f_d stetig ist und $\forall e \in E$ f_e stetig ist.

2. `if_then_else_`: $\texttt{Bool}_\perp \times D \times D \to D$ ist stetig.

3. Sei $\tau: (A \dashrightarrow A) \to (A \dashrightarrow A)$ definiert durch

$$\tau(g)(x) = \texttt{if } p(x) \texttt{ then } g(f(x)) \texttt{ else } x$$

   mit totalen Funktionen $f: A \to A$ und $p: A \to \texttt{Bool}$.

   τ ist stetig.

4. Die Gleichheit ==: $D \to D \to \texttt{Bool}_\perp$ ist stetig, falls D flach ist.

10.10 Beweisen oder widerlegen Sie die Aussage:

$$D \multimap E \otimes F \cong (D \multimap E) \otimes (D \multimap F).$$

10.11 Für eine Halbordnung A und $a \in A$ sei der *untere Abschluß* $\downarrow a = \{x \in A \mid x \sqsubseteq a\}$. Eine Teilmenge $N \subseteq A$ heißt *normal* in A ($N \lhd A$), falls für jedes $x \in A$ die Menge $N \cap \downarrow x$ gerichtet ist.

Zeigen Sie für eine Halbordnung C mit kleinsten Element $\perp$ und $A, B \subseteq C$:

1. Aus $A \lhd B$ und $B \lhd C$ folgt $A \lhd C$.
2. Aus $A \subseteq B \subseteq C$ und $A \lhd C$ folgt $A \lhd B$.
3. Falls $A \lhd C$, so ist $\perp \in A$.
4. $(\{M \mid M \in \mathcal{P}(C), \perp \in M\}, \lhd)$ ist ein CPO mit kleinstem Element $\{\perp\}$.

10.12 Sei $\mathcal{G} = (N, T, P, S)$ eine kontextfreie Grammatik mit $N = \{S\}$, $T = \{a, b\}$ und $P = \{S \to aSb, S \to \varepsilon\}$. $\mathcal{G}$ induziert die Transformation $\hat{G}: \mathcal{P}((T^*)) \to \mathcal{P}((T^*))$ mit:

$$\hat{G}(L) = \{a\}.L.\{b\} \cup \{\varepsilon\}.$$

Zeigen Sie:

1. $\hat{G}$ ist stetig bezüglich der Inklusion auf $\mathcal{P}((T^*))$,
2. **lfp** $\hat{G} = L(G)$.

10.13 Sei D CPO. Zeigen Sie: $\mathrm{lfp}_D : (D \to D) \to D$ ist stetig.

10.14 Lösen Sie die folgenden Bereichsgleichungen. Führen Sie die ersten Iterationsschritte beginnend bei 1 (bzw. bei $\mathbf{1}_\perp$ im Fall 3) durch. Beschreiben Sie die Elemente und geben Sie, falls möglich, bereits bekannte zur Lösung isomorphe Bereiche an.

1. $C \cong \mathbf{1}_\perp \oplus C$.
2. Sei D gegeben. $E \cong D \times E$.
3. $F \cong F \to F$. Wieviele Elemente hat F_3?

11 Universelle Algebra

Die algebraische Semantik versucht die Bedeutung von syntaktischen Konstruktionen (hier eines Teils von Gofer) mithilfe von algebraischen Mitteln zu erklären. Das bedeutet, daß dabei Details des Berechnungswegs außer acht gelassen werden. Dem gegenüber steht die operationelle Semantik, wo die Bedeutung der Konstruktionen gerade durch Auswertungsregeln für Ausdrücke oder Zustandstransformationen erklärt wird.

11.1 Homogene Algebra

11.1.1 Definition (Rangalphabet) Ein *Rangalphabet* (homogene Signatur) ist eine Mengenfamilie $\Delta = (\Delta^{(n)})_{n \in \mathbb{N}}$ von *Operatorsymbolen*, wobei $\bigcup_n \Delta^{(n)}$ endlich ist und $\Delta^{(i)} \cap \Delta^{(j)} = \emptyset$ für $i \neq j$. Die Operatorsymbole $\delta \in \Delta^{(n)}$ haben die *Stelligkeit* n. □

Sei Δ ab jetzt ein Rangalphabet. Manchmal wird Δ im folgenden mißbräuchlich als Abkürzung für $\bigcup_{n \in \mathbb{N}} \Delta^{(n)}$ benutzt.

11.1.2 Definition (Homogene Algebra) $\mathcal{A} = (A, \alpha)$ ist eine Δ-*Algebra* ($\mathcal{A} \in \mathbf{Alg}_\Delta$), falls

- A eine Menge ist, die *Trägermenge* von $\mathcal{A}$, und
- $\alpha\colon \Delta \to \mathrm{Ops}(A)$ die Interpretation der Operatorsymbole. Hierbei ist $\mathrm{Ops}(A) = \{f : A^n \to A \mid n \in \mathbb{N}, f \text{ total und berechenbar}\}$ und es gilt für $\delta \in \Delta^{(n)}$: $\alpha(\delta)\colon A^n \to A$.

□

11.1.3 Beispiel 1. Gegeben sei das Rangalphabet $\Delta_0 = \{\mathtt{Zero}^{(0)}, \mathtt{Succ}^{(1)}\}$. Die intuitive Interpretation von `Zero` bzw. `Succ` sind $0 \in \mathbb{N}$ bzw. die Nachfolgerfunktion über den natürlichen Zahlen. Diese Intuition manifestiert die Δ_0-Algebra $\mathbf{NAT} = (\mathbb{N}, \alpha_N)$ mit

$$\begin{array}{llll} \alpha_N(\mathtt{Zero})\colon & \to \mathbb{N} & \alpha_N(\mathtt{Zero})\ () & = 0 \\ \alpha_N(\mathtt{Succ})\colon & \mathbb{N} \to \mathbb{N} & \alpha_N(\mathtt{Succ})\ (x) & = x + 1 \end{array}$$

2. Durch Hinzufügen des Symbols `Add` ergibt sich das Rangalphabet $\Delta_1 = \Delta_0 \cup \{\mathtt{Add}^{(2)}\}$. Eine Δ_1-Algebra, die die Δ_0-Algebra **NAT** erweitert, ist $\mathbf{NAT}_1 = (\mathbb{N}, \alpha'_N)$ mit $\alpha'_N|_{\Delta_0} = \alpha_N$ und

$$\alpha'_N(\mathtt{Add})\colon \mathbb{N} \times \mathbb{N} \to \mathbb{N} \quad \alpha'_N(\mathtt{Add})(x, y) = x + y$$

3. Zum Rangalphabet Δ_1 kann auch eine völlig anders geartete Algebra konstruiert werden. Sei $\Gamma = \{a_1, \ldots, a_n\}$ ein Alphabet und Γ^* die Menge der Worte über Γ. Dann ist auch **WORDS** $= (\Gamma^*, \gamma)$ eine Δ_1-Algebra mit

$$\begin{array}{rrlrl} \gamma(\texttt{Zero}): & & \to \Gamma^* & \gamma(\texttt{Zero})() & = \varepsilon \\ \gamma(\texttt{Succ}): & \Gamma^* & \to \Gamma^* & \gamma(\texttt{Succ})(w) & = a_1.w \\ \gamma(\texttt{Add}): & \Gamma^* \times \Gamma^* & \to \Gamma^* & \gamma(\texttt{Add})(v, w) & = v.w \end{array}$$

Der Operator $.: \Gamma^* \times \Gamma^* \to \Gamma^*$ bezeichnet das Verketten von Worten über Γ, d.h. für $v = v_1 \ldots v_n, w = w_1 \ldots w_m \in \Gamma^*$ ist $v.w = v_1 \ldots v_n w_1 \ldots w_m$.

Unter allen Δ-Algebren gibt es eine spezielle Algebra, die als Prototyp für alle Δ-Algebren bezeichnet werden kann.

Im Folgenden bezeichne X immer eine abzählbare unendliche Menge von *Variablen* mit $X \cap \Delta = \emptyset$.

11.1.4 Definition (Terme) Die Menge $T_\Delta(X)$ der Δ-*Terme mit Variablen* ist induktiv definiert als kleinste Teilmenge von $(\{(,), ,\} \cup X \cup \Delta)^*$ mit den Eigenschaften

- $X \cup \Delta^{(0)} \subseteq T_\Delta(X)$,
- für alle $n > 0$, $\delta \in \Delta^{(n)}$ und $t_1, \ldots, t_n \in T_\Delta(X)$ ist auch $\delta(t_1, \ldots, t_n) \in T_\Delta(X)$.

$T_\Delta(\emptyset)$, die Menge der *Grundterme*, wird durch T_Δ abgekürzt. □

11.1.5 Definition Die Funktion var: $T_\Delta(X) \to \mathcal{P}(X)$ ermittelt die in einem Term vorkommenden Variablen. Es ist

$$\begin{array}{rcll} \mathrm{var}(x) & = & \{x\} & x \in X \\ \mathrm{var}(\delta) & = & \emptyset & \delta \in \Delta^{(0)} \\ \mathrm{var}(\delta(t_1, \ldots, t_n)) & = & \bigcup_{i=1}^n \mathrm{var}(t_i) & n > 0, \delta \in \Delta^{(n)}, \forall 1 \leq i \leq n \,.\, t_i \in T_\Delta(X). \end{array}$$

□

11.1.6 Lemma *Sei* X *eine Menge von Variablen. Sei* $\iota\colon \Delta \to \mathrm{Ops}(T_\Delta(X))$ *definiert, so daß für alle* $n \in \mathbb{N}$, $\delta \in \Delta^{(n)}$ *und alle* $t_1, \ldots, t_n \in T_\Delta(X)$

$$\iota|_{\Delta^{(n)}} : T_\Delta(X)^n \to T_\Delta(X)$$
$$\iota(\delta)(t_1, \ldots, t_n) = \delta(t_1, \ldots, t_n).$$

Dann ist $(T_\Delta(X), \iota)$ *eine* Δ*-Algebra.*

11.1.7 Definition (Termalgebra) $\mathcal{T}_\Delta(X) = (T_\Delta(X), \iota)$ ist die Δ-*Termalgebra* über X. □

11.1.8 Definition (Homomorphismus) Seien (A, α) und (B, β) Δ-Algebren. Eine Abbildung $h\colon A \to B$ heißt Δ-*Homomorphismus*, falls für alle $n \in \mathbb{N}$, $\delta \in \Delta^{(n)}$ und $a_1, \dots, a_n \in A$ gilt

$$h(\alpha(\delta)(a_1, \dots, a_n)) = \beta(\delta)(h(a_1), \dots, h(a_n))$$

□

11.1.9 Beispiel Gegeben seien die Definitionen wie in Beispiel 11.1.3. Die Funktion $len\colon \Gamma^* \to \mathbb{N}$ ist ein Homomorphismus der Δ_1-Algebren **WORDS** und $\mathbf{NAT}_1$. Zum Beweis ist die Verträglichkeit von len mit den Operationen der Algebra zu zeigen.

1. $len(\gamma(\texttt{Zero})) = len(\varepsilon) = 0 = \alpha'_N(\texttt{Zero})$,
2. für alle $w \in \Gamma^*$:
$$len(\gamma(\texttt{Succ})(w)) = len(a_1.w) = len(w) + 1 = \alpha'_N(\texttt{Succ})(len(w)),$$
3. für alle $v, w \in \Gamma^*$:
$$len(\gamma(\texttt{Add})(v, w)) = len(v) + len(w) = \alpha'_N(\texttt{Add})(len(v), len(w)).$$

Die letzte Aussage muß per Induktion über die Länge von v bewiesen werden.

11.1.10 Definition (Substitution) Eine *Substitution* $\sigma\colon T_\Delta(X) \to T_\Delta(X)$ ist die homomorphe Fortsetzung einer Abbildung $\sigma_0\colon X \to T_\Delta(X)$, für die $\sigma_0(x) \neq x$ nur für endlich viele $x \in X$ gilt. Für $t \in T_\Delta(X)$ ist σ definiert durch

$$\sigma(t) = \begin{cases} \sigma_0(x) & t = x \in X, \\ \delta & t = \delta \in \Delta^{(0)}, \\ \delta(\sigma(t_1), \dots, \sigma(t_n)) & n > 0, \delta \in \Delta^{(n)}, t = \delta(t_1, \dots, t_n) \in T_\Delta(X) \end{cases}$$

Eine Substitution ist eine *Umbenennung* (der Variablen), falls sie die Fortsetzung einer bijektiven Abbildung $\sigma_0\colon X \to X$ ist.

$\mathbf{Subst}(\Delta, X)$ ist die Menge aller Substitutionen über $T_\Delta(X)$. □

Zur Definition einer Substitution σ reicht es aus, ihre Wirkung auf den Variablen zu erklären. $\sigma = \{x_1 \mapsto t_1, \dots, x_n \mapsto t_n\}$ ist die Substitution, für die gilt

$$\sigma(x) = \begin{cases} t_i & \text{falls } x = x_i, \\ x & \text{sonst.} \end{cases}$$

Die Komposition zweier Substitutionen σ_1, σ_2 ist wieder eine Substitution $\sigma_1 \circ \sigma_2$. Sie ist definiert durch $(\sigma_1 \circ \sigma_2)(t) = \sigma_1(\sigma_2(t))$.

11.1.11 Beispiel Sei Δ gegeben durch $\Delta^{(0)} = \{a\}$, $\Delta^{(1)} = \{g, h\}$, $\Delta^{(3)} = \{f\}$ und $\Delta^{(n)} = \emptyset$ für alle $i \in \mathbb{N} \setminus \{0, 1, 3\}$. Sei ferner $t = f(x_1, g(x_2), a)$ und $\sigma = \{x_1 \mapsto h(x_2), x_2 \mapsto b\}$.

Dann ist $\sigma(t) = f(h(x_2), g(b), a)$ und $\sigma(\sigma(t)) = f(h(b), g(b), a)$.

11.1.12 Definition Die Relationen $\leq$ und $\equiv$ $\subseteq T_\Delta(X) \times T_\Delta(X)$ sind definiert durch:

- $s \leq t$ falls $\exists \sigma \in \mathbf{Subst}(\Delta, X)$ mit $\sigma(s) = t$.
- $s \equiv t$ falls $s \leq t$ und $t \leq s$.

(mit $s, t \in T_\Delta(X)$.) □

Die Relation $\leq$ heißt *Instanzordnung* (auch *Matchordnung*), da, falls $s \leq t$ ist, der „größere" Term t eine *Instanz* des „kleineren" Terms s ist, d.h. t ist durch Einsetzung der Variablen aus dem kleineren Term s entstanden.

11.1.13 Lemma *1. $\leq$ ist eine Vorordnung.*

2. $\equiv$ ist eine Äquivalenzrelation.

3. $\leq$ induziert eine Halbordnung $\leq_\equiv$ auf der Menge $T_\Delta(X)_\equiv$ der Äquivalenzklassen von $\equiv$.

Beweis:

1. Zu zeigen ist die Reflexivität und die Transitivität von $\leq$.

   Reflexivität Für alle $t \in T_\Delta(X)$ gilt $t \leq t$, denn $t = \sigma t$ für $\sigma = \{x \mapsto x \mid x \in X\}$.

   Transitivität Sei $t \leq t'$ mit $\sigma' t = t'$ und $t' \leq t''$ mit $\sigma'' t' = t''$. Mit σ' und σ'' ist auch $\sigma'' \circ \sigma'$ eine Substitution, sodaß $(\sigma'' \circ \sigma')t = \sigma''(\sigma' t) = \sigma'' t' = t''$, also $t \leq t''$.

2. Zu zeigen ist Reflexivität, Transitivität und Symmetrie von $\equiv$.

   Reflexivität folgt sofort aus der Definition von $\equiv$.

   Transitivität folgt aus der Transitivität von $\leq$.

   Symmetrie folgt sofort aus der Definition von $\equiv$.

   Eine Äquivalenzklasse von $\equiv$ wird mit $[t]_\equiv = \{t' \mid t' \equiv t\}$ bezeichnet.

3. Zunächst ist zu zeigen, daß $\leq$ auf der Menge der Äquivalenzklassen von $\equiv$ wohldefiniert ist.

   Sei $s \leq t$. Ist $s' \equiv s$ und $t' \equiv t$, so gilt nach Definition $s' \leq s$ und $t \leq t'$. Mit der Transitivität von $\leq$ gilt $s' \leq s \leq t \leq t'$, was zu zeigen war.

   Also ist $[s]_\equiv \leq_\equiv [t]_\equiv$ wohldefiniert durch $s \leq t$.

   Nun sind Reflexivität, Transitivität und Antisymmetrie von $\leq_\equiv$ zu zeigen.

Reflexivität vererbt von $\leq$.

Transitivität vererbt von $\leq$.

Antisymmetrie Sei $[s]_\equiv \leq_\equiv [t]_\equiv$ und $[t]_\equiv \leq_\equiv [s]_\equiv$. Zu zeigen ist $[s]_\equiv = [t]_\equiv$, bzw. $s \equiv t$.
Aus der Voraussetzung ergibt sich $s \leq t$ und $t \leq s$ mit $\sigma s = t$ und $\sigma' t = s$. Nach Definition gilt $s \equiv t$, was zu zeigen war.

□

Zwei äquivalente Terme sind gleich bis auf Umbenennung der Variablen. Im folgenden werden gewöhnlich die Namen der Variablen nicht von Interesse sein, darum wird t anstelle von $[t]_\equiv$ und $\leq$ anstelle von $\leq_\equiv$ verwendet, wenn sich dadurch keine Mißverständnisse ergeben können.

11.1.14 Bemerkung Die Äquivalenzrelation $\equiv$, die durch die Umbenennung von Variablen induziert wird, ist keine Kongruenzrelation, d.h. sie ist nicht mit der Termbildung verträglich.

Sind nämlich $x, y \in X$ zwei Variablen und $\delta \in \Delta^{(2)}$, so ist zwar $x \equiv y$ und $x \equiv x$, jedoch ist $\delta(x, x) \not\equiv \delta(x, y)$.

11.1.15 Bemerkung Die Definition einer Halbordnung aus einer Vorordnung $\leq$ mithilfe der Äquivalenzrelation $a \equiv b \iff a \leq b \wedge b \leq a$ ist unabhängig von Termen und Substitutionen. Diese Konstruktion ist mit jeder beliebigen Vorordnung durchführbar.

11.1.16 Definition (Unifikation) Seien $s, t \in T_\Delta(X)$. Ein *Unifikator* für s und t ist eine Substitution $\vartheta \in \mathbf{Subst}(\Delta, X)$ mit $\vartheta(s) = \vartheta(t)$ (ϑ löst die Gleichung $s = t$).

Ein Unifikator für eine Gleichungsmenge $\{s_i = t_i \mid i = 1, \ldots, n\}$, ist eine Substitution, die gleichzeitig alle Gleichungen löst.

Eine Substitution ϑ heißt *allgemeinster Unifikator* (most general unifier, mgu) einer Gleichungsmenge E, falls

- ϑ Unifikator von E ist, und
- für jeden Unifikator ϑ' von E gibt es eine Substitution λ mit $\vartheta' = \lambda \circ \vartheta$.

Schreibe $\sigma_i \overset{\vartheta}{\sim} \tau_i$, falls der allgemeinste Unifikator der Gleichungsmenge $\{\sigma_i = \tau_i \mid i \in I\}$ existiert und gleich ϑ ist. □

11.1.17 Beispiel σ_1 und σ_2 sind Unifikatoren der Gleichung

$$f(x_1, h(x_1), x_2) = f(g(x_3), x_4, x_3) \tag{11.1.1}$$

$$\sigma_1 = \{x_1 \mapsto g(x_3), x_2 \mapsto x_3, x_4 \mapsto h(g(x_3))\}$$

$$\sigma_2 = \{x_1 \mapsto g(a), x_2 \mapsto a, x_3 \mapsto a, x_4 \mapsto h(g(a))\}$$

σ_1 ist allgemeiner als σ_2, da $\sigma_2 = \lambda \circ \sigma_1$ mit $\lambda = \{x_3 \mapsto a\}$ ist. σ_1 ist sogar ein allgemeinster Unifikator von (11.1.1).

11.1.18 Bemerkung Allgemeinste Unifikatoren sind eindeutig bis auf Umbenennung von Variablen.

11.1.19 Satz (Robinson [Rob65]) *Es gibt eine Funktion* $\mathcal{V}\colon \mathsf{T}_\Delta(\mathsf{X}) \times \mathsf{T}_\Delta(\mathsf{X}) \to \mathbf{Subst}(\Delta, \mathsf{X}) \cup \{\mathrm{fail}\}$, *die total und berechenbar ist, so daß für alle* $s, t \in \mathsf{T}_\Delta(\mathsf{X})$ *entweder*

- $\mathcal{V}(s,t) = \mathrm{fail}$ *und* $s = t$ *hat keinen Unifikator, oder*
- $\mathcal{V}(s,t) = \vartheta \in \mathbf{Subst}(\Delta, \mathsf{X})$ *und* ϑ *ist ein allgemeinster Unifikator von* s *und* t, $s \overset{\vartheta}{\sim} t$.

Der nun folgende informelle Algorithmus zur Unifikation basiert auf der Transformation einer Gleichungsmenge, wobei jeder Transformationsschritt die Menge der Unifikatoren bewahrt.

11.1.20 Definition Eine Gleichungsmenge E ist in *gelöster Form*, falls

$$E = \{x_1 = t_1, \ldots, x_n = t_n\}$$

ist, wobei $x_1, \ldots, x_n \in X$ paarweise verschiedene Variablen sind, $t_1, \ldots, t_n \in \mathsf{T}_\Delta(X)$ und für alle $i, j \in \{1, \ldots, n\}$ kommt x_i nicht in t_j vor ($x_i \notin \mathrm{var}(t_j)$), insbesondere für $i = j$. □

Von einer Gleichung in gelöster Form kann der allgemeinste Unifikator σ direkt abgelesen werden. Es ist $\sigma = \{x_1 \mapsto t_1, \ldots, x_n \mapsto t_n\}$.

Ein erfolgreicher Lauf des Algorithmus transformiert eine Gleichungsmenge E in eine Gleichungsmenge E' in gelöster Form. Dabei wird sichergestellt, daß jeder Transformationsschritt alle Unifikatoren erhält. Daher ist jeder allgemeinste Unifikator von E' auch allgemeinster Unifikator von E.

Die folgenden Transformationsregeln stehen zur Verfügung.

$$\text{(Reduce)} \quad \frac{E' \cup \{f(t_1, \ldots, t_n) = f(t'_1, \ldots, t'_n)\}}{E' \cup \{t_1 = t'_1, \ldots, t_n = t'_n\}}$$

$$\text{(Erase)} \quad \frac{E' \cup \{x = x\}}{E'}$$

$$\text{(Swap)} \quad \frac{E' \cup \{t = x\}}{E' \cup \{x = t\}} \quad t \notin X$$

$$\text{(Subst)} \quad \frac{E' \cup \{x = t\}}{E'[x \mapsto t] \cup \{x = t\}} \quad x \neq t \wedge x \notin \mathrm{var}(t) \wedge x \in \mathrm{var}(E')$$

11.1.21 Algorithmus (Unifikation einer Gleichungsmenge) Eingabe: Menge E von Gleichungen.

Ausgabe: Der allgemeinste Unifikator von E in Form einer Gleichungsmenge E' in gelöster Form oder eine Fehlermeldung, falls E nicht lösbar ist.

Verfahren: Die Gleichungsmenge E wird durch wiederholte Anwendung der Regeln (Reduce), (Erase), (Swap) und (Subst) transformiert. Dies geschieht so lange, bis sich bei Anwendung von (Subst) keine Veränderung mehr ergibt und keine Regel mehr anwendbar ist. Ist das Ergebnis E' der Transformationen in gelöster Form, so ist das Ergebnis die entsprechende Substitution. Anderenfalls ist das Ergebnis „fail".

Es kann zwei Gründe dafür geben, daß E nicht in gelöste Form transformierbar ist. Eine Gleichung verbleibt „ungelöst" in der Gleichungsmenge, falls

1. sie die Form $f(\dots) = g(\dots)$ mit $f \neq g$ hat (Reduce), oder
2. sie die Form $x = t$ mit $x \in var(t)$ und $x \neq t$ hat (Subst) (der sogenannte *occurs-check*).

In beiden Fällen wird die gelöste Form nicht erreicht.

11.2 Polymorphe Algebra

Das Ziel dieses Kapitels ist es, die Grundlagen für die Beschreibung der Bedeutung eines Gofer-Programms anzugeben. Zunächst wird das Konzept der polymorphen Algebra bereitgestellt, um die Syntax von Gofer zu formalisieren (als Terme über einer polymorphen Signatur) und die Semantik auf mathematische Weise unabhängig von einer konkreten Berechnung festzulegen (durch Angabe einer geeigneten Algebra). Dabei fällt „gratis" eine präzise Beschreibung der Bedeutung von algebraischen Datentypen ab.

In der Beschreibung einer polymorphen Algebra treten Terme auf zwei Ebenen auf: Zum einen als Terme im Sinne von Definition 11.1.4 über einem Rangalphabet von Typkonstruktoren, d.h. als Typausdrücke, zum anderen dient eine (noch zu definierende) Verallgemeinerung der Terme als Beschreibung der auswertbaren Ausdrücke.

11.2.1 Definition (Typausdrücke) Sei Θ ein Rangalphabet von *Typkonstruktoren* und $TV = \{\alpha, \beta, \gamma, \dots\}$ eine Menge von *Typvariablen*. Die Menge Type der *Typausdrücke* ist die Menge der Äquivalenzklassen von Termen über dem Rangalphabet Θ der Typkonstruktoren unter Umbenennung der Variablen, d.h. $\mathrm{Type} = T_\Theta(TV)_\equiv$. Ein Typausdruck heißt *polymorph*, falls er Variablen enthält, ansonsten ist er *monomorph*. Typausdrücke werden gewöhnlich mit τ bezeichnet.

Die Menge FType der Funktionstypen ist

$$\mathrm{FType} = \{(\tau_1 \dots \tau_n, \tau_0) \mid \tau_i \in T_\Theta(TV)\}_\equiv,$$

wobei hier $\equiv$ die kleinste Äquivalenzrelation ist mit: $(\tau_1 \dots \tau_n, \tau_0) \equiv (\tau'_1 \dots \tau'_n, \tau'_0)$, falls es Substitutionen σ und σ' gibt, so daß $\sigma\tau_i = \tau'_i$ und $\sigma'\tau'_i = \tau_i$. □

Die Substitutionen σ und σ' sind gerade Umbenennungen von Variablen. Auf diese Weise spielen die Namen von Typvariablen keine Rolle, so daß die Typen $\alpha \to \alpha$ und $\beta \to \beta$ als gleich angesehen werden.

11.2.2 Beispiel In den Sprachen Gofer und Haskell ist die Typsignatur $\Theta = (\Theta^{(n)})_{n \in \mathbb{N}}$ vordefiniert mit

$$\begin{aligned} \Theta^{(0)} &= \{\texttt{Int}, \texttt{Float}, \texttt{Char}, \texttt{Bool}\} \\ \Theta^{(1)} &= \{\texttt{List}\} \\ \Theta^{(2)} &= \{\to\} \end{aligned}$$

und $\Theta^{(n)} = \emptyset$ für alle $n > 2$.

11.2.3 Definition (Polymorphe Signatur) Eine *polymorphe Signatur* Σ ist ein Paar (Θ, F), wobei

- Θ ein Rangalphabet von Typkonstruktoren ist, und
- $F = \{f\colon (\tau_1 \dots \tau_n, \tau_0) \mid \tau_i \in T_\Theta(TV)\}$ eine indizierte Menge von Operatorsymbolen ist. f hat Stelligkeit n, erwartet als i-tes Argument einen Wert vom Typ τ_i und ergibt einen Wert vom Typ τ_0.

□

Innerhalb einer Deklaration $f\colon (\tau_1 \dots \tau_n, \tau_0)$ darf die Umbenennung von Typvariablen nur für $\tau_0, \tau_1, \dots, \tau_n$ gleichzeitig erfolgen, da sonst Inkonsistenzen auftreten (Umbenennung ist keine Kongruenzrelation).

Im folgenden sei immer $\Sigma = (\Theta, F)$ eine polymorphe Signatur.

11.2.4 Definition (Polymorphe Algebra) $\mathcal{A} = (A, \alpha)$ ist eine *polymorphe Σ-Algebra* ($\mathcal{A} \in \mathbf{PolyAlg}_\Sigma$), falls

- $A = (A^\tau)_{\tau \in \mathrm{Type}}$ eine mit (polymorphen) Typausdrücken indizierte Mengenfamilie von Mengen für die gilt: aus $\tau \leq \tau'$ folgt $A^\tau \subseteq A^{\tau'}$,
- $\alpha\colon F \to \mathrm{Ops}(A)$, so daß für $f\colon (\tau_1 \dots \tau_n, \tau_0) \in F$ gilt

$$\alpha(f)\colon \bigcap_{\sigma \in \mathbf{Subst}(\Theta, TV)} A^{\sigma(\tau_1)} \times \dots \times A^{\sigma(\tau_n)} \to A^{\sigma(\tau_0)}.$$

□

Genau wie im Fall der homogenen Signaturen (vgl. Beispiel 11.1.3), legt eine polymorphe Signatur Σ nicht eine einzige Algebra fest, sondern sie beschreibt eine Kategorie $\mathbf{PolyAlg}_\Sigma$ von Algebren der Signatur Σ.

11.2.5 Definition (Erweiterung von Signaturen und Algebren) Seien $\Sigma_1 = (\Theta, F_1)$ und $\Sigma_2 = (\Theta, F_2)$ Signaturen mit $F_1 \cap F_2 = \emptyset$. Dann ist $\Sigma_1 + \Sigma_2 = (\Theta, F)$ eine Signatur mit $F = F_1 \cup F_2$.

Sind weiter $\mathcal{A}_1 = (A, \alpha_1) \in \mathbf{PolyAlg}_{\Sigma_1}$ und $\mathcal{A}_2 = (A, \alpha_2) \in \mathbf{PolyAlg}_{\Sigma_2}$ Algebren über dem gleichen Träger, so ist $\mathcal{A}_1 + \mathcal{A}_2 = (A, \alpha_1 \cup \alpha_2) \in \mathbf{PolyAlg}_{\Sigma_1+\Sigma_2}$. Alternative Schreibweise hierfür: $\mathcal{A}_1[\alpha_2]$. □

Um mithilfe einer Signatur Datentypen zu beschreiben, wie zum Beispiel durch eine `data`-Deklaration, muß eine bestimmte Algebra aus dieser Klasse ausgewählt werden. Glücklicherweise gibt es einen Kandidaten für diese Algebra, der einige interessante Eigenschaften hat.

Als Kriterien für eine „natürliche" Auswahl unter allen Σ-Algebren bieten sich an:

No junk: Die Σ-Algebra soll möglichst „klein" sein. D.h. ihr Träger soll keine überflüssigen Elemente beinhalten, alle Elemente sollen durch Anwendung von Operatorsymbolen *konstruierbar* sein. (Daher der Name Datenkonstruktoren.)

No confusion: In der gesuchten Algebra sollen möglichst wenige Identifikationen vorkommen. D.h. es soll nicht mehrere Möglichkeiten geben, ein bestimmtes Datenelement durch Anwendung von Operatorsymbolen zu erreichen.

Das Schlagwort *„no junk — no confusion"* stammt aus der Welt der algebraischen Spezifikation [GTWW77, Kla83, EM85]. Die folgenden Definitionen und Aussagen dienen der (erfolgreichen) Suche nach dieser Algebra und der Begründung, daß die getroffene Auswahl korrekt ist.

11.2.6 Definition (Polymorphe Terme) Sei $X = (X^\tau)_{\tau \in \mathrm{Type}}$ eine polymorph getypte Familie von Variablenmengen. Die Mengenfamilie der polymorphen Σ-Terme $(T^\tau)_{\tau \in \mathrm{Type}}$ ist induktiv definiert durch

- für alle τ ist $X^\tau \subseteq T^\tau$,
- für alle $f\colon (\varepsilon, \tau) \in F$ ist $f \in T^\tau$,
- für alle $f\colon (\tau_1 \dots \tau_n, \tau_0) \in F$ und Terme $t_i \in T^{\tau_i'}$ $(i = 1, \dots, n)$ gilt: Falls $\tau_i \overset{\sigma}{\sim} \tau_i'$ $(i = 1, \dots, n)$, so ist $f(t_1, \dots, t_n) \in T^{\sigma\tau_0}$.

□

11.2.7 Definition (Polymorphe Termalgebra) Die polymorphe Σ-Termalgebra $\mathcal{T}_\Sigma(X)$ ist die Algebra (T, ι) mit

- $T = (\overline{T}^{\tau})_{\tau \in \text{Type}}$ mit $\overline{T}^{\tau} = \bigcup_{\tau' \leq \tau} T^{\tau'}$,
- für $f\colon (\tau_1 \dots \tau_n, \tau_0) \in F$ ist $\iota(f)(t_1, \dots, t_n) = f(t_1, \dots, t_n)$, falls $\exists \sigma \in \mathbf{Subst}(\Theta, TV)$, so daß $t_i \in \overline{T}^{\sigma\tau_i}$ ist.

□

11.2.8 Lemma $\mathcal{T}_{\Sigma}(X) \in \mathbf{PolyAlg}_{\Sigma}$.

11.2.9 Definition (Bewohnte Typen) Für eine Signatur $\Sigma = (\Theta, F)$ und $\overline{T}^{\tau}$ wie in Definition 11.2.7 sei $\text{inh}(\Sigma) = \{\tau \in \text{Type} \mid \overline{T}^{\tau} \neq \emptyset\}$ die Menge der *bewohnten Typen* (inhabited types). □

Um die besondere Rolle der Termalgebra in einer Klasse von Algebren zu verdeutlichen, werden strukturerhaltende Abbildungen zwischen Algebren benötigt. Die polymorphe Σ-Termalgebra ist sozusagen der Prototyp für alle (erzeugten) Σ-Algebren.

11.2.10 Definition (Homomorphismus von Σ-Algebren) Seien $\mathcal{A} = (A, \alpha)$ und $\mathcal{B} = (B, \beta) \in \mathbf{PolyAlg}_{\Sigma}$. Sei ferner $T(A) = \{\tau \in \text{Type} \mid A^{\tau} \neq \emptyset\}$. Ein *Σ-Homomorphismus* $h\colon \mathcal{A} \to \mathcal{B}$ von polymorphen Σ-Algebren ist eine Familie $h = (h^{\tau})_{\tau \in T(A)}$ von Abbildungen mit

- $\forall \tau \in T(A) \,.\, h^{\tau}\colon A^{\tau} \to B^{\tau}$,
- $\forall \tau, \tau' \in T(A)$ mit $\tau \leq \tau'$ gilt $h^{\tau'}|_{A^{\tau}} = h^{\tau}$,
- für alle $f\colon (\tau_1 \dots \tau_n, \tau_0) \in F$ und $a_i \in A^{\tau'_i}$ für $i = 1, \dots, n$, so daß $\tau_i \overset{\sigma}{\sim} \tau'_i$ $(i = 1, \dots, n)$ existiert, gilt

$$h^{\sigma(\tau_0)}(\alpha(f)(a_1, \dots, a_n)) = \beta(f)(h^{\sigma(\tau_1)}(a_1), \dots, h^{\sigma(\tau_n)}(a_n))$$

□

Insbesondere kann es keinen Homomorphismus zwischen $\mathcal{A}$ und $\mathcal{B}$ geben, falls $T(A) \not\subseteq T(B)$ ist. Für jedes Σ ist $\mathbf{PolyAlg}_{\Sigma}$ eine Kategorie, deren Objekte die Σ-Algebren und deren Pfeile die Σ-Homomorphismen sind.

11.2.11 Beispiel
- Der identische Homomorphismus $id_{\mathcal{A}}\colon \mathcal{A} \to \mathcal{A}$ ist definiert als die Familie der identischen Abbildungen $\{id_{A^{\tau}} \mid \tau \in T(A)\}$.
- Sind $\mathcal{A}, \mathcal{B}, \mathcal{C} \in \mathbf{PolyAlg}_{\Sigma}$, sowie $g\colon \mathcal{A} \to \mathcal{B}$ und $h\colon \mathcal{B} \to \mathcal{C}$ Homomorphismen, so ist $(h \circ g) := (h_{\tau} \circ g_{\tau})_{\tau \in T(A)}$ ein Homomorphismus $(h \circ g)\colon \mathcal{A} \to \mathcal{C}$, da $T(A) \subseteq T(B) \subseteq T(C)$.

- Die Einpunkt-Algebra $\mathcal{F} = (\mathbf{1}, \varphi) \in \mathbf{PolyAlg}_\Sigma$ sei definiert durch $\mathbf{1} = (\{1\})_{\tau \in \text{Type}}$ und für $f\colon (\tau_1, \ldots \tau_n, \tau_0) \in F$ sei $\varphi(f)(a_1, \ldots, a_n) = 1$.

  Von jedem $\mathcal{A} = (A, \alpha) \in \mathbf{PolyAlg}_\Sigma$ gibt es genau einen Homomorphismus $h\colon \mathcal{A} \to \mathcal{F}$. Er ist definiert durch $h^\tau(a) = 1$.

  Wegen dieser Eigenschaft heißt $\mathcal{F}$ *finale Algebra* in $\mathbf{PolyAlg}_\Sigma$.

11.2.12 Definition $\mathcal{A} = (A, \alpha)$ und $\mathcal{B} = (B, \beta)$ heißen *isomorph*, falls es Homomorphismen $h\colon \mathcal{A} \to \mathcal{B}$ und $\bar{h}\colon \mathcal{B} \to \mathcal{A}$ gibt, so daß sowohl $h \circ \bar{h} = id_\mathcal{B}$ als auch $\bar{h} \circ h = id_\mathcal{A}$ gilt. □

11.2.13 Definition (Initiale Algebra) Sei $\mathcal{K}$ eine Klasse von Algebren. $\mathcal{I} \in \mathcal{K}$ ist *initial* in $\mathcal{K}$, falls es zu jedem $\mathcal{B} \in \mathcal{K}$ genau einen Homomorphismus $h\colon \mathcal{I} \to \mathcal{B}$ gibt. □

11.2.14 Satz (Initialität der Termalgebra) *Sei $\mathcal{K}$ die Klasse der Algebren $\mathcal{A} \in$ $\mathbf{PolyAlg}_\Sigma$ wo* $\text{inh}(\Sigma) \subseteq T(A)$. *Es gilt: $\mathcal{T}_\Sigma$ ist initial in der Klasse $\mathcal{K}$.*

Beweis: Zu zeigen ist, daß es zu jeder Σ-Algebra $\mathcal{B}$ in $\mathcal{K}$ genau einen Homomorphismus $h\colon \mathcal{T}_\Sigma \to \mathcal{B}$ gibt. Sei $(T^\tau)_{\tau \in \text{Type}}$ der Träger von $\mathcal{T}_\Sigma$.

Existenz: Sei $\mathcal{B} = (B, \beta) \in \mathcal{K}$. Definiere induktiv $h = (h^\tau)_{\tau \in \text{inh}(\Sigma)}$ durch: Für alle $f\colon (\tau_1 \ldots \tau_n, \tau_0) \in F$, $t_i \in T^{\tau_i'}$ für $1 \le i \le n$ und $\tau_i \overset{\sigma}{\sim} \tau_i'$ $(1 \le i \le n)$ sei

$$h^{\sigma(\tau_0)}(f(t_1, \ldots, t_n)) = \beta(f)(h^{\sigma(\tau_1)}(t_1), \ldots, h^{\sigma(\tau_n)}(t_n)).$$

h ist wohldefiniert als Homomorphismus, da $\text{inh}(\Sigma) \subseteq T(B)$ gilt.

Eindeutigkeit: Seien $h_1, h_2\colon \mathcal{T}_\Sigma \to \mathcal{B}$ zwei Homomorphismen. Zu zeigen ist $h_1 = h_2$. Der Beweis geschieht per Induktion über den Termaufbau, d.h. den Aufbau eines Elements $t \in (T^\tau)$. Sei also $t = f(t_1, \ldots, t_n)$ mit $f\colon (\tau_1 \ldots \tau_n, \tau_0) \in F$, $t_i \in T^{\tau_i}$ für $1 \le i \le n$ und $\tau_i \overset{\sigma}{\sim} \tau_i'$ $(1 \le i \le n)$. Die Induktionsbehauptung lautet

$$\forall \tau \in \text{inh}(\Sigma) \,.\, \forall t \in T^\tau \,.\, h_1^\tau(t) = h_2^\tau(t)$$

$$\begin{aligned}
h_1^{\sigma(\tau_0)}(f(t_1, \ldots, t_n)) &\overset{\text{Def}}{=} h_1^{\sigma(\tau_0)}(\iota(f)(t_1, \ldots, t_n)) \\
&\overset{\text{Hom}}{=} \beta(f)(h_1^{\sigma(\tau_1)}(t_1), \ldots, h_1^{\sigma(\tau_n)}(t_n)) \\
&\overset{\text{IV}}{=} \beta(f)(h_2^{\sigma(\tau_1)}(t_1), \ldots, h_2^{\sigma(\tau_n)}(t_n)) \\
&\overset{\text{Def}}{=} h_2^{\sigma(\tau_0)}(\iota(f)(t_1, \ldots, t_n)) \\
&\overset{\text{Hom}}{=} h_2^{\sigma(\tau_0)}(f(t_1, \ldots, t_n))
\end{aligned}$$

□

Der folgende Satz besagt, daß die Auswahl der Termalgebra zwar willkürlich ist, daß aber jede andere initiale Algebra isomorph zu ihr ist. Daher kann sie als Repräsentant einer Äquivalenzklasse betrachtet werden.

11.2.15 Satz *Sind $\mathcal{A}$ und $\mathcal{B}$ initial in $\mathcal{K}$, so sind $\mathcal{A}$ und $\mathcal{B}$ isomorph.*

Beweis: $\mathcal{A}$ und $\mathcal{B}$ sind initial, d.h. es gibt genau einen Homomorphismus $h\colon \mathcal{A} \to \mathcal{B}$ und genau einen Homomorphismus $\bar{h}\colon \mathcal{B} \to \mathcal{A}$. Zu zeigen ist nun, daß $h \circ \bar{h} = id_{\mathcal{B}}$ und $\bar{h} \circ h = id_{\mathcal{A}}$ ist.

Aufgrund der Initialität von $\mathcal{B}$ gibt es auch genau einen Homomorphismus von $\mathcal{B}$ nach $\mathcal{B}$. Dieser Homomorphismus ist die Identität auf $\mathcal{B}$. Nun ist $h \circ \bar{h}\colon \mathcal{B} \to \mathcal{B}$ auch ein Homomorphismus. Da es nur einen solchen gibt, muß dieser gerade $id_{\mathcal{B}}$ sein. Analog ergibt sich $\bar{h} \circ h = id_{\mathcal{A}}$. □

Der aufgrund der Initialität existierende eindeutige Homomorphismus von der Termalgebra in jede andere Σ-Algebra $\mathcal{A}$ eröffnet die Möglichkeit, einem Term unabhängig von jeder Berechnung eine Semantik relativ zu $\mathcal{A}$ zu geben. Wie das folgende Lemma zeigt, können dabei auch Variablen einbezogen werden.

11.2.16 Lemma *Sei $\mathcal{X} = (X^\tau)$ eine typisierte Familie von Variablen. $\Sigma(X)$ bezeichne die Signatur, die entsteht, wenn Σ um die Variablen als Konstantensymbole erweitert wird.*

*Ist $(A, \alpha) \in$ **PolyAlg**$_\Sigma$, so ist $(A, \alpha \cup \underline{\alpha}) \in$ **PolyAlg**$_{\Sigma(X)}$ für jede Belegungsfunktion $\underline{\alpha}\colon \mathcal{X} \to A$ mit $\underline{\alpha}(x^\tau) \in A^\tau$ für alle $x^\tau \in X^\tau$.*

11.2.17 Satz *Ist $(A, \alpha) \in$ **PolyAlg**$_\Sigma$ und $\underline{\alpha}\colon X \to A$ eine Belegung der Variablen, so kann $\underline{\alpha}$ eindeutig zu einem Homomorphismus $\overline{\alpha}\colon \mathcal{T}_{\Sigma(X)} \to (A, \alpha \cup \underline{\alpha})$ fortgesetzt werden.*

Beweis: $\mathcal{T}_{\Sigma(X)}$ ist initial in **PolyAlg**$_{\Sigma(X)}$. □

Da $\mathcal{T}_{\Sigma(X)}$ die gleiche Struktur wie $\mathcal{T}_\Sigma(X)$ hat, bedeutet der Satz, daß $\mathcal{T}_\Sigma(X)$ *freie Σ-Algebra über* X ist. Darüber hinaus wird $\mathcal{T}_\Sigma(X)$ von X *erzeugt*, da sich jedes Element von $T_\Sigma(X)$ durch endliche Anwendung von Interpretationen von Operatorsymbolen konstruieren läßt.

Die Bedeutung eines Terms mit Variablen wird induktiv über den Termaufbau erklärt. Der vorangegangene Satz bedeutet, daß diese Zuordnung eindeutig ist.

11.2.18 Definition (Algebraische Semantik) Sei $\mathcal{A} = (A, \alpha) \in$ **PolyAlg**$_\Sigma$. Die *algebraische Semantik* $\mathcal{A}[\![\,\_\,]\!]_n$ ist definiert durch

$$\mathcal{A}[\![\,\_\,]\!]^{(\tau_1 \ldots \tau_n, \tau_0)}\colon T^{\tau_0}_{\Sigma(x_1^{\tau_1}, \ldots, x_n^{\tau_n})} \to \Big(\bigcap_{\sigma \in \mathbf{Subst}(\Theta, TV)} A^{\sigma\tau_1} \times \cdots \times A^{\sigma\tau_n} \to A^{\sigma\tau_0} \Big)$$

$$\mathcal{A}[\![\,\_\,]\!]^{(\tau_1 \ldots \tau_n, \tau_0)}(a_1, \ldots, a_n) = h_{(A, \alpha[x_i \mapsto a_i \mid 1 \le i \le n])}$$

Dabei gibt es ein $\sigma \in \mathbf{Subst}(\Theta, TV)$, so daß $a_i \in A^{\sigma\tau_i}$ für $1 \leq i \leq n$ ist, und es ist $h_{(A,\alpha[x_i \mapsto a_i \mid 1 \leq i \leq n])}$ der nach Satz 11.2.17 eindeutig bestimmte Homomorphismus, der die Belegung $[x_i \mapsto a_i]$ der Variablen fortsetzt. □

Nun ist die Wirkung von Typdeklarationen und `data`-Deklarationen ersichtlich. Beide Deklarationen erweitern die unterliegende Signatur.

Alias-Typdeklarationen lassen die Typsignatur Θ unverändert und erklären nur einen neuen Funktionsnamen, sie erweitern also F. Später wird durch die Wertdeklaration die Interpretation dieses Namens festgelegt.

Eine `data`-Deklaration erweitert die Typsignatur Θ um neue Typkonstruktoren und erweitert die Menge F der Operatorsymbole um die Datenkonstruktoren. Hierbei wird auch die Interpretation der Datenkonstruktoren festgelegt. Sie werden frei (d.h. im Sinne der Termalgebra als Termkonstruktoren) interpretiert. Die Algebra der Datenkonstruktoren ist also eine initiale Algebra über einer polymorphen Datenstruktursignatur (siehe die folgende Definition 11.2.19).

11.2.19 Definition Eine *polymorphe Datenstruktursignatur* (PDS) ist eine polymorphe Signatur (Θ, F) mit folgenden Einschränkungen: Ist

$$f\colon (\tau_1 \ldots \tau_n, \tau_0) \in F$$

so gilt: $\tau_0 = \chi(\alpha_1, \ldots, \alpha_k)$ für ein $\chi \in \Theta^{(k)}$ und $\bigcup_{i=1}^{n} \mathrm{var}(\tau_i) \subseteq \{\alpha_1, \ldots, \alpha_k\}$. □

Zur Charakterisierung derjenigen Signaturen, die sich zur Beschreibung der Syntax von Programmen eignen, dient die folgende Definition.

11.2.20 Definition Eine Signatur $\Sigma = (\Theta, F)$ heißt *algorithmisch*, falls

- `Bool` $\in \Theta^{(0)}$,
- `if_then_else_`: (`Bool` $\alpha\ \alpha, \alpha) \in F$ und
- `True,False`: $(\varepsilon,$ `Bool`$) \in F$.

□

11.2.21 Definition (Stetige Algebra) Das Paar (A, α) heißt *stetige Algebra*, falls

- $A = (A^\tau)_{\tau \in \mathrm{Type}}$ und A^τ ein Bereich ist,
- es für jedes $\tau \leq \tau' \in \mathrm{Type}$ ein Paar von Projektion $\pi \in A^{\tau'} \to A^\tau$ und Einbettung $\epsilon \in A^\tau \to A^{\tau'}$ gibt und
- $\alpha(f)$ stetig ist für alle $f \in F$.

Eine stetige Algebra heißt *flach*, falls alle Träger flache Halbordnungen sind. Eine stetige Algebra heißt *strikt*, falls $\alpha(f)$ strikt ist, für alle $f \in F \setminus \{\texttt{if\_then\_else\_}\}$.

Ein *Homomorphismus* zwischen stetigen Algebren $\mathcal{C}$ und $\mathcal{D}$ ist eine Familie $h = (h^\tau)_{\tau \in \mathrm{Type}}$ von strikten stetigen Funktionen $h^\tau \in C^\tau \circ\!\!\rightarrow D^\tau$ zwischen den Trägern von $\mathcal{C}$ und $\mathcal{D}$.

$\mathbf{CAlg}_\Sigma$ sei die Kategorie der stetigen Algebren mit stetigen Homomorphismen. □

11.2.22 Definition (Interpretation) Sei $\Sigma = (\Theta, F)$ eine algorithmische Signatur. Eine Σ-Interpretation ist ein $\mathcal{C} = (C, \gamma) \in \mathbf{CAlg}_\Sigma$, so daß

- $C^{\mathrm{Bool}} = \{\texttt{True}, \texttt{False}\}_\perp$,
- $\gamma(\texttt{True}) = \texttt{True}, \gamma(\texttt{False}) = \texttt{False}$ und

$$\gamma(\texttt{if\_then\_else\_})(x, a, b) = \begin{cases} a & x = \texttt{True} \\ b & x = \texttt{False} \\ \perp & x = \perp. \end{cases}$$

Schreibweise: $\mathcal{C} \in \mathbf{Int}_\Sigma$. □

11.2.23 Definition (Strikte Erweiterung einer Algebra) Sei $\Sigma = (\Theta, F')$ algorithmisch, $F = F' \setminus \{\texttt{if\_then\_else\_}\}$ und $\mathcal{A} = (A, \alpha) \in \mathbf{PolyAlg}_\Sigma$.

$\mathcal{A}$ wird erweitert zu einer strikten, flachen Σ-Algebra $\mathcal{A}_\perp = (A_\perp, \alpha_\perp)$ durch die Definition $A_\perp := (A_\perp^\tau)_{\tau \in \mathrm{Type}}$, und α wird erweitert zur Interpretation $\alpha_\perp \colon F' \to \mathrm{Ops}(A_\perp)$ mit

$$\mathrm{Ops}^{(\tau_1 \dots \tau_n, \tau_0)}(A_\perp) = \{f \in \bigcap_{\sigma \in \mathbf{Subst}(\Theta, TV)} A_\perp^{\sigma(\tau_1)} \times \dots \times A_\perp^{\sigma(\tau_n)} \to A_\perp^{\sigma(\tau_0)} \mid f \text{ ist stetig}\}$$

für alle $n \in \mathbb{N}$ und $\tau_0, \tau_1, \dots, \tau_n \in T_\Theta(TV)$ und

$$\mathrm{Ops}(A_\perp) = \bigcup_{\substack{n \in \mathbb{N} \\ 0 \le j \le n \\ \tau_j \in T_\Theta(TV)}} \{f \in \mathrm{Ops}^{(\tau_1 \dots \tau_n, \tau_0)}(A_\perp)\}$$

wobei $\alpha_\perp(f) = \alpha(f)_\perp \circ \mathbf{unsmash} \circ \mathbf{smash}$ für $f \in F$ und für `if_then_else_` wie in Definition 11.2.22 angegeben. □

In der Kategorie der stetigen Algebren mit strikten stetigen Homomorphismen ist nicht mehr die Termalgebra (vgl. Definition 11.2.7) initial, sondern eine andere Struktur, in die die Termalgebra (als Menge) eingebettet werden kann. Die initiale Algebra in $\mathbf{CAlg}_\Sigma$ wird wie folgt konstruiert.

11.2.24 Definition (partielle Terme) Die Mengenfamilie FT_Σ^τ der *partiellen Terme* vom Typ $\tau \in \mathrm{Type}$ über Σ ist induktiv definiert durch:

- $FT_\Sigma^\alpha = \{\bot\}$ für einen Repräsentanten $\alpha \in TV$.
- Für alle $f\colon (\varepsilon, \tau) \in F$ ist $f \in FT_\Sigma^\tau$.
- Für alle $f\colon (\tau_1 \ldots \tau_n, \tau_0) \in F$ und partielle Terme $t_i \in FT^{\tau_i'}$ $(i = 1, \ldots, n)$ gilt: Falls $\tau_i \overset{\sigma}{\sim} \tau_i'$ $(i = 1, \ldots, n)$, so ist $f(t_1, \ldots, t_n) \in FT_\Sigma^{\sigma\tau_0}$.

□

11.2.25 Definition Sei $\overline{FT}_\Sigma^\tau = \bigcup_{\tau' \leq \tau} FT_\Sigma^{\tau'}$. Definiere die Relation $\sqsubseteq\ \subseteq \overline{FT}_\Sigma^\tau$ induktiv als kleinste Relation mit:

- $\forall t \in \overline{FT}_\Sigma^\tau . \bot \sqsubseteq t$.
- $\forall f\colon (\varepsilon, \tau) \in F . f \sqsubseteq f$.
- $\forall f\colon (\tau_1 \ldots \tau_n, \tau_0) \in F$ und Argumentterme $s_i, t_i \in \overline{FT}_\Sigma^{\tau_i}$ $(i = 1, \ldots, n)$ gilt: $f(s_1, \ldots, s_n) \sqsubseteq f(t_1, \ldots, t_n)$ genau dann, wenn $\forall 1 \leq i \leq n . s_i \sqsubseteq t_i$.

□

11.2.26 Lemma *Für jedes $\tau \in$ Type ist $\overline{FT}_\Sigma^\tau$ mit der in Definition 11.2.25 definierten Ordnung eine Halbordnung mit kleinstem Element $\bot$.*

Im allgemeinen ist $\overline{FT}_\Sigma^\tau$ keine vollständige Halbordnung, da die gerichtete Menge

$$\{\bot, f(\bot), f(f(\bot)), \ldots\}$$

keine obere Schranke in $\overline{FT}_\Sigma^A$ hat, falls $A \in \Theta^{(0)}$ und $f\colon (A, A) \in F$ ist. Die folgende Definition liefert die Vervollständigung.

11.2.27 Definition Sei $\overline{FT}_\Sigma^{\tau,\infty} = \{(t_i)_{i \in \mathbb{N}} \mid t_i \in \overline{FT}_\Sigma^\tau, \forall i \in \mathbb{N} . t_i \sqsubseteq t_{i+1}\}$. Definiere auf $\overline{FT}_\Sigma^{\tau,\infty}$ die Relation $\sqsubseteq$ durch $(s_i)_{i \in \mathbb{N}} \sqsubseteq (t_j)_{j \in \mathbb{N}}$, falls $\forall i \in \mathbb{N} . \exists j \in \mathbb{N} . s_i \sqsubseteq t_j$. □

11.2.28 Lemma *Die Relation $\sqsubseteq$ ist eine Vorordnung auf $\overline{FT}_\Sigma^{\tau,\infty}$.*

11.2.29 Satz *Die Äquivalenzrelation $\equiv$ sei auf $\overline{FT}_\Sigma^{\tau,\infty}$ durch $x \equiv y \iff x \sqsubseteq y \wedge y \sqsubseteq x$ definiert. Dann ist $\sqsubseteq$ eine vollständige Halbordnung auf der Menge der $\equiv$-Äquivalenzklassen $CT_\Sigma^\tau = \overline{FT}_\Sigma^{\tau,\infty}{}_{/\equiv}$. Das kleinste Element ist die konstante Folge $(\bot)_{i \in \mathbb{N}}$.*

Beweis: Es verbleibt zu zeigen, daß für jedes τ jede aufsteigende Folge in $\overline{FT}_\Sigma^{\tau,\infty}$ eine kleinste obere Schranke in $\overline{FT}_\Sigma^{\tau,\infty}$ besitzt.

Sei $((t_i^j)_{i \in \mathbb{N}})_{j \in \mathbb{N}} \in \overline{FT}_\Sigma^{\tau,\infty}$. Konstruiere die Folge $(k_i)_{i \in \mathbb{N}}$ rekursiv durch

$$k_0 = 0 \qquad k_{i+1} = \min\{j \in \mathbb{N} \mid j \geq k_i + 1, \forall 0 \leq l \leq i . t_{k_i}^l \sqsubseteq t_j^{i+1}\}$$

Die k_{i+1} sind dabei wohldefiniert, da die Menge der j, über die das Minimum gebildet wird, nicht leer sein kann, denn die Folge der $(t_i^j)_{i\in\mathbb{N}}$ ist aufsteigend.

Definiere die Folge $(s_i)_{i\in\mathbb{N}}$ durch $s_i = t_{k_i}^i$. Nach Konstruktion der Folge (k_i) gilt:

$$\forall i \in \mathbb{N}.\forall 0 \le l \le i.\, t_{k_i}^l \sqsubseteq s_{i+1}$$
$$\forall i \in \mathbb{N}.\forall 0 \le l \le i.\, t_l^l \sqsubseteq s_{i+1}$$

denn $k_i \ge i$ für alle $i \in \mathbb{N}$. Daraus ergibt sich:

$$\forall j \in \mathbb{N}.\forall i \in \mathbb{N}.\exists k \in \mathbb{N}.\, t_i^j \sqsubseteq s_k$$

mit der Wahl $k = \max(i, j)$. Also ist (s_i) obere Schranke von $((t_i^j))$.

Aber (s_i) ist auch kleinste obere Schranke: Sei (r_i) eine weitere obere Schranke von $((t_i^j))$. Das heißt:

$$\forall j \in \mathbb{N}.\forall i \in \mathbb{N}.\,(t_i^j) \sqsubseteq (r_i)$$
$$\Longleftrightarrow \forall j \in \mathbb{N}.\forall i \in \mathbb{N}.\exists k \in \mathbb{N}.\, t_i^j \sqsubseteq r_k$$

Da für alle i gilt, daß $s_i = t_{k_i}^i$ ist, gibt es ein $l = l(i, k_i) \in \mathbb{N}$ mit $s_i = t_{k_i}^i \sqsubseteq r_l$. Das bedeutet aber $(s_i) \sqsubseteq (r_i)$ und damit gilt $(s_i) = \bigsqcup_j((t_i^j))$. □

11.2.30 Lemma *Die Relation $\equiv$ ist mit der Termbildung kompatibel, d.h. sie ist eine Kongruenzrelation. Daher ist die Interpretation ι wohldefiniert für $n > 0$ und $f\colon (\tau_1 \ldots \tau_n, \tau_0) \in F$ durch $\iota(f)((t_i^1)_{i\in\mathbb{N}}, \ldots, (t_i^n)_{i\in\mathbb{N}}) = (f(t_i^1, \ldots, t_i^n))_{i\in\mathbb{N}}$, sowie $\iota(c) = (c)_{i\in\mathbb{N}}$ für $c\colon (\varepsilon, \tau_0) \in F$.*

11.3 Literaturhinweise

Martelli und Montanari haben einen Algorithmus zur Unifikation von Gleichungsmengen angegeben, dessen Laufzeit fast linear in der Größe der eingegebenen Gleichungsmenge ist [MM82]. Die Darstellung oben ist an die Präsentation dieses Artikels angelehnt. Dort findet sich der Beweis der Korrektheit und der Termination des Algorithmus sowie Hinweise zur effizienten Implementierung. Weitere Literatur zur Unifikation, ihrer Theorie und Verallgemeinerungen findet sich in [BS94].

Eine Übersicht über die Techniken der algebraischen Spezifikation geben [Kla83, EM85, BHK89, WB89b, EM90, Wir90]. Ansätze zur Behandlung von Polymorphie in algebraischen Spezifikationen werden in [GM87b, SNGM89, GM87a, Mos89] behandelt. Solche Algebren sind auch für die Logikprogrammierung interessant [Smo89, Han91]. Auch Algebren mit Funktionen höherer Ordnung können definiert werden [Poi86, Mei92].

11.4 Aufgaben

11.1 Programmieren Sie den Algorithmus 11.1.21 (Unifikation). Verwenden Sie die Definitionen

```
data Term a = Term a [Term a]
            | Var  Int

occurs :: Int -> Term a -> Bool
-- occurs v t == True, falls Var v in t vorkommt.

unify :: [(Term a, Term a)] -> [(Term a, Term a)]
-- unify [(s1, t1), ..., (sn, tn)]
--   ==> [(x1, t1'), ..., (xk, tk')] in gelöster Form
--       oder ein Laufzeitfehler wird ausgelöst.
```

Benutzen Sie `error :: String -> a`, um Laufzeitfehler zu erzeugen und ihren Grund anzuzeigen.

Hinweis: Verwenden Sie eine Hilfsfunktion, die die Gleichungen $x = t$, die schon in der Regel (Subst) verwendet worden sind, in einer separaten Liste verwaltet. Verzögern Sie die Anwendung der Substitution bis zu dem Zeitpunkt, wenn Sie auf eine Variable stoßen.

Zusatzaufgabe: Programmieren Sie die Unifikation unter Verwendung der Fehlermonade. Gleichzeitig können Sie die Zustandsmonade zur Weitergabe der Substitution benutzen.

11.2 Wenn $t_1, t_2 \in T_\Delta(X)$ vermöge σ unifizierbar sind, so besitzen sie die kleinste obere Schranke σt_1 bezüglich der Instanzordnung. Zeigen Sie, daß es in $T_\Delta(X)$ auch größte untere Schranken gibt:

Für alle $t_1, t_2 \in T_\Delta(X)$ hat die Menge der t, für die es $\sigma_1, \sigma_2 \in \mathbf{Subst}(\Delta, X)$ mit $t_1 = \sigma_1(t)$ und $t_2 = \sigma_2(t)$ gibt, ein maximales Element. Es heißt *speziellste Verallgemeinerung* oder maximaler Faktor von t_1 und t_2.

Zusatzaufgabe: Programmieren Sie einen Algorithmus zur Bestimmung des maximalen Faktors zweier Terme. Es ist günstig, die Substitutionen σ_i direkt mit auszurechnen.

Bemerkung: Die Menge der $\equiv$-Äquivalenzklassen von Termen erweitert um ein maximales Element $\top$ bildet unter der Instanzordnung einen vollständigen Verband.

11.3 Sei Δ ein Rangalphabet. Δ-Terme können auch in ungeklammerter Präfixform geschrieben werden, also $\delta t_1 \dots t_k$ anstelle von $\delta(t_1, \dots, t_k)$, für $\delta \in \Delta^{(k)}$.

Definieren Sie die Menge $T'_\Delta(X)$ der Δ-Terme in ungeklammerter Präfixform.

Beweisen Sie den Satz von der eindeutigen Termzerlegung: Für jeden Term $t \in T'_\Delta$ gibt es genau ein $k \in \mathbb{N}$ und $\delta \in \Delta^{(k)}$ mit $t = \delta t_1 \dots t_n$, wobei die t_i eindeutig bestimmt sind.

Hinweis: Beweisen Sie die folgende Hilfsaussage. Sind $s_1, \ldots, s_m \in T'_\Delta$ und $t_1, \ldots, t_n \in T'_\Delta$ mit $t_1 \ldots t_n = s_1 \ldots s_m$, so gilt $m = n$ und $s_i = t_i$, für alle $1 \leq i \leq n$.

11.4 Zeigen Sie, daß für jedes Rangalphabet Δ die Menge $T_\Delta(X)$ der Δ-Terme mit den Substitutionen $\mathbf{Subst}(\Delta, X)$ eine Kategorie bildet.

11.5 Eine *Kongruenzrelation* $\sim$ auf einer Δ-Algebra (A, α) ist eine Äquivalenzrelation auf A, die mit den Operationen $\alpha(\delta)$, $\delta \in \Delta$, verträglich ist. Das heißt: Für alle $n > 0$, $\delta \in \Delta^{(n)}$ und $a_1, \ldots, a_n, b_1, \ldots, b_n \in A$ folgt aus $a_i \sim b_i$ für $1 \leq i \leq n$, daß $\alpha(\delta)(a_1, \ldots, a_n) \sim \alpha(\delta)(b_1, \ldots, b_n)$ ist.

Zeigen Sie, daß $(A_\sim, \alpha_\sim)$ eine Δ-Algebra ist, wobei $A_\sim$ die Menge der $\sim$-Kongruenzklassen ist und $\alpha_\sim$ definiert ist durch:

$$\begin{array}{lll} \alpha_\sim(\delta) & = \alpha(\delta) & \delta \in \Delta^{(0)} \\ \alpha_\sim(\delta)([a_1]_\sim, \ldots, [a_n]_\sim) & = [\alpha(\delta)(a_1, \ldots, a_n)]_\sim & n > 0, \delta \in \Delta^{(n)}, \forall 1 \leq i \leq n \,.\, a_i \in A \end{array}$$

11.6 Gegeben seien die Deklarationen

```
type Signatur = String -> Int
parse   :: Signatur -> String -> Term String
unparse :: Term String -> String
```

Schreiben Sie die Funktionen `parse` und `unparse` zum Einlesen bzw. Ausgeben von Termen, wobei Operatorsymbole Strings sind. Erstellen Sie Versionen für die geklammerte und die ungeklammerte Termschreibweise.

12 Semantik und Implementierung funktionaler Sprachen mit Funktionen erster Ordnung

12.1 Syntax

Zur Beschreibung der Syntax einer kleinen Sprache erster Ordnung eignen sich die Konzepte aus Kap. 11.2. Funktionsdefinitionen werden durch rekursive Programmschemata dargestellt. Ein solches Schema besteht aus einer Folge von Gleichungen zwischen Termen über einer algorithmischen Signatur, wobei die linken Seiten der Gleichungen eingeschränkt sind, so daß sich dort nur ein Funktionssymbol angewendet auf ein Tupel von Variablen befinden kann.

12.1.1 Definition (Rekursives Programmschema) Sei $\Sigma = (\Theta, F)$ eine algorithmische Signatur. Erweitere Σ zu $\Sigma' = \Sigma[G]$ mit

$$\begin{aligned} X &= (x_i^\tau \mid i \in \mathbb{N})_{\tau \in T_\Theta(TV)} \\ G &= \{G_i^{(\tau_1 \dots \tau_n, \tau_0)} : (\tau_1 \dots \tau_n, \tau_0) \mid n \in \mathbb{N}, i \in \mathbb{N}, \tau_j \in T_\Theta(TV), 1 \leq j \leq n\} \end{aligned}$$

Ein *rekursives Programmschema* R *über* Σ ($R \in \mathbf{Rek}_\Sigma$) ist eine nicht-leere Folge von Termpaaren aus $T_{\Sigma'}(X)$.

$$R = [l_1 = e_1, \dots, l_r = e_r] \quad (r > 0)$$

so daß

- für alle $1 \leq i \leq r$ ist $var(e_i) \subseteq var(l_i)$,
- für jedes i mit $1 \leq i \leq r$ ist $l_i = G_i^{(\tau_1 \dots \tau_n, \tau_0)}(x_1^{\tau_1}, \dots, x_n^{\tau_n})$ für ein $n = n(i) \in \mathbb{N}$ und $\tau_j \in T_\Theta(TV)$, für $0 \leq j \leq n$. Dann ist $typ(R, i) := (\tau_1 \dots \tau_n, \tau_0)$.

Definiere $typ(R) = typ(R, 1)$. □

12.1.2 Beispiel Die algorithmische Signatur $\Sigma = (\Theta, F)$ sei gegeben durch

$$\begin{aligned} \Theta &= \{\mathtt{Bool}^{(0)}, \mathtt{Int}^{(0)}\} \\ F &= \{\ a^{(\varepsilon,\ \mathtt{Int})}, \\ &\quad\ b^{(\varepsilon,\ \mathtt{Int})}, \\ &\quad\ g^{(\mathtt{Int},\ \mathtt{Int})}, \\ &\quad\ f^{(\mathtt{Int\ Int},\ \mathtt{Int})}, \\ &\quad\ p^{(\mathtt{Int},\ \mathtt{Bool})}, \\ &\quad\ \mathtt{if\_then\_else\_}^{(\mathtt{Bool}\ \alpha\ \alpha, \alpha)}\} \end{aligned}$$

Ein rekursives Programmschema über Σ ist gegeben durch

$$
\begin{aligned}
G_1\,(x_1) &= \texttt{if}\ p(x_1)\ \texttt{then}\ a \\
&\qquad\qquad\ \ \texttt{else}\ f(G_1(g(x_1)), G_2(g(x_1))) \\
G_2\,(x_1) &= \texttt{if}\ p(x_1)\ \texttt{then}\ b \\
&\qquad\qquad\ \ \texttt{else}\ G_1(g(x_1))
\end{aligned}
$$

(mit den Abkürzungen G_1 für $G_1^{(\texttt{Int},\texttt{Int})}$, G_2 für $G_2^{(\texttt{Int},\texttt{Int})}$ und x_1 für $x_1^{\texttt{Int}}$)

12.1.3 Definition (Rekursives Programm) $(R, \mathcal{A})$ ist ein *rekursives Programm*, falls $R \in \mathbf{Rek}_\Sigma$, Σ algorithmisch und $\mathcal{A} \in \mathbf{CAlg}_\Sigma$ ist. □

12.1.4 Beispiel Ein rekursives Programm: Definiere eine flache, strikte Interpretation durch $A_\perp = (\{\texttt{True}, \texttt{False}\}_\perp, \mathbb{N}_\perp)$ und

$$
\begin{aligned}
&\alpha(a) = 0 && \alpha(b) = 1 \\
&\alpha(g) = x \mapsto x - 1 && \alpha(f) = (x, y) \mapsto x + y \\
&\alpha(p) = x \mapsto x = 0 \alpha(\texttt{if\_then\_else\_}) = \ldots
\end{aligned}
$$

Das rekursive Programm zum rekursiven Programmschema aus dem vorigen Beispiel bezüglich der angegebenen Signatur ergibt sich als:

$$
\begin{aligned}
G_1(x) &= \texttt{if}\ x = 0\ \texttt{then}\ 0\ \texttt{else}\ G_1(x-1) + G_2(x-1) \\
G_2(x) &= \texttt{if}\ x = 0\ \texttt{then}\ 1\ \texttt{else}\ G_1(x-1)
\end{aligned}
$$

12.2 Semantik

12.2.1 Fixpunktsemantik rekursiver Programme

Die folgenden Voraussetzungen gelten für die anschließende Betrachtung der strikten sowie der nicht-strikten Fixpunktsemantik rekursiver Programme.

Sei $\Sigma = (\Theta, F)$ algorithmisch, $\mathcal{A} = (A_\perp, \alpha)$ eine flache, strikte Interpretation von Σ und $R \in \mathbf{Rek}_\Sigma$ wie folgt gegeben:

$$
R: \quad
\begin{aligned}
G_1(x_1, \ldots, x_{n_1}) &= e_1 \\
&\ \ \ldots \\
G_r(x_1, \ldots, x_{n_r}) &= e_r
\end{aligned}
$$

Das rekursive Programm $(R, \mathcal{A})$ induziert eine stetige Transformation $\tau \in \mathsf{FR} \to \mathsf{FR}$ auf dem Raum der stetigen Funktionen.

$$
\mathsf{FR} = \mathrm{Ops}^{\mathrm{typ}(R,1)}(A_\perp) \times \ldots \times \mathrm{Ops}^{\mathrm{typ}(R,r)}(A_\perp)
$$

Für die Wahl von τ seien die beiden Möglichkeiten herausgegriffen, die zur strikten Semantik ($\tau^{\perp}_{(R,\mathcal{A})}$) beziehungsweise zur nicht-strikten Semantik ($\tau_{(R,\mathcal{A})}$) führen.

In beiden Fällen wird Σ zu $\Sigma[\overline{G}]$ und $\mathcal{A}$ bezüglich eines Vektors $(g_1, \ldots, g_r) =: \overline{g} \in \mathsf{FR}$ zu $\mathcal{A}[\overline{G} \mapsto \overline{g}]$ (eine Interpretation von $\Sigma[\overline{G}]$) erweitert, sodaß $\alpha(G_i) = g_i$ ist.

Nicht-strikte Semantik

Die Transformation wird definiert durch

$$\tau_{(R,\mathcal{A})}(\overline{g}) \quad := \quad (\mathcal{A}[\overline{G} \mapsto \overline{g}][\![\, e_i \,]\!] \mid 1 \leq i \leq r) \tag{12.2.1}$$

für alle $\overline{g} \in \mathsf{FR}$. Hierbei ist $\mathcal{A}[\ldots][\![\, e_i \,]\!]$ die algebraische Semantik von e_i nach Definition 11.2.18 und somit eine Funktion von passendem Typ. Als nicht-strikte Semantik des rekursiven Programms wird die Projektion auf die erste Komponente des kleinsten Fixpunktes von $\tau_{(R,\mathcal{A})}$ ausgezeichnet.

$$\mathcal{A}[\![\, R \,]\!] = \mathbf{on}_1(\mathbf{lfp}\ \tau_{(R,\mathcal{A})}) \in \mathrm{Ops}^{\mathrm{typ}(R)}(A_\perp)$$

Strikte Semantik

Um eine strikte Semantik zu gewinnen, muß die algebraische Semantik eines Terms zu einer strikten Funktion gemacht werden. So wird die Auswertung aller Argumente vor der Bestimmung eines Funktionswertes bewirkt. Die algebraische Semantik wird zuerst durch Anwendung des Operators **strict** zu einer strikten Funktion gemacht. Zusätzlich muß das Argumenttupel so behandelt werden, daß eine $\perp$-Komponente das ganze Tupel auf $(\perp, \ldots, \perp)$ herunterzieht. Das bewirkt die Anwendung von **unsmash** $\circ$ **smash** (mit der richtigen Stelligkeit).

Mit der stetigen Transformation

$$\tau^{\perp}_{(R,\mathcal{A})}(\overline{g}) := (\mathbf{strict}\ \mathcal{A}[\overline{G} \mapsto \overline{g}][\![\, e_i \,]\!] \circ \mathbf{unsmash}^{n_i} \circ \mathbf{smash}^{n_i} \mid 1 \leq i \leq r)$$

ist die strikte Fixpunktsemantik von R definiert durch:

$$\mathcal{A}^{\perp}[\![\, R \,]\!] := \mathbf{on}_1(\mathbf{lfp}\ \tau^{\perp}_{(R,\mathcal{A})}) \in \mathrm{Ops}^{\mathrm{typ}(R)}(A_\perp)$$

Zusammenhang zwischen strikter und nicht-strikter Semantik

12.2.1 Korollar *Für jedes rekursive Programm* $(R, \mathcal{A})$ *gilt:*

$$\mathcal{A}^{\perp}[\![\, R \,]\!] \sqsubseteq \mathcal{A}[\![\, R \,]\!].$$

Zu einem gegebenen rekursiven Programm (Programmschema mit Interpretation) liefert die strikte Semantik immer weniger Information als die nicht-strikte Semantik. Der Definitionsbereich des nicht-strikt interpretierten Programms umfaßt den des strikten interpretierten Programms. Allerdings kann zu nicht-strikt interpretierten Programm P ein Programm P′ angegeben werden, dessen strikte Semantik gleich der nicht-strikten Semantik von P ist. Auch die Umkehrung gilt.

12.2.2 Satz *Sei* $(R, \mathcal{A})$ *ein rekursives Programm.*

1. *Es gibt ein rekursives Programmschema* R', *so daß* $\mathcal{A}^{\perp}[\![R]\!] = \mathcal{A}[\![R']\!]$ *gilt.*

2. *Es gibt ein rekursives Programmschema* R', *so daß* $\mathcal{A}[\![R]\!] = \mathcal{A}^{\perp}[\![R']\!]$ *gilt.*

Beweis: Siehe [Nol94]. □

12.2.2 Natürliche Semantik rekursiver Programme

Die Fixpunktsemantik ist geeignet zum Nachweis von Programmeigenschaften (per Induktion bzw. Fixpunktinduktion), aber ungeeignet zur Ausführung einer Berechnung. Gerade davon sollte die denotationelle Semantik abstrahieren. Eine *operationelle* Semantik gibt den Ablauf einer tatsächlichen Berechnung wieder. Eine *natürliche Semantik* [Kah87b] ist eine solche operationelle Semantik. Sie wird als Menge von Beweisregeln angegeben und definiert induktiv ein Urteil (eine Relation) $e \Rightarrow a$ zwischen Ausdrücken und ihren Werten. Wenn das Urteil $e \Rightarrow a$ mithilfe der Regeln bewiesen werden kann, so bedeutet es: „Der Wert von e ist a". Jeder Schritt im Beweis dieses Urteils entspricht einem Berechnungsschritt während der Auswertung von e.

Verschiedene Strategien bei der Expansion der Funktionsaufrufe führen zur strikten bzw. nicht-strikten Semantik. Die Regel „leftmost-innermost" führt zur strikten Semantik, die Regel „leftmost-outermost" führt zur nicht-strikten Semantik.

Sei $\Sigma = (\Theta, F')$ algorithmisch und $F = F' \setminus \{\texttt{if\_then\_else\_}\}$, $\mathcal{A} = (A, \alpha) \in \mathbf{PolyAlg}_{\Sigma}$ und $R = (G_i(x_1, \ldots, x_n) = e_i \mid 1 \leq i \leq r) \in \mathbf{Rek}_{\Sigma}$.

Sei $NF = A$ die Menge der Normalformen und $Comp_{\mathcal{A}} = T_{\Sigma}(NF)$ die Menge der Berechnungsterme über $\mathcal{A}$ mit $NF \subseteq Comp_{\mathcal{A}}$. Eine Berechnungsrelation setzt einen Berechnungsterm mit seiner Normalform in Beziehung.

12.2.3 Definition (Nicht-strikte natürliche Semantik rekursiver Programme) Die Berechnungsrelation $\Rightarrow_R \subseteq Comp_{\mathcal{A}} \times NF$ ist definiert durch das Deduktionssystem in Abb. 12.1.

□

Die angeführten Regeln überführen einen Berechnungsterm in eine Normalform, die hier ein Element aus dem Träger der unterliegenden Algebra ist. Die angegebene Menge von Regeln ist deterministisch, d.h. auf jeden Berechnungsterm kann genau eine Regel angewendet werden. Daher gibt es zu jedem $e \in Comp_{\mathcal{A}}$ höchstens ein $a \in NF \subseteq Comp_{\mathcal{A}}$, für das $e \Rightarrow_R a$ herleitbar ist. Wenn es kein solches a gibt, so löst e eine nicht-terminierende Berechnung aus.

CONST Eine Konstante aus der Algebra liegt bereits in Normalform vor.

$$\text{(CONST)} \quad \frac{[a \in NF]}{a \Rightarrow_R a}$$

$$(\Sigma) \quad \frac{t_i \Rightarrow_R a_i \quad [1 \leq i \leq n, f \in F]}{f(t_1, \ldots, t_n) \Rightarrow_R \alpha(f)(a_1, \ldots, a_n)}$$

$$\text{(FUNC)} \quad \frac{\begin{array}{l}[G_i(x_1, \ldots, x_n) = e_i \in R] \\ e_i[x_j \mapsto t_j \mid 1 \leq j \leq n] \Rightarrow_R a\end{array}}{G_i(t_1, \ldots, t_n) \Rightarrow_R a}$$

$$\text{(COND1)} \quad \frac{t_1 \Rightarrow_R \texttt{True} \qquad t_2 \Rightarrow_R a}{\texttt{if } t_1 \texttt{ then } t_2 \texttt{ else } t_3 \Rightarrow_R a}$$

$$\text{(COND2)} \quad \frac{t_1 \Rightarrow_R \texttt{False} \qquad t_3 \Rightarrow_R a}{\texttt{if } t_1 \texttt{ then } t_2 \texttt{ else } t_3 \Rightarrow_R a}$$

Abbildung 12.1: Nicht-strikte natürliche Semantik rekursiver Programme.

Σ Da Grundfunktionen strikt sind, werden zunächst die Argumente einer Grundfunktion in beliebiger Reihenfolge ausgewertet. Dann liefert die Anwendung der Interpretation des Operationssymbols auf das Argumenttupel den gesuchten Wert.

FUNC Die Parameterübergabe an definierte Funktionen erfolgt mittels call-by-name, d.h. als Parameter werden Berechnungsterme übergeben, die nicht in Normalform sind. In der Berechnungsregel geschieht die Übergabe durch das Ersetzen der Argumentvariablen x_j der Funktion G_i durch die aktuellen Argumente t_j (Berechnungsterme, die nicht notwendig in Normalform sind) im Funktionsrumpf e_i.

COND1, COND2 Zur Auswertung eines bedingten Ausdruck muß zunächst die Bedingung t_1 ausgewertet werden. Ist das Ergebnis `True`, so erfolgt die Auswertung von t_2 und der Wert des bedingten Ausdrucks ist gerade der Wert von t_2. Ist das Ergebnis `False`, so geschieht Analoges mit t_3.

Die nicht-strikte Semantik von R mit $\text{typ}(R) = (\tau_1 \ldots \tau_n, \tau_0)$ ist eine partielle Funktion $f \colon A^{\sigma\tau_1} \times \cdots \times A^{\sigma\tau_n} \dashrightarrow A^{\sigma\tau_0}$ für jedes $\sigma \in \mathbf{Subst}(\Theta, TV)$ mit

$$f(a_1, \ldots, a_n) = \begin{cases} a & G_1(a_1, \ldots, a_n) \Rightarrow_R a \\ \text{undef.} & \text{sonst.} \end{cases}$$

Die natürliche Semantik ist äquivalent zur vorher angegebenen nicht-strikten Fixpunktsemantik.

12.2.4 Satz *Es existiert ein* $a \in A$ *mit* $G_1(a_1, \ldots, a_n) \Rightarrow_R a$ *genau dann, wenn gilt*

$$\mathcal{A}_\perp[\![R]\!](a_1, \ldots, a_n) = a \neq \perp.$$

Der Unterschied zwischen der strikten und der nicht-strikten natürlichen Semantik liegt in der Regel (FUNC). Die Regel (FUNC) erzwingt nun die Auswertung der Argumente zu einer definierten Funktion.

12.2.5 Definition (Strikte natürliche Semantik rekursiver Programme) Die Berechnungsrelation $\Downarrow_R \subseteq \mathrm{Comp}_\mathcal{A} \times \mathrm{NF}$ ist definiert durch das Deduktionssystem in Abb. 12.2. □

$$\text{(CONST)} \quad \frac{[a \in \mathrm{NF}]}{a \Downarrow_R a}$$

$$(\Sigma) \quad \frac{t_i \Downarrow_R a_i \quad [1 \leq i \leq n, f \in F]}{f(t_1, \ldots, t_n) \Downarrow_R \alpha(f)(a_1, \ldots, a_n)}$$

$$\text{(FUNC)} \quad \frac{\begin{array}{l}[G_i(x_1, \ldots, x_n) = e_i \in R] \\ t_j \Downarrow_R a_j \quad [1 \leq j \leq n] \\ e_i[x_j \mapsto a_j \mid 1 \leq j \leq n] \Downarrow_R a\end{array}}{G_i(t_1, \ldots, t_n) \Downarrow_R a}$$

$$\text{(COND1)} \quad \frac{t_1 \Downarrow_R \texttt{True} \qquad t_2 \Downarrow_R a}{\texttt{if } t_1 \texttt{ then } t_2 \texttt{ else } t_3 \Downarrow_R a}$$

$$\text{(COND2)} \quad \frac{t_1 \Downarrow_R \texttt{False} \qquad t_3 \Downarrow_R a}{\texttt{if } t_1 \texttt{ then } t_2 \texttt{ else } t_3 \Downarrow_R a}$$

Abbildung 12.2: Strikte natürliche Semantik rekursiver Programme.

Die strikte Semantik von R mit $\mathrm{typ}(R) = (\tau_1 \ldots \tau_n, \tau_0)$ ist eine partielle Funktion $f\colon A^{\sigma\tau_1} \times \cdots \times A^{\sigma\tau_n} \dashrightarrow A^{\sigma\tau_0}$ für jedes $\sigma \in \mathbf{Subst}(\Theta, TV)$ mit

$$f(a_1, \ldots, a_n) = \begin{cases} a & F_1(a_1, \ldots, a_n) \Downarrow_R a \\ \text{undef.} & \text{sonst.} \end{cases}$$

Die Verbindung zwischen der natürlichen Semantik und der strikten Fixpunktsemantik stellt der folgende Satz her.

12.2.6 Satz *Es existiert ein* $a \in A$ *mit* $G_1(a_1, \ldots, a_n) \Downarrow_R a$ *genau dann, wenn gilt*

$$\mathcal{A}_\perp^\perp[\![R]\!](a_1, \ldots, a_n) = a \neq \perp.$$

Verwandt mit der natürlichen Semantik ist die Reduktionssemantik. Eine Reduktionssemantik formalisiert eine Berechnung durch Ersetzungsregeln. Eine ausführliche Diskussion von Reduktionssemantiken und ihrer Beziehung zur Fixpunktsemantik gibt Loogen [Loo90]. Dort werden auch parallele Reduktionsstrategien erwähnt, z.B. die volle Reduktion oder Kleene-Reduktion, wo jedes Redex ersetzt wird, oder parallel innermost, bzw. outermost.

12.3 Maschinenmodelle und Übersetzung

Die natürliche Semantik liefert ein abstraktes Modell für die Ausführung eines funktionalen Programms. Für eine Implementierung auf realen Maschinen sind noch weitere Details erforderlich. Der erste Schritt zu einer realen Implementierung ist die Definition einer abstrakten Maschine. Eine abstrakte Maschine besteht aus einem Zustandsraum und einer Menge von Befehlen. Ein Maschinenprogramm ist eine Folge von Maschinenbefehlen. Jeder Befehl bewirkt eine genau definierte Transformation des Zustandsraums, so daß auch einem Maschinenprogramm eindeutig eine Maschinensemantik zugewiesen werden kann. Auf der Basis der abstrakten Maschine kann dann die Implementierung auf einer realen Maschine in Angriff genommen werden.

Die Verbindung zwischen einer mathematischen (natürlichen oder Fixpunkt-) Semantik und der Maschinensemantik wird durch eine Übersetzung spezifiziert. Die Übersetzung transformiert rekursive Programmschemata R in Programme P für eine abstrakte Maschine M. Die Bedeutung von R ergibt sich mithilfe der Maschinensemantik durch die *Ausführung* von P auf M.

Dabei muß das Diagramm der verschiedenen Übersetzungen (siehe Abb. 12.3) kommutativ sein, d.h. wenn die Fixpunktsemantik von R auf ein Argument a angewendet wird, so ergibt sich der gleiche Wert, der bei Ausführung des übersetzten Programms P bei Eingabe des Arguments a berechnet wird.

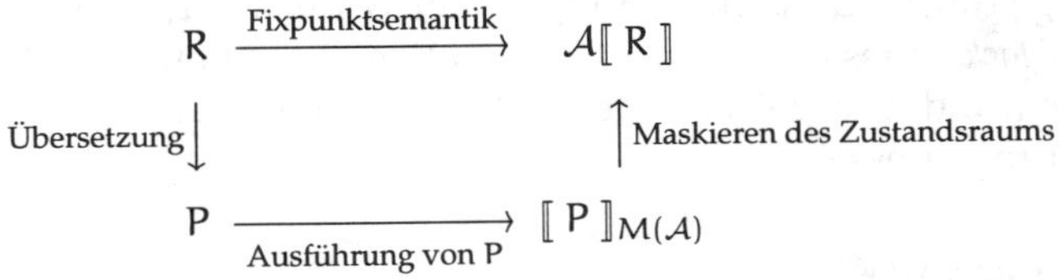

$$\begin{array}{ccc} R & \xrightarrow{\text{Fixpunktsemantik}} & \mathcal{A}[\![R]\!] \\ \text{Übersetzung}\downarrow & & \uparrow\text{Maskieren des Zustandsraums} \\ P & \xrightarrow[\text{Ausführung von P}]{} & [\![P]\!]_{M(\mathcal{A})} \end{array}$$

Abbildung 12.3: Korrektheit einer Übersetzung.

Die Maschinensemantik von applikativen Programmiersprachen erster Ordnung ist das Thema dieses Kapitels. Anhand von einfachen Maschinenmodellen wird die Implementierung der strikten und der nicht-strikten Semantik von rekursiven Programmen behandelt. Das gewählte Maschinenmodell ist eine Stapelmaschine, die einen Laufzeitstapel von Aktivierungsblöcken zur Implementierung der Rekursion benutzt.

12.3.1 Strikte Semantik

Sei $\Sigma = (\Theta, F)$ eine algorithmische Signatur, $\mathcal{A} \in \mathbf{PolyAlg}_\Sigma$ und $\mathcal{A}_\perp$ die zugehörige strikte, flache Algebra (vgl. Definition 11.2.23).

Die im folgenden definierte abstrakte Maschine ist die *Stapelmaschine* SM($\mathcal{A}$). Sie dient der Implementierung von rekursiven Programmen $(R, \mathcal{A}_\perp)$ mit strikter Semantik.

Zustandsraum der SM($\mathcal{A}$)

Der Zustandsraum $Z = Z(\mathcal{A})$ der SM($\mathcal{A}$) ist $Z = \mathbf{BZ} \times \mathbf{DS} \times \mathbf{FS}$, wobei gilt

BZ	$=$	$\mathbb{N}$	Befehlszähler
DS	$=$	A^*	Datenstapel
FS	$=$	$(\mathbb{N} \times A^*)^*$	Funktionsstapel

Der Befehlszähler enthält die Adresse des nächsten auszuführenden Befehls, der Datenstapel enthält Zwischenergebnisse bei der Auswertung von Ausdrücken und der Funktionsstapel enthält die Aktivierungsblöcke der Funktionsaufrufe. Ein Aktivierungsblock besteht aus einer Rücksprungadresse, an der das Programm nach dem Ende des Funktionsaufrufs fortgesetzt wird, und den Argumenten der Funktion.

Üblicherweise wird ein Zustand $z \in Z$ als $z = (m, d, h)$ geschrieben mit

$$m \in \mathbf{BZ}, \quad d = [d_p, \ldots, d_1] \in \mathbf{DS}, \quad h = [h_q, \ldots, h_1] \in \mathbf{FS}.$$

Stapel werden in der bekannten Listennotation geschrieben, wobei die Stapelspitze sich auf der linken Seite befindet. Ist $d = [d_p, \ldots, d_1]$ ein Stapel, so ist $|d| := p$ die Länge des Stapels. Ein Eintrag h_j der Form $(m, a_1 \ldots a_n)$ auf **FS** heißt *Aktivierungsblock*. Jedes h_j entspricht einer aktiven Funktion mit aktuellen Parametern $a_1, \ldots, a_n$ und m bezeichnet den Ort des Funktionsaufrufs (genauer gesagt, die Rücksprungadresse).

Befehle der SM($\mathcal{A}$)

Die Menge B_0 der SM($\mathcal{A}$)-Befehle besteht aus den Befehlen

$$\begin{aligned} B_0 &= \{\mathtt{RET}\} \\ &\cup \{\mathtt{JUMP}, \mathtt{JFALSE}, \mathtt{PUSH}\} \times \mathbb{N} \\ &\cup \{\mathtt{CALL}\} \times \mathbb{N} \times \mathbb{N} \\ &\cup \{\mathtt{EXEC}\} \times F \end{aligned}$$

mit der Schreibweise

Sprungbefehle	JUMP n JFALSE n	$n \in \mathbb{N}$ $n \in \mathbb{N}$
DS-Manipulation	PUSH i EXEC f	$i \in \mathbb{N}$ $f \in F$
FS-Manipulation	CALL m, n RET	$m, n \in \mathbb{N}$

Zur Vereinfachung benutzen die Übersetzungsschemata die Notation CALL G_j, n mit $G_j \in G$. Dies setzt eine Abbildung $G \rightarrow \mathbb{N}$ von symbolischen Adressen auf Maschinenadressen voraus, wie sie ein Assembler realisiert.

Jeder Befehl $\Gamma \in B_0$ bewirkt eine partielle Transformation des Zustandsraumes. Die Semantik $\mathcal{B} = \mathcal{B}(\mathcal{A})\colon B_0 \rightarrow Z \dashrightarrow Z$ der Befehle wird durch verallgemeinerte Musteranpassung auf dem Zustandsraum erklärt. Die Abb. 12.4 zeigt die Definition von $\mathcal{B}$.

$$
\begin{array}{llll}
\mathcal{B}[\![\,\texttt{JUMP}\ m'\,]\!] & (\ \ m, & d, & h) \\
= & (\ \ m', & d, & h) \\
\\
\mathcal{B}[\![\,\texttt{JFALSE}\ m'\,]\!] & (\ \ m, & \texttt{False}:d', & h) \\
= & (\ \ m', & d', & h) \\
\mathcal{B}[\![\,\texttt{JFALSE}\ m'\,]\!] & (\ \ m, & \texttt{True}:d', & h) \\
= & (m+1, & d', & h) \\
\\
\mathcal{B}[\![\,\texttt{PUSH}\ i\,]\!] & (\ \ m, & d, & (m', a_1 \ldots a_n) : h') \\
= & (m+1, & a_i : d, & (m', a_1 \ldots a_n) : h') \\
\\
\mathcal{B}[\![\,\texttt{EXEC}\ f\,]\!] & (\ \ m, & a_n : \ldots : a_1 : d', & h) \\
= & (m+1, \alpha(f)(a_1, \ldots, a_n) : d', & & h) \\
 & & \multicolumn{2}{r}{\text{falls } \alpha(f) \text{ definiert auf } a_1, \ldots, a_n} \\
\\
\mathcal{B}[\![\,\texttt{CALL}\ m', n\,]\!] & (\ \ m, & a_n : \ldots : a_1 : d', & h) \\
= & (\ \ m', & & d', (m+1, a_1 \ldots a_n) : h) \\
\\
\mathcal{B}[\![\,\texttt{RET}\,]\!] & (\ \ m, & d, & (m', \ldots) : h) \\
= & (\ \ m', & d, & h)
\end{array}
$$

Abbildung 12.4: Befehlssemantik der SM($\mathcal{A}$).

Ein SM($\mathcal{A}$)-Programm π ist eine partielle Abbildung aus $\text{Prog}_0 = [\mathbb{N}^{>0} \dashrightarrow B_0]$, die den Programmspeicher modelliert. Die Adresse 0 ist keine gültige Programmadresse, sie dient als Stopmarke.

Ein Schritt in der Auswertung eines SM($\mathcal{A}$)-Programms ist die Ausführung des Befehls, den der **BZ** angibt. Die Semantik eines Maschinenprogramms ergibt sich durch die wiederholte (iterierte) Ausführung von einzelnen Schritten. Ein Auswertungsschritt wird durch die *Einzelschrittfunktion* Δ_0 beschrieben, der Ablauf eines ganzen Programms durch die *iterierte Einzelschrittfunktion* Δ^∞.

12.3.1 Definition Die Einzelschrittfunktion Δ_0: $\mathrm{Prog}_0 \to Z \dashrightarrow Z$ ist definiert durch

$$\Delta_0\, \pi\, (m, d, h) = \mathcal{B}[\![\, \pi(m)\,]\!](m, d, h).$$

Die iterierte Einzelschrittfunktion Δ^∞: $\mathrm{Prog}_0 \to Z \dashrightarrow Z$ ist definiert durch

$$\Delta^\infty\, \pi\, (m, d, h) = \begin{cases} (m, d, h) & m = 0 \\ \Delta^\infty\, \pi\, (\Delta_0\, \pi\, (m, d, h)) & m \neq 0 \end{cases}$$

□

12.3.2 Definition Die *Eingabeabbildung* „in" sowie die *Ausgabeabbildung* „out" werden relativ zum Typ $(\tau_1 \ldots \tau_n, \tau_0)$ eines rekursiven Programmschemas definiert.

$$\begin{array}{lcl} \mathrm{in}^{(\tau_1 \ldots \tau_n)}\colon \bigcup_{\sigma \in \mathbf{Subst}(\Theta, TV)} A^{\sigma\tau_1} \times \cdots \times A^{\sigma\tau_n} \to Z & & \\ \mathrm{in}^{(\tau_1 \ldots \tau_n)}(a_1, \ldots, a_n) & = & (1, \varepsilon, (0, a_1 \ldots a_n)) \\ & & \\ \mathrm{out}^{(\tau_0)}\colon Z & \dashrightarrow & \bigcup_{\sigma \in \mathbf{Subst}(\Theta, TV)} A^{\sigma\tau_0} \\ \mathrm{out}^{(\tau_0)}(0, a, \ldots) & = & a \quad \text{falls } \exists \sigma. a \in A^{\sigma\tau_0} \end{array}$$

□

12.3.3 Definition Die Semantik eines Maschinenprogramms π relativ zum Typ $(\tau_1 \ldots \tau_n, \tau_0)$ ist definiert durch:

$$\begin{array}{lcl} [\![\, \text{-}\,]\!]^{(\tau_1 \ldots \tau_n, \tau_0)}_{\mathrm{SM}(\mathcal{A})} & : & \mathrm{Prog}_0 \to \bigcup_{\sigma \in \mathbf{Subst}(\Theta, TV)} (A^{\sigma\tau_1} \times \cdots \times A^{\sigma\tau_n} \dashrightarrow A^{\sigma\tau_0}) \\ [\![\, \pi\,]\!]^{(\tau_1 \ldots \tau_n, \tau_0)}_{\mathrm{SM}(\mathcal{A})} & = & \mathrm{out}^{(\tau_0)} \circ \Delta^\infty\, \pi \circ \mathrm{in}^{(\tau_1 \ldots \tau_n)}. \end{array}$$

□

Nachdem so die Semantik von SM($\mathcal{A}$)-Programmen festgelegt ist, kann die Beschreibung der Übersetzung von rekursiven Programmen in SM($\mathcal{A}$)-Programme beginnen.

Die Übersetzung erfolgt auf Schemaebene und ist unabhängig von der gewählten Interpretation $\mathcal{A}$ (solange `if_then_else_` respektiert wird). Bei der Übersetzung von Termen dürfen die Marken „else" und „endif" nur lokal benutzt werden. Jede Aktivierung des Übersetzungschemas muß neue Marken benutzen.

Die Übersetzung von Ausdrücken bewahrt die folgende Invariante.

$$(m, d, (m'', a_1 \dots a_n) : h) \xrightarrow{\text{exptrans}[\![\ e\ ]\!]} (m', x : d, (m'', a_1 \dots a_n) : h).$$

Dabei ist $x = \mathcal{A}[\![\ e\ ]\!](a_1, \dots, a_n)$. Das für einen Ausdruck erzeugte Programmstück legt genau den Wert des Ausdrucks auf den Datenstapel und läßt den Maschinenzustand ansonsten unverändert (bis auf den Befehlszähler).

12.3.4 Definition (Übersetzung von rekursiven Programmen mit strikter Semantik in Programme für die Stapelmaschine SM($\mathcal{A}$)) Siehe Abb. 12.5. □

$\text{trans}: \mathbf{Rek}_\Sigma \to \text{Prog}_0$

$\text{trans}[\![\ (G_i(\overline{x}) = t_i \mid 1 \leq i \leq r)\ ]\!] =$

G_1:	exptrans$[\![\ t_1\ ]\!]$; `RET`;
...	
G_r:	exptrans$[\![\ t_r\ ]\!]$; `RET`

$\text{exptrans}: T_{\Sigma[G_1,\dots,G_r](X)} \to \text{Prog}_0$

exptrans$[\![\ x_i\ ]\!]$	=		`PUSH` i
exptrans$[\![\ f(t_1, \dots, t_n)\ ]\!]$	=		exptrans$[\![\ t_1\ ]\!]$; ... ;exptrans$[\![\ t_n\ ]\!]$; `EXEC` f
exptrans$[\![$ `if` t_0 `then` t_1 `else` t_2 $]\!]$	=		
			exptrans$[\![\ t_0\ ]\!]$; `JFALSE` else;
			exptrans$[\![\ t_1\ ]\!]$; `JUMP` endif;
		else:	exptrans$[\![\ t_2\ ]\!]$;
		endif:	
exptrans$[\![\ G_j(t_1, \dots, t_n)\ ]\!]$	=		exptrans$[\![\ t_1\ ]\!]$; ... ;exptrans$[\![\ t_n\ ]\!]$; `CALL` G_j, n

Abbildung 12.5: Übersetzung in SM($\mathcal{A}$)-Programme.

Um die Beschreibung der Codeerzeugung übersichtlich zu halten, wurden einige Vereinfachungen vorgenommen.

1. In rekursiven Programmschemata werden definierte Funktionen und Argumente durch Standardvariablen bezeichnet. In realen Programmiersprachen sind die Bezeichner frei wählbar. Die Übersetzungsfunktion muß dazu eine Symboltabelle als zusätzlichen Parameter erhalten.

2. Für jedes Vorkommen eines `if_then_else_` im Quellprogramm muß die Übersetzung frische Marken für „else" und „endif" erzeugen, da der Geltungsbereich der Marken lokal ist. Anderenfalls entstehen Namenskonflikte durch mehrfach definierte Marken. Dafür braucht die Übersetzungsfunktion zusätzliche Informationen, die entweder als Parameter übergeben oder durch eine Zustandsmonade verwaltet werden können.

3. Die symbolischen Sprungmarken müssen in absolute Adressen umgewandelt werden. Dies kann in einer nachfolgenden Assemblierung geschehen oder auch direkt während der Codeerzeugung. Sprünge auf Vorwärtsreferenzen (eine Marke wird referenziert bevor sie definiert ist) können durch *Backpatching* aufgelöst werden. Wenn der Übersetzer in einer funktionalen Sprache mit nichtstrikter Auswertungsstrategie geschrieben ist, so kann hierfür die Technik der Rechnung mit Unbekannten zur Anwendung kommen.

4. Das Quellprogramm ist fehlerfrei, da es nach Voraussetzung ein rekursives Programmschema ist. Im Übersetzer für eine reale Programmiersprache muß (unter anderem) eine Typprüfung vorgenommen werden (siehe Kap. 15.4) und es muß geprüft werden, ob die verwendeten Bezeichner definiert sind. Auch diese Aufgaben können durch entsprechend definierte Monaden behandelt werden.

12.3.5 Satz (Übersetzerkorrektheit) *Sei* $R \in \mathbf{Rek}_\Sigma$*,* $\mathrm{typ}(R) = (\tau_1 \dots \tau_n, \tau_0)$*,* $\mathcal{A}$ *eine strikte Interpretation von* Σ*. Dann gilt:*

$$\mathcal{A}^\perp[\![R]\!] = [\![\mathrm{trans}[\![R]\!]]\!]^{(\tau_1 \dots \tau_n, \tau_0)}_{\mathrm{SM}(\mathcal{A})}.$$

Endrekursion

Die Endrekursion ist eine Spezialform der Rekursion, die der Iteration unmittelbar entspricht. Endrekursive Funktionen werden oft auch repetitiv, iterativ oder *tail-recursive* genannt. Manche Ansätze zur Entrekursivierung (Entfernung von Rekursion) verfahren so, daß allgemeinere Rekursionsschemata in endrekursive Schemata transformiert werden [BW84]. Endrekursive Schemata können ohne die Verwendung eines Funktionsstapels implementiert werden.

Endrekursive Schemata sind rekursive Programmschemata, auf deren rechten Seiten die Aufrufe von definierten Funktionen nicht in Funktionsaufrufe (auch nicht von Grundfunktionen) eingeschachtelt sind. Funktionsaufrufe dürfen nur in `if_then_else_` eingeschachtelt sein. Diese syntaktische Einschränkung wird durch $E_{\Sigma,G}$ erfaßt.

12.3.6 Definition $E_{\Sigma,G} = \{E^\tau_{\Sigma,G} \mid \tau \in \mathrm{Type}\}$ (für $\Sigma = (\Theta, F)$) ist die kleinste Mengenfamilie mit den Eigenschaften:

- $E^\tau_{\Sigma,G} \supseteq T^\tau_\Sigma$ für alle $\tau \in \mathrm{Type}$,
- falls $e_i \in T^{\tau'_i}_\Sigma$, für $1 \leq i \leq n$, und $G_j \in G$, so ist $G_j^{(\tau_1 \dots \tau_n, \tau_0)}(e_1, \dots, e_n) \in E^{\sigma\tau_0}_{\Sigma,G}$ mit $\tau_i \overset{\sigma}{\sim} \tau'_i$ $(1 \leq i \leq n)$,
- falls $e_1 \in T^{\mathrm{Bool}}_\Sigma$ und $e_2, e_3 \in E^\tau_{\Sigma,G}$, so ist $\mathtt{if}\ e_1\ \mathtt{then}\ e_2\ \mathtt{else}\ e_3 \in E^\tau_{\Sigma,G}$.

Dabei ist T^τ_Σ die Trägermenge vom Typ τ in $\mathcal{T}_\Sigma$. □

12.3.7 Definition Seien Σ eine algorithmische Signatur und R ein rekursives Programmschema über Σ. $R = (G_j(\overline{x}) = e_j \mid 1 \leq j \leq r)$ heißt *endrekursiv*, falls alle $e_j \in E_{\Sigma[X],G}$ liegen. □

12.3.8 Satz *Sei* $R \in \mathbf{Rek}_\Sigma$, R *endrekursiv,* $\mathcal{A} \in \mathbf{CAlg}_\Sigma$. *Dann ist* $\mathcal{A}[\![R]\!] = \mathcal{A}^\perp[\![R]\!]$.

Das Konzept der Endrekursion ist nicht nur für Funktionen insgesamt sondern auch für einzelne Funktionsaufrufe interessant. Ein Funktionsaufruf auf der rechten Seiten einer Gleichung in einem rekursiven Programmschema ist endrekursiv, falls er nicht in einen anderen Funktionsaufruf oder eine Grundfunktion eingeschachtelt ist. Er darf allerdings innerhalb der `then`- oder `else`-Zweige von bedingten Ausdrücken auftreten. Die SM($\mathcal{A}$) kann einen solchen Funktionsaufruf ausführen, ohne dabei einen neuen Aktivierungsblock auf dem Funktionsstapel anzulegen. Dafür wird der oberste Aktivierungsblock wiederverwendet, indem die ausgewerteten Parameterausdrücke in ihm abgelegt werden. Dann wird die aufzurufende Funktion mit einem gewöhnlichen Sprungbefehl aktiviert. Diese einfache Optimierung ist unter dem Namen *Tailcall-Optimierung* bekannt. Sie verringert den Platzbedarf und beschleunigt die Ausführung eines Programms.

12.3.2 Erweiterungen für nicht-strikte Semantik

Dieser Abschnitt stellt eine Erweiterung der SM($\mathcal{A}$), die SMN($\mathcal{A}$), vor, auf der rekursive Programme mit nicht-strikter Semantik ausgewertet werden können. Die grundsätzliche Änderung ist die Einführung einer Datenstruktur zur Repräsentation von noch nicht ausgewerteten Ausdrücken, einer *Suspension*. Eine solche Suspension für rekursive Programme besteht nur aus einer Codeadresse. Das liegt daran, daß ein rekursives Programm nur Funktionen erster Ordnung definiert, und daß keine lokalen Definitionen möglich sind. Wenn lokale Definitionen oder Funktionen höherer Ordnung vorhanden sind, so kann eine Suspension auch Datenwerte enthalten.

Die Menge B'_0 der SMN($\mathcal{A}$)-Befehle ist definiert durch

$$\begin{aligned} B'_0 &= \{\mathtt{PUSHA}, \mathtt{PUSH}, \mathtt{JUMP}, \mathtt{JFALSE}\} \times \mathbb{N} \\ &\cup \{\mathtt{EXEC}\} \times F \\ &\cup \{\mathtt{CALL}\} \times \mathbb{N} \times \mathbb{N} \\ &\cup \{\mathtt{EVAL}, \mathtt{RET}\} \end{aligned}$$

mit den folgenden Bedeutungen.

`PUSHA`	Laden einer Adresse.
`PUSH`	Laden eines Arguments (über den Funktionsstapel).
`JUMP`	Unbedingter Sprung.
`JFALSE`	Bedingter Sprung.
`EXEC`	Ausführen einer Grundfunktion.
`CALL`	Funktionsaufruf.
`EVAL`	Auswertung eines Parameters.
`RET`	Rücksprung vom Funktionsaufruf.

Für eine Interpretation $\mathcal{A} = (A, \alpha)$ ist der Zustandsraum Z der SMN($\mathcal{A}$) gegeben durch

$$Z = \mathbf{BZ} \times \mathbf{KR} \times \mathbf{DS} \times \mathbf{FS}.$$

Mit $DW = A \dot\cup \mathbb{N}$ (Menge der Datenwerte) sind die Register wie folgt definiert:

$\mathbf{BZ} = \mathbb{N}$	Befehlszähler
$\mathbf{KR} = \mathbb{N}$	Kontextregister
$\mathbf{DS} = (DW)^*$	Datenstapel
$\mathbf{FS} = (\mathbb{N} \times \mathbb{N} \times DW^*)^*$	Funktionsstapel

Die Schreibweise für Datenwerte $x \in DW$ ist

$$x = \begin{cases} \mathrm{val}(a) & a \in A \quad \text{ein Element der Interpretationsalgebra,} \\ \mathrm{adr}(n) & n \in \mathbb{N} \quad \text{eine Suspension.} \end{cases}$$

Während des Programmablaufs zeigt das Kontextregister stets auf den aktuellen Funktionsstapeleintrag. Die Maschinenbefehlssemantik $\mathcal{B}\colon B'_0 \to Z \dashrightarrow Z$ ist definiert in Abb. 12.6. Entsprechend sind SMN($\mathcal{A}$)-Programme partielle Abbildungen nach B'_0: $\mathrm{Prog}'_0 = [\mathbb{N}^{>0} \dashrightarrow B'_0]$. Wie schon bei der SM($\mathcal{A}$) ist $\mathcal{B} = \mathcal{B}(\mathcal{A})$ von der Interpretation $\mathcal{A}$ abhängig. Dabei bedeutet die Notation $h[c = (m', c', a_1 \ldots a_n)]$, daß $h = [h_q, \ldots, h_1]$, $1 \leq c \leq q$ und $h_c = (m', c', a_1 \ldots a_n)$ ist.

Im Unterschied zur SM($\mathcal{A}$) wirkt der Ladebefehl `PUSH` nicht auf den obersten Eintrag des Funktionsstapels, sondern auf den durch das Kontextregister bezeichneten Eintrag. Die Anweisung `EVAL` ist ein „leichtgewichtiger Funktionsaufruf" ohne Parameter. Somit enthält der Aktivierungsblock nur eine Rücksprungadresse und den geretteten Wert des Kontextregisters. `EVAL` führt den Funktionsaufruf nur durch, falls auf der Spitze des Datenstapels eine Suspension liegt, anderenfalls liegt bereits ein Wert zu weiteren Verwendung auf dem Datenstapel.

Die Ein- und Ausgabeabbildungen

$$\mathrm{in}^{(\tau_1 \ldots \tau_n)}\colon \bigcup_{\sigma \in \mathbf{Subst}(\Theta, TV)} (A^{\sigma\tau_1} \times \ldots \times A^{\sigma\tau_n} \to Z)$$

$$\mathrm{out}^{(\tau_0)}\colon Z \dashrightarrow \bigcup_{\sigma \in \mathbf{Subst}(\Theta, TV)} A^{\sigma\tau_0}$$

$$
\begin{array}{lllrr}
\mathcal{B}[\![\,\texttt{PUSHA}\ n\,]\!] & (\quad m, & c, & d, & h) \\
= & (m+1, & c, & adr(n):d, & h) \\
\\
\mathcal{B}[\![\,\texttt{JUMP}\ m'\,]\!] & (\quad m, & c, & d, & h) \\
= & (\quad m', & c, & d, & h) \\
\\
\mathcal{B}[\![\,\texttt{JFALSE}\ m'\,]\!] & (\quad m, & c, & val(\texttt{False}):d', & h) \\
= & (\quad m', & c, & d', & h) \\
\mathcal{B}[\![\,\texttt{JFALSE}\ m'\,]\!] & (\quad m, & c, & val(\texttt{True}):d', & h) \\
= & (m+1, & c, & d', & h) \\
\\
\mathcal{B}[\![\,\texttt{PUSH}\ i\,]\!] & (\quad m, & c, & d, & h[c=(\_,\_,x_1\ldots x_i\ldots)]) \\
= & (m+1, & c, & x_i:d, & h) \\
\\
\mathcal{B}[\![\,\texttt{EXEC}\ f\,]\!] & (\quad m, & c, val(a_n):\ldots:val(a_1):d', & & h) \\
= & (m+1, & c, val(\alpha(f)(a_1,\ldots,a_n)):d', & & h) \\
\\
\mathcal{B}[\![\,\texttt{CALL}\ m',n\,]\!] & (\quad m, & c, & a_n:\ldots:a_1:d', & h) \\
= & (\quad m', & |h|+1, & d', & (m+1,c,a_1\ldots a_n):h) \\
\\
\mathcal{B}[\![\,\texttt{RET}\,]\!] & (\quad m, & c, & d, & (m',c',\ldots):h) \\
= & (\quad m', & c', & d, & h) \\
\\
\mathcal{B}[\![\,\texttt{EVAL}\,]\!] & (\quad m, & c, & adr(m'):d, & h[c=(\_,c',\ldots)]) \\
= & (\quad m', & c', & d, & (m+1,c,\varepsilon):h) \\
\mathcal{B}[\![\,\texttt{EVAL}\,]\!] & (\quad m, & c, & val(a):d, & h) \\
= & (m+1, & c, & val(a):d, & h)
\end{array}
$$

Abbildung 12.6: Befehlssemantik der SMN($\mathcal{A}$)-Befehle.

sind definiert durch

$$\begin{aligned} in^{(\tau_1 \dots \tau_n)}(a_1, \dots, a_n) &= (1, 1, \varepsilon, (0, 0, val(a_1), \dots, val(a_n))) \\ out^{(\tau_0)}(0, 0, val(a), \varepsilon) &= a \end{aligned}$$

falls es ein $\sigma \in \mathbf{Subst}(\Theta, TV)$ gibt, so daß $a_i \in A^{\sigma\tau_i}$ und $a \in A^{\sigma\tau_0}$.

Die Einzelschrittfunktion, die iterierte Einzelschrittfunktion sowie die Semantik eines SMN($\mathcal{A}$)-Programms sind genau wie in Definition 12.3.1 bzw. Definition 12.3.3 definiert.

Bei der Übersetzung verändert sich im Vergleich zur SM($\mathcal{A}$) (vgl. Definition 12.3.4) das Laden von Argumenten und der Aufruf von definierten Funktionen in der Übersetzung von Ausdrücken exptrans: $T_{\Sigma[G_1 \dots G_r]}(X) \to Prog'_0$.

12.3.9 Definition Übersetzung von rekursiven Programmen mit nicht-strikter Semantik in Programme für die Stapelmaschine SMN($\mathcal{A}$). Die Übersetzung von Ausdrücken zeigt Abb. 12.7. Dabei wird die Funktion trans aus Definition 12.3.4 übernommen. □

exptrans: $T_{\Sigma[G_1 \dots G_r]}(X) \to Prog'_0$

exptrans⟦ x_i ⟧	=		`PUSH` i; `EVAL`
exptrans⟦ $f(t_1, \dots, t_n)$ ⟧	=		exptrans⟦ t_1 ⟧; ... ; exptrans⟦ t_n ⟧;
			`EXEC` f
exptrans⟦ `if` t_0 `then` t_1 `else` t_2 ⟧	=		
			exptrans⟦ t_0 ⟧; `JFALSE` else;
			exptrans⟦ t_1 ⟧; `JUMP` endif;
		else:	exptrans⟦ t_2 ⟧;
		endif:	
exptrans⟦ $G_j(t_1, \dots, t_n)$ ⟧	=		`JUMP` exec;
		arg1:	exptrans⟦ t_1 ⟧; `RET`;
			...
		argn:	exptrans⟦ t_n ⟧; `RET`;
		exec:	`PUSHA` arg1; ... ; `PUSHA` argn;
			`CALL` G_j, n

Abbildung 12.7: Übersetzung von Ausdrücken für die SMN($\mathcal{A}$).

Da der Befehl `EVAL` schon testet, ob ein Datenwert oder eine Adresse auf dem Datenstapel liegt, ist keine Unterscheidung zwischen dem von der Eingabeabbildung angelegten Block und den von Funktionsaufrufen während der Abarbeitung des Programms generierten Aktivierungsblöcken erforderlich. Daher ist es auf einfache Weise möglich, die Maschine zur verzögerten Auswertung zu erweitern.

Dazu wird eine Suspension in einem Aktivierungsblock nach der Auswertung durch ihren Wert überschrieben (*update*). Dies geschieht vermittels der Instruktion `UPDATE`.

$$\begin{array}{ll} \mathcal{B}[\![\texttt{UPDATE}\ i]\!](& m, c_0, a:d, (r_1, c_1, \varepsilon):h[c_1 = (r_2, c_2, x_1 \dots x_i \dots x_n)]) \\ = & (m+1, c_0, a:d, (r_1, c_1, \varepsilon):h[c_1 \mapsto (r_2, c_2, x_1 \dots a \dots x_n)]) \end{array}$$

(Die Notation $h[c \mapsto x]$ überschreibt den c-ten Eintrag des Funktionsstapels h, d.h. aus $[h_q, \dots, h_c, \dots, h_1]$ wird $[h_q, \dots, x, \dots, h_1]$.) Nach der erstmaligen Auswertung eines Arguments wird der berechnete Wert im zugehörigen Aktivierungsblock abgelegt. Genau dies bewirkt die Ausführung von `UPDATE`: Wenn ein Miniunterprogramm ausgeführt wird, so ist der Kontext der Funktion aktiv, in der die Suspension angelegt wurde, d.h. der Funktion, in deren Umgebung die aktuellen Parameter ausgewertet werden müssen. Das Abspeichern muß aber im Aktivierungsblock der zuletzt aktivierten Funktion geschehen. Dieser Aktivierungsblock wird vom geretteten Kontextregister im obersten (Mini-) Eintrag (zum zuletzt ausgeführten `EVAL` gehörig) auf dem **FS** bezeichnet.

Die Änderung in der Übersetzung von Ausdrücken besteht im Einfügen einer `UPDATE`-Anweisung am Ende der Miniunterprogramme zur Berechnung der Parameterwerte.

$$\begin{array}{lrl} \text{exptrans}[\![G_j(t_1, \dots, t_n)]\!] = & & \texttt{JUMP exec;} \\ & \text{arg1:} & \text{exptrans}[\![t_1]\!];\ \texttt{UPDATE}\ 1;\ \texttt{RET;} \\ & & \dots \\ & \text{argn:} & \text{exptrans}[\![t_n]\!];\ \texttt{UPDATE}\ n;\ \texttt{RET;} \\ & \text{exec:} & \texttt{PUSHA}\ \text{arg1}; \dots; \texttt{PUSHA}\ \text{argn}; \\ & & \texttt{CALL}\ G_j, n \end{array}$$

Die Korrektheit der Übersetzung liefert der folgende Satz.

12.3.10 Satz (Übersetzerkorrektheit) *Sei* $R \in \mathbf{Rek}_\Sigma$, $\text{typ}(R) = (\tau_1 \dots \tau_n, \tau_0)$, $\mathcal{A}$ *eine strikte Interpretation von* Σ. *Dann gilt:*

$$\mathcal{A}[\![R]\!] = [\![\text{trans}[\![R]\!]]\!]^{(\tau_1 \dots \tau_n, \tau_0)}_{\text{SMN}(\mathcal{A})}.$$

12.4 Aufgaben

12.1 Zu jedem rekursiven Programmschema R gibt es ein rekursives Programmschema R′, so daß $\mathcal{A}^\perp[\![R]\!] = \mathcal{A}[\![R']\!]$ ist. (Die nicht-strikte Semantik kann die strikte Semantik simulieren.) Konstruieren Sie R′ aus R.

12.2 Sei $R \equiv F(x) = \texttt{if}\ x > 100\ \texttt{then}\ x - 10\ \texttt{else}\ F(F(x+11))$ ein rekursives Programmschema und $\mathcal{N} = (N, \nu)$ mit $N \cong \mathbb{N}_\perp \oplus \{\texttt{True}, \texttt{False}\}_\perp$ mit der offensichtlichen Interpretation der Symbole als Prädikate bzw. als Funktionen $\mathbb{N}_\perp \to \mathbb{N}_\perp$ gegeben. Bestimmen Sie die strikte Fixpunktsemantik von $(R, \mathcal{N})$ (mit Beweis).

12.3 Sei $\mathtt{R} \equiv \mathtt{F}(x,y) = \texttt{if } x = 0 \texttt{ then } 1 \texttt{ else } \mathtt{F}(x \dot{-} 1, \mathtt{F}(x \dot{-} y, y))$ mit $x \dot{-} y = \begin{cases} x - y & x \geq y \\ 0 & \text{sonst} \end{cases}$. Bestimmen Sie die strikte sowie die nicht-strikte Fixpunktsemantik von $(\mathtt{R}, \mathcal{N})$, wenn $\mathcal{N}$ wie in Aufgabe 12.2 definiert ist.

12.4 Programmieren Sie einen Interpretierer für SM($\mathcal{A}$)-Programme, d.h. implementieren Sie $\mathcal{B}$, die Einzelschrittfunktion sowie die Ein- und Ausgabeabbildung.

12.5 Implementieren Sie die Übersetzungsfunktionen trans und exptrans für die SM($\mathcal{A}$) unter Verwendung von symbolischen Marken der Form `Label String`.

12.6 Schreiben Sie einen Assembler, der die symbolischen Marken in der Ausgabe von Aufgabe 12.5 durch absolute Adressen ersetzt.

12.7 Definieren Sie eine Version der SM($\mathcal{A}$), die mit einem Stapel auskommt. Dabei soll der Funktionsstapel auf dem Datenstapel simuliert werden. Wählen Sie also **DS** $= (\mathbb{N} \times A)^*$. (Die Befehle `PUSH`, `CALL` und `RET` müssen verändert werden. Sie können entweder ein zusätzliches Register einführen **oder** der Übersetzungsfunktion einen Parameter mitgeben.)

12.8 Ein Aufruf einer Funktion $\mathtt{G_i} \notin \mathtt{F}$ in einem rekursivem Programm heißt *endrekursiv* (*tail call*), falls er nicht in einen Aufruf einer definierten Funktion $\mathtt{G_j}$ oder den Aufruf einer Grundfunktion $\mathtt{f} \in \mathtt{F}$, $\mathtt{f} \neq$ `if_then_else_` eingeschachtelt ist. Für endrekursive Aufrufe kann besserer Code erzeugt werden, indem nicht ein neuer Aktivierungsblock auf den Funktionsstapel gelegt wird, sondern der oberste (aktuelle) Aktivierungsblock durch den neuen überschrieben wird.

Definieren Sie einen SM($\mathcal{A}$)-Befehl `TAILCALL` m, n ($m, n \in \mathbb{N}$) zur Implementierung von endrekursiven Aufrufen. Modifizieren Sie das Übersetzungsschema für die SM($\mathcal{A}$), so daß `TAILCALL` benutzt wird, wann immer das möglich ist.

13 Semantik und Implementierung funktionaler Sprachen mit Funktionen höherer Ordnung

Zunächst wird die Syntax für eine einfache funktionale Sprache mit Funktionen höheren Typs in Form von applikativen rekursiven Programmschemata eingeführt. Die Semantik wird zunächst als denotationelle (Fixpunkt-) Semantik angegeben. Darauf folgt eine operationelle Konkretisierung durch eine natürliche Semantik. Schließlich werden Maschinen zur Implementierung applikativer rekursiver Programmschemata mit strikter bzw. nicht-strikter Semantik beschrieben.

Im folgenden sei immer $\Sigma = (\Theta, F)$ eine algorithmische Signatur mit $\rightarrow \in \Theta^{(2)}$. Die Interpretation des Typkonstruktors $\rightarrow$ ist die Konstruktion des Funktionenraums.

13.1 Syntax

13.1.1 Definition Sei $V = (V^\tau)_{\tau \in \text{Type}}$ eine Familie von getypten Variablen. *Applikative Terme* über Σ mit Variablen V sind definiert als kleinste Mengenfamilie $AT_\Sigma(V) = (AT_\Sigma^\tau(V) \mid \tau \in T_\Theta(TV)))$ mit den Eigenschaften

- $AT_\Sigma^\tau(V) \supseteq V^\tau$,
- falls $c\colon (\varepsilon, \tau_0) \in F$, so ist $c \in AT_\Sigma^{\tau_0}(V)$,
- falls $f\colon (\tau_1 \dots \tau_n, \tau_0) \in F$ und $t_i \in AT_\Sigma^{\tau'_i}(V)$ mit $\tau_i \overset{\sigma}{\sim} \tau'_i$ $(1 \leq i \leq n)$, so ist $f(t_1, \dots, t_n) \in AT_\Sigma^{\sigma\tau}$,
- falls $e_1 \in AT_\Sigma^{\tau_1 \rightarrow \tau_2}$ und $e_2 \in AT_\Sigma^{\tau'_1}$ mit $\tau_1 \overset{\sigma}{\sim} \tau'_1$, so ist $(e_1\ e_2) \in AT_\Sigma^{\sigma\tau_2}$. Dies bezeichnet gerade die Applikation von e_1 auf e_2, wobei e_1 eine Funktion ist und e_2 ihr Argument.

□

Darauf aufbauend werden applikative rekursive Programmschemata mit Funktionsvariablen und Argumentvariablen von höherem Typ definiert.

13.1.2 Definition Seien $G = (G_i^\tau \mid i \in \mathbb{N})$ und $X = (X_i^\tau \mid i \in \mathbb{N})$ getypte Familien von Variablen. Ein *applikatives rekursives Programmschema* $R \in \mathbf{ARek}_\Sigma$ ist eine nichtleere Folge von Paaren (Gleichungen) applikativer Terme

$$R \quad \equiv \quad [l_1 = t_1, \dots, l_r = t_r],$$

die die folgenden Bedingungen erfüllt.

1. Zu jedem $i \in \{1, \ldots, r\}$ gibt es ein $n = n(i) \in \mathbb{N}$ und $\tau_{i1}, \ldots, \tau_{in}, \rho_i \in T_\Theta(TV)$ mit
$$l_i = (\ldots(G_i^{\tau_{i1} \to \cdots \to \tau_{in} \to \rho_i}\ x_1^{\tau_{i1}}) \ldots x_n^{\tau_{in}}) \in AT_\Sigma^{\rho_i}(G \cup X).$$
Dann ist $XSym_i = \{x_1^{\tau_{i1}}, \ldots, x_n^{\tau_{in}}\}$,
2. $FSym = \{G_i^{\tau_{i1} \to \cdots \to \tau_{in(i)} \to \rho_i} \mid 1 \leq i \leq r\}$,
3. $t_i \in AT_\Sigma^{\rho_i}(FSym \cup XSym_i)$,
4. $\mathbf{typ}(R) = \tau_{11} \to \cdots \to \tau_{1n(1)} \to \rho_1$.

□

Die Menge der Variablen, die in einem Ausdruck $t \in AT_\Sigma(X)$ frei vorkommen, charakterisiert die nächste Definition

13.1.3 Definition Die Funktion $var\colon AT_\Sigma(X) \to \mathcal{P}(X)$ ist induktiv definiert wie folgt.

$$\begin{array}{lcll} var(x) & = & \{x\} & \\ var(c) & = & \emptyset & c\colon (\varepsilon, \tau_0) \in F \\ var(f(t_1, \ldots, t_n)) & = & \bigcup_{i=1}^n var(t_i) & f\colon (\tau_1 \ldots \tau_n, \tau_0) \in F \\ var(e_1\ e_2) & = & var(e_1) \cup var(e_2) & \end{array}$$

□

13.2 Semantik

Die semantischen Bereiche, über denen applikative Terme bewertet werden können, sind zulässige Interpretationen, bei denen $\to \in \Theta^{(2)}$ als Funktionsraumkonstruktor interpretiert wird.

13.2.1 Definition Eine Interpretationen $\mathcal{A} = (A, \alpha) \in \mathbf{CAlg}_\Sigma$ von $\Sigma = (\Theta, F)$ heißt *zulässig*, falls für alle $\tau, \tau' \in T_\Theta(TV)$ gilt, daß $A^{\tau \to \tau'} = (A^\tau \to A^{\tau'})_\perp$ ist. □

13.2.2 Definition (Semantik applikativer Terme) Sei $\mathcal{A} = (A, \alpha)$ eine zulässige Interpretation von Σ und $V = (V^\tau)$ eine typisierte Familie von Variablen. Eine Belegung der Variablen ist eine Funktion $\rho \in \mathsf{VEnv} = V \to A$ (VEnv = variable environment = Umgebung für Variable) mit $\rho[\![x]\!] \in A^\tau$ für $x \in V^\tau$.

Der Typ der Semantik ist $\mathcal{A}[\![\_]\!]\colon AT_\Sigma(V) \to \mathsf{VEnv} \to A$ und sie ist induktiv definiert durch die Gleichungen:

$$\begin{array}{lcl} \mathcal{A}[\![x^\tau]\!]\rho & = & \rho[\![x^\tau]\!] \\ \mathcal{A}[\![c]\!]\rho & = & \alpha(c) \\ \mathcal{A}[\![f(t_1, \ldots, t_n)]\!]\rho & = & \alpha(f)(\mathcal{A}[\![t_1]\!]\rho, \ldots, \mathcal{A}[\![t_n]\!]\rho) \\ \mathcal{A}[\![(e_1\ e_2)]\!]\rho & = & \mathbf{down}(\mathcal{A}[\![e_1]\!]\rho)(\mathcal{A}[\![e_2]\!]\rho). \end{array}$$

□

Im folgenden sei immer $R = [G_j\ x_1 \dots x_{n_j} = t_j \mid 1 \leq j \leq r] \in \mathbf{ARek}_\Sigma$ zu einer beliebigen algorithmischen Signatur Σ.

13.2.3 Definition Die nicht-strikte Fixpunktsemantik von R relativ zu einer zulässigen Interpretation $\mathcal{A}$ ist definiert durch:

$$\begin{aligned}
&\mathcal{A}[\![\ [G_j\ x_1 \dots x_{n_j} = t_j \mid 1 \leq j \leq r]\ ]\!] \\
&\quad = \mathbf{on}_1(\mathbf{lfp}\ \lambda(g_1, \dots, g_r).(\dots, \\
&\qquad \mathbf{up}\lambda y_1 \dots \mathbf{up}\lambda y_{n_j}.\mathcal{A}[G_i \mapsto g_i][\![\ t_j\ ]\!][x_k \mapsto y_k \mid 1 \leq k \leq n_j], \dots)).
\end{aligned}$$

□

13.2.4 Definition Die strikte Fixpunktsemantik von $R \in \mathbf{ARek}_\Sigma$ relativ zu einer zulässigen Interpretation $\mathcal{A}$ ist definiert durch:

$$\begin{aligned}
&\mathcal{A}^\perp[\![\ [G_j\ x_1 \dots x_{n_j} = t_j \mid 1 \leq j \leq r]\ ]\!] \\
&\quad = \mathbf{on}_1(\mathbf{lfp}\ \lambda(g_1, \dots, g_r).(\dots, \\
&\qquad \mathbf{up}\lambda y_1 \dots \mathbf{up}\ \lambda y_{n_j}. \\
&\qquad\quad \mathbf{strict}\mathcal{A}[G_i \mapsto g_i][\![\ t_j\ ]\!](\mathbf{unsmash}^{n_j}(\mathbf{smash}^{n_j}(y_1, \dots, y_{n_j}))), \dots)).
\end{aligned}$$

□

In gleicher Weise wie zuvor in Definition 12.2.3 können auch hier natürliche Semantiken durch Deduktionssysteme angegeben werden, die eine Berechnungsrelation auf applikativen Termen mit Werten $AT_\Sigma(A)$ definieren.

13.2.5 Definition (Nicht-strikte natürliche Semantik für $\mathbf{ARek}_\Sigma$) Sei $\mathcal{A} = (A, \alpha) \in \mathbf{Alg}_\Sigma$ eine Algebra. Die Menge der Berechnungsterme COMP und ihrer Normalformen SKNF ist definiert durch:

$$\begin{aligned}
\text{SKNF} &= A \cup \{G_j[e_1, \dots, e_l] \mid 0 \leq l < n_j, e_i \in \text{COMP}, 1 \leq i \leq l\} \\
\text{COMP} &= AT_\Sigma(\text{SKNF}).
\end{aligned}$$

Dabei modelliert der *Abschluß* $G_j[e_1, \dots, e_l]$ die partielle Anwendung der Funktion G_j auf die Argumentausdrücke e_j, die — aufgrund der nicht-strikten Auswertung — beliebige Berechnungsterme $\in$ COMP sein dürfen. Die Berechnungsrelation $\Rightarrow_R$ setzt Berechnungsterme mit ihrer schwachen Kopfnormalform in Relation, ist also eine Teilmenge von COMP $\times$ SKNF. Die Berechnungsregeln für Konstanten und Grundfunktionen (CONST, Σ, COND1, COND2) werden aus Definition 12.2.3 übernommen. Lediglich (FUNC) wird durch die folgenden Regeln ersetzt:

$$\text{(APPLY1)}\quad \frac{\begin{array}{l}[G\ x_1 \ldots x_n = e \in R] \\ e_1 \Rightarrow_R G\ e'_1 \ldots e'_l \quad l+1 = n \\ e[x_1 \mapsto e'_1, \ldots, x_l \mapsto e'_l, x_n \mapsto e_2] \Rightarrow_R a\end{array}}{(e_1\ e_2) \Rightarrow_R a}$$

$$\text{(APPLY2)}\quad \frac{\begin{array}{l}[G\ x_1 \ldots x_n = e \in R] \\ e_1 \Rightarrow_R G\ e'_1 \ldots e'_l \quad l+1 < n\end{array}}{(e_1\ e_2) \Rightarrow_R G\ e'_1 \ldots e'_l\ e_2}$$

□

Die erste Regel (APPLY1) kommt zum Zuge, falls der Wert von e_1 ein Abschluß ist, der durch e_2 zur vollständigen Applikation der Funktion G wird. In diesem Fall wird der Rumpf von G (nämlich e) ausgewertet, wobei die formalen Parameter durch die unausgewerteten aktuellen Parameter $e'_1, \ldots, e'_l, e_2$ ersetzt werden.

Die zweite Regel (APPLY2) tritt in allen anderen Fällen ein. Dann ist der Wert von e_1 ein Abschluß für G mit l Argumenten, aber das zusätzliche macht den Abschluß nicht zu einer vollständigen Applikation ($l + 1 < n$). Der Wert ist dann ein neuer Abschluß, der die Erweiterung des Abschlusses $G\ e'_1 \ldots e'_l$ um e_2 ist.

13.2.6 Definition (Strikte natürliche Semantik für ARek$_\Sigma$) Sei $\mathcal{A} = (A, \alpha) \in \mathbf{Alg}_\Sigma$ eine Algebra. Die Menge der Berechnungsterme und ihrer Normalformen ist:

$$\begin{array}{rcl} \text{NF} & = & A \cup \{G_j[a_1, \ldots, a_l] \mid 0 \leq l < n_j, a_i \in \text{NF}, 1 \leq i \leq l\} \\ \text{COMP} & = & AT_\Sigma(\text{NF}). \end{array}$$

Hier enthalten die Abschlüsse $G_j[a_1, \ldots, a_l]$ nur Werte (Normalformen), d.h. Elemente $a_j \in$ NF. Die Berechnungsrelation $\Downarrow_R$ ist eine Teilmenge von COMP × NF. Die Berechnungsregeln für Konstanten und Grundfunktionen (CONST, Σ, COND1, COND2) werden aus Definition 12.2.5 übernommen. (FUNC) wird ersetzt durch die Regeln

$$\text{(APPLY1)}\quad \frac{\begin{array}{l}[G\ x_1 \ldots x_n = e \in R] \\ e_1 \Downarrow_R G\ a_1 \ldots a_l \quad l+1 = n \\ e_2 \Downarrow_R a' \\ e[x_1 \mapsto a_1, \ldots, x_l \mapsto a_l, x_n \mapsto a'] \Downarrow_R a\end{array}}{(e_1\ e_2) \Downarrow_R a}$$

$$\text{(APPLY2)}\quad \frac{\begin{array}{l}[G\ x_1 \ldots x_n = e \in R] \\ e_1 \Downarrow_R G\ a_1 \ldots a_l \quad l+1 < n \\ e_2 \Downarrow_R a'\end{array}}{(e_1\ e_2) \Downarrow_R G\ a_1 \ldots a_l\ a'}$$

□

Zusätzlich zu den Regeln (APPLY1) und (APPLY2) tritt hier die Regel (APPLY0), die erzwingt, daß das Argument einer Applikation ausgewertet wird, bevor es in einen Abschluß gelangt oder als Argument an eine Funktion übergeben wird.

Zur Feststellung einer Verbindung zwischen der Fixpunktsemantik und der natürlichen Semantik muß der folgende Satz bewiesen werden.

13.2.7 Satz *Seien* $\mathcal{A} = (A, \alpha) \in \mathbf{Alg}_\Sigma$, $a_1, \ldots, a_n \in A$ *und* $\mathcal{A}_\perp \in \mathbf{CAlg}_\Sigma$ *die zulässige Fortsetzung von* $\mathcal{A}$.

1. *Es ist* $\mathcal{A}_\perp[G \mapsto \mathcal{A}_\perp[\![R]\!]][\![G\, x_1 \ldots x_n]\!]_n(a_1, \ldots, a_n) = a \neq \perp$ *genau dann, wenn* $G_1\; a_1 \ldots a_n \Rightarrow_R a$ *ableitbar ist.*

2. *Es ist* $\mathcal{A}_\perp[G \mapsto \mathcal{A}_\perp^\perp[\![R]\!]][\![G\, x_1 \ldots x_n]\!]_n(a_1, \ldots, a_n) = a \neq \perp$ *genau dann, wenn* $G_1\; a_1 \ldots a_n \Downarrow_R a$ *ableitbar ist.*

13.3 Maschinenmodelle und Übersetzung applikativer rekursiver Programmschemata

Zur Implementierung von $\mathbf{ARek}_\Sigma$ sind neue Datenstrukturen auf der Ebene der abstrakten Maschine erforderlich. Die Hauptänderung gegenüber der SM($\mathcal{A}$) ist die Einführung einer Datenstruktur für unvollständige Funktionsaufrufe, dem sogenannten Abschluß (*closure*). Ein Abschluß wird erforderlich, falls eine unvollständige Funktionsanwendung vorliegt. In diesem Fall spricht man von *Unterversorgung* mit Parametern oder auch von *partiellen Applikationen* (partial applications). Ein Abschluß besteht aus einer Programmadresse (der Anfangsadresse der aufzurufenden Funktion) und einer unvollständigen Argumentliste.

Ein Abschluß repräsentiert eine einstellige (geschönfinkelte) Funktion: Er kann auf einen weiteren Parameter angewendet werden. Sei nun G_j eine definierte Funktion mit n_j Parametern. Wird ein Abschluß für G_j auf ein Argument angewendet, so treten in Abhängigkeit von der Anzahl l der bereits vorhandenen Parameter zwei Situationen auf:

$n_j > l + 1$: Die formale Stelligkeit von G_j wird auch mit dem zusätzlichen Argument nicht erreicht. Hier wird ein neuer Abschluß für G_j mit $l+1$ Argumenten erzeugt.

$n_j = l + 1$: Mit diesem Argument ist die Parameterliste vollständig und der Rumpf von G_j kann ausgeführt werden.

13.3.1 Strikte Auswertung

Der Zustandsraum der SMH($\mathcal{A}$) ist wieder (vgl. mit SM($\mathcal{A}$)) festgelegt als $Z = \mathbf{BZ} \times \mathbf{DS} \times \mathbf{FS}$. Programmadressen werden durch Werte in CAddr dargestellt, hier sei CAddr $= \mathbb{N}$ gewählt. Zur Darstellung der Datenwerte dient $DW = A \dot{\cup} CAddr \times DW^*$ mit der Konvention

$$DW \ni x = \begin{cases} val(a) & a \in A \\ clo(n, x_1 \ldots x_l) & n \in CAddr, x_i \in DW, l \in \mathbb{N} \end{cases}$$

Ein Wert der Form $clo(n, x_1 \ldots x_l)$ repräsentiert einen Abschluß mit Adresse n und Argumenten $x_1, \ldots, x_l$.

Die Register der Maschine (die Komponenten des Zustandsraums) haben die folgenden Typen.

BZ	=	CAddr	Befehlszähler
DS	=	DW*	Datenstapel
FS	=	(CAddr × DW*)*	Funktionsstapel

Zu den SM($\mathcal{A}$)-Befehlen

$$\begin{aligned} B_0 &= \{\texttt{RET}\} \\ &\dot{\cup}\ \{\texttt{PUSH}, \texttt{JUMP}, \texttt{JFALSE}\} \times \mathbb{N} \\ &\dot{\cup}\ \{\texttt{EXEC}\} \times F \\ &\dot{\cup}\ \{\texttt{CALL}\} \times \mathbb{N} \times \mathbb{N} \end{aligned}$$

kommen zwei Befehle zur Handhabung von Abschlüssen hinzu:

$$B_1 = B_0 \dot{\cup} \{\texttt{MKCLOS}\} \times \mathbb{N} \times \mathbb{N} \dot{\cup} \{\texttt{APPLY}\}.$$

Entsprechend sind Programme nun Abbildungen nach B_1: $Prog_1 = [\mathbb{N}^{>0} \dashrightarrow B_1]$.

`MKCLOS` m, n erzeugt einen Abschluß für die Funktion mit n aktuellen Argumenten, deren Startadresse m ist, `APPLY` bricht einen Abschluß auf und wendet ihn auf das darunter liegende Element von **DS** an. Die Bedeutung von `CALL` muß sich verändern, da die Reihenfolge, in der die Parameter auf dem Datenstapel erwartet werden, sich umgekehrt hat. Die Parameter müssen jetzt „von rechts nach links" auf den Datenstapel gelegt werden. Die formale Beschreibung der Befehle liefert Abb. 13.1.

Die Einzelschrittfunktion und ihre Iteration sind wie in Definition 12.3.1 bzw. Definition 12.3.3 vereinbart. Die Ein- und Ausgabefunktionen der Maschine und die Programmsemantik sind definiert durch

$$\begin{aligned} in^{(\tau_1 \ldots \tau_n)}(a_1, \ldots, a_n) &= (1, \varepsilon, (0, val(a_1) \ldots val(a_n))) \\ out^{\tau_0}(0, val(a), \varepsilon) &= a \\ [\![\pi]\!]^{(\tau_1 \ldots \tau_n, \tau_0)}_{SMH(\mathcal{A})} &= out^{(\tau_0)} \circ \Delta^\infty\ \pi \circ in^{(\tau_1 \ldots \tau_n)} \end{aligned}$$

Die Übersetzung von applikativen rekursiven Programmschemata gliedert sich in zwei Teile, da hier auch Code für die linken Seiten einer Definition erzeugt wird. Der Ansatz hierfür ist ähnlich wie bei der von Cardelli geschilderten

$$
\begin{array}{llll}
\mathcal{B}[\![\,\texttt{MKCLOS}\ m',n\,]\!](& m, & d_1:\ldots:d_n:d, & h) \\
= & (m+1, & \mathrm{clo}(m',d_1\ldots d_n):d, & h) \\
\mathcal{B}[\![\,\texttt{APPLY}\,]\!] & (m, & \mathrm{clo}(m',d_1\ldots d_n):d, & h) \\
= & (m', & d_1:\ldots:d_n:d, & (m+1,\varepsilon):h) \\
\mathcal{B}[\![\,\texttt{CALL}\ m',n\,]\!] & (m, & d_1:\ldots:d_n:d, & h) \\
= & (m', & & d,(m+1,d_1\ldots d_n):h)
\end{array}
$$

Abbildung 13.1: Befehlssemantik der SMH($\mathcal{A}$).

FAM (functional abstract machine) [Car84]. Für jede mögliche Anzahl von Argumenten einer Funktion wird ein Eintrittspunkt erzeugt. Dort wird entweder ein neuer Abschluß gebildet oder der Funktionsrumpf aufgerufen.

13.3.1 Definition Die Übersetzungsfunktionen von $\mathbf{ARek}_\Sigma$ für die SMH($\mathcal{A}$) mit strikter Semantik

$$
\begin{array}{rcl}
\mathrm{trans} & : & \mathbf{ARek}_\Sigma \to \mathrm{Prog}_1 \\
\mathrm{ltrans} & : & AT_{\Sigma[G]}(X) \to \mathrm{Prog}_1 \\
\mathrm{exptrans} & : & AT_{\Sigma[G]}(X) \to \mathrm{Prog}_1
\end{array}
$$

sind definiert in Abb. 13.2. □

13.3.2 Erweiterungen für verzögerte Auswertung

Nun wird das Maschinenmodell zur Auswertung von Funktionen höheren Typs für die Implementierung der nicht-strikten und der verzögerten Auswertungsstrategie erweitert. Aufgrund der verzögerten Auswertung befinden sich in partiellen Anwendungen (repräsentiert durch Abschlüsse) nicht notwendigerweise Daten, sondern Zeiger auf Programmstücke, deren Auswertung erst den gewünschten Wert produziert. Diese Programmstücke können auf Argumente derjenigen Funktionsaktivierung Bezug nehmen, innerhalb derer der Abschluß angelegt worden ist. Der Abschluß kann diese Funktionsaktivierung überleben und nimmt dann auf Argumente Bezug, die sich nicht mehr auf dem Funktionsstapel befinden (bei Programmen erster Ordnung ist so etwas offensichtlich nicht möglich). Daher wird für die Objekte, deren Lebensdauer länger sein kann als die erzeugende Funktion aktiv ist, eine sogenannte *Halde* (*heap*) eingeführt. Die Halde enthält in der Hauptsache Suspensionen. Das sind Abschlüsse, die nicht zu einer partiellen Funktionsanwendung gehören, sondern eingefrorene Berechnungen darstellen. Die Codeadresse einer Suspension bezeichnet das Programmstück, das die eingefrorene Berechnung ausführt, und die Datenwerte sind diejenigen Argumente, die in der Berechnung benötigt werden.

$$
\begin{aligned}
\text{trans}[\![(G_j\, x_1 \ldots x_{n_j} = e_j \mid 1 \le j \le r)]\!] = \\
&= \texttt{JUMP}\ G_1; \\
&\quad \text{ltrans}[\![G_1\, x_1 \ldots x_{n_1}]\!];\ G_1 : \text{exptrans}[\![e_1]\!];\ \texttt{RET} \\
&\quad \ldots \\
&\quad \text{ltrans}[\![G_r\, x_1 \ldots x_{n_r}]\!];\ G_r : \text{exptrans}[\![e_r]\!];\ \texttt{RET} \\
\text{ltrans}[\![G_j\, x_1 \ldots x_n]\!] &= G_j^0 : \texttt{MKCLOS}\ G_j^1, 1;\ \texttt{RET} \\
&\quad G_j^1 : \texttt{MKCLOS}\ G_j^2, 2;\ \texttt{RET} \\
&\quad G_j^2 : \ldots \\
&\quad G_j^{n-1} : \texttt{CALL}\ G_j, n;\ \texttt{RET} \\
\text{exptrans}[\![x_i]\!] &= \texttt{PUSH}\ i \\
\text{exptrans}[\![G_j]\!] &= \begin{cases} \texttt{MKCLOS}\ G_j^0, 0 & n_j > 0 \\ \texttt{CALL}\ G_j, 0 & n_j = 0 \end{cases} \\
\text{exptrans}[\![(e_1\, e_2)]\!] &= \text{exptrans}[\![e_2]\!];\ \text{exptrans}[\![e_1]\!];\ \texttt{APPLY} \\
\text{exptrans}[\![f(e_1, \ldots, e_n)]\!] &= \text{exptrans}[\![e_1]\!]; \ldots \text{exptrans}[\![e_n]\!];\ \texttt{EXEC}\ f
\end{aligned}
$$

Abbildung 13.2: Übersetzung von $\mathbf{ARek}_\Sigma$ in SMH($\mathcal{A}$)-Programme.

Maschine

Mit den Festlegungen

$$\begin{array}{lcll} \text{CAddr} & = & \mathbb{N} & \text{Codeadressen} \\ \text{HAddr} & = & \mathbb{N} & \text{Haldenadressen} \\ \text{DW} & = & \text{val}(A) & \text{Datenwerte} \\ & + & \text{clo}(\text{CAddr} \times \text{DW}^*) & \text{Abschlüsse} \\ & + & \text{ref}(\text{HAddr}) & \text{Haldenreferenzen} \\ & + & \text{susp}(\text{CAddr} \times \text{DW}^*) & \text{Suspensionen} \end{array}$$

ergibt sich der Zustandraum $Z = \mathbf{BZ} \times \mathbf{DS} \times \mathbf{FS} \times \mathbf{HP}$ als

BZ	=	CAddr	Befehlszähler
DS	=	DW^*	Datenstapel
FS	=	$(\text{CAddr} \times \text{DW}^*)^*$	Funktionsstapel
HP	=	DW^*	Halde

Die SMNH($\mathcal{A}$) wertet Datenobjekte bis zur schwachen Kopfnormalform aus. Ein Datenobjekt $x \in \text{DW}$ ist in schwacher Kopfnormalform, falls es die Form $x = \text{val}(a)$ oder $x = \text{clo}(\dots)$ hat. Zu den Befehlen der SMH($\mathcal{A}$) kommen die Befehle `EVAL`, `UPDATE` und `MKSUSP` m', n hinzu.

$$B_2 = B_1 \dot{\cup} \{\texttt{EVAL}, \texttt{UPDATE}\} \dot{\cup} \{\texttt{MKSUSP}\} \times \text{CAddr} \times \mathbb{N}$$

Die formale Beschreibung $\mathcal{B}\colon B_2 \to Z \dashrightarrow Z$ der Befehle zeigt Abb. 13.3. Die Programme sind nun $\text{Prog}_2 = [\mathbb{N}^{>0} \dashrightarrow B_2]$.

`EVAL` berechnet einen Wert bis zur SKNF, d.h. bis val(...) bzw. clo(...). Falls `EVAL` auf der Stapelspitze bereits einen Wert dieser Bauart vorfindet, bleibt der Zustand unverändert und die Ausführung des Programms wird beim nächsten Befehl fortgesetzt. Gegebenenfalls muß zuerst eine Kette von Referenzen durchlaufen werden. Sie entsteht durch Anwendung von Projektionsfunktionen, die einfach einen Teil ihres Arguments weiterreichen. `UPDATE` erwartet auf dem Datenstapel einen Wert w und eine Referenz x in die Halde. Es überschreibt den Wert an der Stelle x in der Halde mit w und entfernt die Referenz x von Datenstapel. `MKSUSP` m', n legt auf der Halde eine Suspension mit Codeadresse m' und den n obersten Werten auf dem Datenstapel an und hinterläßt eine Referenz darauf.

Die Einzelschrittfunktion und ihre iterierte Variante sind wie üblich definiert. Die Ein- und Ausgabeabbildungen sind gegeben durch

$$\begin{array}{rlcl} \text{in}^{(\tau_1 \dots \tau_n)}\colon & \bigcup_{\sigma \in \mathbf{Subst}(\Theta, TV)} (A^{\sigma\tau_1} \times \dots \times A^{\sigma\tau_n} & \to & Z) \\ \text{in}^{(\tau_1 \dots \tau_n)} & (a_1, \dots, a_n) & = & (1, \varepsilon, (0, a_1 \dots a_n), \varepsilon) \\ & & & \\ \text{out}^{\tau}\colon & Z & \dashrightarrow & \bigcup_{\sigma \in \mathbf{Subst}(\Theta, TV)} A^{\sigma\tau} \\ \text{out}^{\tau} & (0, a, \varepsilon, H) & = & a. \end{array}$$

$$
\begin{array}{lllr}
\mathcal{B}[\![\, \texttt{EVAL} \,]\!] & & & \\
(\quad m, & \mathrm{ref}(x):d', & h, & H[x=y]) \\
=(\quad m, & y:d', & h, & H) \\
 & & & \text{falls } y \neq \mathrm{susp}(\ldots) \\
\mathcal{B}[\![\, \texttt{EVAL} \,]\!] & & & \\
(\quad m, & \mathrm{ref}(x):d', & h, & H[x=\mathrm{susp}(m', w_1 \ldots w_n)]) \\
=(\quad m', & \mathrm{ref}(x):d', (m+1, w_1 \ldots w_n):h, & & H) \\
\mathcal{B}[\![\, \texttt{EVAL} \,]\!] & & & \\
(\quad m, & x:d', & h, & H) \\
=(m+1, & x:d', & h, & H) \\
 & & & \text{falls } x \neq \mathrm{ref}(\ldots)
\end{array}
$$

$$
\begin{array}{lllr}
\mathcal{B}[\![\, \texttt{UPDATE} \,]\!] & & & \\
(\quad m, & w:\mathrm{ref}(x):d', & h, & H) \\
=(m+1, & w:d', & h, & H[x \mapsto w])
\end{array}
$$

$$
\begin{array}{lllr}
\mathcal{B}[\![\, \texttt{MKSUSP}\ m', n \,]\!] & & & \\
(\quad m, & d_1:\ldots:d_n:d', & h, & H) \\
=(m+1, & \mathrm{ref}(|H|+1):d', & h, & \mathrm{susp}(m', d_1 \ldots d_n):H)
\end{array}
$$

Abbildung 13.3: Befehlssemantik der SMNH($\mathcal{A}$).

und die Programmsemantik wie gewöhnlich durch Komposition der passenden Ausgabeabbildung mit der iterierten Einzelschrittfunktion und der Eingabeabbildung.

Übersetzung

Zunächst wird die Codeerzeugung für suspendierte Berechnungen beschrieben. Das Ergebnis der Übersetzung eines Ausdrucks, dessen Berechnung verzögert erfolgen soll, ist Code, der eine Suspension erzeugt. Sie enthält die zur Durchführung der Berechnung notwendigen Argumentwerte. Die zugehörige Funktion suspend ist definiert durch:

$$\begin{array}{lll}
\text{suspend}: AT_{\Sigma[G]}(X) \to \text{Prog}_2 & & \\
\text{suspend}[\![e]\!] = & & \texttt{PUSH}\ i_k; \ldots ; \texttt{PUSH}\ i_1; \\
 & & \texttt{MKSUSP}\ \text{expr}, k; \texttt{JUMP}\ \text{cont}; \\
 & \text{expr}: & \text{exptrans}[\![e']\!]; \texttt{UPDATE}; \texttt{RET}; \\
 & \text{cont}: & \\
 & & \\
\textbf{where} & & \{x_{i_1}, \ldots , x_{i_k}\} = \text{var}(e), i_v < i_{v+1} \\
 & & e' = e[x_{i_j} \mapsto x_j \mid 1 \leq j \leq k].
\end{array}$$

Der Code der so erzeugten Suspension erwartet beim Eintritt die Haldenadresse der Suspension auf der Stapelspitze. So ist sichergestellt, daß der UPDATE-Befehl auf der Stapelspitze einen Wert und darunter die Haldenreferenz der zugehörigen Suspension findet und korrekt ablaufen kann.

Für exptrans ergeben sich nur zwei Veränderungen im Vergleich zur SMH($\mathcal{A}$), nämlich in der Übersetzung von Variablen und von Funktionsanwendungen $(e_1\ e_2)$. Bei der Übersetzung von Variablen muß nach dem Zugriff noch ein EVAL erfolgen und bei Funktionsanwendungen muß das Argument mit suspend übersetzt werden:

$$\begin{array}{lll}
\text{exptrans}[\![x_i]\!] & = & \texttt{PUSH}\ i;\ \texttt{EVAL} \\
\vdots & & \\
\text{exptrans}[\![(e_1\ e_2)]\!] & = & \text{suspend}[\![e_2]\!]; \text{exptrans}[\![e_1]\!]; \texttt{APPLY}
\end{array}$$

13.3.3 Datenstrukturen

Zur konkreten Implementierung strikter und nicht-strikter Datenstrukturen müssen einige Idealisierungen, die die bisherigen Maschinen vereinfacht haben, entfallen. Ab jetzt gelten die folgenden Einschränkungen, durch die die Maschinen wirklichkeitsgetreuer werden.

1. Listen und andere algebraische Datenstrukturen werden durch verzeigerte Strukturen auf der Halde dargestellt.

2. Ein Register oder eine Stelle auf einem Stapel kann nur einen Wert von einem Basisdatentyp, wie `Int` oder `Bool`, oder einen Verweis auf ein Objekt auf der Halde enthalten.

3. Die Grundoperationen (für Listen)

$$\begin{array}{lll} \texttt{NIL:} & (\varepsilon, \texttt{List}(\alpha)) & \in F \\ \texttt{CONS:} & (\alpha\, \texttt{List}(\alpha), \texttt{List}(\alpha)) & \in F \end{array}$$

werden nicht durch `EXEC` implementiert. Weiterhin sind Testoperationen wie `IS-NIL`, `IS-CONS` vom Typ $(\texttt{List}(\alpha), \texttt{Bool})$ und Selektoroperationen notwendig wie `HEAD` vom Typ $(\texttt{List}(\alpha), \alpha)$ und `TAIL` vom Typ $(\texttt{List}(\alpha), \texttt{List}(\alpha))$.

Semantik

Die natürliche Semantik muß an zwei Stellen verändert werden, damit Datenstrukturen korrekt gehandhabt werden. Zum einen muß die Menge der Berechnungsterme und Normalformen um Anwendungen von Datenkonstruktoren auf Argumente erweitert werden und zum anderen muß die Berechnungsrelation auf diese neue Terme erweitert werden.

13.3.2 Definition [strikte natürliche Semantik von Datenkonstruktoren] Die Menge der Berechnungsterme erweitert sich um $C\ e_1 \ldots e_k$ für k-stellige Datenkonstruktoren C und Berechnungsterme $e_1, \ldots, e_k$, um Selektoroperationen `SEL-i`, die das i-te Argument eines Datenkonstruktors ermitteln, und Konstruktortests der Form `IS-C`, welche den Datenkonstruktor auf der Spritze ihres Arguments mit C vergleichen. Die Menge NF der Normalformen erweitert sich um $C\ a_1 \ldots a_k$, wobei $a_1, \ldots, a_k \in NF$ sind.

$$\text{(CONSTR)} \quad \frac{t_j \Downarrow_R a_j \quad [1 \leq j \leq k]}{C\ t_1 \ldots t_k \Downarrow_R C\ a_1 \ldots a_k}$$

$$\text{(SEL)} \quad \frac{[1 \leq i \leq k] \quad e \Downarrow_R C\ a_1 \ldots a_k}{\texttt{SEL-i}\ e \Downarrow_R a_i}$$

$$\text{(IS1)} \quad \frac{e \Downarrow_R C\ a_1 \ldots a_k}{\texttt{IS-C}\ e \Downarrow_R \texttt{True}}$$

$$\text{(IS2)} \quad \frac{e \Downarrow_R C'\ a_1 \ldots a_k \quad [C \neq C']}{\texttt{IS-C}\ e \Downarrow_R \texttt{False}}$$

□

Für die nicht-strikte Variante ändert sich die Menge der Normalformen. Ein Datenkonstruktor kann auf beliebige Berechnungsterme angewendet werden.

13.3.3 Definition (nicht-strikte natürliche Semantik von Datenkonstruktoren) Die Menge der COMP Berechnungsterme ist genau wie in Definition 13.3.2 beschrieben. Die Menge SKNF der schwachen Kopfnormalformen erweitert sich um $C\ e_1 \ldots e_k$, wobei $e_1, \ldots, e_k \in$ COMP sind.

$$\text{(CONSTR)} \qquad C\ e_1 \ldots e_k \Downarrow_R C\ e_1 \ldots e_k$$

$$\text{(SEL)} \qquad \frac{[1 \leq i \leq k] \quad e \Downarrow_R C\ e_1 \ldots e_k \quad e_i \Downarrow_R a_i}{\texttt{SEL-i}\ e \Downarrow_R a_i}$$

$$\text{(IS1)} \qquad \frac{e \Downarrow_R C\ e_1 \ldots e_k}{\texttt{IS-C}\ e \Downarrow_R \texttt{True}}$$

$$\text{(IS2)} \qquad \frac{e \Downarrow_R C'\ e_1 \ldots e_k \quad [C \neq C']}{\texttt{IS-C}\ e \Downarrow_R \texttt{False}}$$

□

Denotationell werden algebraische Datenstrukturen durch Lösungen von Bereichsgleichungen dargestellt. Bei der Angabe einer denotationellen Semantik für sie ist zu beachten, daß Bereichsgleichungen nur bis auf Isomorphie gelöst werden. Eine Bereichsgleichung für strikte Listen über einem Bereich X ist z.B.:

$$L^{\perp}(X) \cong \mathbf{1}_{\perp} \oplus X \otimes L^{\perp}(X).$$

Explizit heißt das: Es gibt einen Bereich $L^{\perp}(X)$ und zwei bijektive stetige Abbildungen ψ und ϕ, so daß das Diagramm

$$L^{\perp}(X) \underset{\phi}{\overset{\psi}{\rightleftarrows}} \mathbf{1}_{\perp} \oplus X \otimes L^{\perp}(X)$$

kommutiert, d.h. $\psi \circ \phi = id$ und $\phi \circ \psi = id$. Diese Abbildungen gehen in die Definition der Semantik der Datenkonstruktoren und der Selektoroperationen ein.

Für strikte Listen können die folgenden Datenkonstruktoren verwendet werden.

$$\begin{aligned} [\![\texttt{NIL}]\!] &= \phi(\mathbf{in}_1(\mathbf{up}\ ())) \\ [\![\texttt{CONS}]\!] &= \mathbf{up}\ \lambda x.\mathbf{up}\ \lambda xs.\phi(\mathbf{in}_2(\mathbf{up}(\mathbf{smash}\ (x, xs)))) \end{aligned}$$

Das kommutative Diagramm zu einer Bereichsgleichung für nicht-strikte Listen über dem Bereich X lautet:

$$L(X) \underset{\phi}{\overset{\psi}{\rightleftarrows}} \mathbf{1} + X \times L(X) = \mathbf{1}_{\perp} \oplus (X \times L(X))_{\perp}.$$

Damit ergeben sich die Datenkonstruktoren wie folgt:

$$\begin{aligned}[\![\texttt{NIL}]\!] &= \phi(\mathbf{in}_1(\mathbf{up}\,())) \\ [\![\texttt{CONS}]\!] &= \mathbf{up}\,\lambda x.\mathbf{up}\,\lambda xs.\phi(\mathbf{in}_2(\mathbf{up}(x, xs))).\end{aligned}$$

Für die Selektoren und Konstruktortests ergibt sich:

$$\begin{aligned}[\![\texttt{SEL-i}]\!] &= \mathbf{up}\,\lambda x.\mathbf{case}(\psi\,x, \lambda n.\bot, \lambda c.\mathbf{on}_i\,c) \\ [\![\texttt{IS-NIL}]\!] &= \mathbf{up}\,\lambda x.\mathbf{case}(\psi\,x, \lambda n.\texttt{True}, \lambda c.\texttt{False}) \\ [\![\texttt{IS-CONS}]\!] &= \mathbf{up}\,\lambda x.\mathbf{case}(\psi\,x, \lambda n.\texttt{False}, \lambda c.\texttt{True}).\end{aligned}$$

Maschine

Die abstrakte Maschine wird so erweitert, daß auf der Halde ein neuer Datenwert zur Repräsentation einer Struktur abgelegt werden kann.

$$\begin{aligned}\mathrm{Tag} &= \mathbb{N} \\ \mathrm{DW} &= \ldots + \mathrm{struc}(\mathrm{Tag} \times \mathrm{DW}^*)\end{aligned}$$

Ein *Tag* ist eine Markierung eines Datenobjekts. Auf einer wirklichen Maschine wird meist darauf geachtet, daß sich ein Tag mit möglichst wenigen Bits repräsentieren läßt. Hier ist zur Vereinfachung Tag $= \mathbb{N}$ gewählt. Das Tag in einer Struktur dient der Unterscheidung der Konstruktoren. Im folgenden sei willkürlich der Wert 0 als Tag für `NIL` und 1 als Tag für `CONS` gewählt. Für jeden algebraischen Datentyp kann diese Festlegung unabhängig getroffen werden.

Die Instruktionen zur Handhabung von Strukturen sind `MKSTRUC`, `SELECT` und `GETTAG`. `MKSTRUC` t, n legt eine Struktur mit Tag t und n Komponenten an, die vom Datenstapel entfernt werden, und hinterläßt eine Referenz. Die Befehle `SELECT` i sowie `GETTAG` erwarten auf dem Datenstapel eine Referenz auf eine Struktur und liefern die i-te Komponente bzw. den Wert des Tags. Also ist

$$B_3 = B_2 \dot\cup \{\texttt{GETTAG}\} \dot\cup \{\texttt{SELECT}\} \times \mathbb{N} \dot\cup \{\texttt{MKSTRUC}\} \times \mathrm{Tag} \times \mathbb{N}.$$

Die Programme sind nun $\mathrm{Prog}_3 = [\mathbb{N}^{>0} \dashrightarrow B_3]$.

$$\begin{aligned}&\mathcal{B}[\![\texttt{MKSTRUC}\ t, n]\!](m, d_n : \ldots : d_1 : d', h, H) \\ &= (m+1, \mathrm{ref}(|H|+1) : d', h, \mathrm{struc}(t, d_1 \ldots d_n) : H)\end{aligned}$$

$$\begin{aligned}&\mathcal{B}[\![\texttt{SELECT}\ i]\!](m, \mathrm{ref}(x) : d', h, H[x = (t, d_1 \ldots d_n)]) \\ &= (m+1, d_i : d', h, H)\end{aligned}$$

$$\begin{aligned}&\mathcal{B}[\![\texttt{GETTAG}]\!](m, \mathrm{ref}(x) : d', h, H[x = (t, d_1 \ldots d_n)]) \\ &= (m+1, t : d', h, H)\end{aligned}$$

Übersetzung für strikte Datenstrukturen

Zunächst müssen die Testoperationen (IS-CONS und IS-NIL) und die Selektoroperationen (HEAD und TAIL) nach dem folgenden Schema durch generische Operationen ersetzt werden. (Unter Beachtung der Festlegung der Werte der Tags für die Konstruktoren.)

$$\begin{array}{lcl} \texttt{IS-NIL}(e) & \longrightarrow & \texttt{TAG}(e) = 0 \\ \texttt{IS-CONS}(e) & \longrightarrow & \texttt{TAG}(e) = 1 \\ \texttt{HEAD}(e) & \longrightarrow & \texttt{SEL-1}(e) \\ \texttt{TAIL}(e) & \longrightarrow & \texttt{SEL-2}(e) \end{array}$$

Die Übersetzung wird wie folgt erweitert:

$$\begin{array}{lcl} \text{exptrans}[\![\texttt{NIL}]\!] & = & \texttt{MKSTRUC}\ 0,0 \\ \text{exptrans}[\![\texttt{CONS}(e_1, e_2)]\!] & = & \text{exptrans}[\![e_1]\!];\ \text{exptrans}[\![e_2]\!];\ \texttt{MKSTRUC}\ 1,2 \\ \text{exptrans}[\![\texttt{SEL-i}(e)]\!] & = & \text{exptrans}[\![e]\!];\ \texttt{SELECT}\ i \\ \text{exptrans}[\![\texttt{TAG}(e)]\!] & = & \text{exptrans}[\![e]\!];\ \texttt{GETTAG} \end{array}$$

Übersetzung für nicht-strikte Datenstrukturen

Bei nicht-strikten Datenstrukturen müssen die Berechnungen der Argumente der Datenkonstruktoren eingefroren werden. Beim Zugriff auf eine Komponente einer Struktur muß der dort abgelegte Wert berechnet werden (falls sich dort eine Suspension befand) und die Suspension durch ihren Wert überschrieben werden. Das läßt sich mit den vorhandenen Befehlen realisieren.

$$\begin{array}{lcl} \text{exptrans}[\![\texttt{NIL}]\!] & = & \texttt{MKSTRUC}\ 0,0 \\ \text{exptrans}[\![\texttt{CONS}(e_1, e_2)]\!] & = & \text{suspend}[\![e_1]\!];\ \text{suspend}[\![e_2]\!];\ \texttt{MKSTRUC}\ 1,2 \\ \text{exptrans}[\![\texttt{SEL-i}(e)]\!] & = & \text{exptrans}[\![e]\!];\ \texttt{SELECT}\ i;\ \texttt{EVAL} \\ \text{exptrans}[\![\texttt{TAG}(e)]\!] & = & \text{exptrans}[\![e]\!];\ \texttt{GETTAG} \end{array}$$

Da exptrans immer den Wert des Ausdrucks in schwacher Kopfnormalform liefert, kann der Zugriff auf das Tag ohne weitere Auswertung erfolgen. Beim Zugriff auf andere Teile der Datenstruktur, z.B. auf ein Listenelement, muß danach noch die Auswertung mit EVAL angestossen werden.

Konstante Ausdrücke

Bei allen vorangegangenen Übersetzungschemata wurde immer vorausgesetzt, daß eine definierte Funktion mindestens ein Argument hatte. In einer funktionalen Sprache mit verzögerter Auswertung und nicht-strikten Datenstrukturen sind jedoch auch rekursiv definierte Konstanten — wie zum Beispiel unendliche Listen — sinnvoll. Ein Beispiel dafür ist

```
nats = 0: map succ nats
```

wobei succ die Nachfolgerfunktion bezeichnet. Ein neuer Befehl ermöglicht die Übersetzung solcher Konstanten (CAFs = *constant applicative forms*) für die SMNH($\mathcal{A}$). Er heißt PUSHGLOBAL n für $n \in$ HAddr, so daß

$$B_4 = B_3 \dot{\cup} \{\texttt{PUSHGLOBAL}\} \times \text{HAddr}$$

ist. Seine Wirkung auf den Zustandsraum beschreibt: (beachte d =)

$$\begin{aligned} \mathcal{B}[\![\texttt{PUSHGLOBAL}\, n]\!](& m, \quad [d_q, \ldots, d_n, \ldots, d_1], h, H) \\ = \quad & (m+1, d_n : [d_q, \ldots, d_n, \ldots, d_1], h, H). \end{aligned}$$

PUSHGLOBAL n kopiert also den n-ten Eintrag von unten im Datenstapel auf die Spitze des Datenstapels. Die Übersetzung stellt sicher, daß sich „am Anfang" des Datenstapels genau die Suspensionen der Konstanten und die leeren Abschlüsse der definierten Funktionen befinden.

Zur Definition der Übersetzung sei angenommen, daß die ersten s Definitionen echte Funktionen sind und die verbleibenden $r - s$ Definitionen Konstanten vereinbaren.

$$\begin{aligned} \text{trans}[\![(G_1\, \overline{x} = e_1, \ldots, G_s\, \overline{x} = e_s, G_{s+1} = e_{s+1}, \ldots, G_r = e_r)]\!] \\ = \quad & \texttt{MKCLOS}\; G_1^0, 0; \ldots; \texttt{MKCLOS}\; G_s^0, 0; \\ & \text{suspend}[\![e_{s+1}]\!]; \ldots; \text{suspend}[\![e_r]\!]; \\ & \texttt{JUMP}\; G_1; \\ & \text{ltrans}[\![G_1\, \overline{x}]\!]; \text{exptrans}[\![e_1]\!]; \texttt{RET}; \\ & \ldots \\ & \text{ltrans}[\![G_s\, \overline{x}]\!]; \text{exptrans}[\![e_s]\!]; \texttt{RET} \end{aligned}$$

Die Übersetzung von Ausdrücken verändert sich nur bei der Übersetzung von definierten Symbolen wie folgt.

$$\text{exptrans}[\![G_j]\!] = \texttt{PUSHGLOBAL}\; j$$

Statische zyklische Abhängigkeiten

In manchen Programmen kommt es zu zyklischen Datenabhängigkeiten, wobei der Wert eines Objekts von sich selbst abhängt.

```
x = y + 1
y = x + 1
```

Offenbar sind sowohl der Wert von x als auch der Wert von y nicht definiert. Die Auswertung von x mit der bisher angegebenen Maschine terminiert nicht. Im allgemeinen läßt sich das nicht verhindern, aber in manchen Fällen (wie im Falle von x und y) kann die zyklische Datenabhängigkeit während der Ausführung festgestellt und der Programmablauf abgebrochen werden. Wenn EVAL die Auswertung einer Suspension anstößt, so wird die Suspension mit einer Markierung überschrieben, die anzeigt, daß die Suspension schon ausgewertet wird. Falls danach EVAL auf eine markierte Suspension trifft, so ist klar, daß eine zyklische Datenabhängigkeit vorliegt.

Formal wird die Menge der Datenwerte erweitert um DW $= \cdots +$ black-hole und die Befehlssemantik von EVAL ändert sich wie in Abb. 13.4 angegeben.

$$
\begin{array}{llll}
\mathcal{B}[\![\, \texttt{EVAL} \,]\!] & & & \\
\quad (\;\; m, \mathrm{ref}(x):d', & h, & H[x = \text{black-hole}]) \\
& \Longrightarrow \text{signalisiere zyklische Datenabhängigkeit} & & \\
\mathcal{B}[\![\, \texttt{EVAL} \,]\!] & & & \\
\quad (\;\; m, \mathrm{ref}(x):d', & h, & H[x = y]) \\
= (\;\; m, \quad y:d', & h, & H) \\
& \text{falls } y \neq \mathrm{susp}(\ldots) \wedge y \neq \text{black-hole} & & \\
\mathcal{B}[\![\, \texttt{EVAL} \,]\!] & & & \\
\quad (\;\; m, \mathrm{ref}(x):d', & h, H[x = \mathrm{susp}(m', w_1 \ldots w_n)]) & & \\
= (\;\; m', \mathrm{ref}(x):d', (m+1, w_1 \ldots w_n):h, & & H[x \mapsto \text{black-hole}]) \\
\mathcal{B}[\![\, \texttt{EVAL} \,]\!] & & & \\
\quad (\;\; m, \quad x:d', & h, & H) \\
= (m+1, \quad x:d', & h, & H) \\
& & \text{falls } x \neq \mathrm{ref}(\ldots) &
\end{array}
$$

Abbildung 13.4: Erkennung von zyklischen Abhängigkeiten.

13.4 Parallele Auswertung

Aufgrund der referentiellen Transparenz spielt die Reihenfolge, in der die Teilausdrücke eines Ausdrucks ausgewertet werden, in funktionalen Programmiersprachen keine Rolle. Daher sind sie besonders für die parallele Auswertung geeignet. Dabei wird zur Auswertung eines (Teil-) Ausdrucks ein eigener Prozeß gestartet. Allerdings tragen nicht alle Teilausdrücke in gleichem Maße zum Ergebnis bei. So ist bei der Auswertung eines bedingten Ausdrucks `if` e_1 `then` e_2 `else` e_3 die Auswertung von e_1 auf jeden Fall erforderlich. Von e_2 und e_3 trägt genau ein Wert zum Ergebnis bei, welcher das ist, ist erst nach Auswertung von e_1 bekannt. Das führt zur folgenden Unterscheidung.

Konservative Parallelität: Es werden nur Berechnungen gestartet, deren Wert mit Sicherheit zum Ergebnis beiträgt. Bei einem bedingten Ausdruck wird zuerst nur die Auswertung der Bedingung gestartet. Erst wenn dieser Wert feststeht, wird die Auswertung des `then`- bzw. `else`-Zweiges gestartet.

Auf Funktionen übertragen bedeutet das, wenn $G\ x_1 \ldots x_n = e$ strikt in den Argumenten $x_{i_1}, \ldots, x_{i_k}$ ist und eine Applikation $G\ e_1 \ldots e_n$ vorliegt, so tragen die Werte von $e_{i_1}, \ldots, e_{i_k}$ (an den strikten Argumentpositionen) auf jeden Fall zum Wert von G $e_1 \ldots e_n$ bei. In einem konservativen Ansatz wird daher höchstens die Auswertung der strikten Argumente, hier $e_{i_1}, \ldots, e_{i_k}$, parallel zur Auswertung des Rumpfes e angestossen. Für die anderen Argumente werden Suspensionen angelegt.

Spekulative Parallelität: Es werden alle Berechnungen gestartet, deren Wert vielleicht zum Ergebnis beitragen könnte. So wird zur Auswertung eines bedingten Ausdrucks sowohl die Auswertung der Bedingung als auch der beiden Zweige gleichzeitig gestartet. Sobald der Wert der Bedingung berechnet ist, werden alle Prozesse, die mit der Berechnung des falschen Zweiges beschäftigt sind, aus dem System entfernt.

Die Gefahr der spekulativen Parallelität liegt darin, daß ein spekulativ gestarteter Prozeß für einen Ausdruck, dessen Wert nicht benötigt wird, unter Umständen die Berechnung eines benötigten Wertes behindern oder sogar verhindern kann (z.B. falls er allen verfügbaren Speicherplatz belegt). Dies zu verhindern erfordert eine aufwendige Prozeßverwaltung.

13.4.1 Zustandsraum

Das bisher vorgestellte Maschinenmodell, die SMNHP($\mathcal{A}$), ist so erweiterbar, das quasi-gleichzeitig ablaufende Prozesse beschrieben werden können. Jeder Prozeß hat eine eindeutige Prozeßidentifikation, einen Wert $i \in \mathrm{PId}$. Hier sei $\mathrm{PId} = \mathbb{N}$ gewählt. Weiter sei die Menge der Datenwerte definiert durch:

$$\begin{aligned} \mathrm{DW} \;=\; & \;\;\mathrm{val}(A) \\ & + \mathrm{clo}(\mathrm{CAddr} \times \mathrm{DW}^*) \\ & + \mathrm{ref}(\mathrm{HAddr}) \\ & + \mathrm{susp}(\mathrm{CAddr} \times \mathrm{DW}^*) \\ & + \mathrm{struc}(\mathrm{Tag} \times \mathrm{DW}^*) \\ & + \mathrm{pid}(\mathrm{PId}). \end{aligned}$$

Die Beschreibung des Zustandsraums liefert:

BZ	=	CAddr	Befehlszähler
DS	=	DW*	Datenstapel
FS	=	(CAddr × DW*)*	Funktionsstapel
PDesc	=	**BZ** × **DS** × **FS**	Prozeßbeschreibung
Pool	=	PId ⇢ PDesc	Lauffähige Prozesse
Z	=	Pool × **HP**	Zustandsraum

13.4.2 Befehlssemantik

Die Menge der Befehle wird erweitert um den Befehl `SPARK` m', n, so daß

$$B_5 = B_4 \,\dot{\cup}\, \{\texttt{SPARK}\} \times \mathrm{CAddr} \times \mathbb{N}$$

Der Befehl SPARK m', n wird anstelle von MKSUSP m', n verwendet, wenn die Auswertung des Ausdrucks nicht suspendiert werden soll, sondern einem parallel ablaufenden Prozeß überlassen werden soll. Er erwartet n Werte $d_1, \ldots, d_n$ auf dem Datenstapel und hinterläßt dafür eine Referenz auf eine neue Zelle in der Halde. Sie bezeichnet denjenigen Prozeß, der für die Auswertung des referierten Ausdrucks zuständig ist. Im Vaterprozeß i wird danach der nächste Befehl abgearbeitet. Der neu kreierte Prozeß j startet an der Programmadresse m'. Er hat nur die schon erwähnte Referenz auf dem Datenstapel und auf dem Funktionsstapel einen Aktivierungsblock mit Rücksprungadresse 0 (der Stopmarke) und Argumenten $d_1, \ldots, d_n$.

Auch die Bedeutung des Befehls EVAL hängt von dem Prozeß ab, der ihn ausführt. Daher wird auch seine Bedeutung an die neue Situation angepaßt. Trifft ein EVAL-Befehl im Prozeß i auf eine Prozeßmarkierung vom Prozeß j, so muß i warten, bis j fertig gerechnet hat und die entsprechende Zelle in der Halde überschrieben hat. Falls $i = j$ ist, so müßte i auf sich selbst warten, es liegt also eine zyklische Datenabhängigkeit vor. Alle anderen Befehle laufen im Prinzip unverändert ab.

Für jedes $i \in \mathrm{PId}$ ist die Befehlssemantik $\mathcal{B}^i\colon B_5 \to Z \dashrightarrow Z$ in Abb. 13.5 definiert.

$$
\begin{array}{lll}
\mathcal{B}^i[\![\, \texttt{SPARK}\ m', n \,]\!](p[i = (m, d_1 \ldots d_n : d, h)], & & H) \\
= & (p[\, i \mapsto (m+1, \mathrm{ref}(|H|+1) : d, h), & \\
 & \quad j \mapsto (m', \mathrm{ref}(|H|+1), (0, d_1 \ldots d_n))], & \mathrm{pid}(j) : H) \\
\textbf{where} & j \notin \textbf{dom}\, p &
\end{array}
$$

$$
\begin{array}{lll}
\mathcal{B}^i[\![\, \texttt{EVAL} \,]\!]\ (p[\, i = (m, \mathrm{ref}(x) : d, h)], & & H[x = \mathrm{pid}(j)]) \\
= & \begin{cases} (p, H) & \text{falls } i \neq j \\ \Longrightarrow \text{signalisiere zyklische Datenabhängigkeit} & \text{sonst} \end{cases} & \\
\mathcal{B}^i[\![\, \texttt{EVAL} \,]\!]\ (p[\, i = (m, \mathrm{ref}(x) : d, h)], & & H[x = \mathrm{susp}(m', d_1 \ldots d_n)]) \\
= & (p[\, i \mapsto (m', \mathrm{ref}(x) : d, (m+1, d_1 \ldots d_n) : h)], & H[x \mapsto \mathrm{pid}(i)])
\end{array}
$$

Für alle weiteren Befehle $b \in B_5$ gilt:

$$\mathcal{B}^i[\![\, b \,]\!](p[i = (m, d, h)], H)) = (m', d', h', H')$$

falls

$$\mathcal{B}[\![\, b \,]\!](m, d, h, H) = (m', d', h', H')$$

Abbildung 13.5: Befehlssemantik der SMNHP($\mathcal{A}$).

13.4.3 Programmsemantik

Die Einzelschrittfunktion hängt nun vom ausführenden Prozeß ab.

$$\begin{array}{l} \Delta\colon \mathrm{Prog}_3 \rightarrow \mathrm{PId} \rightarrow Z \dashrightarrow Z \\ \Delta\,\pi\,i\,(p,H) = \mathrm{let}\;(m,d,h) = p(i)\;\;\mathrm{in}\;\;\mathcal{B}^i[\![\,\pi(m)\,]\!](p,H) \end{array}$$

Die Iteration der Einzelschrittfunktion ist selbst nur noch eine Relation und keine Funktion, da nicht-deterministisch ein lauffähiger Prozeß ausgewählt wird, der einen Rechenschritt ausführen darf. Die Berechnungsrelation $\Delta^\infty\ \pi$ hängt von einem Programm π ab und setzt zwei Zustände genau dann in Relation, wenn es eine nicht-deterministische Folge von Einzelschritten der parallelen Prozesse gibt, die sie ineinander überführt.

$$\Delta^\infty\colon \mathrm{Prog}_3 \rightarrow \mathcal{P}(Z \times Z)$$

Für $\pi \in \mathrm{Prog}_3$ ist $(p,H)\ (\Delta^\infty\ \pi)\ (p'',H'')$ genau dann, wenn $\exists i \in \mathbf{dom}\,p\,.\,(p',H') = \Delta\,\pi\,i\,(p,H)$ und entweder

- $p'(i) = (m,d,h)$ mit $m \neq 0$ und $(p',H')\ (\Delta^\infty\ \pi)\ (p'',H'')$ (der Befehlszähler des Prozesses i zeigt auf eine gültige Instruktion, da $m \neq 0$ ist, und kann an dieser Stelle weiterrechnen),
- $p'(i) = (0,d,h)$ mit $i = 0$ und $(p',H') = (p'',H'')$ (der Befehlszähler des Hauptprozesses 0 hat die Stopmarke 0 erreicht: Der Hauptprozeß und damit die gesamte Auswertung wird beendet.) oder
- $p'(i) = (0,d,h)$ mit $i \neq 0$ und $(p' \upharpoonright (\mathbf{dom}\ p' \setminus \{i\}), H')\ (\Delta^\infty\ \pi)\ (p'',H'')$ (der Befehlszähler des Prozesses i hat die Stopmarke erreicht: Der Prozeß i ist beendet und wird aus dem System entfernt.).

Als Ein- und Ausgabeabbildungen ergeben sich

$$\begin{array}{rcl} \mathrm{in}^{(n)}(a_1,\ldots,a_n) & = & ([0 \mapsto (1,\varepsilon,(0,\mathrm{val}(a_1)\ldots\mathrm{val}(a_n)))],\varepsilon) \\ \mathrm{out}(p[0 = (0,\mathrm{val}(a):d,\varepsilon)],H) & = & a. \end{array}$$

Die Programmsemantik ist zunächst als Relation definiert.

$$\begin{array}{l} [\![\,\_\,]\!]^{(n)}\colon \mathbf{ARek}_\Sigma \rightarrow \mathcal{P}(A^n \times A) \\ (a_1,\ldots,a_n)\ [\![\,\pi\,]\!]^{(n)}\ a \Longleftrightarrow \mathrm{in}^{(n)}(a_1,\ldots,a_n)\ (\Delta^\infty\ \pi)\ \mathrm{out}^{-1}(a), \end{array}$$

wobei $\mathrm{out}^{-1} = \{(a,z) \in A \times Z \mid \mathrm{out}(z) = a\}$ die Umkehrrelation zur Funktion out ist.

13.4.4 Übersetzung

Unter der Annahme, das strikte Funktionsanwendungen durch die Schreibweise e_1 @ e_2 im Programm markiert sind, ergibt sich das folgende Übersetzungsschema.

$$\text{exptrans}[\![e_1 \ @ \ e_2]\!] = \text{suspend}^*[\![e_2]\!];\ \text{exptrans}[\![e_1]\!];\ \texttt{APPLY}$$

Dabei entspricht suspend* der Variante der Funktion suspend, in der der Befehl `MKSUSP` m', n durch `SPARK` m', n ersetzt worden ist.

Auf Methoden zum Auffinden der strikten Argumente einer Funktion geht Kap. 14.2 näher ein.

13.4.5 Implementierung auf einer realen Maschine

In der vorgestellten abstrakten Maschine zur parallelen Auswertung sind einige Punkte vereinfacht dargestellt.

- Ein Befehl der abstrakten Maschine entspricht im allgemeinen mehreren Befehlen einer realen Maschine. Wenn ein Prozeß auf der realen Maschine mitten in einer solchen Befehlssequenz unterbrochen wird, so kann der bis dahin erreichte Zustand inkonsistent sein. Zum Beispiel kann das Schreiben eines Objekts in die Halde unterbrochen werden, wenn das Objekt noch nicht vollständig in der Halde angelegt ist. Ein anderer Prozeß, der dann auf dieses Objekt zugreift, erhält ungültige Daten.

- Die Verwaltung der Halde als eine globale Struktur ist eine sehr grobe Vereinfachung. In Wirklichkeit verwaltet jeder Prozessor seinen eigenen Teil der Halde und ein Prozeß konstruiert ein Haldenobjekt in dem Teil der Halde, den der Prozessor verwaltet, auf dem der Prozeß gerade ausgeführt wird.

  Ein weiteres interessantes Problem ist die Speicherbereinigung. Die abstrakte Maschine geht von einer unendlich großen Halde aus, in der immer neue Objekte kreiert werden können. Auf einer realen Maschine ist immer nur endlich viel Speicher vorhanden. Wenn dieser Speicher voll ist, so werden die Datenstapel aller lauffähigen Prozesse nach Haldenreferenzen durchsucht und von ihnen ausgehend alle erreichbaren Zellen in der Halde bestimmt und markiert. Danach werden alle unmarkierten Zellen in der Halde wieder freigegeben.

- Die Prozeßverwaltung ist durch eine nicht-deterministische Auswahl dargestellt. In einer Implementierung ist eine endliche Anzahl von Prozessoren vorhanden, die nach Beendigung eines Prozesses aus einer Warteschlange den Prozeß mit der höchsten Priorität auswählen und ihn ausführen. Auch das aktive Warten des `EVAL`-Befehls auf den Abschluß einer Berechnung geschieht auf andere Art und Weise. Eine pid-Zelle in der Halde hat eine Warteschlange als zusätzliche Komponente. Wenn ein `EVAL`-Befehl auf eine pid-Zelle trifft, so wird der entsprechende Prozeß in die Warteschlange in dieser Zelle eingereiht. Der Befehl UPDATE muß dann zusätzlich diese Warteschlange wieder an die Hauptschlange der lauffähigen Prozesse anhängen.

♦ Nicht für jeden Ausdruck ist es lohnenswert überhaupt einen eigenen Prozeß zu starten. Daher muß ein Kostenmaß auf Ausdrücken definiert werden, so daß nur solche Ausdrücke mit SPARK übersetzt werden, für die der Aufwand einen Prozeß zu kreieren wesentlich geringer ist als die zu erwartende Rechenzeit des Prozesses.

13.5 Literaturhinweise

Die Literatur zur Implementierung funktionaler Sprachen ist weit gefächert. Implementierungstechniken für strikte funktionale Sprachen werden etwa in den folgenden Arbeiten geschildert [Car84, CCM87, Suá90, App92]. Zur Implementierung nicht-strikter funktionaler Sprachen wird ebenfalls eine ganze Reihe von abstrakten Maschinen beschrieben: die G-Maschine [AJ89, Aug84, Joh84] und ihre Weiterentwicklung [Pey92], die TIM (three instruction machine) [FW87, WF89]. Ein anderer Ansatz wird von Turner [Tur79] vorgestellt, er wird in Kap. 15.7 noch eingehend behandelt. Die Standardreferenz zum Thema Implementierung nicht-strikter funktionaler Programmiersprachen ist das Buch von Peyton Jones [Pey87]. Etwas andere Schwerpunkte setzt das Buch von Peyton Jones und Lester [PDRL92].

Auf Algorithmen zur Speicherbereinigung gehen die Arbeiten [Che70, App89, BDS91, LQP92, SP93] ein.

Eine Übersicht über aktuelle Forschungen zum Thema parallele funktionale Programmierung gibt Szymanski in [Szy91]. Eine vollständige Darstellung einer parallelen Implementierung einer nicht-strikten funktionalen Programmiersprache gibt Loogen [Loo90].

13.6 Aufgaben

13.1 Übersetzen Sie die Funktion map in Code für die SMNH.

```
map f xs = if IS-NIL (xs) then NIL
           else CONS (f (HEAD (xs)), map f (TAIL (xs)))
```

13.2 Erzeugen Sie Code für die Funktion

```
take n l = if IS-NIL (l) then NIL
           else if n = 0 then NIL
           else CONS (HEAD (l), take (n-1) (TAIL (l)))
```

und führen Sie die Berechnung des folgenden Ausdrucks vor.

```
take 1 [ 2+3, 4/0 ]
```

13.3 Erweitern Sie Syntax, Semantik und Übersetzung um nicht-strikte Tupel und erzeugen Sie mit Ihrer Definition Code für `swap (x, y) = (y, x)`.

13.4 Erweitern Sie die applikativen rekursiven Programmschemata um Referenzen (hier: Zeiger auf Integer) und geben Sie eine strikte Fixpunktsemantik an.

In der erweiterten Syntax haben Ausdrücke die Form

Exp	=	X	Variablen
	|	G	definierte Funktionen
	|	$f(\mathrm{Exp}, \ldots, \mathrm{Exp})$	Grundoperationen, $f \in \Delta^{(n)}$
	|	Exp Exp	Funktionsapplikation
	|	`ref` Exp	Erzeugen einer Referenz
	|	`!` Exp	Dereferenzieren
	|	Exp `:=` Exp`;`Exp	Zuweisung

Dabei erzeugt `ref` e eine Referenz auf den Wert von e. `!`e nimmt an, daß der Wert von e eine Referenz ist, und liefert den an dieser Adresse abgelegten Wert. Zur Auswertung von e_1`:=`e_2`;`e_3 wird zuerst e_1 zu einer Referenz ausgewertet, dann e_2 zu einem Wert, der unter der Adresse e_1 abgelegt wird. Der Wert des ganzen Ausdrucks ist dann der Wert von e_3, was zuletzt ausgewertet wird. Benutzen Sie die Bereiche

$$\begin{aligned} \mathsf{Loc} &= \mathbb{N}_\perp \\ \mathsf{Store} &= \mathsf{Loc} \to \{\mathtt{Free}\}_\perp \oplus \mathbb{Z}_\perp \end{aligned}$$

zur Modellierung von Speicheradressen (Loc) und des Speichers (Store). Die Grundoperation zur Belegung von freiem Speicher ist **newloc**. **newloc** i σ liefert als Ergebnis ein Paar (σ', l) aus einem veränderten Speicher und einer Referenz, so daß $\sigma' l = i$ ist. Die Adresse l ist dabei in σ frei.

$$\begin{aligned} \mathbf{newloc}\colon & \mathsf{Int} \to \mathsf{Store} \to \mathsf{Store} \times \mathsf{Loc} \\ \mathbf{newloc}\; i\; \sigma &= (\sigma[l \mapsto i], l) \\ & \quad \mathbf{where}\; \sigma(l) = \mathtt{Free} \end{aligned}$$

Definieren Sie den Bereich Val, so daß die Semantik eines Terms den Typ

$$\mathcal{E}\colon \mathrm{Exp} \to \mathsf{Env} \to \mathsf{Val}$$

hat (mit $\mathsf{Env} = \mathsf{X} \to \mathsf{Val}$) und geben sie die Funktion $\mathcal{E}$ an. Die Grundoperationen $\alpha(f)(\ldots)$ sollen keinen Effekt auf den Speicherinhalt haben.

Hinweis: Denken Sie an die Zustandsmonade. Sie müssen die Auswertungsreihenfolge festlegen, da die so erweiterte Sprache nicht mehr referentiell transparent ist.

13.5 Zeigen Sie, daß alle applikativen Terme in der Form

$$
\begin{array}{lll}
AT_\Sigma(V) ::= & v\, e_1\, e_2 \ldots e_n & v \in V, e_i \in AT_\Sigma(V), n \geq 0 \\
\mid & \mathtt{c} & \mathtt{c} \in \Sigma^{(0)} \\
\mid & \mathtt{f}(e_1, \ldots, e_n) & \mathtt{f} \in \Sigma^{(k)}, e_i \in AT_\Sigma(V) \\
\mid & \mathtt{if}\ e_1\ \mathtt{then}\ e_2\ \mathtt{else}\ e_3 & e_i \in AT_\Sigma(V)
\end{array}
$$

darstellbar sind. Geben Sie das Übersetzungsschema exptrans mit dieser Definition von $AT_\Sigma(V)$ an.

Wie können Sie den Code für die Anwendung einer Funktion $G_i\ e_1 \ldots e_k$ mit bekannter Stelligkeit n_i verbessern?

Wenn in einer Funktionsdefinition eine Argumentvariable mehrfach erscheint, z.B. in der Form $x_1 + x_1$, so wird hierfür folgende Befehlsfolge erzeugt:

```
LOAD 1; EVAL; LOAD 1; EVAL; EXEC +
```

Diese mehrfache Auswertung kann vermieden werden, indem das Übersetzungsschema die Menge der bereits ausgewerteten Variablen als zusätzliches Argument erhält und zusammen mit dem erzeugten Code die Menge der nach Ausführung dieses Codestücks ausgewerteten Variablen zurückgibt. Geben Sie das so erweiterte Übersetzungsschema an.

14 Abstrakte Interpretation

Für die Erzeugung von effizientem Code durch einen Übersetzer ist es wichtig, verschiedene Eigenschaften eines vorliegenden Programms analysieren zu können. In diesem Zusammenhang ist zum Beispiel der Wertebereich einer Variablen an einer bestimmten Stelle des Programms oder die Striktheit einer Funktion in einem Argument interessant.

Die Ergebnisse einer Programmanalyse sind leider unvermeidbar nur Approximationen an die tatsächlichen Eigenschaften eines Programms. Das beruht auf der Tatsache, daß jede nicht-triviale Eigenschaft von Programmen (= Aussage über eine formale Sprache) unentscheidbar ist (Satz von Rice [HU79, Theorem 8.6]). Ergebnisse einer Striktheitsanalyse sind zum Beispiel „Funktion f ist strikt im ersten Argument" oder „Über die Striktheit von f im ersten Argument kann keine Aussage gemacht werden", wobei ein Ergebnis der zweiten Art *nicht* bedeutet, daß f nicht trotzdem strikt im ersten Argument sein kann.

Das Thema dieses Kapitels ist die semantik-basierte Programmanalyse. Die Standardsemantik eines Programms, die als Ergebnis den Wert liefert, der durch eine Programmausführung berechnet wird, wird zu einer verfeinerten Semantik erweitert, die nicht (oder nicht nur) den Ergebniswert liefert, sondern Informationen über den Programmablauf berechnet. Da mithilfe der verfeinerten Semantik Programmeigenschaften entschieden werden können, ist sie nicht berechenbar. Daher muß eine Version der verfeinerten Semantik definiert werden, die durch geeignete Abstraktion eine Approximation der gesuchten Programmeigenschaften liefert. Die Wahl der Abstraktion erfolgt so, daß die abstrakte Version berechenbar ist. Diese Vorgehensweise heißt *abstrakte Interpretation*, da die konkreten Rechenbereiche und die Operationen auf ihnen durch abstrakte Versionen ersetzt werden. Wenn diese Ersetzung konsistent geschieht, können aus den Ergebnissen über dem abstrakten Rechenbereich Rückschlüsse auf konkrete Berechnungen gezogen werden.

Nach einer Einführung anhand von zwei Beispielen (Vorzeichenregel und Intervallanalyse) folgt eine Darstellung der theoretischen Grundlagen der abstrakten Interpretation nach Cousot und Cousot [CC77]. Danach wird Mycrofts Ansatz zur Vorwärtsanalyse von Striktheit vorgestellt [Myc80, Myc81]. Zum Abschluß wird die Technik der Rückwärtsanalyse ebenfalls am Beispiel der Striktheitsanalyse mit Projektionen nach Hughes und Wadler demonstriert [WH87].

14.1 Grundlagen

14.1.1 Beispiel Ein Beispiel für eine abstrakte Interpretation ist die bekannte Vorzeichenregel für Produkte. Es ist

1. $137 \cdot -5 \cdot 16 \cdot -101 = 1106960$,
2. $42 \cdot -4711 \cdot 0 = 0$.

Insbesondere die Durchführung der ersten Rechnung ist eine aufwendige Aktion. Wenn vom Ergebnis nur das Vorzeichen interessant ist, so reicht dafür die bekannte Vorzeichenregel aus. Definiere dazu einen Operator $\odot$ durch die Tabelle

$\odot$	$\circ$	$\oplus$	$\ominus$
$\circ$	$\circ$	$\circ$	$\circ$
$\oplus$	$\circ$	$\oplus$	$\ominus$
$\ominus$	$\circ$	$\ominus$	$\oplus$

bilde positive Zahlen auf $\oplus$ ab, negative auf $\ominus$ und die Null auf $\circ$ und rechne anstelle der obigen Rechnung

1. $\oplus \odot \ominus \odot \oplus \odot \ominus = \oplus$,
2. $\oplus \odot \ominus \odot \circ = \circ$.

Die Rechnung geschieht also mit Symbolen, die von den konkreten Zahlenwerten abstrahieren. Die Symbole sind Platzhalter für gewisse Mengen von Zahlen. Diese Rechnung ist offenbar einfacher durchzuführen, da sie mit endlichen Wertebereichen auskommt und somit jede Operation durch einen Tabellenzugriff ausführbar ist.

Wenn in der Multiplikation Variablen vorkommen und für jede Variable eine Menge von möglichen Werten vorgegeben ist, kann mittels $\odot$ immer noch eine Aussage über die Menge der möglichen Vorzeichen gemacht werden, ohne daß „richtig“ multipliziert werden muß.

Zur Analyse eines Programm(stück)s muß zuerst eine Semantik ermittelt werden, die als Ergebnis die Menge aller möglichen Werte liefert. Eine solche Semantik wird *collecting semantics* genannt. Sie ist als kleinster Fixpunkt einer stetigen Transformation $\mathsf{F} \in \mathsf{D} \to \mathsf{D}$ über einer vollständigen Halbordnung (CPO) D oberhalb einer Basis $\perp \in \mathsf{D}$ definiert. Dabei muß $\perp$ ein *Prä-Fixpunkt* sein, d.h. $\perp \sqsubseteq \mathsf{F}(\perp)$. Da die collecting semantics im Allgemeinen nicht berechenbar ist, muß sie durch eine berechenbare Semantik approximiert werden, die dann implementierbar ist. $\mathsf{A} \in \mathsf{D}$ heißt *sichere Approximation* an den Fixpunkt $\mathrm{lfp}_{\perp}\,\mathsf{F}$, falls $\mathrm{lfp}_{\perp}\,\mathsf{F} \sqsubseteq \mathsf{A}$. Für die collecting semantics ist die Approximation eine Menge, die sicher die Menge aller möglichen Werte enthält (aber vielleicht auch Werte, die niemals als Ergebnis auftreten können).

14.1.2 Beispiel Für das Pascal Programm

```
program P;
  var I : integer;
```

```
begin
  I := 1;
  while I <= 100 do
    begin
      { (*) 1 <= I <= 100 }
      I := I + 1
    end
  { I = 101 }
end.
```

sei als collecting semantics die Menge der möglichen Werte von `I` an der Stelle `(*)` gewählt. Diese Menge ist der kleinste Fixpunkt der stetigen Transformation $F \in D \to D$ mit $D = (\mathcal{P}(\mathbb{Z}), \subseteq)$ (der vollständige Verband der Teilmengen der ganzen Zahlen halbgeordnet durch die Mengeninklusion). Es ist

$$F(X) = (\{1\} \cup \{i+1 \mid i \in X\}) \cap \{i \in \mathbb{Z} \mid i \leq 100\}$$

und $\mathbf{lfp}\, F = \mathbf{lfp}_\emptyset\, F = \{i \in \mathbb{Z} \mid 1 \leq i \leq 100\}$.

Eine korrekte Approximation dieser collecting semantics ist die Schleifeninvariante $A = \{i \in \mathbb{Z} \mid i > 0\}$.

Die in konkreten Semantiken verkommenden CPOs D sind gewöhnlich unendlich. Um effektiv berechenbare Approximationen zu erhalten, müssen Abbildungen zwischen D und nach Möglichkeit endlichen CPOs $\overline{D}$ gefunden werden, die Approximationen und Fixpunktkonstruktionen respektieren. Weiterhin sollte eine korrekte Approximation in $\overline{D}$ in eine korrekte Approximation in D zurücktransformierbar sein. Eine solche Konstruktion ist die *Galois-Verbindung* zweier Halbordnungen.

14.1.3 Definition Seien $(D, \sqsubseteq)$ und $(\overline{D}, \overline{\sqsubseteq})$ Halbordnungen. $\langle\alpha, \gamma\rangle$ ist eine *Galois-Verbindung*, in Zeichen $D \rightleftharpoons^{\alpha}_{\gamma} \overline{D}$, falls $\alpha \colon D \to \overline{D}$ und $\gamma \colon \overline{D} \to D$ Funktionen sind mit

$$\forall x \in D \,.\, \forall \overline{y} \in \overline{D} \,.\, \alpha(x) \mathrel{\overline{\sqsubseteq}} \overline{y} \iff x \sqsubseteq \gamma(\overline{y}).$$

$\alpha(x)$ ist die *Abstraktion* von x, d.h. die genaueste Approximation von x in $\overline{D}$, und $\gamma(\overline{y})$ ist die *Konkretisierung* von $\overline{y}$, d.h. das ungenaueste Element von D, das korrekt durch $\overline{y}$ approximiert wird. □

14.1.4 Lemma (Charakteristische Eigenschaft der Galois-Verbindung) *Es gilt* $D \rightleftharpoons^{\alpha}_{\gamma} \overline{D}$ *genau dann, wenn*

1. $\forall x \in D \,.\, x \sqsubseteq \gamma(\alpha(x))$,
2. $\forall \overline{y} \in \overline{D} \,.\, \alpha(\gamma(\overline{y})) \mathrel{\overline{\sqsubseteq}} \overline{y}$,

3. *α ist monoton und*

4. *γ ist monoton.*

Beweis:

$\Longrightarrow$ Sei $D \rightleftharpoons^{\alpha}_{\gamma} \overline{D}$.

1. Für $x \in D$ gilt mit $\overline{y} = \alpha(x)$: $\alpha(x) \mathrel{\overline{\sqsubseteq}} \alpha(x) \Longleftrightarrow x \sqsubseteq \gamma(\alpha(x))$.
2. Für $\overline{y} \in \overline{D}$ gilt mit $x = \gamma(\overline{y})$: $\alpha(\gamma(\overline{y})) \mathrel{\overline{\sqsubseteq}} \overline{y} \Longleftrightarrow \gamma(\overline{y}) \sqsubseteq \gamma(\overline{y})$.
3. Sei $x \sqsubseteq x'$. Mit 1. ergibt sich $x \sqsubseteq \gamma(\alpha(x'))$. Also ist $\alpha(x) \mathrel{\overline{\sqsubseteq}} \alpha(x')$.
4. Sei $\overline{y} \mathrel{\overline{\sqsubseteq}} \overline{y}'$. Mit $\overline{y} \mathrel{\overline{\sqsubseteq}} \alpha(\gamma(\overline{y}'))$ ergibt sich $\gamma(\overline{y}) \sqsubseteq \gamma(\overline{y}')$.

$\Longleftarrow$ Angenommen, es gelten die Eigenschaften 1. bis 4. Sei $x \in D$, $\overline{y} \in \overline{D}$ mit $\alpha(x) \mathrel{\overline{\sqsubseteq}} \overline{y}$. Da γ monoton ist, gilt $\gamma(\alpha(x)) \sqsubseteq \gamma(\overline{y})$. Mit 1. gilt $x \sqsubseteq \gamma(\overline{y})$. Weiter: Mit der Monotonie von α und 2. ergibt sich wieder $\alpha(x) \mathrel{\overline{\sqsubseteq}} \overline{y}$.

□

14.1.5 Lemma (Verbindungseigenschaft) *Seien* D *und* $\overline{D}$ *Halbordnungen mit* $D \rightleftharpoons^{\alpha}_{\gamma} \overline{D}$. *Dann gilt:*

$$\alpha \circ \gamma \circ \alpha = \alpha$$
$$\gamma \circ \alpha \circ \gamma = \gamma$$

Beweis: Wende 2. aus Lemma 14.1.4 auf $\overline{y} = \alpha(x)$ an:

$$\alpha(\gamma(\alpha(x))) \mathrel{\overline{\sqsubseteq}} \alpha(x).$$

Durch Anwendung von α auf Fall 2. aus Lemma 14.1.4 ergibt sich (mit der Monotonie von α)

$$\alpha(x) \mathrel{\overline{\sqsubseteq}} \alpha(\gamma(\alpha(x))).$$

Also $\alpha(x) = \alpha(\gamma(\alpha(x)))$.

Der Beweis für die zweite Gleichung verläuft analog. □

Beispiel 14.1.1, Fortsetzung

Für die Vorzeichenregel kann $D = (\mathcal{P}(\mathbb{Z}), \subseteq)$ gewählt werden. Dann ist die Multiplikation von $Z_1, Z_2 \in \mathcal{P}(\mathbb{Z})$ definiert durch $Z_1 \cdot Z_2 = \{z_1 \cdot z_2 \mid z_1 \in Z_1, z_2 \in Z_2\}$. Als $\overline{D}$ dient hier

$$\overline{D} = \{\bot, \ominus, \circ, \oplus, \top\}$$

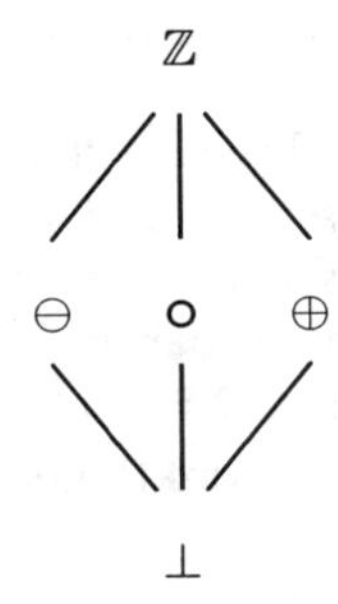

Abbildung 14.1: Hassediagramm der Halbordnung $\overline{\sqsubseteq}$ auf $\overline{D}$.

mit der Ordnung $\overline{\sqsubseteq}$ in Abb. 14.1. α und γ sind definiert durch

$$\alpha(X) = \begin{cases} \bot & X = \emptyset \\ \ominus & \forall x \in X \,.\, x < 0 \\ \circ & X = \{0\} \\ \oplus & \forall x \in X \,.\, x > 0 \\ \top & \text{sonst} \end{cases}$$

$$\gamma(M) = \begin{cases} \emptyset & M = \bot \\ \{x \in \mathbb{Z} \mid x < 0\} & M = \ominus \\ \{0\} & M = \circ \\ \{x \in \mathbb{Z} \mid x > 0\} & M = \oplus \\ \mathbb{Z} & M = \top \end{cases}$$

□

Beispiel 14.1.2, Fortsetzung

$\mathcal{P}(\mathbb{Z})$ wird approximiert durch einen Verband von Intervallen $\overline{D} = \{\bot\} \cup \{[l, u] \mid l \in \mathbb{Z} \cup \{-\infty\} \wedge u \in \mathbb{Z} \cup \{\infty\} \wedge l \leq u\}$ mit der Ordnung $\overline{\sqsubseteq}$ definiert durch

$$\begin{array}{rcll} \bot & \overline{\sqsubseteq} & [l, u] & \\ [l_1, u_1] & \overline{\sqsubseteq} & [l_2, u_2] & \iff l_2 \leq l_1 \leq u_1 \leq u_2 \end{array}$$

Die Galois-Verbindung wird realisiert durch die Abbildungen

$$\begin{aligned} \alpha(\emptyset) &= \bot \\ \alpha(X) &= [\min X, \max X] \end{aligned}$$

$$\begin{aligned} \gamma(\bot) &= \emptyset \\ \gamma([l, u]) &= \{x \in \mathbb{Z} \mid l \leq x \leq u\} \end{aligned}$$

wobei $\min X = -\infty$, falls $\forall z \in \mathbb{Z} . \exists x \in X . x < z$, und $\max X = \infty$, falls $\forall z \in \mathbb{Z} . \exists x \in X . x > z$. □

Eine Halbordnung D kann punktweise zu einer Halbordnung auf dem Funktionenraum $D \to D$ fortgesetzt werden, indem für $F, F' \in D \to D$ $F \sqsubseteq F'$ erklärt wird durch $\forall x \in D . F(x) \sqsubseteq F'(x)$. Nun kann auch eine Approximation von D durch $\overline{D}$ fortgesetzt werden zu einer Approximation des Funktionenraums $D \to D$ durch $\overline{D} \to \overline{D}$. Aus der Galois-Verbindung $D \rightleftarrows^{\alpha}_{\gamma} \overline{D}$ kann eine Galois-Verbindung zwischen den Mengen der monotonen Funktionen $D \to D \rightleftarrows^{\vec{\alpha}}_{\vec{\gamma}} \overline{D} \to \overline{D}$ abgeleitet werden. Dies geschieht durch:

$$\begin{aligned} \vec{\alpha} &\in (D \to D) \to (\overline{D} \to \overline{D}) \\ \vec{\alpha}(\varphi) &= \alpha \circ \varphi \circ \gamma \end{aligned}$$

$$\begin{aligned} \vec{\gamma} &\in (\overline{D} \to \overline{D}) \to (D \to D) \\ \vec{\gamma}(\overline{\varphi}) &= \gamma \circ \overline{\varphi} \circ \alpha \end{aligned}$$

14.1.6 Lemma *Ist* $D \rightleftarrows^{\alpha}_{\gamma} \overline{D}$ *eine Galois-Verbindung, so ist auch* $D \to D \rightleftarrows^{\vec{\alpha}}_{\vec{\gamma}} \overline{D} \to \overline{D}$ *eine Galois-Verbindung der Mengen der monotonen Funktionen.*

Beweis: Zu zeigen ist für alle $\varphi \in D \to D$ und $\overline{\psi} \in \overline{D} \to \overline{D}$ gilt

$$\vec{\alpha}(\varphi) \mathrel{\overline{\sqsubseteq}} \overline{\psi} \iff \varphi \sqsubseteq \vec{\gamma}(\overline{\psi}).$$

$\Longrightarrow$ Angenommen es gilt $\forall \overline{y} \in \overline{D} . \vec{\alpha}(\varphi)(\overline{y}) \mathrel{\overline{\sqsubseteq}} \overline{\psi}(\overline{y})$, d.h. $\alpha(\varphi(\gamma(\overline{y}))) \mathrel{\overline{\sqsubseteq}} \overline{\psi}(\overline{y})$. Da $\langle \alpha, \gamma \rangle$ eine Galois-Verbindung ist, gilt dies genau dann, wenn $\varphi(\gamma(\overline{y})) \sqsubseteq \gamma(\overline{\psi}(\overline{y}))$. Für ein beliebiges $x \in D$ gilt nun (mit $\overline{y} = \alpha(x)$)

$$\varphi(x) \sqsubseteq \varphi(\gamma(\alpha(x))) \sqsubseteq \gamma(\overline{\psi}(\alpha(x))) = \vec{\gamma}(\overline{\psi})(x)$$

da φ monoton und $x \sqsubseteq \gamma(\alpha(x))$.

$\Longleftarrow$

$$\begin{aligned} \forall x \in D . \quad & \varphi(x) && \sqsubseteq && \vec{\gamma}(\overline{\psi})(x) \\ \iff & \varphi(x) && \sqsubseteq && \gamma(\overline{\psi}(\alpha(x))) \\ \iff & \alpha(\varphi(x)) && \mathrel{\overline{\sqsubseteq}} && \overline{\psi}(\alpha(x)) \end{aligned}$$

Für $\overline{y} \in \overline{D}$ gilt nun mit $x = \gamma(\overline{y})$

$$\vec{\alpha}(\varphi)(\overline{y}) = \alpha(\varphi(\gamma(\overline{y}))) \mathrel{\overline{\sqsubseteq}} \overline{\psi}(\alpha(\gamma(\overline{y}))) \mathrel{\overline{\sqsubseteq}} \overline{\psi}(\overline{y})$$

□

$\vec{\alpha}(F)$ ist das Bild von $F \in D \to D$ unter der Galois-Verbindung $D \rightleftarrows^{\alpha}_{\gamma} \overline{D}$. Für eine stetige Funktion F und eine Basis $\underline{\overline{\bot}} = \alpha(\underline{\bot})$ gilt die Beziehung $\mathbf{lfp}_{\underline{\bot}}(F) \sqsubseteq$

$\gamma(\mathbf{lfp}_{\overline{\bot}}(\overrightarrow{\alpha}(\mathsf{F})))$. Mit anderen Worten: Der Fixpunkt der Approximation von F ist eine Approximation des Fixpunktes von F selbst.

In der Praxis wird anstelle von $\overrightarrow{\alpha}(\mathsf{F})$ gewöhnlich eine obere Approximation $\overline{\mathsf{F}}$ gewählt, da $\overrightarrow{\alpha}$ u.U. schwierig zu programmieren ist. Die Funktion $\overline{\mathsf{F}} \in \overline{\mathsf{D}} \to \overline{\mathsf{D}}$ ist eine Approximation einer stetigen Funktion $\mathsf{F} \in \mathsf{D} \to \mathsf{D}$ genau dann, wenn $\overrightarrow{\alpha}(\mathsf{F}) \overline{\sqsubseteq} \overline{\mathsf{F}}$, oder äquivalent $\mathsf{F} \sqsubseteq \gamma(\overline{\mathsf{F}})$. Siehe auch Abb. 14.2.

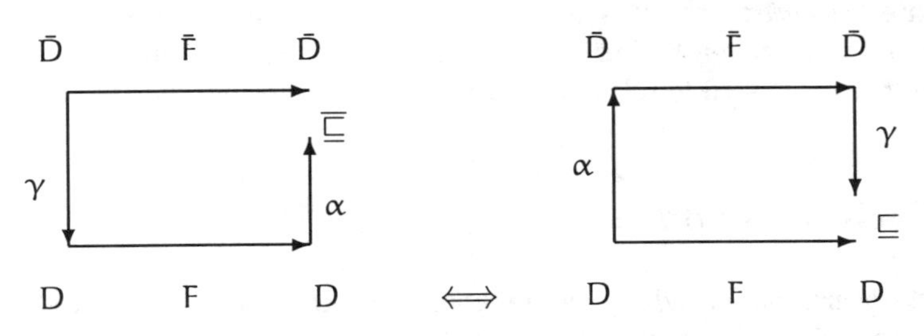

Abbildung 14.2: Approximation von $\overrightarrow{\alpha}(\mathsf{F})$.

14.1.7 Definition $\langle\overline{\mathsf{D}}, \overline{\bot}, \overline{\mathsf{F}}\rangle$ ist eine *abstrakte Interpretation* von $\langle\mathsf{D}, \bot, \mathsf{F}\rangle$, Schreibweise: $\langle\overline{\mathsf{D}}, \overline{\bot}, \overline{\mathsf{F}}\rangle \rightleftharpoons^{\alpha}_{\gamma} \langle\mathsf{D}, \bot, \mathsf{F}\rangle$, genau dann, wenn $\mathsf{D} \rightleftharpoons^{\alpha}_{\gamma} \overline{\mathsf{D}}$, $\alpha(\bot) \overline{\sqsubseteq} \overline{\bot}$ und $\overrightarrow{\alpha}(\mathsf{F}) \overline{\sqsubseteq} \overline{\mathsf{F}}$.
□

Falls $\langle\overline{\mathsf{D}}, \overline{\bot}, \overline{\mathsf{F}}\rangle \rightleftharpoons^{\alpha}_{\gamma} \langle\mathsf{D}, \bot, \mathsf{F}\rangle$ und $\overline{\mathsf{A}}$ ist obere Schranke der abstrakten Iterierten $\overline{\mathsf{F}}^{(n)}(\overline{\bot})$, so ist $\mathbf{lfp}_{\bot}(\mathsf{F}) \sqsubseteq \gamma(\overline{\mathsf{A}})$. In der praktischen Anwendung wird versucht, den abstrakten Bereich $\overline{\mathsf{D}}$ endlich zu machen, oder ihn zumindest so zu konstruieren, daß er einer aufsteigenden Kettenbedingung genügt (jede aufsteigende Kette in $\overline{\mathsf{D}}$ ist endlich, $\overline{\mathsf{D}}$ ist noethersch). Dann kann die Berechnung der abstrakten Iterierten bis zum Fixpunkt durchgeführt werden und die Berechnung terminiert, weil die dabei berechnete aufsteigende Kette endlich sein muß. Weitere Techniken zur Approximation des Fixpunktes und zur Beschleunigung seiner Berechnung sind die Benutzung von Widenings und Narrowings [CC92].

14.2 Striktheitsanalyse

Die call-by-name oder call-by-need Auswertungsstrategie hat manche erstrebenswerte Vorteile, z.B. was das Terminationsverhalten von Programmen betrifft. Allerdings ist, wie schon am Beispiel der SMN($\mathcal{A}$) zu sehen, die Implementierung einer nicht-strikten Semantik mit erheblich größerem Aufwand verbunden, als die strikte Implementierung. Das führt zu der Idee, anhand der Definition einer Funktion festzustellen, welche Parameter strikt übergeben werden können, ohne das Terminationsverhalten der Funktion zu stören, bzw. ihre Semantik zu ändern. Diese Parameter werden *vor* dem Aufruf der Funktion selbst ausgewertet und als Werte übergeben, nicht als Adressen. Mithilfe einer *Striktheitsanalyse* werden diejenigen Parameter einer Funktion bestimmt, die strikt übergeben werden können, ohne daß sich die (nicht-strikte) Semantik der Funktion ändert.

Striktheitsinformation kann auf zwei sehr unterschiedlich Arten, die beide auf abstrakter Interpretation basieren, ermittelt werden. Beide Arten, die *Vorwärtsanalyse* und die *Rückwärtsanalyse*, werden in den folgenden Abschnitten vorgestellt. Anschließend wird gezeigt wie die ermittelten Ergebnisse vorteilhaft bei der Codeerzeugung für nicht-strikte rekursive Programme eingesetzt werden können.

14.3 Vorwärtsanalyse

Bei einer *Vorwärtsanalyse* wird eine gegebene Funktion in eine Funktion über einem abstrakten Bereich überführt, die aus Informationen über die Argumente der Funktion die entsprechende Information über den Wert der Funktion ausrechnet. Ist die konkrete Funktion rekursiv, so ist es auch die abstrakte Funktion. Sie muß durch eine Fixpunktiteration bestimmt werden.

Zu einer algorithmischen Signatur $\Sigma = (\Theta, F)$ und einem rekursiven Programmschema $R = (G_i(x_1, \ldots, x_{n_i}) = t_i \mid 1 \leq i \leq r) \in \mathbf{Rek}_\Sigma$ betrachte die *abstrakte Interpretation* $\mathcal{A}^\# = ((A_\perp^{\#\tau})_\tau, \alpha^\#)$ mit $A_\perp^{\#\tau} = \mathbf{1}_\perp = \{\perp, \top\}$ mit der Ordnung $\perp \sqsubseteq \top$. Die Abstraktion von einer anderen Interpretation $\mathcal{A}$ ist gegeben durch die Abbildung $\perp^\tau \mapsto \perp$ und $A^\tau \ni a \mapsto \top$. Die Konkretisierung des abstrakten Wertes $\perp$ ist eine nichtterminierende Berechnung $\perp_\tau$ und die Konkretisierung des abstrakten Wertes $\top$ ist ein beliebiger Wert aus $A_\perp^\tau$. Daraus läßt sich die Interpretation der Funktionssymbole in F direkt ableiten.

Grundfunktionen (außer `if_then_else_`) sind strikt (nach Definition) und liefern daher $\perp$ falls mindestens eins ihrer Argumente $\perp$ ist. Es ergibt sich also für $f\colon (\tau_1 \ldots \tau_n, \tau_0) \in F$, $f \neq$ `if_then_else_`,

$$\begin{aligned} \alpha^\#(f)(x_1, \ldots, x_n) &= \min\{x_1, \ldots, x_n\} \\ &= x_1 \sqcap x_2 \sqcap \ldots \sqcap x_n \end{aligned}$$

Insbesondere gilt für Konstanten $f\colon (\varepsilon, \tau) \in F$, daß $\alpha^\#(f) = \top$ ist. Weiter gilt

$$\alpha^\#(\texttt{if\_then\_else\_})(z, x, y) = \left\{ \begin{array}{ll} \perp & \text{falls } z = \perp \\ x \sqcup y & \text{falls } z = \top \end{array} \right\} = z \sqcap (x \sqcup y)$$

Die Interpretation $\mathcal{A}^\#$ ist eine Interpretation im Sinne von Definition 11.2.23. Daher ist in Analogie zu Kap. 12.2.1 die Fixpunktsemantik $\mathcal{M}[\![R]\!]_{\mathcal{A}^\#}$ erklärt.

14.3.1 Satz *Aus*

$$\mathcal{M}[\![\, \mathsf{R} \,]\!]_{\mathcal{A}^\#}(\top, \dots, \top, \underset{\substack{\uparrow \\ i}}{\bot}, \top, \dots, \top) = \bot$$

folgt, daß für alle Interpretationen $\mathcal{A}$ von Σ $\mathcal{M}[\![\, \mathsf{R} \,]\!]_{\mathcal{A}}$ strikt im i-ten Argument ist.

Beweis:

- Induktion über den Termaufbau der rechten Seiten von R.
- Fixpunktinduktion.

□

Da in der abstrakten Interpretation alle Funktionen durch stetige Funktionen im endlichen Verband $\mathbf{1}_\bot \times \cdots \times \mathbf{1}_\bot \to \mathbf{1}_\bot$ interpretiert werden, kann der Fixpunkt effektiv berechnet werden. Da der Verband endlich ist, ist auch jede aufsteigende Kette endlich und damit ist $\mathbf{lfp}\ F^\# = \bigsqcup_{i \in \mathbb{N}} (F^\#)^i(\bot)$ in endlich vielen Schritten berechenbar.

14.3.2 Beispiel Gegeben sei das folgende rekursive Programmschema.

$$F(x, y) \;=\; \texttt{if}\ p(x)\ \texttt{then}\ c\ \texttt{else}\ F(g(x, y), y)$$

Es sind c, $p(x)$, $g(x, y)$ strikte Grundfunktionen. Eine nähere Inspektion der Funktion ergibt, daß das Argument x auf jeden Fall ausgewertet werden muß, da es in der Bedingung des `if`s vorkommt, wohingegen der Wert von y nur benötigt wird, falls $p(x)$ `False` ist. Das Ergebnis der Analyse ist:

$$\begin{aligned} F^\#(x, y) &= \alpha^\#(\texttt{if\_then\_else\_})(p^\#(x), c^\#, F^\#(g^\#(x, y), y)) \\ &= \alpha^\#(\texttt{if\_then\_else\_})(x, \top, F^\#(x \sqcap y, y)) \\ &= x \sqcap (\top \sqcup F^\#(x \sqcap y, y)) \\ &= x \sqcap \top \\ &= x \end{aligned}$$

Die Abstraktion von F ist die Projektionsfunktion auf die erste Komponente, $F^\#(x, y) = x$. Durch Einsetzen ergibt sich:

- $F^\#(\bot, \top) = \bot$, also ist F strikt im ersten Parameter.
- $F^\#(\top, \bot) = \top$. Hier ist keine Aussage über die Striktheit von F im zweiten Argument möglich. (Unter einer bestimmten Interpretation kann F durchaus im zweiten Argument strikt sein.)

Eine algebraische Umformung (wie gerade vorgeführt) kann im allgemeinen nicht automatisch durchgeführt werden. Eine Implementierung der Striktheitsanalyse führt beginnend mit der konstanten $\perp$-Funktion eine Fixpunktiteration aus und hält an, sobald die Funktionsgraphen zweier aufeinanderfolgender Iterationen übereinstimmen. Im vorliegenden Fall entspricht das der Auswertung von

$$F^{\#}(x,y) = x \sqcap (\top \sqcup F^{\#}(x \sqcap y, y))$$

Das führt zu folgender Tabelle in der in der i-ten Zeile der Funktionsgraph der i-ten Iteration, $F^{\#^i}$, aufgetragen ist.

	$(\perp,\perp)$	$(\perp,\top)$	$(\top,\perp)$	$(\top,\top)$
0	$\perp$	$\perp$	$\perp$	$\perp$
1	$\perp$	$\perp$	$\top$	$\top$
2	$\perp$	$\perp$	$\top$	$\top$

Nach zwei Iterationsschritten ist der Fixpunkt erreicht.

Im allgemeinen ist eine nicht-triviale Fixpunktberechnung erforderlich, wobei nach jedem Schritt die abstrakten Funktionen miteinander verglichen werden müssen (vgl. [Pey87]). Der für diesen Vergleich erforderliche exponentielle Aufwand (2^n für n Argumente) war einer der Hauptkritikpunkte an der Vorwärtsanalyse.

Mithilfe der Striktheitsanalyse kann eine optimierte Übersetzung von rekursiven Programmschemata mit nicht-strikter Semantik für die SML($\mathcal{A}$) angegeben werden.

1. Bestimme für alle Funktionssymbole die strikten Argumente mithilfe der abstrakten Interpretation. Danach ist jedes Funktionssymbol mit Striktheitsinformation markiert.

2. Erzeuge den Code so, daß sowohl die Übergabe von strikten Argumenten by-value geschieht als auch der Zugriff auf sie ohne vorheriges `EVAL` geschieht. Auch ein `EVAL`, welches keine Auswertung anstößt muß doch zuerst (zur Laufzeit) bestimmen, ob der Wert auf der Stapelspitze eine Adresse ist.

14.4 Rückwärtsanalyse

Ein anderer Ansatz ist die *Rückwärtsanalyse* [WH87]. Hierbei wird für jede Parameterposition eine Funktion über einem abstrakten Bereich definiert. Auch hier muß eine Fixpunktberechnung durchgeführt werden, allerdings haben die beteiligten Funktionen nur einen Parameter.

Bei der Rückwärtsanalyse wird von der Verwendung eines Funktionswertes in einem Kontext ausgegangen, z.B. davon daß der Funktionswert strikt verwendet wird, und versucht daraus Rückschlüsse über die Kontexte, in denen die Parameter der Funktion verwendet werden, zu finden.

Im Falle der nun betrachteten Rückwärtsstriktheitsanalyse werden als Kontexte die bereits aus der Bereichstheorie bekannten Projektionen benutzt (vgl. Kap. 10). Eine Projektion ist eine idempotente Funktion, die die Identität ID approximiert. Die Bezeichnungen „Projektion" und „Kontext" sind im folgenden gegeneinander austauschbar.

14.4.1 Definition Sei D ein Bereich, $\gamma \in D \to D$ eine stetige Funktion. γ ist eine Projektion, falls

$$\gamma \sqsubseteq ID \qquad \text{und} \qquad \gamma \circ \gamma = \gamma.$$

□

Die Projektionen bilden einen vollständigen Verband mit größtem Element ID und kleinstem Element ABS, wobei $ABS\ d = \bot$ ist. Allerdings ist das Infimum zweier Projektionen γ und δ definiert als die größte Projektion, die sowohl vor γ als auch vor δ liegt, da die größte stetige Funktion mit dieser Eigenschaft nicht notwendig eine Projektion ist.

14.4.2 Beispiel Auf Paaren sind die Projektionen FST und SND definiert durch

$$\begin{aligned} FST(u,v) &= (u,\bot) \\ SND(u,v) &= (\bot,v) \end{aligned}$$

Nun gilt $FST \sqcup SND = ID$ und $(FST \sqcap SND)(u,v) = (\bot,\bot)$. Also ist $ABS \sqsubseteq FST \sqcap SND$.

Die Projektionen können benutzt werden, um einen Grad von ausreichender Definiertheit zu spezifizieren. Sie bilden die nicht benötigten Teile ihrer Argumente auf $\bot$ ab. Ist f eine Funktion über Paaren und in der weiteren Berechnung wird nur die erste Komponente von f's Ergebnis benutzt, so kann an dieser Stelle f durch $FST \circ f$ ersetzt werden. Ist f definiert durch $f(u,v) = (v,u)$ und f wird im Kontext FST benutzt, so gilt offenbar

$$FST \circ f = FST \circ f \circ SND$$

D.h. von einem Argument zu diesem Aufruf von f wird nur die zweite Komponente benötigt. Es gilt das folgende Lemma.

14.4.3 Lemma *Für Projektionen γ und δ und eine monotone Funktion* f *gilt*

$$\gamma \circ f = \gamma \circ f \circ \delta \iff \gamma \circ f \sqsubseteq f \circ \delta$$

Beweis:

$\Longrightarrow$

$$\gamma \circ f = \gamma \circ f \circ \delta \sqsubseteq ID \circ f \circ \delta = f \circ \delta$$

$\Longleftarrow$ Sei $\gamma \circ f \sqsubseteq f \circ \delta$.

$$\gamma \circ f = \gamma \circ \gamma \circ f \sqsubseteq \gamma \circ f \circ \delta$$

$$\gamma \circ f \circ \delta \sqsubseteq \gamma \circ f \circ ID = \gamma \circ f$$

Aus der Antisymmetrie folgt $\gamma \circ f = \gamma \circ f \circ \delta$.

□

δ ist durch γ und f nicht eindeutig bestimmt, da für alle f und γ gilt, daß $\gamma \circ f \sqsubseteq f \circ ID$ ist.

Für die Striktheitsanalyse ist eine weitere Information erforderlich. Bisher konnte der Grad der Definiertheit einer Datenstruktur mit Projektionen spezifiziert werden. Zusätzlich muß hier zu Ausdruck gebracht werden können, daß ein Wert auf jeden Fall in der Berechnung gebraucht wird, bzw. das bestimmte Werte den Abbruch der Berechnung bedingen. Dazu werden alle Bereiche über ein neues kleinstes Element $\natural$, genannt Abort, geliftet. Die Interpretation von $\gamma(u) = \natural$ ist, daß γ ein Argument erwartet, das mehr definiert ist als u. Alle Funktionen $f\colon D \to D'$ werden strikt zu Funktionen in $D_\natural \to D'_\natural$ fortgesetzt, d.h. $f_\natural\ \natural = \natural$.

Definiere die Projektion *STR* durch

$$\begin{array}{lcll} STR\ \natural & = & \natural & \\ STR\ \bot & = & \natural & \\ STR\ u & = & u & u \notin \{\natural, \bot\} \end{array}$$

Die Striktheit einer Funktion kann mit *STR* beschrieben werden, denn es ist

$$STR \circ f \sqsubseteq f \circ STR$$

genau dann, wenn f strikt ist.

Die Definition von *ABS* über den gelifteten Bereichen ist aufgrund der Striktheit der Projektionen (in $\natural$)

$$\begin{array}{lcll} ABS\ \natural & = & \natural & \\ ABS\ u & = & \bot & u \neq \natural \end{array}$$

ABS steht für *absent* (abwesend). Wenn eine Funktion f ihr Argument ignoriert, so gilt für alle Kontexte γ

$$\gamma \circ f \sqsubseteq f \circ ABS$$

Die kleinste Projektion *FAIL* ist definiert durch

$$FAIL\ u = \natural$$

und es gilt für alle f: $FAIL \circ f \sqsubseteq f \circ FAIL$.

Eine Projektion, die $\perp$ auf $\natural$ abbildet heißt *lift-strikt*. Also sind *STR* und *FAIL* lift-strikt, während *ABS* und *ID* es nicht sind. *STR* ist die größte lift-strikte Projektion und *ABS* ist die kleinste Projektion, die nicht lift-strikt ist. Es ist $STR \sqcup ABS = ID$ und $STR \sqcap ABS = FAIL$. Somit bilden die Projektionen *ID*, *STR*, *ABS* und *FAIL* einen Verband.

Der lift-strikte Anteil einer Projektion γ sei im folgenden $\gamma' = \gamma \sqcap STR$. Für lift-strikte Projektionen gilt $\gamma \sqsubseteq STR$.

14.4.4 Lemma *Sei* f *monoton. Ist* γ *nicht lift-strikt und* $\gamma' \circ f \sqsubseteq f \circ \delta$, *dann ist* $\gamma \circ f \sqsubseteq f \circ (ABS \sqcup \delta)$.

Beweis: Da γ nicht lift-strikt ist, gilt $\gamma = ABS \sqcup \gamma'$ und es ist

$$(ABS \sqcup \gamma') \circ f = (ABS \circ f) \sqcup (\gamma' \circ f) \sqsubseteq (f \circ ABS) \sqcup (f \circ \delta) = f \circ (ABS \sqcup \delta)$$

□

Der Kontext eines Ausdrucks fordert einen gewissen Grad an Auswertung für diesen Ausdruck. Wenn eine Projektion einen Teil eines Wertes eines Ausdrucks immer auf $\perp$ abbildet, so ist die Auswertung dieses Teils nicht erforderlich. Wenn eine Projektion gewisse Werte auf $\natural$ abbildet, so muß der Ausdruck so weit ausgewertet werden, daß sichergestellt ist, daß nicht einer dieser Werte vorliegt.

Daraus ergibt sich, daß im Kontext *ABS* keinerlei Auswertung durchgeführt werden muß. Im Kontext *STR* muß soweit ausgewertet werden, bis ersichtlich ist, daß der Wert nicht $\perp$ ist. Der Kontext *ID* gibt keine Information, welcher Grad an Auswertung erforderlich ist, während der Kontext *FAIL* besagt, daß überhaupt kein Grad von Auswertung zu einem akzeptablen Wert führt.

Für die Übersetzung eines Ausdrucks e ergeben sich die folgenden Alternativen in Abhängigkeit vom Kontext, in dem e auftritt:

***FAIL*:** Der Code für e kann das Programm sofort abbrechen.

***ABS*:** Da der Wert von e ignoriert wird, kann ein beliebiger Wert erzeugt werden.

***STR*:** e kann sofort bis zur SKNF ausgewertet werden.

***ID*:** Für e muß ein Abschluß angelegt werden.

Die Analyse eines Ausdrucks liefert Transformationen τ von Projektionen. Ist f eine Funktion mit n Argumenten so ermittelt die Analyse von f Projektionstransformationen $\tau_1, \ldots, \tau_n$ mit der Eigenschaft

$$\gamma f(x_1, \ldots, x_n) \sqsubseteq f(x_1, \ldots, x_{i-1}, \tau_i \gamma x_i, x_{i+1}, \ldots, x_n)$$

oder, für alle n gleichzeitig,

$$\gamma f(x_1, \ldots, x_n) \sqsubseteq f(\tau_1 \gamma x_1, \ldots, \tau_n \gamma x_n).$$

Für einen Ausdruck e heißt τ eine *sichere Abstraktion von* e *bezüglich* x_i, falls für alle Projektionen γ und alle Belegungen von Variablen gilt

$$\gamma [\![e]\!](x_1, \ldots, x_n) \sqsubseteq [\![e]\!](x_1, \ldots, \tau\gamma x_i, \ldots, x_n).$$

Dieses τ ist abhängig von e und x_i und läßt sich durch die Analyse $\tau = \mathcal{P}[\![e]\!][\![x_i]\!]$ bestimmen. Der Typ der Analysefunktion ist somit

$$\mathcal{P}\colon \mathsf{T}_{\Sigma'[\overline{G}]}(\mathsf{X}) \to \mathsf{X} \to \mathsf{Proj} \to \mathsf{Proj},$$

wobei Proj den hier gewählten Verband von Projektionen bezeichnet.

Aufgrund von Lemma 14.4.4 gilt für nicht lift-strikte γ

$$\mathcal{P}[\![e]\!][\![x_i]\!]\gamma = ABS \sqcup \mathcal{P}[\![e]\!][\![x_i]\!]\gamma'$$

Weiterhin gilt

$$\begin{aligned} \mathcal{P}[\![e]\!][\![x_i]\!]FAIL &= FAIL \\ \mathcal{P}[\![e]\!][\![x_i]\!]ABS &= ABS \end{aligned}$$

Also reicht es, die Regeln für $\mathcal{P}$ für den Fall anzugeben, daß γ lift-strikt ist und $\gamma \neq FAIL$. Dies erfaßt die Operation $\rhd$, die zwei Projektionen als Argument nimmt und eine Projektion als Ergebnis liefert.

$$\begin{array}{rcccll} FAIL & \rhd & \delta & = & FAIL & \\ ABS & \rhd & \delta & = & ABS & \\ \gamma & \rhd & \delta & = & \delta & \text{falls } \gamma \text{ lift-strikt und } \gamma \neq FAIL \\ ABS \sqcup \gamma & \rhd & \delta & = & ABS \sqcup \delta & \gamma \text{ lift-strikt und } \gamma \neq FAIL \end{array}$$

Zu guter Letzt stellt sich die Frage nach der Analyse von Funktionsaufrufen, bei denen in den Argumenten mehrfach die gleiche Variable vorkommt, also z.B. $f(x, x)$. Es ist bereits bekannt, daß sowohl

$$\gamma f(x, x) \sqsubseteq f(\tau_1 \gamma x, \tau_2 \gamma x)$$

gelten muß, als auch

$$\gamma [\![f(x_1, x_1)]\!](x) \sqsubseteq [\![f(x_1, x_1)]\!](\tau\gamma x).$$

Das heißt, gesucht ist τ, welches in der ersten Ungleichung sowohl für τ_1 als auch für τ_2 eingesetzt werden kann. Ein geeigneter Kandidat ist $\tau = \tau_1 \sqcup \tau_2$. Aber es gibt eine Alternative, die zu genaueren Analyseergebnissen führt. Da alle Funktionen strikt in $\lightning$ sind, kann, falls $\tau_1\gamma x = \lightning$ oder $\tau_2\gamma x = \lightning$ ist, mit Sicherheit $\tau\gamma x = \lightning$ gesetzt werden. Dies führt zur Operation &, die wie folgt definiert ist:

$$(\gamma\&\delta)u = \begin{cases} \lightning & \text{falls } \gamma u = \lightning \text{ oder } \delta u = \lightning \\ \gamma u \sqcup \delta u & \text{sonst.} \end{cases}$$

Die Operation & ist kommutativ, assoziativ und idempotent. Sie besitzt das neutrale Element *ABS* und das Nullelement *FAIL*.

Die Transformation von beliebigen Projektionen kann auf die Transformation von lift-strikten Projektionen zurückgeführt werden. Daher reicht

$$\mathcal{P}[\![e]\!][\![x_i]\!]\gamma = \gamma \rhd \mathcal{P}'[\![e]\!][\![x_i]\!]\gamma'$$

wenn $\mathcal{P}'$ nur für lift-strikte Projektionen γ' definiert ist. $\mathcal{P}'$ ist wie folgt für lift-strikte Projektionen $\gamma \neq \mathit{FAIL}$ definiert.

$$\begin{array}{lcl}
\mathcal{P}'[\![x_j]\!][\![x_i]\!]\gamma & = & \begin{cases} \gamma & i = j \\ \mathit{ABS} & i \neq j \end{cases} \\
\mathcal{P}'[\![k]\!][\![x_i]\!]\gamma & = & \mathit{ABS} \\
\mathcal{P}'[\![f(e_1, \dots, e_n)]\!][\![x_i]\!]\gamma & = & \mathcal{P}'[\![e_1]\!][\![x_i]\!]\mathit{STR}\&\dots\&\mathcal{P}'[\![e_n]\!][\![x_i]\!]\mathit{STR} \\
\mathcal{P}'[\![G(e_1, \dots, e_n)]\!][\![x_i]\!]\gamma & = & \mathcal{P}'[\![e_1]\!][\![x_i]\!](G_1^\# \gamma)\&\dots\&\mathcal{P}'[\![e_n]\!][\![x_i]\!](G_n^\# \gamma) \\
\mathcal{P}'[\![\texttt{if } e_0 \texttt{ then } e_1 \texttt{ else } e_2]\!][\![x_i]\!]\gamma & & \\
 & = & \mathcal{P}'[\![e_0]\!][\![x_i]\!]\mathit{STR}\&(\mathcal{P}'[\![e_1]\!][\![x_i]\!]\gamma \sqcup \mathcal{P}'[\![e_2]\!][\![x_1]\!]\gamma)
\end{array}$$

Hierbei ist k eine Konstante, $f \in \Sigma$ eine strikte Grundfunktion und G eine im Programmschema definierte Funktion. $G_i^\#$ ist die Projektionstransformation, die den Kontext einer Anwendung von G auf den Kontext des i-ten Arguments abbildet. Für eine Funktion $G(x_1, \dots, x_n) = e$ lauten die Definitionen dieser Funktionen $G_i^\# \gamma = \mathcal{P}[\![e]\!][\![x_i]\!]\gamma$. Da $\mathcal{P}'$ nur für lift-strikte Projektionen definiert ist, muß der Kontext *STR* für die Argumente von Grundfunktionen und für e_0 im bedingten Ausdruck verwendet werden.

Für eine Funktion mit n Argumenten werden somit n Projektionstransformationen bestimmt, die auf dem Verband der vier Projektionen *FAIL*, *ABS*, *STR* und *ID* arbeiten. Die Definition dieser Projektionstransformationen ist wieder rekursiv, so daß auch hier Fixpunktberechnungen durchgeführt werden müssen. Diese Berechnung ist für die hier vorgestellten abstrakten Bereiche weniger aufwendig als es bei der Vorwärtsanalyse der Fall war, da zum Vergleich der Ergebnisse zweier Fixpunktiterationen nur $4n$ Werte miteinander verglichen werden müssen. Zuerst wurde dies als Vorteil der Rückwärtsanalyse angesehen; allerdings kann mit der dargestellten Analyse nicht mehr die Striktheit einer Funktion in zwei oder mehr Argumenten gemeinsam festgestellt werden, was mit der Vorwärtsanalyse offenbar möglich ist.

14.4.5 Beispiel Um einen Vergleich der Methoden zu ermöglichen, wird hier das rekursive Programmschema aus Beispiel 14.3.2 mittels der Rückwärtsstriktheitsanalyse analysiert.

$$\mathsf{F(x,y)} \quad = \quad \texttt{if p(x) then c else F(g(x,y),y)}$$

Das erwartete Ergebnis ist, daß das Argument x auf jeden Fall ausgewertet werden muß, da es in der Bedingung des `ifs` vorkommt, wohingegen der Wert von y nur benötigt wird, falls `p(x) False` ist.

Die Rückwärtsanalyse liefert für jedes Argument x und y eine abstrakte Funktion, eine Transformation von Projektionen.

$$\begin{aligned}
F^{\#}_x\,\gamma &= \mathcal{P}[\![\ \texttt{if p(x) then c else F(g(x,y),y)}\ ]\!][\![\ x\ ]\!]\,\gamma \\
&= \gamma \rhd \mathcal{P}'[\![\ \texttt{if p(x) then c else F(g(x,y),y)}\ ]\!][\![\ x\ ]\!]\gamma' \\
&= \gamma \rhd (\mathcal{P}'[\![\ p(x)\ ]\!][\![\ x\ ]\!]\ \mathit{STR}\&(\mathcal{P}'[\![\ c\ ]\!][\![\ x\ ]\!]\gamma' \sqcup \mathcal{P}'[\![\ F(g(x,y),y)\ ]\!][\![\ x\ ]\!]\gamma')) \\
&= \gamma \rhd (\mathit{STR}\&(\mathit{ABS} \sqcup (\mathcal{P}'[\![\ g(x,y)\ ]\!][\![\ x\ ]\!](F^{\#}_x\,\gamma')\&\mathcal{P}'[\![\ y\ ]\!][\![\ x\ ]\!](F^{\#}_y\,\gamma')))) \\
&= \gamma \rhd (\mathit{STR}\&(\mathit{ABS} \sqcup (\mathcal{P}'[\![\ x\ ]\!][\![\ x\ ]\!](F^{\#}_x\,\gamma')\&\mathcal{P}'[\![\ y\ ]\!][\![\ x\ ]\!](F^{\#}_x\,\gamma')\&\mathit{ABS}))) \\
&= \gamma \rhd (\mathit{STR}\&(\mathit{ABS} \sqcup (F^{\#}_x\,\gamma'))
\end{aligned}$$

Die Projektionstransformation für y lautet:

$$\begin{aligned}
F^{\#}_y\,\gamma &= \mathcal{P}[\![\ \texttt{if p(x) then c else F(g(x,y),y)}\ ]\!][\![\ y\ ]\!]\,\gamma \\
&= \gamma \rhd \mathcal{P}'[\![\ \texttt{if p(x) then c else F(g(x,y),y)}\ ]\!][\![\ y\ ]\!]\gamma' \\
&= \gamma \rhd (\mathcal{P}'[\![\ p(x)\ ]\!][\![\ y\ ]\!]\ \mathit{STR}\&(\mathcal{P}'[\![\ c\ ]\!][\![\ y\ ]\!]\gamma' \sqcup \mathcal{P}'[\![\ F(g(x,y),y)\ ]\!][\![\ y\ ]\!]\gamma')) \\
&= \gamma \rhd (\mathit{ABS}\&(\mathit{ABS} \sqcup (\mathcal{P}'[\![\ g(x,y)\ ]\!][\![\ y\ ]\!](F^{\#}_x\,\gamma')\&\mathcal{P}'[\![\ y\ ]\!][\![\ y\ ]\!](F^{\#}_y\,\gamma')))) \\
&= \gamma \rhd (\mathit{ABS} \sqcup (\mathcal{P}'[\![\ x\ ]\!][\![\ y\ ]\!](F^{\#}_x\,\gamma')\&\mathcal{P}'[\![\ y\ ]\!][\![\ y\ ]\!](F^{\#}_x\,\gamma')\&\mathcal{P}'[\![\ y\ ]\!][\![\ y\ ]\!](F^{\#}_y\,\gamma'))) \\
&= \gamma \rhd (\mathit{ABS} \sqcup F^{\#}_x\,\gamma'\&F^{\#}_y\,\gamma')
\end{aligned}$$

Damit ergibt sich die folgende Tabelle der Iterationen:

$F^{\#}_x$	*FAIL*	*ABS*	*STR*	*ID*
0	*FAIL*	*FAIL*	*FAIL*	*FAIL*
1	*FAIL*	*ABS*	*STR*	*ID*
2	*FAIL*	*ABS*	*STR*	*ID*

Nach der ersten Iteration ist der Fixpunkt erreicht. Offenbar ist F strikt in x, da $F^{\#}_x\ \mathit{STR} = \mathit{STR}$ ist, d.h. ein strikter Kontext von F(x, y) liefert einen strikten Kontext für x. Zur Berechnung der Approximationen von $F^{\#}_y$ wird direkt die Funktion $F^{\#}_x$ benutzt. Das ist in diesem Fall in Ordnung, da die $F^{\#}_x$ nicht von $F^{\#}_y$ abhängt. Im allgemeinen müssen beide Iterationen gleichzeitig vorgenommen werden.

$F^{\#}_{y}$	*FAIL*	*ABS*	*STR*	*ID*
0	*FAIL*	*FAIL*	*FAIL*	*FAIL*
1	*FAIL*	*ABS*	*ABS*	*ABS*
2	*FAIL*	*ABS*	*ID*	*ID*
3	*FAIL*	*ABS*	*ID*	*ID*

Nach zwei Iterationen ist der Fixpunkt erreicht. Ein strikter Kontext von $F(x, y)$ wirkt sich scheinbar nicht notwendig auf den Kontext von y aus. Die Analyse kann keine Striktheit von F in y feststellen.

14.5 Literaturhinweise

Die Vorwärtsstriktheitsanalyse kann auf Programme mit Funktionen höherer Ordnung erweitert werden [BHA85]. Der Nachteil dabei ist, daß die Größe der abstrakten Bereiche exponentiell anwächst, was die praktische Anwendung einer solchen Analyse unmöglich macht.

Es gibt Verallgemeinerungen der abstrakten Bereiche für die Vorwärtsanalyse zur Analyse von Listen [Wad87] und von algebraischen Datentypen allgemein [JL90, Ben93].

Davis und Wadler zeigen, wie die Vorwärtsanalyse auf Kosten der Genauigkeit verbilligt werden und wie die Rückwärtsanalyse auf Kosten der Laufzeit verbessert werden kann [DW90].

Weitere Effizienzverbesserungen sind möglich. Monotone Funktionen über endlichen Verbänden (um nichts anderes handelt es sich hier) können auch auf andere Weise als durch ihren Graph dargestellt werden. Ein solcher Ansatz wird von Hunt und Hankin analysiert [HH91].

Davis [Dav93] verallgemeinert die Rückwärtsanalyse auf Funktionen höheren Typs. Seward beschreibt die Implementierung einer Striktheitsanalyse für polymorphe Funktionen [Sew93].

Nöcker beschreibt eine effiziente Analysemethode, die auch Striktheitsforderungen an Datenstrukturen entdecken kann. Sie basiert auf einer Abstraktion der Reduktionssemantik [vGHN92, Nöc93]. Hankin und Goubault [GH92] versuchen, diese Analyse mithilfe von gewöhnlicher abstrakter Interpretation zu beschreiben.

Andere Ansätze versuchen, Striktheiteigenschaften durch Typsysteme auszudrücken und Striktheitsanalyse mithilfe von Typprüfung durchzuführen [HL94a, HL94b] bzw. dies mithilfe einer Striktheitslogik zu erfassen [Jen91]. Auch sequentielle Algorithmen werden verwendet, um die Striktheit von Funktionen zu analysieren [FH93].

14.6 Aufgaben

14.1 Zeigen Sie, daß in Lemma 14.4.3 die Monotonie von f essentiell ist.

14.2 Führen Sie eine Striktheitsanalyse für das folgende rekursive Programm durch.

$$\mathsf{G}(x,y,z) = \texttt{if } x = 0 \texttt{ then } 1 \texttt{ else } \mathsf{G}(y-1, z-1, x-1)$$

14.3 Gegeben sei das rekursive Programm

$$\mathsf{F}(x,y) \;=\; \texttt{if } x = 0 \texttt{ then } y \texttt{ else } \mathsf{F}(x-1, y)$$

Führen Sie eine Striktheitsanalyse für F einmal mittels einer Vorwärtsanalyse und einmal mittels einer Rückwärtsanalyse durch. Vergleichen Sie die Ergebnisse.

14.4 Seien D und $\overline{\mathsf{D}}$ Halbordnungen mit Galois-Verbindung $\langle\alpha,\gamma\rangle$ und $\mathsf{F} \in \mathsf{D} \to \mathsf{D}$ sowie $\overline{\mathsf{F}} \in \overline{\mathsf{D}} \to \overline{\mathsf{D}}$ monotone Funktionen. $\overrightarrow{\alpha}$ sei wie in Kap. 14.1 definiert. Folgende Aussagen sind äquivalent:

$$\overrightarrow{\alpha}(\mathsf{F}) \,\overline{\sqsubseteq}\, \overline{\mathsf{F}} \iff \mathsf{F}\circ\gamma \sqsubseteq \gamma\circ\overline{\mathsf{F}} \iff \alpha\circ\mathsf{F} \,\overline{\sqsubseteq}\, \overline{\mathsf{F}}\circ\alpha.$$

(NB: Bei einer Galois-Verbindung bestimmt die eine Komponente eindeutig die andere.)

14.5 Seien D und $\overline{\mathsf{D}}$ Halbordnungen mit Galois-Verbindung $\langle\alpha,\gamma\rangle$. α ist surjektiv genau dann, wenn $\alpha\circ\gamma = \mathrm{id}_{\overline{\mathsf{D}}}$.

14.6 Zeigen Sie die folgenden Aussagen für Projektionen über einer CPO D.

1. Ist A Menge von Projektionen über D, so existiert $\bigsqcup A$ und ist eine Projektion.
2. Geben Sie eine CPO D und Projektionen γ und δ an, so daß die größte stetige Funktion $f \in \mathsf{D} \to \mathsf{D}$ mit $f \sqsubseteq \gamma$ und $f \sqsubseteq \delta$ *keine* Projektion ist.
3. Definieren Sie $\bigsqcap A$ für eine Menge A von Projektionen, so daß das Ergebnis wieder eine Projektion ist.

(Damit ist bewiesen, daß die Projektionen über D mit den so definierten Operationen $\sqcup$ und $\sqcap$ einen vollständiger Verband bilden.)

14.7 Erweitern Sie die abstrakte Interpretation zur Vorzeichenregel um die Operatoren /, +, −.

Führen Sie dazu neue Elemente in den abstrakten Bereich ein (mit der Bedeutung z ist positiv oder Null; bzw. z ist negativ oder Null, usw.) und definieren Sie Abstraktion α und Konkretisierung γ. Beweisen Sie, daß $\langle\alpha,\gamma\rangle$ eine Galois-Verbindung des so definierte Bereichs mit $(\mathcal{P}(\mathbb{Z}), \subseteq)$ ist. Definieren Sie die Abstraktionen der Operatoren mithilfe der $\overrightarrow{\alpha}$-Regel.

15 Der λ-Kalkül als funktionale Programmiersprache

Der λ-Kalkül ist ein Kalkül von anonymen Funktionen. Er wurde in den 30er Jahren von A. Church entwickelt [Chu41]. Church forschte nach den Grundlagen der Mathematik und der mathematischen Logik. Dabei diente der λ-Kalkül zur Formalisierung des Berechenbarkeitsbegriffes. Als sich herausstellte, daß die Ausdruckskraft dieses Kalküls genauso groß war wie die von Turingmaschinen, Markovsystemen oder Post-Bändern, führte diese Erkenntnis Church zu seiner These vom intuitiven Berechenbarkeitsbegriff.

In diesem Kapitel werden die Grundlagen des λ-Kalküls nur so weit dargestellt, daß seine Bedeutung für die Entwicklung und Notation moderner funktionaler Sprachen deutlich wird. Nach der Einführung der Syntax und der operationellen Semantik des λ-Kalküls wird vorgeführt, daß alle rekursiven Funktionen λ-programmierbar sind. Als Nebenprodukt ergibt sich eine Kodierung von Wahrheitswerten, Zahlen und anderen Datenstrukturen durch Ausdrücke des λ-Kalküls. Das führt zur Definition eines Kalküls, welches um genau diese Datenobjekte in Form von Konstanten angereichert ist. Für den angereicherten Kalkül wird eine denotationelle Semantik angegeben, die die Basis für die folgende Behandlung von Typen im λ-Kalkül ist. Neben dem Nachweis der Korrektheit der Typregeln wird ein Algorithmus zur Typrekonstruktion vorgeführt. Zum Schluß folgt eine Diskussion pragmatischer Aspekte der Typrekonstruktion.

15.1 Syntax und Reduktionssemantik

15.1.1 Definition Sei Var eine abzählbare Menge von Variablen. Die Menge Expr der Ausdrücke des reinen λ-Kalküls ist definiert durch die folgende Grammatik.

$$\begin{array}{llll} \text{Expr} ::= & v & v \in \text{Var} & \text{Variable} \\ \mid & (e\,e') & e, e' \in \text{Expr} & \text{Applikation} \\ \mid & (\lambda v.e) & e \in \text{Expr}, v \in \text{Var} & \text{Abstraktion} \end{array}$$

□

Um Klammern zu sparen gelten die folgenden Konventionen:

- Applikationen sind linksassoziativ,
- der Wirkungsbereich eines λ erstreckt sich so weit wie möglich nach rechts,
- schreibe $\lambda x\, y.e$ anstelle von $\lambda x.\lambda y.e$.

Also steht $\lambda x.x\ x$ für $(\lambda x.(x\ x))$ und nicht etwa für $(\lambda x.x)\ x$.

15.1.2 Definition Die Funktionen free, bound: $\text{Expr} \to \mathcal{P}((\text{Var}))$ geben die in einem Ausdruck *frei* bzw. *gebunden* vorkommenden Variablen an.

$$
\begin{aligned}
\text{free}(\nu) &= \{\nu\} \\
\text{free}(e\ e') &= \text{free}(e) \cup \text{free}(e') \\
\text{free}(\lambda\nu.e) &= \text{free}(e) \setminus \{\nu\}
\end{aligned}
$$

$$
\begin{aligned}
\text{bound}(\nu) &= \emptyset \\
\text{bound}(e\ e') &= \text{bound}(e) \cup \text{bound}(e') \\
\text{bound}(\lambda\nu.e) &= \text{bound}(e) \cup \{\nu\}
\end{aligned}
$$

Für die in e vorkommenden Variablen gilt $\text{var}(e) = \text{free}(e) \cup \text{bound}(e)$. Ein λ-Ausdruck e ist *geschlossen*, falls $\text{free}(e) = \emptyset$. Ein geschlossener Ausdruck heißt auch *Kombinator*. □

Jeder λ-Ausdruck repräsentiert eine namenlose Funktion. Die operationelle Semantik für λ-Ausdrücke wird in Form von Reduktionsregeln angegeben. Sie sind motiviert durch die Intuition, daß λ-Ausdrücke, die die gleiche (beobachtbare) Wirkung haben, sich auch syntaktisch ineinander überführen lassen können.

Ein wichtiger Teil der Reduktionsregeln ist die Ersetzung (Substitution) einer Variable ν durch einen Ausdruck f in einem Ausdruck e, in Zeichen $e[\nu \mapsto f]$.

15.1.3 Definition (Substitution) Für alle $e, f \in \text{Expr}$ ist $e[\nu \mapsto f]$ induktiv definiert durch

$$
\begin{array}{rcll}
\nu[\nu \mapsto f] &=& f & \\
x[\nu \mapsto f] &=& x & x \neq \nu \\
(\lambda\nu.e)[\nu \mapsto f] &=& \lambda\nu.e & \\
(\lambda x.e)[\nu \mapsto f] &=& \lambda x.(e[\nu \mapsto f]) & x \neq \nu, x \notin \text{free}(f) \\
(\lambda x.e)[\nu \mapsto f] &=& \lambda x'.(e[x \mapsto x'][\nu \mapsto f]) & x \neq \nu, x \in \text{free}(f), x' \notin \text{free}(e) \cup \text{free}(f) \\
(e\ e')[\nu \mapsto f] &=& (e[\nu \mapsto f])\ (e'[\nu \mapsto f]) &
\end{array}
$$

□

Falls ν nicht frei in e vorkommt, so gilt $e[\nu \mapsto f] = e$.

Die folgenden Definitionen geben die Rechenregeln (die operationelle Semantik) in Form von Reduktionsregeln für Ausdrücke an.

15.1.4 Definition (α-Reduktion) Die Relation $\to_\alpha \subseteq \text{Expr}^2$ ist definiert durch:

$$\lambda x.e \to_\alpha \lambda y.e[x \mapsto y] \qquad y \notin \text{free}(e)$$

□

Die α-Reduktion ist die Umbenennung von gebundenen Variablen in einem Ausdruck e. Die Motivation dafür ist die Intuition, daß Ausdrücke wie $\lambda x.x$ und $\lambda y.y$ die gleiche Funktion bezeichnen sollen. Während einer Substitution werden ggf. α-Reduktionen in einem der Ausdrücke vorgenommen.

Die β-Reduktion dient der Auflösung der Applikation einer λ-Abstraktion auf einen beliebigen Ausdruck (ein β-Redex).

15.1.5 Definition (β-Reduktion) Die Relation $\rightarrow_\beta \;\subseteq \mathrm{Expr}^2$ ist definiert durch:

$$(\lambda v.e)\ f \rightarrow_\beta e[v \mapsto f]$$

□

Ein β-Reduktionsschritt bewirkt eine syntaktische Ersetzung des formalen Parameters v durch den aktuellen Parameter f im Ausdruck e. Während der Substitution werden ggf. innerhalb von e α-Reduktionen vorgenommen, damit nicht freie Variablen von f in e gebunden werden.

15.1.6 Beispiel

$$\begin{aligned}(\lambda f.\lambda x.f\ x)\ x \quad &\leftrightarrow_\alpha \quad (\lambda f.\lambda x'.f\ x')\ x \\ &\rightarrow_\beta \quad \lambda x'.x\ x'\end{aligned}$$

Im weiteren Text werden α-Reduktionen gewöhnlich nicht mehr explizit erwähnt. λ-Ausdrücke, die sich nur in den Namen der gebundenen Variablen unterscheiden, werden als gleich angesehen.

Eine Verallgemeinerung der β-Reduktion ist die η-Reduktion.

15.1.7 Definition (η-Reduktion) Die Relation $\rightarrow_\eta \;\subseteq \mathrm{Expr}^2$ ist definiert durch:

$$(\lambda x.e\ x) \rightarrow_\eta e \qquad \text{falls } x \notin \mathrm{free}(e)$$

□

Die η-Reduktion kann als vorweggenommene β-Reduktion angesehen werden. Wird nämlich $\lambda x.e\ x$ auf ein Argument f angewendet, so gilt

$$(\lambda x.e\ x)\ f \rightarrow_\beta e\ f \qquad \text{falls } x \notin \mathrm{free}(e).$$

Die Reduktionsregeln werden kompatibel fortgesetzt. Das heißt, wann immer ein β-Redex an beliebiger Stelle in einem Ausdruck auftritt, so darf an dieser Stelle ein β-Reduktionschritt durchgeführt werden. Für alle $e, f \in \mathrm{Expr}$ gilt also:

$$\begin{aligned}e \rightarrow_\beta e' \quad &\Rightarrow \quad e\ f \rightarrow_\beta e'\ f \\ f \rightarrow_\beta f' \quad &\Rightarrow \quad e\ f \rightarrow_\beta e\ f' \\ e \rightarrow_\beta e' \quad &\Rightarrow \quad \lambda v.e \rightarrow_\beta \lambda v.e'\end{aligned}$$

Die α-Reduktion sowie die η-Reduktionsrelation werden in gleicher Weise kompatibel fortgesetzt.

Jede der Reduktionsregeln definiert eine zweistellige Relation auf der Menge der λ-Ausdrücke. Für $x \in \{\alpha, \beta, \eta\}$ bezeichnet die Relation $\stackrel{*}{\rightarrow}_x$ den reflexiven und transitiven Abschluß der Relation $\rightarrow_x$, $\leftrightarrow_x$ den symmetrischen Abschluß und $\stackrel{*}{\leftrightarrow}_x$ den reflexiven, transitiven und symmetrischen Abschluß (die kleinste Äquivalenzrelation, die $\rightarrow_x$ enthält).

Damit gilt $e \stackrel{*}{\rightarrow}_\beta e'$, falls e' mit endlich vielen β-Reduktionsschritten aus e ableitbar ist, d.h. falls es ein $n \in \mathbb{N}$ und Ausdrücke $e_0, \ldots, e_n$ gibt, so daß

$$e = e_0 \rightarrow_\beta e_1 \rightarrow_\beta \cdots \rightarrow_\beta e_n = e'$$

gilt. Nach Definition gilt $e \leftrightarrow_\beta e'$, falls $e \rightarrow_\beta e'$ oder $e' \rightarrow_\beta e$ (symmetrischer Abschluß), und $e \stackrel{*}{\leftrightarrow}_\beta e'$, falls es ein $n \in \mathbb{N}$ und Ausdrücke $e_0, \ldots, e_{2n}$ gibt, so daß gilt (reflexiver, transitiver und symmetrischer Abschluß):

$$e = e_0 \stackrel{*}{\rightarrow}_\beta e_1 \stackrel{*}{\leftarrow}_\beta e_2 \stackrel{*}{\rightarrow}_\beta \cdots \stackrel{*}{\rightarrow}_\beta e_{2n-1} \stackrel{*}{\leftarrow}_\beta e_{2n} = e'$$

Ausdrücke, für die $e_1 \stackrel{*}{\leftrightarrow}_\beta e_2$ gilt, heißen auch β-*äquivalent*. Hierfür wird oft einfach $e_1 = e_2$ geschrieben.

Ein λ-Ausdruck ist in Normalform, falls er kein β-Redex mehr enthält.

15.1.8 Definition (Normalform) e' ist β-*Normalform* von e, falls $e \stackrel{*}{\rightarrow}_\beta e'$ und falls es kein $e'' \in \mathrm{Expr}$ gibt, so daß $e' \rightarrow_\beta e''$ gilt. □

Ausdrücke mit gleicher (bis auf α-Reduktion) Normalform haben das gleiche Verhalten. Leider gilt die Umkehrung hiervon nicht. Außerdem gibt es Ausdrücke, die keine Normalform besitzen:

$$(\lambda x.x\ x)(\lambda x.x\ x) \rightarrow_\beta (\lambda x.x\ x)(\lambda x.x\ x)$$

Wenn allerdings ein Ausdruck eine Normalform besitzt, so kann die Normalform durch eine Folge von Reduktionsschritten erreicht werden, in denen jeweils das am weitesten links im Ausdruck beginnende β-Redex reduziert wird. Das entspricht gerade der Leftmost-Outermost- bzw. Normal-Order-Reduktionsstrategie. Die Berechnung der Normalform im λ-Kalkül entspricht also einer nicht-strikten Auswertungsstrategie.

Die folgenden Aussagen zeigen, daß die β-Reduktion eine sinnvolle Berechnungsregel für λ-Ausdrücke ist.

15.1.9 Lemma (Lokale Konfluenz) *Die β-Reduktion ist* lokal konfluent*, d.h. für alle* $e, e_1, e_2 \in \mathrm{Expr}$ *gilt (vgl. Abb. 15.1)*

$$(e \rightarrow_\beta e_1 \wedge e \rightarrow_\beta e_2) \Longrightarrow \exists e' \in \mathrm{Expr} \,.\, e_1 \stackrel{*}{\rightarrow}_\beta e' \wedge e_2 \stackrel{*}{\rightarrow}_\beta e'.$$

Der Beweis geschieht mittels Induktion über den Ausdruck e. Für einen Ausdruck e spielt es also keine Rolle, welches β-Redex zuerst reduziert wird. Es gibt immer einen Ausdruck e', der von allen Ergebnissen mit endlich vielen Reduktionsschritten erreicht werden kann. Das folgende Lemma liefert eine etwas verschärfte Aussage.

15.1.10 Lemma (Konfluenz) *Die β-Reduktion ist* konfluent, *d.h. für alle* $e, e_1, e_2 \in \mathrm{Expr}$ *gilt (vgl. Abb. 15.2)*

$$(e \xrightarrow{*}_\beta e_1 \wedge e \xrightarrow{*}_\beta e_2) \Longrightarrow \exists e' \in \mathrm{Expr}\,.\, e_1 \xrightarrow{*}_\beta e' \wedge e_2 \xrightarrow{*}_\beta e'.$$

Dieses Lemma wird mittels Induktion aus Lemma 15.1.9 bewiesen. Wegen der Form des Diagramms (Abb. 15.2) heißt das Lemma oft „Diamant-Lemma". Schließlich ergibt sich die Church-Rosser-Eigenschaft. Sie besagt, daß es zu Ausdrücken e_1 und e_2, die β-äquivalent sind, einen Ausdruck e' gibt, der von beiden mit endlich vielen Reduktionsschritten erreicht werden kann.

15.1.11 Satz (Church-Rosser-Eigenschaft) *Die β-Reduktion erfüllt die* Church-Rosser-Eigenschaft, *d.h. für alle* $e_1, e_2 \in \mathrm{Expr}$ *gilt (vgl. Abb. 15.3)*

$$e_1 \overset{*}{\leftrightarrow}_\beta e_2 \Rightarrow \exists e' \in \mathrm{Expr}\,.\, e_1 \xrightarrow{*}_\beta e' \wedge e_2 \xrightarrow{*}_\beta e'.$$

Beweis: (Skizze) Die Voraussetzung $e_1 \overset{*}{\leftrightarrow}_\beta e_2$ ergibt die oberste Zeile in Abb. 15.4 bestehend aus den $e'_0, \ldots, e'_{2n}$. Auf jeden der „Diamanten" gebildet aus e'_{2i+1}, e'_{2i+2} und e'_{2i+3} kann Lemma 15.1.10 angewendet werden und liefert die Existenz der e''_{2i+1}. Mit den Setzungen $e''_0 = e'_0$, $e''_{2i} = e'_{2i+1}$ und $e''_{2(n-1)} = e'_{2n}$ ergibt sich eine Kette, die einen Diamanten weniger enthält. Das ist genau der Induktionsschritt für eine Induktion über n, die die Existenz von e' liefert. □

Aus der Church-Rosser-Eigenschaft folgt die Eindeutigkeit von Normalformen, falls sie existieren.

15.1.12 Lemma *Für jedes* $e \in \mathrm{Expr}$ *gilt:* e *besitzt höchstens eine Normalform, bis auf α-Reduktion.*

Beweis: Angenommen, e besitzt zwei unterschiedliche Normalformen e_1 und e_2. Wegen $e \xrightarrow{*}_\beta e_1$ und $e \xrightarrow{*}_\beta e_2$, gilt $e_1 \overset{*}{\leftrightarrow} e_2$. Aufgrund der Church-Rosser-Eigenschaft gibt es nun ein e' mit $e_1 \xrightarrow{*}_\beta e'$ und $e_2 \xrightarrow{*}_\beta e'$. Da e_1 und e_2 Normalformen sind, muß $e_1 = e_2 = e'$ gelten (bis auf Umbenennung gebundener Variablen). □

15.2 Darstellung rekursiver Funktionen

Der reine λ-Kalkül beschäftigt sich nur mit Ausdrücken. Mit diesen Ausdrücken können jedoch Objekte der üblichen Datentypen dargestellt werden. Dabei wird

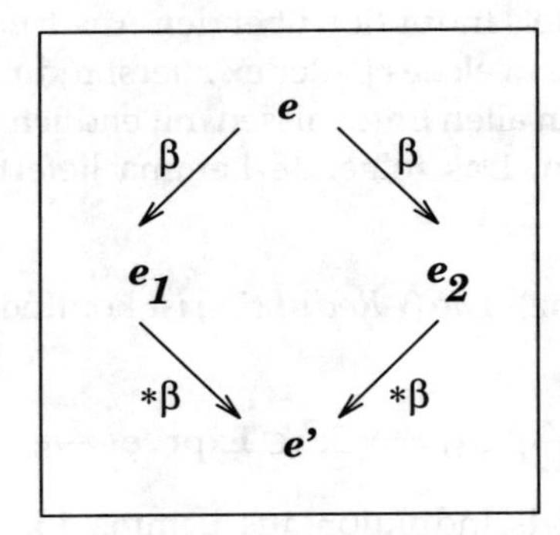

Abbildung 15.1: Lokale Konfluenz der β-Reduktion.

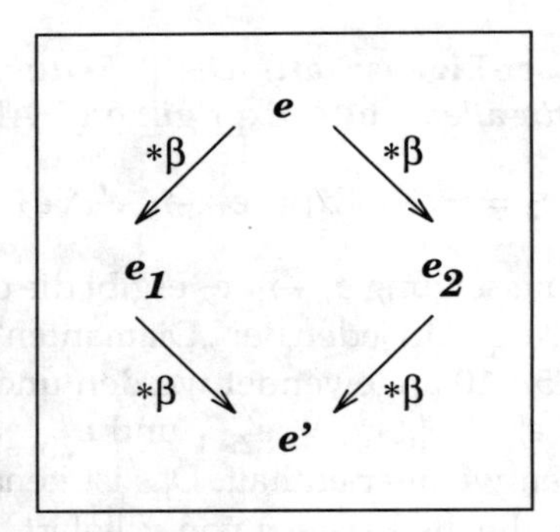

Abbildung 15.2: Konfluenz der β-Reduktion.

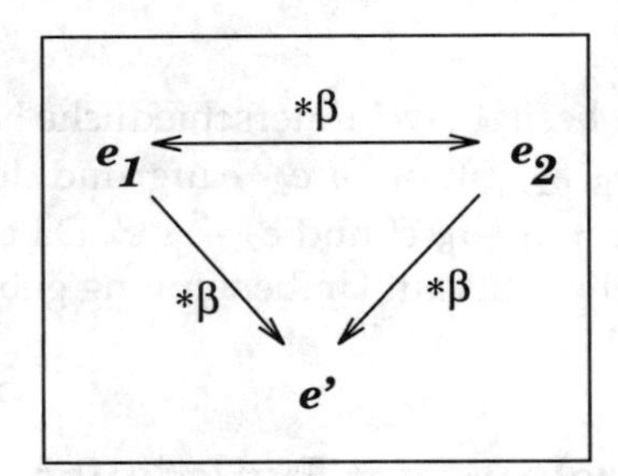

Abbildung 15.3: Church-Rosser-Eigenschaft der β-Reduktion.

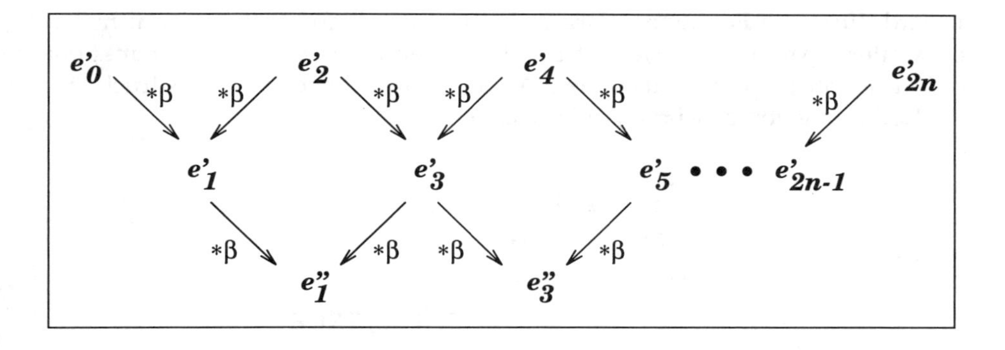

Abbildung 15.4: Beweisskizze zur Church-Rosser-Eigenschaft.

jedes Objekt vom Typ `Bool`, ℕ usw. durch einen geschlossenen λ-Ausdruck in Normalform dargestellt, so daß die Grundoperationen des jeweiligen Datentyps auf der Menge dieser Normalformen durch λ-Ausdrücke definierbar sind.

Boolesche Werte werden durch ihre Wirkung in einem bedingten Ausdruck `if_then_else_` dargestellt. Eine Lesart des Ausdrucks `if b then` e_1 `else` e_2 ist die, daß b einen der beiden Ausdrücke e_1 oder e_2 auswählt. Also muß b eine Auswahlfunktion sein, wobei durch `True` e_1 gewählt wird und durch `False` e_2. Also sind `True` und `False` Projektionsfunktionen auf das erste bzw. zweite Argument.

$$\begin{aligned} \text{TRUE} &\equiv \lambda x.\lambda y.x \\ \text{FALSE} &\equiv \lambda x.\lambda y.y \\ \text{COND} &\equiv \lambda t.\lambda x.\lambda y.t\ x\ y \end{aligned}$$

(Hierbei steht ≡ für die textuelle Gleichheit bis auf α-Reduktion.) Durch Nachrechnen (β-Reduktion) erweist sich:

$$\begin{aligned} \text{COND TRUE } e_1\ e_2 &\equiv (\lambda t.\lambda x.\lambda y.t\ x\ y)\ \text{TRUE}\ e_1\ e_2 \\ &\rightarrow_\beta (\lambda x.\lambda y.\text{TRUE}\ x\ y)\ e_1\ e_2 \\ &\rightarrow_\beta^2 \text{TRUE}\ e_1\ e_2 \\ &\equiv (\lambda x.\lambda y.x)\ e_1\ e_2 \\ &\rightarrow_\beta (\lambda y.e_1)\ e_2 \\ &\rightarrow_\beta e_1 \end{aligned}$$

Zur Darstellung von Zahlen gibt es verschiedene Möglichkeiten. Die hier benutzte Darstellung stammt von Church und benutzt die *Church-Numerale*. Die Zahl

n wird durch ein Funktional dargestellt, das eine Argumentfunktion n-mal auf ein weiteres Argument anwendet. So ist die 0 repräsentiert durch ein Funktional, das die identische Funktion auf dem Argument berechnet. Der λ-Ausdruck für n, die Kodierung von n, sei mit $\lceil n \rceil$ bezeichnet. So ist

$$\begin{aligned} \lceil n \rceil &\equiv \lambda f.\lambda x.f^{(n)}\ x \\ \lceil 0 \rceil &\equiv \lambda f.\lambda x.x \\ \mathrm{SUCC} &\equiv \lambda n.\lambda f.\lambda x.n\ f\ (f\ x) \\ \mathrm{IS0} &\equiv \lambda n.n\ (\lambda x.\mathrm{FALSE})\ \mathrm{TRUE} \end{aligned}$$

Die λ-Ausdrücke SUCC und IS0 repräsentieren die Nachfolgerfunktion sowie den Test auf 0.

15.2.1 Beispiel

$$\begin{aligned} \mathrm{IS0}\ \lceil 0 \rceil &\equiv (\lambda n.n\ (\lambda x.\mathrm{FALSE})\ \mathrm{TRUE})\ \lceil 0 \rceil \\ &\rightarrow_\beta \lceil 0 \rceil\ (\lambda x.\mathrm{FALSE})\ \mathrm{TRUE} \\ &\equiv (\lambda f.\lambda x.x)\ (\lambda x.\mathrm{FALSE})\ \mathrm{TRUE} \\ &\rightarrow_\beta (\lambda x.x)\ \mathrm{TRUE} \\ &\rightarrow_\beta \mathrm{TRUE} \end{aligned}$$

Auch Rekursion kann im reinen λ-Kalkül programmiert werden: Die rekursiv definierte Funktion wird sich selbst als Argument übergeben. Der Fixpunktoperator lfp ist als geschlossener λ-Ausdruck, durch einen *Fixpunktkombinator*, darstellbar! Der Buchstabe Y bezeichnet gewöhnlich einen Fixpunktkombinator. Es gilt der Satz:

15.2.2 Satz (Fixpunktsatz) *Zu jedem Ausdruck* F *gibt es ein* X *mit* $F\ X \overset{*}{\leftrightarrow}_\beta X$. *Es gilt* $X \equiv Y\ F$ *mit*

$$Y \equiv \lambda f.(\lambda x.f\ (x\ x))(\lambda x.f\ (x\ x)).$$

Beweis:

$$\begin{aligned} Y\ F &\equiv (\lambda f.(\lambda x.f\ (x\ x))(\lambda x.f\ (x\ x)))\ F \\ &\rightarrow_\beta (\lambda x.F\ (x\ x))(\lambda x.F\ (x\ x)) \\ &\rightarrow_\beta F\ ((\lambda x.F\ (x\ x))(\lambda x.F\ (x\ x))) \\ &\leftarrow_\beta F\ ((\lambda f.(\lambda x.f\ (x\ x))(\lambda x.f\ (x\ x)))\ F) \\ &\equiv F\ (Y\ F) \end{aligned}$$

□

Für den Y-Kombinator sind $\mathsf{Y}\ \mathsf{F}$ und $\mathsf{F}(\mathsf{Y}\ \mathsf{F})$ lediglich β-äquivalent. Der Turingsche Fixpunktkombinator Θ hat sogar die Eigenschaft $\Theta\ \mathsf{F} \xrightarrow{*}_\beta \mathsf{F}\ (\Theta\ \mathsf{F})$.

$$\Theta \equiv (\lambda xy.y(xxy))(\lambda xy.y(xxy))$$

Zusammenfassend ist ersichtlich, daß Wahrheitswerte und natürliche Zahlen darstellbar sind. Weiterhin ist auf den natürlichen Zahlen die Nachfolgerfunktion und der Test auf 0 darstellbar. Mit dem Fixpunktkombinator ist die unbeschränkte Minimalisierung darstellbar. Somit können im λ-Kalkül alle rekursiven Funktionen berechnet werden. Es läßt sich auch zeigen, daß der λ-Kalkül mithilfe von rekursiven Funktionen simuliert werden kann. Dazu werden λ-Ausdrücke durch Zahlen kodiert. Die Berechnungsregeln (Substitution, β-Reduktion) lassen sich durch totale rekursive Funktionen auf den Kodierungen simulieren. So wird bewiesen, daß beide Formalismen die gleiche Klasse von Funktionen über natürlichen Zahlen berechnen.

15.3 Ein angereicherter λ-Kalkül

Zahlen, Wahrheitswerte und andere Datenstrukturen lassen sich im reinen λ-Kalkül darstellen. Durch die Anreicherung des Kalküls um die üblichen Datentypen und Operationen darauf in Form von Konstanten geschieht also nichts neues. Allerdings sind Rechnungen im angereicherten Kalkül effizienter durchführbar, da Operationen wie Addition oder Multiplikation jetzt in einem Schritt ausgeführt werden. Anstelle eines unleserlichen λ-Ausdrucks wird nun $\lambda x. +\ x\ 5$ oder sogar $\lambda x.x + 5$ geschrieben.

15.3.1 Syntax des angereicherten Kalküls

15.3.1 Definition Sei Var eine abzählbaren Menge von Variablen und Kon eine abzählbare Menge von Konstantensymbolen. Die Menge Expr_1 der Ausdrücke des angereicherten Kalküls sind wie folgt definiert.

$$\begin{array}{rcll}
\mathrm{Expr}_1 & ::= & v & v \in \mathrm{Var} \\
 & | & k & k \in \mathrm{Kon} \\
 & | & (e\ e') & e, e' \in \mathrm{Expr}_1 \\
 & | & (\lambda v.e) & e \in \mathrm{Expr}_1 \\
 & | & \texttt{let}\ v = e\ \texttt{in}\ e' & v \in \mathrm{Var}, e, e' \in \mathrm{Expr}_1 \\
 & | & \texttt{if}\ e\ \texttt{then}\ e'\ \texttt{else}\ e'' & e, e', e'' \in \mathrm{Expr}_1 \\
 & | & \texttt{fix}\ v.e & v \in \mathrm{Var}, e \in \mathrm{Expr}_1
\end{array}$$

Die Definitionen von freien und gebundenen Vorkommen von Variablen wird wie folgt auf Expr_1 erweitert:

$$\begin{aligned}
\mathrm{free}(k) &= \emptyset \\
\mathrm{free}(\mathtt{let}\ \nu = e\ \mathtt{in}\ e') &= \mathrm{free}(e) \cup (\mathrm{free}(e') \setminus \{\nu\}) \\
\mathrm{free}(\mathtt{if}\ e\ \mathtt{then}\ e'\ \mathtt{else}\ e'') &= \mathrm{free}(e) \cup \mathrm{free}(e') \cup \mathrm{free}(e'') \\
\mathrm{free}(\mathtt{fix}\ \nu.e) &= \mathrm{free}(e) \setminus \{\nu\}
\end{aligned}$$

$$\begin{aligned}
\mathrm{bound}(k) &= \emptyset \\
\mathrm{bound}(\mathtt{let}\ \nu = e\ \mathtt{in}\ e') &= \mathrm{bound}(e) \cup \mathrm{bound}(e') \cup \{\nu\} \\
\mathrm{bound}(\mathtt{if}\ e\ \mathtt{then}\ e'\ \mathtt{else}\ e'') &= \mathrm{bound}(e) \cup \mathrm{bound}(e') \cup \mathrm{bound}(e'') \\
\mathrm{bound}(\mathtt{fix}\ \nu.e) &= \mathrm{bound}(e) \cup \{\nu\}
\end{aligned}$$

□

Die operationelle Semantik des angereicherten Kalküls wird wieder durch die β- und die η-Reduktion erklärt. Hinzu kommen noch sogenannte δ-Reduktionsregeln für die Konstanten. Angenommen, der Kalkül wird um natürliche Zahlen mit der Addition + angereichert. Das bedeutet, daß die Menge Kon der Konstanten aus Symbolen für alle natürlichen Zahlen und dem Symbol $\underline{+}$ besteht, also Kon $= \{\underline{0}, \underline{1}, \underline{2}, \underline{3}, \ldots\} \cup \{\underline{+}\}$. Jede dieser Konstanten ist ein Ausdruck in Normalform, ist also nicht weiter reduzierbar. Im Zusammenhang mit dem Symbol $\underline{+}$ gibt es allerdings neue Redexe, nämlich die δ-Redexe $\underline{+}\ \underline{m}\ \underline{n}$, wobei $\underline{m}$ und $\underline{n}$ beliebige Symbole aus $\{\underline{0}, \underline{1}, \underline{2}, \underline{3}, \ldots\}$ sind. Die δ-Reduktionsregel (eigentlich eine unendliche Familie von Regeln) für $\underline{+}$ lautet:

$$\underline{+}\ \underline{m}\ \underline{n} \rightarrow_\delta \underline{m+n}$$

Es ist üblich, den Unterschied zwischen den Symbolen $\underline{0}, \underline{1}, \ldots$ und ihrer Bedeutung nur aus dem Zusammenhang hervorgehen zu lassen.

Im allgemeinen können δ-Reduktionsregeln der Form $k\ e_1\ \ldots e_n \rightarrow_\delta e$ definiert werden, wobei $k \in$ Kon ist, $e_1, \ldots, e_n$ aus einer gegebenen Menge X von geschlossenen λ-Ausdrücken sind und e ein beliebiger geschlossener λ-Ausdruck ist. Für den um Konstanten und δ-Reduktionsregeln angereicherten Kalkül gilt immer noch die Church-Rosser-Eigenschaft.

Die verbleibenden Reduktionsregeln für `let`, `if_then_else_` und `fix` lauten:

$$\begin{aligned}
&\mathtt{let}\ \nu = e\ \mathtt{in}\ e' && \rightarrow\ e'[\nu \mapsto e] \\
&\mathtt{if}\ \mathtt{True}\ \mathtt{then}\ e'\ \mathtt{else}\ e'' && \rightarrow\ e' \\
&\mathtt{if}\ \mathtt{False}\ \mathtt{then}\ e'\ \mathtt{else}\ e'' && \rightarrow\ e'' \\
&\mathtt{fix}\ \nu.e && \rightarrow\ e[\nu \mapsto \mathtt{fix}\ \nu.e]
\end{aligned}$$

Im angereichterten λ-Kalkül lassen sich schon besser lesbare funktionale Programme schreiben, wie das folgende Beispiel zeigt.

15.3.2 Beispiel Herleitung eines Expr_1 Ausdrucks zur Berechnung der Fakultätsfunktion. Es ist

$$\text{FAC}_0 \equiv \lambda x.\texttt{if}\ (=0\ x)\ 1\ (*\ x\ (f\ (-\ x\ 1)))$$

ein Ausdruck mit $\text{free}(\text{FAC}_0) = \{f\}$ und $\text{bound}(\text{FAC}_0) = \{x\}$. Wenn in diesem Ausdruck für f die Fakultätsfunktion (oder eine passende Approximation) eingesetzt wird, ist das Ergebnis wieder die Fakultätsfunktion. Genau das geschieht durch die Bildung des Fixpunktes. Zur Fixpunktiteration dient das Funktional

$$\text{FAC}_1 \equiv \lambda f.\text{FAC}_0$$

Auf dieses Funktional kann nun ein Fixpunktoperator angewendet werden, um die Fakultätsfunktion zu definieren. Wähle

$$\text{FAC} \equiv Y\ \text{FAC}_1$$

als λ-Ausdruck, der die Fakultätsfunktion berechnet. Als Beleg hierfür zeigt Abb. 15.5 die Reduktion der Applikation von FAC auf 2.

15.3.2 Denotationelle Semantik des angereicherten λ-Kalküls

Nach der Definition der operationellen Semantik für den angereicherten Kalkül erfolgt hier die Definition der denotationellen Semantik. Dies muß, wie schon bemerkt, eine nicht-strikte Semantik sein, da Normalformen von Ausdrücken nur von der Normal-Order-Reduktionsstrategie sicher erreicht werden. Die früher betrachteten denotationellen Semantiken gingen immer davon aus, daß die zugrundeliegende Sprache getypt war, so daß nur typkorrekte Programme zur Ausführung gelangten. Der λ-Kalkül kennt (bisher) keine Typen. Durch die Hinzunahme von Konstanten gibt es Ausdrücke, die als Programme keinen Sinn machen: Offenbar ist die Applikation $(1\ x)$ einer Zahl auf einen Ausdruck sinnlos, genau wie die Applikation (+ `False`). Zur Darstellung solcher Fehler wird der semantische Bereich um ein Fehlerelement, `Wrong`, erweitert. Jeder sinnlose Ausdruck erhält als Semantik den Wert `Wrong`.

Die semantischen Bereiche seien definiert durch

$$\begin{aligned}
\mathsf{Num} &= \mathbb{Z}_\perp \\
\mathsf{Bool} &= \{\texttt{True}, \texttt{False}\}_\perp \\
\mathsf{Error} &= \{\texttt{Wrong}\}_\perp \\
\\
\mathsf{Val} &= \mathsf{Num} \oplus \mathsf{Bool} \oplus \mathsf{Fun} \oplus \mathsf{Error} \\
\mathsf{Fun} &= \mathsf{Val} \to \mathsf{Val} \\
\mathsf{Env} &= \mathsf{Var} \to \mathsf{Val}
\end{aligned}$$

Nach Definition ist $\mathsf{Val} = \{\text{Num}(x) \mid x \in \mathsf{Num}, x \neq \perp\} \cup \{\text{Bool}(x) \mid x \in \mathsf{Bool}, x \neq \perp\} \cup \{\text{Fun}(x) \mid x \in \mathsf{Fun}, x \neq \perp\} \cup \{\text{Error}(x) \mid x \in \mathsf{Error}, x \neq \perp\} \cup \{\perp\}$. Zur Manipulation der

$$
\begin{array}{rcl}
\text{FAC } 2 & \equiv & \text{Y FAC}_1\ 2 \\
& \rightarrow_Y & \text{FAC}_1\ (\text{Y FAC}_1)\ 2 \\
& \rightarrow_\beta & (\lambda x.\mathtt{if}\ (=0\ x)\ 1\ (*\ x\ ((\text{Y FAC}_1)\ (-\ x\ 1))))\ 2 \\
& \rightarrow_\beta & \mathtt{if}\ (=0\ 2)\ 1\ (*\ 2\ ((\text{Y FAC}_1)\ (-\ 2\ 1))) \\
& \rightarrow_\delta^2 & \mathtt{if}\ \text{FALSE}\ 1\ (*\ 2\ ((\text{Y FAC}_1)\ 1)) \\
& \rightarrow_\delta & (*\ 2\ ((\text{Y FAC}_1)\ 1)) \\
& \rightarrow_Y & (*\ 2\ (\text{FAC}_1\ (\text{Y FAC}_1)\ 1)) \\
& \rightarrow_\beta & (*\ 2\ ((\lambda x.\mathtt{if}\ (=0\ x)\ 1\ (*\ x\ ((\text{Y FAC}_1)\ (-\ x\ 1))))\ 1)) \\
& \rightarrow_\beta & (*\ 2\ (\mathtt{if}\ (=0\ 1)\ 1\ (*\ 1\ ((\text{Y FAC}_1)\ (-\ 1\ 1))))) \\
& \rightarrow_\delta^2 & (*\ 2\ (\mathtt{if}\ \text{FALSE}\ 1\ (*\ 1\ ((\text{Y FAC}_1)\ 0)))) \\
& \rightarrow_\delta & (*\ 2\ (*\ 1\ ((\text{Y FAC}_1)\ 0))) \\
& \rightarrow_Y & (*\ 2\ (*\ 1\ (\text{FAC}_1\ (\text{Y FAC}_1)\ 0))) \\
& \rightarrow_\beta & (*\ 2\ (*\ 1\ ((\lambda x.\mathtt{if}\ (=0\ x)\ 1\ (*\ x\ ((\text{Y FAC}_1)\ (-\ x\ 1))))\ 0))) \\
& \rightarrow_\beta & (*\ 2\ (*\ 1\ (\mathtt{if}\ (=0\ 0)\ 1\ (*\ 0\ ((\text{Y FAC}_1)\ (-\ 0\ 1)))))) \\
& \rightarrow_\delta & (*\ 2\ (*\ 1\ (\mathtt{if}\ \text{TRUE}\ 1\ (*\ 0\ ((\text{Y FAC}_1)\ (-\ 0\ 1)))))) \\
& \rightarrow_\delta & (*\ 2\ (*\ 1\ 1)) \\
& \rightarrow_\delta^2 & 2
\end{array}
$$

Abbildung 15.5: Berechnung von FAC 2.

Summanden $S \in \{\mathsf{Num}, \mathsf{Bool}, \mathsf{Fun}, \mathsf{Error}\}$ von Val dienen die folgenden Funktionen (vgl. Satz 10.2.3).

- $\mathbf{in}_S\ x$ bezeichnet die Injektion von $x \in S$ nach $S(x) \in \mathsf{Val}$. (Zur Abkürzung wird im folgenden WRONG für $\mathbf{in}_{\mathsf{Error}}$ Wrong geschrieben.)

- **case**: $\mathsf{Val} \times (\mathsf{Num} \to \mathsf{Val}) \times (\mathsf{Bool} \to \mathsf{Val}) \times (\mathsf{Fun} \to \mathsf{Val}) \times (\mathsf{Error} \to \mathsf{Val}) \to \mathsf{Val}$ definiert durch

$$\mathbf{case}(\bot, f_{\mathsf{Num}}, f_{\mathsf{Bool}}, f_{\mathsf{Fun}}, f_{\mathsf{Error}}) = \bot$$

$$\mathbf{case}(x, f_{\mathsf{Num}}, f_{\mathsf{Bool}}, f_{\mathsf{Fun}}, f_{\mathsf{Error}}) = \begin{cases} f_{\mathsf{Num}}\ n & \text{falls } x = \mathrm{Num}\ n \\ f_{\mathsf{Bool}}\ b & \text{falls } x = \mathrm{Bool}\ b \\ f_{\mathsf{Fun}}\ g & \text{falls } x = \mathrm{Fun}\ g \\ f_{\mathsf{Error}}\ e & \text{falls } x = \mathrm{Error}\ e. \end{cases}$$

Davon abgeleitet werden die Funktionen $\mathbf{case}_S : \mathbf{Val} \times (S \to \mathbf{Val}) \to \mathbf{Val}$. Ihre Definition zeigt das Beispiel von $\mathbf{case}_{\mathsf{Num}}$:

$$\mathbf{case}_{\mathsf{Num}}(x, f) = \mathbf{case}(x, f, \lambda b.\mathtt{WRONG}, \lambda g.\mathtt{WRONG}, \lambda e.\mathtt{WRONG})$$

15.3.3 Definition Sei $\alpha \in \mathrm{Kon} \to \mathsf{Val}$ eine Interpretation der Konstanten (z.B. der Grundfunktionen wie $+, *, \ldots$) und $\rho \in \mathsf{Env}$ eine Belegung der Variablen. Die semantischen Gleichungen zeigt Abb. 15.6. □

$$[\![\ \_\ ]\!] : \mathrm{Expr}_1 \to \mathsf{Env} \to \mathsf{Val}$$

$$\begin{array}{lcll}
[\![v]\!]\rho & = & \rho[\![v]\!] & v \in \mathrm{Var} \\
[\![k]\!]\rho & = & \alpha[\![k]\!] & k \in \mathrm{Kon} \\
[\![\lambda v.e]\!]\rho & = & \mathbf{in}_{\mathsf{Fun}}\ (\lambda y.[\![e]\!]\rho[v \mapsto y]) & \\
[\![e\ e']\!]\rho & = & \mathbf{case}_{\mathsf{Fun}}([\![e]\!]\rho, \lambda g.g\ ([\![e']\!]\rho)) & \\
[\![\mathtt{let}\ v = e\ \mathtt{in}\ e']\!]\rho & = & [\![e']\!]\rho[v \mapsto [\![e]\!]\rho] & \\
[\![\mathtt{fix}\ v.e]\!]\rho & = & \mathbf{lfp}(\lambda y.[\![e]\!]\rho[v \mapsto y]) & \\
[\![\mathtt{if}\ e\ \mathtt{then}\ e'\ \mathtt{else}\ e'']\!]\rho & = & \mathbf{case}_{\mathsf{Bool}}([\![e]\!]\rho, \lambda b.\ \mathbf{if}\ b = \mathtt{True}\ \mathbf{then}\ [\![e']\!]\rho & \\
 & & \qquad\qquad\qquad \mathbf{else}\ [\![e'']\!]\rho) &
\end{array}$$

Abbildung 15.6: Denotationelle Semantik des angereicherten λ-Kalküls.

15.3.4 Beispiel Für die Standardbereiche Num und Bool sei ein Teil der Interpretation α angegeben.

$$\begin{array}{lcl}
\alpha[\![n]\!] & = & \mathbf{in}_{\mathsf{Num}}\ n \\
\alpha[\![\mathtt{True}]\!] & = & \mathbf{in}_{\mathsf{Bool}}\ \mathtt{True} \\
\alpha[\![+]\!] & = & \mathbf{in}_{\mathsf{Fun}}\ (\lambda x.\mathbf{in}_{\mathsf{Fun}}\ (\lambda y.\mathbf{case}_{\mathsf{Num}}(x, \lambda x'.\mathbf{case}_{\mathsf{Num}}(\lambda y'.\mathbf{in}_{\mathsf{Num}}(x' + y')))
\end{array}$$

Hier stellt sich natürlich die Frage, ob und wie sichergestellt werden kann, daß ein Ausdruck im angereicherten Kalkül niemals den Wert `Wrong` hat. Die Antwort liefert das Motto der Typtheorie, das als Einstieg in den nächsten Abschnitt dient [Mil78]:

> Well-typed programs cannot go `Wrong`!

15.4 Typen für den λ-Kalkül

In Programmiersprachen bezeichnen Typen Mengen von Werten. Besonders interessant sind dabei Funktionstypen, da sie Beschränkungen für die Argumente einer Funktion spezifizieren können, die garantieren, daß die Funktion fehlerfrei ausgewertet werden kann. In einem polymorphen Typsystem gibt es mehrere solcher Typen. Ein Typsystem ist ein logisches System, in dem Aussagen über den Typ eines Ausdrucks bewiesen werden können. Ein solcher Beweis erfolgt in Form einer *Typherleitung* (*type inference*), die mithilfe der Regeln des Typsystems konstruierbar sein muß.

Im vorliegenden Abschnitt wird das Problem der Typherleitung exemplarisch für den angereicherten Kalkül behandelt. Die Behandlung der weiteren syntaktischen Konstruktionen einer funktionalen Programmiersprache ist daraus herleitbar. Für die praktische Verwendbarkeit ist es wichtig, durch einen Algorithmus entscheiden zu können, ob zu einem vorliegenden Ausdruck ohne Typangaben ein herleitbarer Typ berechnet werden kann (Typrekonstruktion), bzw. ob eine Typangabe zu einem Ausdruck nachgeprüft werden kann (Typprüfung, *type checking*). Für das vorgestellte Typsystem von Hindley und Milner ist das Problem der Typrekonstruktion (und damit auch die Typprüfung) algorithmisch lösbar. Der Algorithmus berechnet sogar den best-möglichen Typ für einen Ausdruck (im Rahmen dieses Systems).

15.4.1 Das Typsystem von Hindley und Milner

In vielen bisher in Programmen angegebenen Typausdrücken kamen Typvariablen vor. Diese Typvariablen sind implizit all-quantifiziert. Die Schreibweise `length :: [a] -> Int` ist eine Verkürzung von `length :: ∀ a.[a] -> Int`. Typen, die aus einer Folge von Quantoren und einem Typausdruck bestehen, heißen *Typschemata*. Im weiteren wird der Begriff der Instanzierung so verändert, daß nur noch quantifizierte Typvariablen durch Typen ersetzt werden dürfen. Typvariablen, die frei auftreten, müssen unverändert bleiben. Da die Quantifizierung nur auf der obersten Ebene erfolgt, heißen solche Typen auch flache Typen (*shallow types*). Durch die Einschränkung auf flache Typen und dadurch, daß bei der Berechnung eines Typs nicht überall Typschemata auftreten dürfen, wird die Typprüfung für das Typsystem von Hindley und Milner entscheidbar.

15.4.1 Definition Sei B eine Menge von Basistypen. Die Mengen Type und TSchema der Typen, bzw. Typschemata sind durch die folgende Grammatik erklärt.

$$\begin{array}{llll} \text{Type} & ::= & \alpha & \alpha \in \text{TV} \quad \text{(Typvariable)} \\ & | & \chi & \chi \in B \\ & | & \tau \to \tau' & \tau, \tau' \in \text{Type} \\ \\ \text{TSchema} & ::= & \tau & \tau \in \text{Type} \\ & | & \forall \alpha.\sigma & \alpha \in \text{TV}, \sigma \in \text{TSchema} \end{array}$$

Die Symbole $\tau, \tau_i, \ldots \in$ Type bezeichnen Typen und $\sigma, \sigma_i, \ldots \in$ TSchema bezeichnen Typschemata.

Definiere die in einem Typschema *frei* vorkommenden Typvariablen durch die Abbildung $FV\colon \text{TSchema} \to \mathcal{P}((\text{TV}))$ mit

$$\begin{array}{rcll} FV(\alpha) & = & \{\alpha\} & \\ FV(\chi) & = & \emptyset & \chi \in B \\ FV(\tau \to \tau') & = & FV(\tau) \cup FV(\tau') & \\ FV(\forall \alpha.\sigma) & = & FV(\sigma) \setminus \{\alpha\} & \end{array}$$

Ist $\sigma = \forall\alpha_1 \ldots \forall\alpha_k.\tau$ und $\sigma' = \forall\beta_1 \ldots \forall\beta_l.\tau[\alpha_i \mapsto \tau'_i]$, wobei die Typvariablen $\beta_1, \ldots, \beta_l$ nicht frei in σ auftreten, so ist σ' *generische Instanz* von σ. In Zeichen: $\sigma \preceq \sigma'$. Die Relation $\preceq$ ist eine Vorordnung auf TSchema. □

Die Spezifikation der Typherleitung geschieht in Form eines Deduktionssystems. Dazu werden Typannahmen TAss benötigt, die den freien Variablen eines Ausdrucks Typschemata zuordnen.

(15.4.1) $$\text{TAss} = \text{Var} \to \text{TSchema}$$

Für Typannahmen A sei $FV(A) = \bigcup\{FV(A(x)) \mid x \in \mathbf{dom}\ A\}$, wobei **dom** A $\subseteq$ der Definitionsbereich von A ist. Zum Erweitern von Typannahmen dient die Notation

$$A[x \mapsto \sigma](y) = \begin{cases} \sigma & \text{falls } x = y \\ A(y) & \text{sonst.} \end{cases}$$

Für die Typregeln für Ausdrücke gibt es zwei gleichwertige Versionen. Beide liefern Typurteile, die sich geringfügig voneinander unterscheiden. Die erste (logische) Version wird durch die Struktur der Typausdrücke gesteuert. Sie kann Ausdrücken Typschemata zuordnen.

15.4.2 Definition (Typurteil, logische Version) Sei $A \in$ TAss, $e \in \text{Expr}_1$ und $\sigma \in$ TSchema. Das *Typurteil* $A \rhd e\colon \sigma$ bedeutet „Unter den Typannahmen A besitzt der Ausdruck e den Typ σ". □

15.4.3 Definition (Typregeln für Ausdrücke, logische Version)

[VAR] $A \rhd x\colon A(x)$

[GEN] $$\frac{A \rhd e\colon \sigma}{A \rhd e\colon \forall\alpha.\sigma} \quad \alpha \in FV(\sigma) \setminus FV(A)$$

[SPEC] $$\frac{A \rhd e\colon \forall\alpha.\sigma}{A \rhd e\colon \sigma[\alpha \mapsto \tau]}$$

[ABS] $$\frac{A[x \mapsto \tau] \rhd e\colon \tau'}{A \rhd \lambda x.e\colon \tau \rightarrow \tau'}$$

[APP] $$\frac{A \rhd e\colon \tau' \rightarrow \tau \qquad A \rhd e'\colon \tau'}{A \rhd (e\, e')\colon \tau}$$

[LET] $$\frac{A \rhd e\colon \sigma \qquad A[x \mapsto \sigma] \rhd e'\colon \tau}{A \rhd \texttt{let}\ x = e\ \texttt{in}\ e'\colon \tau}$$

[FIX] $$\frac{A[x \mapsto \tau] \rhd e\colon \tau}{A \rhd \texttt{fix}\ x.e\colon \tau}$$

[COND] $$\frac{A \rhd e\colon \texttt{Bool} \qquad A \rhd e'\colon \tau \qquad A \rhd e''\colon \tau}{A \rhd \texttt{if}\ e\ \texttt{then}\ e'\ \texttt{else}\ e''\colon \tau}$$

□

Zu lesen sind die Deduktionsregeln wie folgt:

VAR Der Typ einer Variablen muß aus der Typannahme hervorgehen.

GEN Eine Typvariable, die frei im Typschema σ vorkommt, kann generalisiert werden, falls sie nicht frei in der Typannahme vorkommt.

SPEC Ein Typschema $\forall\alpha.\sigma$ kann spezialisiert werden, d.h. für α kann ein beliebiger Typ eingesetzt werden.

ABS Wenn der Rumpf einer Abstraktion unter der zusätzlichen Annahme, daß x den Typ τ hat, den Typ τ' hat, so hat die Abstraktion den Typ $\tau \rightarrow \tau'$.

APP Ist e eine Funktion vom Typ $\tau' \rightarrow \tau$ und e' ein geeignetes Argument vom Typ τ', so hat die Applikation $e\ e'$ den Typ τ. Dabei müssen τ und τ' Typen sein, Typschemata sind hier nicht zulässig!

LET Falls für e das Typschema σ herleitbar ist und für e' unter der Annahme, daß x vom Typ σ ist, der Typ τ herleitbar ist, so hat $\texttt{let}\ x = e\ \texttt{in}\ e'$ den Typ τ.

FIX Falls e unter der Annahme, daß x den Typ τ hat, selbst wieder den Typ τ hat, so hat $\texttt{fix}\ x.e$ auch den Typ τ.

COND Falls die Bedingung e den Typ `Bool` hat und für die beiden Zweige e' und e'' der gleiche Typ τ herleitbar ist, so hat auch `if` e `then` e' `else` e'' den Typ τ.

Der Typ von Konstanten wird durch eine Abbildung $A_{\text{Kon}}\colon \text{Kon} \to \text{TSchema}$ vorgegeben. Dabei muß für alle $k \in \text{Kon}$ das Typschema $A_{\text{Kon}}(k)$ geschlossen sein. Eine zusätzliche Regel ist für sie nicht erforderlich, da die Abbildung A_{Kon} als Typannahme aufgefaßt werden kann. Dann wird der Typ der Konstanten durch die VAR-Regel bestimmt.

Zum Zwecke einer Typrekonstruktion ist diese Version nicht geeignet, da sie induktiv über der Struktur des (unbekannten) Typs des Ausdrucks definiert ist. Die folgende Version liefert gleichwertige Urteile und ist zudem syntaxgesteuert. An jeder Position eines Ausdrucks ist demnach genau eine Typregel anwendbar. Sie bildet den ersten Schritt zu einem Rekonstruktionsalgorithmus.

15.4.4 Definition (Typurteil, syntaxgesteuerte Version) Sie $A \in \text{TAss}$, $e \in \text{Expr}_1$ und $\tau \in \text{Type}$. Das Typurteil $A \rhd' e\colon \tau$ bedeutet „Unter den Typannahmen A besitzt der Ausdruck e den Typ τ". □

Hierbei ist wichtig, daß in einem Typurteil $A \rhd' e\colon \tau$ nur ein Typ τ, nicht jedoch ein Typschema σ hergeleitet werden kann.

15.4.5 Definition (Syntaxgesteuerte Typregeln für Ausdrücke)

$$[\text{VAR}'] \qquad A \rhd' x\colon \tau \qquad A(x) \preceq \tau$$

$$[\text{ABS}'] \qquad \frac{A[x \mapsto \tau] \rhd' e\colon \tau'}{A \rhd' \lambda x.e\colon \tau \to \tau'}$$

$$[\text{APP}'] \qquad \frac{A \rhd' e_1\colon \tau \to \tau' \qquad A \rhd' e_2\colon \tau}{A \rhd' e_1\, e_2\colon \tau'}$$

$$[\text{LET}'] \qquad \frac{A \rhd' e\colon \tau' \qquad A[x \mapsto \text{gen}(A,\tau')] \rhd' e'\colon \tau}{A \rhd' \texttt{let}\ x = e\ \texttt{in}\ e'\colon \tau}$$

$$[\text{FIX}'] \qquad \frac{A[x \mapsto \tau] \rhd' e\colon \tau}{A \rhd' \texttt{fix}\ x.e\colon \tau}$$

$$[\text{COND}'] \qquad \frac{A \rhd' e\colon \texttt{Bool} \qquad A \rhd' e'\colon \tau \qquad A \rhd' e''\colon \tau}{A \rhd' \texttt{if}\ e\ \texttt{then}\ e'\ \texttt{else}\ e''\colon \tau}$$

Dabei ist $\text{gen}\colon \text{TAss} \times \text{Type} \to \text{TSchema}$ definiert durch

$$\begin{aligned} \text{gen}(A,\tau) = {} & \forall \alpha_1 \ldots \forall \alpha_k.\tau \\ & \{\alpha_1, \ldots, \alpha_k\} = FV(\tau) \setminus FV(A) \end{aligned}$$

□

15.4.6 Beispiel Ein Typ für die Funktion `twice` mit der Definition $\lambda f.\lambda x.f(f\ x)$ kann wie folgt mit dem logischen System aus einer leeren Typannahme hergeleitet werden.

$$\dfrac{\dfrac{\dfrac{\dfrac{A_2 \rhd f\colon \alpha \to \alpha \qquad \dfrac{A_2 \rhd f\colon \alpha \to \alpha \qquad A_2 \rhd x\colon \alpha}{A_2 \rhd f\,x\colon \alpha}}{A_2 \rhd f\,(f\,x)\colon \alpha}}{A_1 \rhd \lambda x.f\,(f\,x)\colon \alpha \to \alpha}}{\emptyset \rhd \lambda f.\lambda x.f\,(f\,x)\colon (\alpha \to \alpha) \to \alpha \to \alpha}}{\emptyset \rhd \lambda f.\lambda x.f\,(f\,x)\colon \forall\alpha.(\alpha \to \alpha) \to \alpha \to \alpha}$$

Die dabei auftretenden Typannahmen A_1 und A_2 sind wie folgt definiert:

$$\begin{aligned} A_1 &= [f \mapsto \alpha \to \alpha] \\ A_2 &= [f \mapsto \alpha \to \alpha, x \mapsto \alpha]. \end{aligned}$$

Die beiden Systeme sind äquivalent im Sinne des folgenden Lemmas.

15.4.7 Lemma *Sei* $A \in \mathrm{TAss}$ *und* $e \in \mathrm{Expr}_1$.

- *Falls* $A \rhd' e\colon \tau$ *für* $\tau \in \mathrm{Type}$ *ableitbar ist, so auch* $A \rhd e\colon \tau$.
- *Falls* $A \rhd e\colon \sigma$ *für* $\sigma \in \mathrm{TSchema}$ *ableitbar ist, so gibt es ein* $\tau \in \mathrm{Type}$ *mit* $\sigma \preceq \tau$, *so daß* $A \rhd' e\colon \tau$.

Beweis: (Skizze) Die Beweisbäume der Urteile mit $\rhd$ bzw. $\rhd'$ können ineinander überführt werden. Die Anwendungen der SPEC-Regel werden mit der VAR-Regel zur VAR′-Regel zusammengezogen. Ebenso werden die Anwendungen der GEN-Regel mit der LET-Regel zur LET′-Regel zusammengezogen. □

Im Typsystem von Hindley und Milner ist das `let` die Quelle aller Polymorphie. Deklarationen auf der obersten Ebene (der Skriptebene) werden so behandelt, als wären sie in einem umfassenden `let` zusammengeschlossen. Durch die LET′-Regel gelangen Typschemata mit all-quantifizierten Typvariablen (also polymorphe Typen) in die Typannahmen hinein. In der VAR′-Regel kann den Typannahmen die benötigte Instanz eines polymorphen Typs entnommen werden. Das ist *nicht* möglich mit Variablen, die mithilfe der ABS′-Regel (durch eine λ-Abstraktion) in die Typannahmen gelangt sind. Die noch verbleibenden Regeln COND′, APP′ und FIX′ setzen lediglich die Ergebnisse der Teilausdrücke zusammen.

Eine wichtige Eigenschaft des vorgestellten Typsystems ist die *starke Normalisierungseigenschaft*. Sie gilt für den reinen Kalkül und für solche Ausdrücke des angereicherten Kalküls, in denen nicht `fix` vorkommt.

15.4.8 Satz (Starke Normalisierungseigenschaft) *Sei* $e \in \mathrm{Expr}_1$ *ein geschlossener Ausdruck, so daß* e *keinen Teilausdruck der Form* `fix` $v.e'$ *besitzt. Falls es ein* σ *gibt, so daß* $\emptyset \rhd e\colon \sigma$ *ableitbar ist, so besitzt* e *eine Normalform.*

Ein Beweis hierfür findet sich in [Tho91].

15.4.9 Beispiel Sobald `fix` vorkommen darf, geht die starke Normalisierungseigenschaft verloren: Der Ausdruck $e \equiv \texttt{fix}\ f.\lambda x.f\ x$ ist gleichwertig zu $Y(\lambda f.\lambda x.f\ x)$, ein Ausdruck, der keine Normalform besitzt. Trotzdem ist ein Typurteil für e herleitbar:

$$\cfrac{\cfrac{\cfrac{A_2 \rhd f\colon \alpha \to \beta \qquad A_2 \rhd x\colon \alpha}{A_2 \rhd f\ x\colon \beta}}{A_1 \rhd \lambda x.f\ x\colon \alpha \to \beta}}{\emptyset \rhd \texttt{fix}\ f.\lambda x.f\ x\colon \alpha \to \beta}$$

Dabei ist $A_2 = [f \mapsto \alpha \to \beta, x \mapsto \alpha]$ und $A_1 = [f \mapsto \alpha \to \beta]$.

Eine weitere wichtige Eigenschaft des Typsystems ist, daß der Typ eines Ausdrucks unter Reduktion (β oder δ) erhalten bleibt. Sie heißt SR (*subject reduction*).

15.4.10 Satz (Subjektreduktion) *Sei* $A \in \text{TAss}$ *und* $e, e' \in \text{Expr}_1$ *Ausdrücke mit* $A \rhd e\colon \sigma$ *und* $e \xrightarrow{*}_\beta e'$. *Dann gilt* $A \rhd e'\colon \sigma$.

Die hauptsächlich erwünschte Eigenschaft des Typsystems ist, daß es sinnvolle Aussagen über die Semantik eines Ausdrucks liefert. Wenn im Typsystem ableitbar ist, daß ein Ausdruck als Ergebnis eine Zahl liefert, so soll dies auch wirklich in der Semantik geschehen. Die Formalisierung und der Beweis dieser semantischen Korrektheitsaussage (Satz 15.5.7) sind das Thema des folgenden Kapitels.

Das umgekehrte Ergebnis, eine semantische Vollständigkeitsaussage, ist nicht zu erwarten, da es Ausdrücke gibt, für die kein Typ herleitbar ist, die aber fehlerfrei ausführbar sind. Ein Beispiel hierfür ist der Fixpunktkombinator Y, der den Typ $\forall\alpha.(\alpha \to \alpha) \to \alpha$ besitzt, was aber im angegebenen System nicht herleitbar ist. Aus diesem Grund muß bei Verwendung des Typsystem von Hindley und Milner in Verbindung mit Rekursion entweder ein Fixpunktkombinator als Konstante vom Typ $\forall\alpha.\alpha \to \alpha$ vorhanden sein oder schon mit der richtigen Typregel in die Sprache eingebaut sein (wie es hier geschehen ist).

15.5 Semantik von Typen

Mit den bereitgestellten Mitteln kann ein semantisches Modell für Typen im angereicherten λ-Kalkül angegeben werden und es kann bewiesen werden, daß die Typinferenzregeln sicherstellen, daß die Semantik von Ausdrücken keinen Laufzeitfehler (`WRONG`) feststellt.

15.5.1 Definition Sei D ein CPO. Eine Teilmenge $I \subseteq D$ ist ein *(schwaches) Ideal*, falls

1. $I \neq \emptyset$,

2. für alle $x \in I, y \in D$ gilt: $y \sqsubseteq x \Longrightarrow y \in I$,

3. für alle gerichteten Mengen $X \subseteq I$ ist $\bigsqcup X \in I$.

Die Menge der Ideale über D sei mit $\mathcal{I}(D)$ bezeichnet.
Ein Ideal ist ein *starkes Ideal*, falls zusätzlich gilt

4. für alle $x, y \in I$ ist auch $x \sqcup y \in I$.

□

15.5.2 Beispiel Die Mengen $\{\bot\}$, $\{\bot, \texttt{False}\}$, $\{\bot, \texttt{True}\}$ und $\{\bot, \texttt{False}, \texttt{True}\}$ sind genau die Ideale von Bool.

15.5.3 Satz *Ist* D *ein CPO, so ist* $\mathcal{I}(D)$ *ein vollständiger Verband.*

Beweis: Ist $\mathcal{J} \subseteq \mathcal{I}(D)$ eine beliebige Menge von Idealen, so ist auch $\bigcap \mathcal{J} \in \mathcal{I}(D)$. Das größte Ideal ist D selbst, das kleinste Element ist $\bigcap \mathcal{I}(D) = \{\bot\}$.

Die kleinste obere Schranke zweier Ideale I_1 und I_2 ist ihre (Mengen-) Vereinigung, denn $I_1 \cup I_2 \neq \emptyset$ und für $x \in I_1 \cup I_2$ und $y \in D$ mit $y \sqsubseteq x$ gilt $y \in I_1 \cup I_2$, da $x \in I_1$ oder $x \in I_2$. Ist $X \subseteq D$ gerichtet mit $X \subseteq I_1 \cup I_2$, so gilt $X \subseteq I_1$ oder $X \subseteq I_2$. Also ist auch $\bigsqcup X \in I_1 \cup I_2$.

Zum Beweis der Aussage über X sei angenommen, es gebe Elemente $x \in X \setminus I_1$ und $y \in X \setminus I_2$. Da X gerichtet ist, liegt auch $x \sqcup y \in X$. Mithin liegt $x \sqcup y \in I_1$ oder $x \sqcup y \in I_2$. Dann liegt aber auch $x \in I_1$ (bzw. $y \in I_2$), was im Widerspruch zur Annahme steht. □

Ein Typ über Val ist ein Ideal über Val, welches nicht `WRONG` enthält. Die Menge dieser Ideale wird im weiteren mit $\mathcal{K}(\mathsf{Val})$ bezeichnet.

$$\mathcal{K}(\mathsf{Val}) = \{I \in \mathcal{I}(\mathsf{Val}) \mid \texttt{WRONG} \notin I\}$$

Offenbar sind die Einbettungen von Bool und Num in Val Ideale in Val, die nicht `WRONG` enthalten.

15.5.4 Lemma *Für CPOs* D *und* E *sei* $I \in \mathcal{I}(D)$, $J \in \mathcal{I}(E)$ *und* $I \mathrel{\ominus\!\!\!\!\rightarrow} J = \{f \in D \to E \mid f(I) \subseteq J\}$.

Dann ist $I \mathrel{\ominus\!\!\!\!\rightarrow} J \in \mathcal{I}(D \to E)$.

Beweis:

1. Es ist die konstante $\bot$-Funktion $\bot \in I \mathrel{\ominus\!\!\!\!\rightarrow} J$, also $I \mathrel{\ominus\!\!\!\!\rightarrow} J \neq \emptyset$.

2. Sei $f \in I \mathrel{\ominus\!\!\!\!\rightarrow} J$ und $g \in D \to E$, so daß $g \sqsubseteq f$. Für alle $x \in I$ gilt nun $g(x) \sqsubseteq f(x) \in J$. Da J Ideal ist, liegt $g(x) \in J$, also $g(I) \subseteq J$ und mit anderen Worten $g \in I \mathrel{\ominus\!\!\!\!\rightarrow} J$.

3. Sei $F \subseteq I \Rrightarrow J$ eine gerichtete Menge in $D \rightarrow E$.

   Für alle $x \in I$ gilt $\{f(x) \mid f \in F\}$ ist gerichtete Teilmenge von J. Da J Ideal ist, gilt $\bigsqcup\{f(x) \mid f \in F\} \in J$. Nach Definition ist das gleichbedeutend mit $(\bigsqcup F)(x) \in J$.

   Dies gilt für alle $x \in I$, also ist $\bigsqcup F \in I \Rrightarrow J$.

□

Eine analoge Aussage läßt sich für die Typkonstruktoren $\times$, $+$, $\cap$, $\cup$, usw. machen [MPS86].

Die Semantik eines Typausdrucks bzw. eines Typschemas ist ein Ideal $\in \mathcal{K}(\mathsf{Val})$.

15.5.5 Definition (Semantik von Typschemata) Sei $\nu \in \mathrm{TV} \rightarrow \mathcal{K}(\mathsf{Val})$ eine Belegung der Typvariablen mit Typen.

$$
\begin{array}{lcl}
\mathcal{T}: \mathrm{TSchema} \rightarrow (\mathrm{TV} \rightarrow \mathcal{K}(\mathsf{Val})) \rightarrow \mathcal{K}(\mathsf{Val}) & & \\
\mathcal{T}[\![\, \alpha \,]\!]\nu & = & \nu(\alpha) \\
\mathcal{T}[\![\, \mathtt{Bool} \,]\!]\nu & = & \mathbf{in}_{\mathsf{Bool}}\ \mathsf{Bool} \\
\mathcal{T}[\![\, \mathtt{Int} \,]\!]\nu & = & \mathbf{in}_{\mathsf{Num}}\ \mathsf{Num} \\
\mathcal{T}[\![\, \tau \rightarrow \tau' \,]\!]\nu & = & \mathbf{in}_{\mathsf{Fun}}\ (\mathcal{T}[\![\, \tau \,]\!]\nu \Rrightarrow \mathcal{T}[\![\, \tau' \,]\!]\nu) \\
\mathcal{T}[\![\, \forall\alpha.\sigma \,]\!]\nu & = & \bigcap\{\mathcal{T}[\![\, \sigma \,]\!]\nu[\alpha \mapsto I] \mid I \in \mathcal{K}(\mathsf{Val})\}
\end{array}
$$

□

Die generische Instanzierung von Typschemata entspricht der Inklusionsbeziehung zwischen den zugehörigen Idealen. Dies zeigt das folgende Lemma.

15.5.6 Lemma *Für alle* $\nu \in \mathrm{TV} \rightarrow \mathcal{K}(\mathsf{Val})$ *und* $\tau \in \mathrm{Type}$ *gilt:*

$$\mathcal{T}[\![\, \forall\alpha.\sigma \,]\!]\nu \subseteq \mathcal{T}[\![\, \sigma[\alpha \mapsto \tau] \,]\!]\nu$$

Beweis:

$$\mathcal{T}[\![\forall\alpha.\sigma]\!]\nu = \bigcap\{\mathcal{T}[\![\,\sigma\,]\!]\nu[\alpha \mapsto I] \mid I \in \mathcal{K}(\mathsf{Val})\} \subseteq \mathcal{T}[\![\,\sigma\,]\!]\nu[\alpha \mapsto \mathcal{T}[\![\,\tau\,]\!]\nu] = \mathcal{T}[\![\,\sigma[\alpha \mapsto \tau]\,]\!]\nu$$

□

Mit den bereitgestellten Hilfsaussagen kann der Satz über die semantische Korrektheit der Regeln für die Typinferenz formuliert und bewiesen werden.

15.5.7 Satz (Semantische Korrektheit der Typinferenz) *Sei* $e \in \mathrm{Expr}_1$, $A \in \mathrm{TAss}$, $\sigma \in \mathrm{TSchema}$, $\nu \in \mathrm{TV} \rightarrow \mathcal{K}(\mathsf{Val})$, $\rho \in \mathsf{Env}$, *so daß* $FV(A) \subseteq \mathbf{dom}\,\nu$, $\mathrm{free}(e) \subseteq \mathbf{dom}\,\rho$, $\mathbf{dom}\,\rho \subseteq \mathbf{dom}\,A$ *und* $\rho(x) \in \mathcal{T}[\![\, A(x) \,]\!]\nu$ *für alle* $x \in \mathbf{dom}\,\rho$ *gilt. Dann gilt:*

$$A \rhd e : \sigma \quad \Longrightarrow \quad [\![\, e \,]\!]\rho \in \mathcal{T}[\![\, \sigma \,]\!]\nu$$

Beweis: Der Beweis ist eine Induktion über den Beweisbaum für $A \rhd e : \sigma$. Es gibt für jede Regel einen Fall.

[VAR] Die VAR-Regel lautet:

$$[\text{VAR}] \quad A \rhd x: A(x)$$

Das vorliegende Urteil ist also $A \rhd x: A(x)$ und für die Semantik gilt

$$\begin{array}{ll} [\![x]\!]\rho = \rho[\![x]\!] & \text{nach Definition 15.3.3} \\ \rho(x) \in \mathcal{T}[\![\sigma]\!]\nu & \text{nach Voraussetzung} \end{array}$$

also insgesamt $[\![x]\!]\rho \in \mathcal{T}[\![\sigma]\!]\nu$.

[GEN] Die angewendete Regel lautet:

$$[\text{GEN}] \quad \frac{A \rhd e: \sigma}{A \rhd e: \forall\alpha.\sigma} \qquad \alpha \in FV(\sigma) \setminus FV(A)$$

Es gilt

$$\begin{array}{ll} \forall\nu \,.\, [\![e]\!]\rho \in \mathcal{T}[\![\sigma]\!]\nu & \text{nach Voraussetzung} \\ \forall x \in \text{free}(e) \,.\, \alpha \notin FV(A(x)) & \alpha \notin FV(A) \\ \forall I, J \in \mathcal{K}(\mathsf{Val}) \,.\, \forall x \in \text{free}(e) \,.\, \mathcal{T}[\![A(x)]\!]\nu[\alpha \mapsto I] = \mathcal{T}[\![A(x)]\!]\nu[\alpha \mapsto J] & \\ \forall I, J \in \mathcal{K}(\mathsf{Val}) \,.\, \mathcal{T}[\![\sigma]\!]\nu[\alpha \mapsto I] = \mathcal{T}[\![\sigma]\!]\nu[\alpha \mapsto J] & \\ \mathcal{T}[\![\sigma]\!]\nu = \bigcap\{\mathcal{T}[\![\sigma]\!]\nu[\alpha \mapsto I] \mid I \in \mathcal{K}(\mathsf{Val})\} & \\ \mathcal{T}[\![\sigma]\!]\nu = \mathcal{T}[\![\forall\alpha.\sigma]\!] & \end{array}$$

[SPEC] Die angewendete Regel lautet:

$$[\text{SPEC}] \quad \frac{A \rhd e: \forall\alpha.\sigma}{A \rhd e: \sigma[\alpha \mapsto \tau]}$$

Damit gilt nach Lemma 15.5.6:

$$[\![e]\!]\rho \in \mathcal{T}[\![\forall\alpha.\sigma]\!]\nu \subseteq \mathcal{T}[\![\sigma[\alpha \mapsto \tau]]\!]\nu.$$

[ABS] Die hier angewendete Regel lautet:

$$[\text{ABS}] \quad \frac{A[x \mapsto \tau] \rhd e': \tau'}{A \rhd \lambda x.e': \tau \to \tau'}$$

Nach Induktion gilt für alle $y \in \mathcal{T}[\![\tau]\!]\nu$ mit $\rho' = \rho[x \mapsto y]$, daß $[\![e']\!]\rho' \in \mathcal{T}[\![\tau']\!]\nu$ ist. Weiter gilt:

$[\![\lambda x.e']\!]\rho = \lambda y.[\![e']\!]\rho'$	nach Definition 15.3.3 und Setzung von ρ'
$\lambda y.[\![e']\!]\rho' \in \mathcal{T}[\![\tau]\!]\nu \mapsto \mathcal{T}[\![\tau']\!]\nu$	nach Induktion
$\mathcal{T}[\![\tau]\!]\nu \mapsto \mathcal{T}[\![\tau']\!]\nu = \mathcal{T}[\![\tau \to \tau']\!]\nu$	nach Definition 15.5.5

also insgesamt $[\![\lambda x.e']\!]\rho \in \mathcal{T}[\![\tau \to \tau']\!]\nu$.

[APP] Es gelte das Urteil $A \rhd e_1\ e_2 : \tau'$. Die hier angewendete Regel ist:

$$\text{[APP]} \quad \frac{A \rhd e_1 : \tau \to \tau' \qquad A \rhd e_2 : \tau}{A \rhd e_1\ e_2 : \tau'}$$

Nach Induktionsvoraussetzung für e_1 gilt $[\![e_1]\!]\rho \in \mathcal{T}[\![\tau \to \tau']\!]\nu$ und für e_2 gilt $[\![e_2]\!]\rho \in \mathcal{T}[\![\tau]\!]\nu$. Nach Definition von $\mathcal{T}[\![\tau \to \tau']\!]\nu$ gilt für alle $y \in \mathcal{T}[\![\tau]\!]\nu$, daß $[\![e_1]\!]\rho y \in \mathcal{T}[\![\tau']\!]\nu$. Für $y = [\![e_2]\!]\rho$ ergibt sich:

$$[\![e_1\ e_2]\!]\rho = [\![e_1]\!]\rho([\![e_2]\!]\rho) \in \mathcal{T}[\![\tau']\!]\nu$$

[LET] Das Urteil lautet $A \rhd \texttt{let}\ x = e_1\ \texttt{in}\ e_2 : \tau$. Die hier angewendete Regel ist:

$$\text{[LET]} \quad \frac{A \rhd e_1 : \sigma \qquad A[x \mapsto \sigma] \rhd e_2 : \tau}{A \rhd \texttt{let}\ x = e_1\ \texttt{in}\ e_2 : \tau}$$

Nach Induktion gilt $[\![e_1]\!]\rho \in \mathcal{T}[\![\sigma]\!]\nu$. Die Umgebung $\rho' = \rho[x \mapsto [\![e_1]\!]\rho]$ erfüllt zusammen mit der Annahme $A[x \mapsto \sigma]$ die Voraussetzungen für die Induktion. Mithin gilt nach Induktion $[\![e_2]\!]\rho' \in \mathcal{T}[\![\tau]\!]\nu$. Daraus ergibt sich

$$[\![\texttt{let}\ x = e_1\ \texttt{in}\ e_2]\!]\rho = [\![e_2]\!]\rho[x \mapsto [\![e_1]\!]\rho] = [\![e_2]\!]\rho' \in \mathcal{T}[\![\tau]\!]\nu$$

[FIX] Das Urteil lautet $A \rhd \texttt{fix}\ x.e' : \tau$. Die hier angewendete Regel ist:

$$\text{[FIX]} \quad \frac{A[x \mapsto \tau] \rhd e' : \tau}{A \rhd \texttt{fix}\ x.e' : \tau}$$

Nach Induktion gilt für alle ν und ρ, falls $\rho(x) \in \mathcal{T}[\![\tau]\!]\nu$, so ist $[\![e']\!]\rho \in \mathcal{T}[\![\tau]\!]\nu$. Es ist

$$[\![\texttt{fix}\ x.e']\!]\rho = \mathbf{lfp}\ \lambda y.[\![e']\!]\rho[x \mapsto y] = \bigsqcup_{n \in \mathbb{N}} \gamma_n,$$

wobei $\gamma_0 = \bot$ und $\gamma_{n+1} = [\![e']\!]\rho[x \mapsto \gamma_n]$ ist. Es ist $\gamma_0 = \bot \in \mathcal{T}[\![\tau]\!]\nu$ und nach Induktion gilt $\gamma_n \in \mathcal{T}[\![\tau]\!]\nu \Longrightarrow \gamma_{n+1} \in \mathcal{T}[\![\tau]\!]\nu$. Da $\lambda y.[\![e']\!]\rho[x \mapsto y]$ stetig ist, ist $\{\gamma_n \mid n \in \mathbb{N}\} \subseteq \mathcal{T}[\![\tau]\!]\nu$ eine gerichtete Menge, deren Supremum nach Satz 10.1.11 existiert. Aufgrund der Idealeigenschaft ist nun auch $\bigsqcup\{\gamma_n \mid n \in \mathbb{N}\} \in \mathcal{T}[\![\tau]\!]\nu$.

□

Darüber hinaus existieren im Typsystem von Hindley und Milner sogenannte *prinzipale Typen*.

15.5.8 Definition (Prinzipaler Typ) Sei $A \in \mathrm{TAss}$ und $e \in \mathrm{Expr}_1$. Das Typschema σ heißt *prinzipaler Typ* von e relativ zu A, falls $A \rhd e\colon \sigma$ ableitbar ist und für alle σ', für die $A \rhd e\colon \sigma'$ ableitbar ist, gilt $\sigma \preceq \sigma'$. □

Für geschlossene Ausdrücke e bedeutet die Existenz eines prinzipalen Typs, daß jeder Typ von e eine generische Instanz des prinzipalen Typs ist, der bis auf die Namen der gebundenen Typvariablen eindeutig ist. Ein Weg dies nachzuweisen führt über die syntaktische Vollständigkeit des im folgenden Abschnitt präsentierten Typrekonstruktionsalgorithmus.

15.5.1 Der Typrekonstruktionsalgorithmus von Milner

Der nun folgende Algorithmus zur Rekonstruktion des allgemeinsten Typs eines Ausdrucks bzw. einer Deklaration ist nicht als effiziente Implementierung zu verstehen, sondern dient zur Verdeutlichung des Prinzips. Er ist in Form einer Funktion TR geschrieben, welche als Eingabe Typannahmen über die freien Variablen eines Ausdrucks und den Ausdruck e selbst akzeptiert und den prinzipalen Typ von e sowie eine Substitution für die freien Variablen der Typannahmen liefert. An einigen Stellen des Algorithmus ist es erforderlich, „frische" Typvariablen zu benutzen, d.h. Typvariablen, die sonst nirgendwo in den Annahmen oder im Typ vorkommen. Daher kommt ein Parameter V hinzu, in dem über die verwendeten Typvariablen Buch geführt wird.

15.5.9 Definition (Typrekonstruktionsalgorithmus) Die Funktion TR vom Typ

$$\mathrm{TR}\colon \mathcal{P}(\mathrm{TV}) \times \mathrm{TAss} \times \mathrm{Expr}_1 \to \mathcal{P}(\mathrm{TV}) \times \mathrm{Subst} \times \mathrm{Type}$$

ist in Abb. 15.7 angegeben.

□

Der Typrekonstruktionsalgorithmus kann fehlschlagen, falls er auf einen Ausdruck angesetzt wird, der im Typsystem von Hindley und Milner nicht typisierbar ist. Ein Fehlschlag wird signalisiert, falls eine der Unifikationen (in den Fällen $e_1\ e_2$ und `fix` $x.e$) fehlschlägt.

Der Algorithmus ist gleichwertig zu dem syntaxgesteuerten System zur Herleitung von Typurteilen. Die Übereinstimmung wird durch die folgenden Sätze erfaßt.

15.5.10 Satz (Syntaktische Korrektheit) *Für alle* V, A *und* e *mit* $\mathrm{free}(e) \subseteq \mathbf{dom}\,A$ *und* $\mathrm{FV}(A) \subseteq V$ *gilt:*

$$\mathrm{TR}(V, A, e) = (V', \phi, \tau) \implies \phi A \rhd' e\colon \tau$$

Beweis: Induktion über den Aufbau von e. □

$$
\begin{array}{lcll}
\mathrm{TR}(V, A, x) & = & \text{let} & \forall\alpha_1 \dots \forall\alpha_k.\tau = A(x) \\
 & & & \{\beta_1, \dots, \beta_k\} \text{ frisch, d.h. } \{\beta_1, \dots, \beta_k\} \cap V = \emptyset \\
 & & \text{in} & (V \cup \{\beta_1, \dots, \beta_k\}, \mathrm{id}, \tau[\alpha_i \mapsto \beta_i]) \\
\mathrm{TR}(V, A, \lambda x.e) & = & \text{let} & \beta \notin V \\
 & & & (V', \phi, \tau') = \mathrm{TR}(V \cup \{\beta\}, A[x \mapsto \beta], e) \\
 & & \text{in} & (V', \phi, (\phi\beta) \to \tau') \\
\mathrm{TR}(V, A, e_1\, e_2) & = & \text{let} & (V_1, \phi_1, \tau_1) = \mathrm{TR}(V, A, e_1) \\
 & & & (V_2, \phi_2, \tau_2) = \mathrm{TR}(V, \phi_1 \circ A, e_2) \\
 & & & \beta \notin V_2 \\
 & & & \phi_2\tau_1 \overset{\vartheta}{\sim} \tau_2 \to \beta \\
 & & \text{in} & (V_2 \cup \{\beta\}, \vartheta \circ \phi_2 \circ \phi_1, \vartheta\tau_2) \\
\multicolumn{2}{l}{\mathrm{TR}(V, A, \texttt{let}\; x = e_1 \;\texttt{in}\; e_2) =} & & \\
 & & \text{let} & (V_1, \phi_1, \tau_1) = \mathrm{TR}(V, A, e_1) \\
 & & & (V_2, \phi_2, \tau_2) = \mathrm{TR}(V_1, (\phi_1 \circ A)[x \mapsto \mathrm{gen}(\phi_1 A, \tau_1)], e_2) \\
 & & \text{in} & (V_2, \phi_2 \circ \phi_1, \tau_2) \\
\mathrm{TR}(V, A, \texttt{fix}\, x.e) & = & \text{let} & \beta \notin V \\
 & & & (V_1, \phi_1, \tau) = \mathrm{TR}(V \cup \{\beta\}, A[x \mapsto \beta], e) \\
 & & & \phi_1\beta \overset{\vartheta}{\sim} \tau \\
 & & \text{in} & (V_1, \vartheta \circ \phi_1, \vartheta\tau)
\end{array}
$$

Abbildung 15.7: Definition von TR.

15.5.11 Satz (Syntaktische Vollständigkeit) *Falls* $A \rhd' e\colon \tau'$ *und* $A = \zeta A'$ *für eine Substitution* ζ, *so gibt es* $V \subseteq TV$ *mit* $FV(A') \subseteq V$, *so daß* $TR(V, A', e) = (V', \phi, \tau)$ *nicht fehlschlägt. Weiterhin gibt es ein* ζ', *so daß* $A = \zeta'(\phi(A'))$ *und* $\tau' = \zeta'\tau$.

Der hier vorgestellte Algorithmus TR ist eine Variante des von Milner angegebenen Algorithmus $\mathcal{W}$. Die Effizienz des Algorithmus kann gesteigert werden, indem die Typausdrücke durch gerichtete schleifenfreie Graphen dargestellt werden und die Substitutionen direkt diesen Graphen verändern. Das entspricht der imperativ programmierten Variante $\mathcal{J}$ (aus [Mil78]) des Algorithmus $\mathcal{W}$.

15.5.2 Pragmatische Aspekte der Typrekonstruktion

Die Hinzunahme von Produkttypen und algebraischen Datentypen bereitet keine besonderen Schwierigkeiten. Sobald Produkttypen und damit ein Tupelkonstruktor und Selektoren `fst` und `snd` vorhanden sind, können auch wechselseitig rekursive Funktionen definiert werden. Die Wirkung der Definition $f\ x = e_1$ und $g\ x = e_2$, wobei f und g sowohl in e_1 als auch in e_2 auftreten dürfen, wird wie folgt erreicht.

$$\texttt{let}\ (f, g) = \texttt{fix}\ h.(\lambda x.e_1, \lambda x.e_2)[(\texttt{fst}\ h)/f, (\texttt{snd}\ h)/g]\ \texttt{in}\ldots$$

Da diese Situation oft auftritt, wird sie meist in Form einer `letrec`-Regel präsentiert. Dazu wird die Syntax wie folgt um eine `letrec`-Konstruktion erweitert.

$$e ::= \ldots \mid \texttt{letrec}\ x_1 = e_1 \ldots x_n = e_n\ \texttt{in}\ e$$

Die Semantik wird mithilfe von `fix` und einer Tupelkonstruktion wie oben angedeutet definiert. Die zugehörige (syntaxgesteuerte) Typregel lautet:

$$[\text{LETREC}]\quad \frac{\begin{array}{c} A[x_1 \mapsto \tau_1, \ldots, x_n \mapsto \tau_n] \rhd' e_i\colon \tau_i \qquad 1 \leq i \leq n \\ A[x_1 \mapsto \text{gen}(A, \tau_1), \ldots, x_n \mapsto \text{gen}(A, \tau_n)] \rhd' e\colon \tau \end{array}}{A \rhd' \texttt{letrec}\ x_1 = e_1 \ldots x_n = e_n\ \texttt{in}\ e\colon \tau}$$

Der Effekt des `letrec` ist, daß die Deklarationen für $x_1, \ldots, x_n$ wechselseitig rekursiv sein dürfen. Die LETREC-Regel wird auch zur Typrekonstruktion der Deklarationen auf Skriptebene benutzt. Dabei entfällt ggf. der Rumpf e der `letrec`-Konstruktion.

Der `letrec`-Schritt für den Typrekonstruktionsalgorithmus läßt sich aus den

Schritten für `let` und `fix` zusammensetzen.

$$
\begin{array}{ll}
& TR(V, A, \texttt{letrec}\, x_1 = e_1 \ldots x_n = e_n \texttt{in}\, e) \\
= \text{let} & \beta_1, \ldots, \beta_n \notin V \\
& (V_1, \phi_1, \tau_1) = TR(V \cup \{\beta_1, \ldots, \beta_n\}, A[x_i \mapsto \beta_i], e_1) \\
& (V_2, \phi_2, \tau_2) = TR(V_1, (\phi_1 \circ A[x_i \mapsto \beta_i]), e_2) \\
& \ldots \\
& (V_n, \phi_n, \tau_n) = TR(V_{n-1}, (\overline{\phi_{n-1}} \circ A[x_i \mapsto \beta_i]), e_n) \\
& (V_{n+1}, \phi_{n+1}, \tau_{n+1}) = TR(V_n, (\overline{\phi_n} A)[x_i \mapsto gen(\overline{\phi_n} \circ A, \overline{\phi_n} \beta_i)], e) \\
\text{in} & (V_2, \phi_2 \circ \phi_1, \tau_2)
\end{array}
$$

Dabei steht $\overline{\phi_i}$ für $\phi_i \circ \phi_{i-1} \circ \cdots \circ \phi_1$.

Wird der Typrekonstruktionsalgorithmus auf wechselseitig rekursive Deklarationen angewendet, so kann unter Umständen nicht der allgemeinste Typ eines Bezeichners (einer Funktion) ermittelt werden. Schlimmstenfalls führt die falsche Gruppierung sogar dazu, daß kein Typ ermittelt werden kann. Ein Beispiel dafür, daß unter Umständen nicht der allgemeinste Typ ermittelt wird, sind die Funktionen

$$
\begin{array}{lll}
\texttt{letrec} & i & = \lambda x.x \\
& s & = \lambda y.(i\, y) * y \\
\texttt{in} & & \ldots
\end{array}
$$

Wenn die Typen von i und s nach der LETREC-Regel rekonstruiert werden, so ergeben sich die Typen i: `Int` $\rightarrow$ `Int` und s: `Int` $\rightarrow$ `Int`. Wird der Typ von i separat rekonstruiert, so erhält i den erwarteten Typ $\forall\alpha.\alpha \rightarrow \alpha$.

Wird oben noch die Deklaration

$$t = \lambda z.\texttt{if}\ i(z)\ \texttt{then}\ z\ \texttt{else}\ z$$

hinzugefügt, so ist für alle drei Definitionen zusammen kein Typ zu ermitteln.

Abhilfe ist möglich, indem nur diejenigen Funktionen und Werte in einem `letrec` zusammengefaßt werden, die verschränkt rekursiv voneinander abhängen. Das wird durch eine einfache Transformation des Programms vor Beginn der Typrekonstruktion erreicht.

15.5.12 Definition Der *Abhängigkeitsgraph* oder Aufrufgraph einer `letrec`-Konstruktion einer Folge von Deklarationen

$$d \equiv \texttt{letrec}\ x_1 = e_1 \ldots x_n = e_n\ \texttt{in} \ldots$$

ist der gerichtete Graph $Abh(d) = (V, E)$ mit Knotenmenge $V = \{x_1, \ldots, x_n\}$ und Kanten $x_i \rightarrow x_j \in E$, falls $x_j \in free(e_i)$ (x_i hängt von x_j ab). □

15.5.13 Definition Sei $G = (V, E)$ ein gerichteter Graph und $v, v' \in V$. Ein *Pfad* in G von v nach v' ist eine Folge $v_0, \ldots, v_n \in V$, so daß $n \in \mathbb{N}$, $v = v_0$, $v' = v_n$ und für alle $1 \leq i \leq n$ ist $v_{i-1} \rightarrow v_i$ eine Kante von G.

Die Knoten v und v' sind *stark verbunden*, in Zeichen $v \leftrightsquigarrow v'$, falls es in G sowohl einen Pfad von v nach v' als auch von v' nach v gibt. □

15.5.14 Lemma $\leftrightsquigarrow \subseteq V \times V$ *ist eine Äquivalenzrelation.*

Beweis:

Reflexivität: Der leere Pfad führt von v nach v, also $v \leftrightsquigarrow v$.

Symmetrie: Folgt sofort aus der Definition von $\leftrightsquigarrow$.

Transitivität: Sei $v_1 \leftrightsquigarrow v_2$ und $v_2 \leftrightsquigarrow v_3$. Da es einen Pfad von v_1 nach v_2, sowie von v_2 nach v_3 gibt, ist die Zusammensetzung dieser Pfade ein Pfad von v_1 nach v_3. Umgekehrt gibt es einen Pfad von v_3 nach v_2 und von v_2 nach v_1. Die Zusammensetzung dieser Pfade ist ein Pfad von v_3 nach v_1. Also $v_1 \leftrightsquigarrow v_3$.

□

15.5.15 Definition Der Strukturgraph (Komponentengraph) von (V, E) ist der Graph $(V_{\leftrightsquigarrow}, E')$ mit $[v_1]_{\leftrightsquigarrow} \rightarrow [v_2]_{\leftrightsquigarrow} \in E'$ falls $v_1 \not\leftrightsquigarrow v_2$ und $\exists v_1' \leftrightsquigarrow v_1$ und $\exists v_2' \leftrightsquigarrow v_2$ mit $v_1' \rightarrow v_2' \in E$. □

15.5.16 Lemma *Der Strukturgraph eines beliebigen Graphen ist schleifenfrei.*

Aufgrund der Schleifenfreiheit des Strukturgraphen wird durch „$d \leq d'$, falls es einen Pfad von d nach d' gibt" eine Halbordnung auf den Komponenten definiert. Die so ermittelte Halbordnung kann durch topologisches Sortieren in eine totale Ordnung eingebettet werden. Diese totale Ordnung gibt nun eine Reihenfolge an, in der die Typen der deklarierten Objekte in Gruppen (= Knoten im Strukturgraphen) rekonstruiert werden können, ohne daß unerwünschte Effekte auftreten.

In einer praktischen Implementierung ist der Ablauf der Typrekonstruktion wie folgt:

- Bestimmung des Aufrufgraphen,
- Berechnung des Strukturgraphen,
- Gruppierung der Deklarationen entsprechend den Komponenten des Aufrufgraphen,
- Topologisches Sortieren der Komponenten,
- Anordnen der Gruppen gemäß der durch das topologische Sortieren bestimmten totalen Ordnung,
- Anwendung des Rekonstruktionsalgorithmus auf die einzelnen Gruppen in der berechneten Reihenfolge.

Die Ursache für das geschilderte Problem ist die Tatsache, daß die FIX-Regel (und damit die LETREC-Regel) im Ausdruck `fix` $x.e$ nicht zuläßt, daß x ein Typschema zugeordnet wird. Daher muß x innerhalb von e monomorph verwendet werden. Dieses Problem wurde zuerst von Mycroft beobachtet [Myc84]. Zu seiner Behebung schlug er die polymorphe FIX-Regel

$$[\mathrm{FIX}^{\dagger}] \quad \frac{A[x \mapsto \sigma] \rhd e : \sigma}{A \rhd \mathtt{fix}\, x.e : \sigma}$$

vor und bewies ihre semantische Korrektheit. Leider ist die Typrekonstruktion mit polymorpher Rekursion unentscheidbar [Hen93, KTU93]. Wird allerdings der Variablen x explizit ein Typschema zugewiesen, z.B. durch eine Typdeklaration, so ist die Überprüfung dieses Typs algorithmisch möglich. Der resultierende Algorithmus wird von der Sprache Miranda™ benutzt.

15.5.17 Beispiel Der Ausdruck

$$\mathtt{fix}\ f.\lambda x\ y.\mathtt{if}\ y = 0\ \mathtt{then}\ 0\ \mathtt{else}\ f\ \mathtt{True}\ 0 + f\ [\,]\ 0$$

ist ohne polymorphe Rekursion nicht typisierbar, da das rekursiv definierte f im Rumpf von `fix` mit den Typen `Bool` $\to$ `Int` $\to$ `Int` und `[a]` $\to$ `Int` $\to$ `Int` verwendet wird. Allerdings besitzt f den Typ $\forall\alpha.\alpha \to \mathtt{Int} \to \mathtt{Int}$.

15.6 Die SECD-Maschine

Auch auf der Ebene der λ-Ausdrücke kann eine Maschine zur interpretativen Auswertung angeben werden. Die SECD-Maschine realisiert die strikte Auswertung, d.h. die Applicative-Order-Reduktionsstrategie.

Sei A eine Menge von Basiswerten zur Modellierung von Konstanten des angereicherten λ-Kalküls, $\mathrm{VEnv} = (\mathrm{Var} \times \mathrm{Val})$ die Menge der Variablenbelegungen und $\mathrm{Val} = A \mathbin{\dot\cup} \mathrm{Var} \times \mathrm{Expr}_1 \times \mathrm{VEnv}$, so daß jedes $x \in \mathrm{Val}$ entweder als $x = \mathrm{val}(a)$ für ein $a \in A$ oder als Abschluß, d.h. als $x = \mathrm{clo}(v, e, \rho)$ geschrieben wird. Der Zustandsraum der SECD-Maschine besteht aus den folgenden vier Komponenten:

S	$=$	Val^*	Stack (Stapel)
E	$=$	VEnv	Environment (Umgebung)
C	$=$	$(\mathrm{Expr}_1 \mathbin{\dot\cup} \{@\})^*$	Control (Code, Programm)
D	$=$	$(S \times E \times C)^*$	Dump (Ablage)

Der Stapel dient der Auswertung von Ausdrücken und enthält Basiswerte sowie Abschlüsse für unvollständige Funktionsaufrufe. Die Umgebung (Environment) enthält Bindungen von Variablen an Werte dargestellt als Liste von Paaren aus Variable und Wert. Das Programm (Control) ist eine endliche Folgen bestehend aus λ-Ausdrücken oder dem Symbol @ (sprich „apply"). Die Ablage (Dump) fungiert als Funktionsstapel, hier werden die Zustände von unterbrochenen Berechnungen aufbewahrt, wenn eine Applikation berechnet werden muß.

Die Berechnungsrelation $\vdash \subseteq (S \times E \times C \times D)^*$ der SECD-Maschine ist definiert durch:

$$\begin{array}{llcl}
(15.6.2) & (S, E, \nu : C, D) & \vdash & (E(\nu) : S, E, C, D) \\
(15.6.3) & (S, E, (M_1\ M_2) : C, D) & \vdash & (S, E, M_2 : M_1 : @ : C, D) \\
(15.6.4) & (S, E, (\lambda \nu.M) : C, D) & \vdash & (\mathrm{clo}(\nu, M, E) : S, E, C, D) \\
(15.6.5) & (\mathrm{clo}(\nu, M, E') : a : S, E, @ : C, D) & \vdash & (\varepsilon, E'[\nu \mapsto a], [M], (S, E, C) : D) \\
(15.6.6) & (a : S', E', \varepsilon, (S, E, C) : D) & \vdash & (a : S, E, C, D) \\
 & & & \\
(15.6.7) & (S, E, k : C, D) & \vdash & (\alpha(k) : S, E, C, D) \\
(15.6.8) & (\mathrm{val}(k) : a : S, E, @ : C, D) & \vdash & (\alpha(k)(a) : S, E, C, D)
\end{array}$$

Der Wert eines geschlossenen Ausdrucks $M \in \mathrm{Expr}_1$ ist definiert durch $[\![M]\!] = M'$ falls

$$(\varepsilon, \rho_0, [M], \varepsilon) \overset{*}{\vdash} (\mathrm{val}(M'), \rho_0, \varepsilon, \varepsilon),$$

wobei ρ_0 die leere Umgebung ist.

15.6.1 Beispiel Der Ausdruck $(\lambda x.(+\ x\ 17))\ 4$ wird in Normalform überführt. Abb. 15.8 zeigt die einzelnen Rechenschritte. Der letzte Zustand ist ein Endzustand, da es keine anwendbare Berechnungsregel mehr gibt. Auf der Spitze des Stapels kann das Ergebnis der Berechnung, 21, abgelesen werden.

Die SECD-Maschine kann auch rekursive Berechnungen ausführen. Aus dem λ-Kalkül ist dafür der Y-Kombinator bekannt. Er führt hier zu einer nichtabbrechenden Berechnung, da die SECD-Maschine eine call-by-value Auswertung durchführt. Ein Ausweg ist die Benutzung des Y'-Kombinators, der η-äquivalent zu Y ist. Er führt auch bei strikter Auswertung zum Ziel.

$$Y' \equiv \lambda f.(\lambda x.f\ (\lambda y.x\ x\ y))(\lambda x.f\ (\lambda y.x\ x\ y))$$

Die Benutzung eines Fixpunktkombinators ist aber in jedem Fall ineffizient. Eine günstigere Lösung ist es, in der SECD-Maschine Ausdrücke mit Marken vorzusehen. Marken sind spezielle Konstanten und spielen die Rolle von Funktionssymbolen. Mit ihrer Hilfe kann Rekursion explizit auf der SECD-Maschine dargestellt werden. Das Vorkommen einer Marke in einem Ausdruck wird dadurch aufgelöst, daß der zur Marke gehörige Ausdruck für die Marke im Code eingesetzt wird. Der Ablauf entspricht einem Funktionsaufruf bei den bekannten Stapelmaschinen. Unter Verwendung von Marken hat ein Programm die Form:

$$(m_1, e_1), \ldots, (m_k, e_k)$$

$$
\begin{array}{lll}
 & & ([\,],[\,],[(\lambda x.(+\ x\ 17))\ 4],[\,]) \\
15.6.3 & \vdash & ([\,],[\,],[4,(\lambda x.(+\ x\ 17)),@],[\,]) \\
15.6.7 & \vdash & ([4],[\,],[(\lambda x.(+\ x\ 17)),@],[\,]) \\
15.6.4 & \vdash & ([\mathrm{clo}(x,((+\ x)\ 17),[\,]),4],[\,],[@],[\,]) \\
15.6.5 & \vdash & ([\,],[x\mapsto 4],[((+\ x)\ 17)],[([\,],[\,],[\,])]) \\
15.6.3 & \vdash & ([\,],[x\mapsto 4],[17,(+\ x),@],[([\,],[\,],[\,])]) \\
15.6.7 & \vdash & ([17],[x\mapsto 4],[(+\ x),@],[([\,],[\,],[\,])]) \\
15.6.3 & \vdash & ([17],[x\mapsto 4],[x,+,@,@],[([\,],[\,],[\,])]) \\
15.6.2 & \vdash & ([4,17],[x\mapsto 4],[+,@,@],[([\,],[\,],[\,])]) \\
15.6.7 & \vdash & ([+,4,17],[x\mapsto 4],[@,@],[([\,],[\,],[\,])]) \\
15.6.8 & \vdash & ([(+\ 4),17],[x\mapsto 4],[@],[([\,],[\,],[\,])]) \\
15.6.8 & \vdash & ([21],[x\mapsto 4],[\,],[([\,],[\,],[\,])]) \\
15.6.6 & \vdash & ([21],[\,],[\,],[\,])
\end{array}
$$

Abbildung 15.8: Berechnung der SECD-Maschine.

Zu den obigen Regeln kommt eine weitere hinzu, die eine Marke an der Spitze der Kontrolle durch ihre Definition ersetzt.

$$(S,E,m_i : C,D) \vdash (S,E,e_i : C,D)$$

Für andere Auswertungsstrategien ist eine Modifikation der SECD-Maschine erforderlich. Zur Implementierung der nicht-strikten Auswertung muß wiederum die Menge Val der Werte um Suspensionen erweitert werden. Eine Suspension $\mathrm{susp}(M,E)$ besteht aus einem Ausdruck $M \in \mathrm{Expr}_1$ zusammen mit einer Umgebung $E \in \mathrm{VEnv}$. In strikten Sprachen kann der Aufbau einer Suspension durch das Einschließen von M in eine λ-Abstraktion der Form $\lambda z.M$ (mit $z \notin \mathrm{free}(M)$), ein *thunk*, erreicht werden. Soll der Wert von M bestimmt werden, so muß der thunk auf ein beliebiges Argument, z.B. $()$ angewendet werden. Auf diese Weise kann eine nicht-strikte Auswertung in einer strikten Sprache simuliert werden.

$$
\begin{array}{rcl}
(S,E,(M_1\ M_2):C,D)) & \vdash & (\mathrm{susp}(M_2,E):S,E,M_1:@:C,D) \\
(S,E,v:C,D) & \vdash & (\varepsilon,E',[M],(S,E,C):D) \\
 & & \text{falls } E(v) = \mathrm{susp}(M,E')
\end{array}
$$

Auch die verzögerte Auswertung kann durch die Bereitstellung einer Möglichkeit, Suspensionen zu überschreiben, auf der SECD-Maschine realisiert werden. Hierfür muß die Variable v zum Überschreiben markiert in der Kontrolle zurückgelassen werden. In der folgenden Variante der zweiten Regel ist dies durch $\hat{v}$ angedeutet.

$$\begin{array}{rcl} (S, E, v : C, D) & \vdash & (\varepsilon, E', [M], (S, E, \hat{v} : C) : D) \\ & & \text{falls } E(v) = \text{susp}(M, E') \\ (x : S, E, \hat{v} : C, D) & \vdash & (x : S, E[v \mapsto x], C, D) \end{array}$$

Des weiteren gibt es noch eine kleinere Komplikation bei der Auswertung von Argumenten zu Basisfunktionen, auf die hier nicht näher eingegangen werden kann.

15.7 SKI-Kombinatorreduktion

Eine Implementierungstechnik, bei der sich die verzögerte Auswertung in natürlicher Weise ergibt, ist die SKI-Kombinatorreduktion. Ein funktionales Programm wird zunächst zu einem λ-Ausdruck im erweiterten Kalkül umgeschrieben. Der so entstandene Ausdruck wird mit den unten geschilderten Techniken in einen Kombinatorausdruck umgewandelt. Dies ist eine äquivalente Form des λ-Ausdrucks, die nur noch aus Konstanten und Applikationen bestehen. Es treten keine λ-Abstraktionen auf und es kommen keine Variablen mehr vor.

Das Rechnen mit Kombinatorausdrücken wird durch den Kombinatorkalkül beschrieben. Die aufwendigen β-Reduktionsschritte im λ-Kalkül werden verpackt in festgelegte Kombinatorreduktionsschritte. Für die Implementierung ist das Wegfallen der β-Reduktion vorteilhaft, da Variablen und Umgebungen nicht mehr explizit manipuliert werden müssen.

Ein Kombinator ist nichts anderes als ein geschlossener λ-Ausdruck. Die folgenden Kombinatoren seien vorgegeben.

$$\begin{array}{lcll} I & = & \lambda x.x & \text{Identität} \\ K & = & \lambda xy.x & \text{Kanzellator} \\ S & = & \lambda xyz.x\,z\,(y\,z) & \text{Distributor} \\ B & = & \lambda xyz.x\,(y\,z) & \text{Kompositor} \\ C & = & \lambda xyz.x\,z\,y & \text{Permutator} \end{array}$$

Daraus ergeben sich sofort die folgenden Reduktionsregeln für Kombinatoren:

$$\begin{array}{lcl} I\,x & = & x \\ K\,x\,y & = & x \\ S\,x\,y\,z & = & x\,z\,(y\,z) \\ B\,x\,y\,z & = & x\,(y\,z) \\ C\,x\,y\,z & = & x\,z\,y \end{array}$$

Die ersten drei Kombinatoren I, K und S reichen aus, um zu jedem λ-Ausdruck einen äquivalenten Kombinatorausdruck zu definieren, der durch Applikation aus den Konstanten S, K, und I besteht. Auch I ist überflüßig, da I äquivalent zu SKK ist; es reicht sogar ein Kombinator, z.B. $\lambda x.xKSK$, aus dem sich sowohl S als auch K gewinnen lassen.

15.7.1 Kombinatorabstraktion

15.7.1 Definition Die Grammatik für die Menge CL-Expr der Kombinatorausdrücke ist

$$e ::= k \mid S \mid K \mid I \mid (e\ e')$$

mit $e, e' \in$ CL-Expr und $k \in$ Kon. Sie ist eine Teilmenge von Expr erweitert um Konstanten. Nenne diese Menge Expr'. Die Übersetzung $U\colon \text{Expr}' \to \text{Expr}'$ von λ-Ausdrücken in äquivalente Kombinatorausdrücke ist definiert durch:

$$\begin{array}{lcll} U(e) & = & e & e \text{ enthält kein } \lambda \\ U(e_1\ e_2) & = & U(e_1)\ U(e_2) & \\ U(\lambda x.e) & = & \text{Abs}(x, U(e)) & \end{array}$$

Hierbei wird die *Abstraktionsfunktion*

$$\text{Abs}\colon \text{Var} \times \text{Expr}' \to \text{Expr}'$$

benötigt. Statt $\text{Abs}(x, e)$ wird auch $[x]e$ geschrieben. Daher stammt der Name Klammerabstraktion, bzw. *bracket abstraction*, für diese Funktion. Abs ist definiert durch

$$\begin{array}{lcll} \text{Abs}(x, k) & = & K\ k & \\ \text{Abs}(x, x) & = & I & \\ \text{Abs}(x, y) & = & K\ y & x \neq y \\ \text{Abs}(x, e_1\ e_2) & = & S\ (\text{Abs}(x, e_1))\ (\text{Abs}(x, e_2)) & \end{array}$$

□

Für geschlossene Ausdrücke e gilt $U(e) \in$ CL-Expr.

15.7.2 Beispiel Ein zur identischen Funktion $\lambda x.\lambda y.x\ y$ äquivalenter Kombinatorausdruck ergibt sich wie folgt.

$$\begin{array}{lcl} U(\lambda x.\lambda y.x\ y) & = & \text{Abs}(x, U(\lambda y.x\ y)) \\ & = & \text{Abs}(x, \text{Abs}(y, U(x\ y))) \\ & = & \text{Abs}(x, S\ (\text{Abs}(y, x))\ (\text{Abs}(y, y))) \\ & = & \text{Abs}(x, S\ (K\ x)\ I) \\ & = & S\ (\text{Abs}(x, S\ (K\ x)))\ (\text{Abs}(x, I)) \\ & = & S\ (S\ (\text{Abs}(x, S))\ (\text{Abs}(x, K\ x)))\ (K\ I) \\ & = & S\ (S\ (K\ S)\ (S\ (\text{Abs}(x, K))\ (\text{Abs}(x, x))))\ (K\ I) \\ & = & S\ (S\ (K\ S)\ (S\ (K\ K)\ I))\ (K\ I) \end{array}$$

Es ist nun zu zeigen, daß die Übersetzung in Kombinatorausdrücke korrekt ist, d.h. daß $U(e)$ β-äquivalent zu e ist, wenn die in $U(e)$ auftretenden Kombinatoren durch ihre Definition ersetzt werden. Sei exp eine Funktion, die in einem Kombinatorausdruck jedes Vorkommen von S, K oder I durch den definierenden λ-Ausdruck ersetzt.

15.7.3 Lemma *Für alle* $e \in \text{Expr}'$ *mit* $\text{bound}(e) = \emptyset$ *gilt* $\text{Abs}(x, e)\ x \overset{*}{\leftrightarrow}_\beta e$.

Beweis: Durch Induktion über den Aufbau von e.

$\boxed{e \equiv k}$

$$\text{Abs}(x, k)\ x = K\ k\ x = k$$

$\boxed{e \equiv v}$

$$\text{Abs}(x, v)\ x = \begin{cases} I\ x & x = v \\ K\ v\ x & x \neq v \end{cases} = \begin{cases} x & x = v \\ v & x \neq v \end{cases} = v$$

$\boxed{e \equiv (e_1\ e_2)}$

$$\begin{aligned} & \text{Abs}(x, e_1\ e_2)\ x \\ = \quad & S\ (\text{Abs}(x, e_1)\ \text{Abs}(x, e_2))\ x \\ \to \quad & \text{Abs}(x, e_1)\ x\ (\text{Abs}(x, e_2)\ x) \\ & \text{(nach Induktionsvoraussetzung für } e_1 \text{ und } e_2\text{)} \\ = \quad & e_1\ e_2 \end{aligned}$$

□

15.7.4 Lemma *Für alle* $e \in \text{Expr}'$ *gilt* $U(e) \overset{*}{\leftrightarrow}_\beta e$.

Beweis: Der Beweis verläuft per Induktion über den Aufbau von e.

$\boxed{e \equiv x}$ $U(x) = x$.

$\boxed{e \equiv (e_1\ e_2)}$ $U(e_1\ e_2) = U(e_1)\ U(e_2) \overset{*}{\leftrightarrow}_\beta e_1\ e_2$ nach Induktion.

$\boxed{e \equiv \lambda x.e'}$ $U(\lambda x.e') = \text{Abs}(x, U(e'))$. Nach Induktion ist $U(e') \overset{*}{\leftrightarrow}_\beta e'$ und nach Lemma 15.7.3 ist $\lambda x.\ \text{Abs}(x, U(e')\ x \overset{*}{\leftrightarrow}_\beta \lambda x.U(e')$. Aufgrund der Transitivität ergibt sich $\lambda x.\ \text{Abs}(x, U(e'))\ x \overset{*}{\leftrightarrow}_\beta \lambda x.e'$.

□

15.7.2 Optimierte Kombinatorabstraktion

Am vorangegangenen Beispiel ist ersichtlich, daß selbst einfache Funktionen zu Kombinatortermen mit vielen Symbolen führen. Technisch bedeutet das, daß die Kombinatoren zu kleine Berechnungsschritte durchführen. Daher ist die oben definierte Abstraktionsfunktion unpraktikabel. Nach der Hinzunahme der Kombinatoren B und C (und noch weitere zur Beschreibung von Datenstrukturen) zu S, K und I kann ein optimierter Abstraktionsalgorithmus angegeben werden. Das geschieht unter Ausnutzung der folgenden Identitäten.

15.7.5 Lemma *Für Kombinatorterme e_1 und e_2 gelten die Kombinatorgleichungen*

$$\begin{array}{lcl} \mathrm{S}\ (\mathrm{K}\ e_1)\ (\mathrm{K}\ e_2) & \equiv & \mathrm{K}\ (e_1\ e_2) \\ \mathrm{S}\ (\mathrm{K}\ e_1)\ \mathrm{I} & \equiv & e_1 \\ \mathrm{S}\ (\mathrm{K}\ e_1)\ e_2 & \equiv & \mathrm{B}\ e_1\ e_2 \\ \mathrm{S}\ e_1\ (\mathrm{K}\ e_2) & \equiv & \mathrm{C}\ e_1\ e_2 \end{array}$$

Beweis: Durch Nachrechnen. Hier nur beispielhaft für die erste Gleichung.

$$\begin{array}{lll} \mathrm{S}\ (\mathrm{K}\ e_1)\ (\mathrm{K}\ e_2) & \rightarrow_\eta & \lambda x.\mathrm{S}\ (\mathrm{K}\ e_1)\ (\mathrm{K}\ e_2)\ x \\ & \rightarrow_\mathrm{S} & \lambda x.(\mathrm{K}\ e_1\ x)\ (\mathrm{K}\ e_2\ x) \\ & \rightarrow_\mathrm{K}^2 & \lambda x.e_1\ e_2 \\ & \leftarrow_\mathrm{K} & \lambda x.\mathrm{K}\ (e_1\ e_2)\ x \\ & \leftarrow_\eta & \mathrm{K}\ (e_1\ e_2) \end{array}$$

□

Mit den angegebenen Gleichungen kann die Abstraktionsregel für Applikationen verbessert werden, wie nun gezeigt wird.

$$\begin{array}{lcl} \mathrm{Abs}(x, e_1\ e_2) & = & \textbf{case}\ \mathrm{Abs}(x, e_1)\ \textbf{of} \\ & & \mathrm{K}\ e_1' \rightarrow \quad \textbf{case}\ \mathrm{Abs}(x, e_2)\ \textbf{of} \\ & & \qquad\qquad \mathrm{K}\ e_2' \rightarrow \mathrm{K}\ (e_1'\ e_2') \\ & & \qquad\qquad \mathrm{I} \rightarrow e_1' \\ & & \qquad\qquad e_2' \rightarrow \mathrm{B}\ e_1'\ e_2' \\ & & e_1' \rightarrow \quad \textbf{case}\ \mathrm{Abs}(x, e_2)\ \textbf{of} \\ & & \qquad\qquad \mathrm{K}\ e_2' \rightarrow \mathrm{C}\ e_1'\ e_2' \\ & & \qquad\qquad e_2' \rightarrow \mathrm{S}\ e_1'\ e_2' \end{array}$$

15.7.6 Beispiel Noch einmal die Übersetzung der Funktion $\lambda x.\lambda y.x\ y$ aus Beispiel 15.7.2, diesmal mit der verbesserten Abstraktionsfunktion:

$$
\begin{aligned}
U(\lambda x.\lambda y.x\ y) &= \mathrm{Abs}(x, U(\lambda y.x\ y)) \\
&= \mathrm{Abs}(x, \mathrm{Abs}(y, x\ y)) \\
&\quad (\mathrm{Abs}(y, x) = K\ x, \mathrm{Abs}(y, y) = I) \\
&= \mathrm{Abs}(x, x) \\
&= I
\end{aligned}
$$

Eine gewisse Vereinfachung gegenüber dem vorigen Ergebnis ist nicht zu übersehen.

15.7.3 Kombinatorgraphreduktion

Jeder reine λ-Ausdruck kann als Kombinatorausdruck geschrieben werden. Ein Kombinatorausdruck ist ein Term über dem Rangalphabet $\{@^{(2)}, S^{(0)}, K^{(0)}, I^{(0)}\}$. Schreibe abkürzend SKK für @(@(S, K), K). Die graphische Darstellung eines Kombinatorausdrucks ist ein Kombinatorgraph.

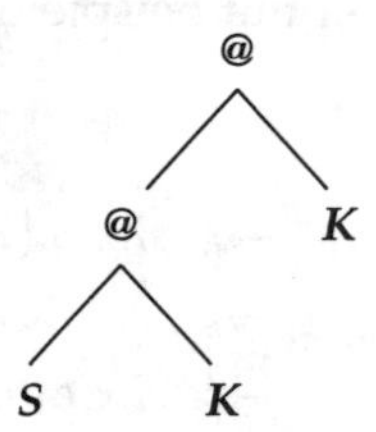

Aus der β-Reduktionsregel für die λ-Ausdrücke, die die Kombinatoren definieren, können Kombinatorreduktionsregeln abgeleitet werden:

$$
\begin{aligned}
I\,x &= x \\
K\,x\,y &= x \\
S\,x\,y\,z &= x\,z\,(y\,z)
\end{aligned}
$$

Die Regeln können nun wiederum als Graphersetzungsregeln für einen Kombinatorgraphen aufgefaßt werden. Die Graphersetzungsregeln werden durch die folgenden Bilder beschrieben. In den Bildern steht ein durchgestrichener @-Knoten für einen überschriebenen Knoten. Punktierte Linien deuten Verbindungen an, die vor der Ersetzungsoperation bestanden haben. Die Teile des Graphen, die nach einer Ersetzung nur noch über punktierte Linien erreichbar sind, können aus dem Graphen entfernt werden (garbage collection).

♦ Die Reduktionsregel für I:

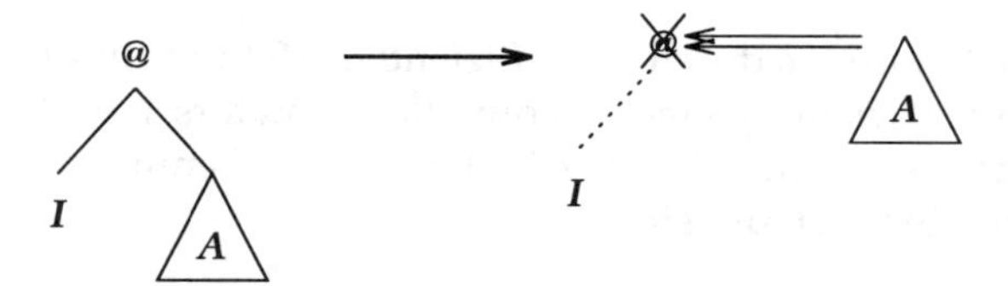

♦ Die Reduktionsregel für K:

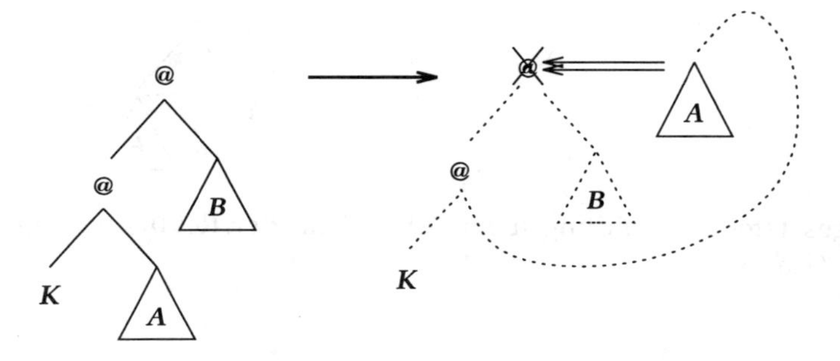

♦ Die Reduktionsregel für S:

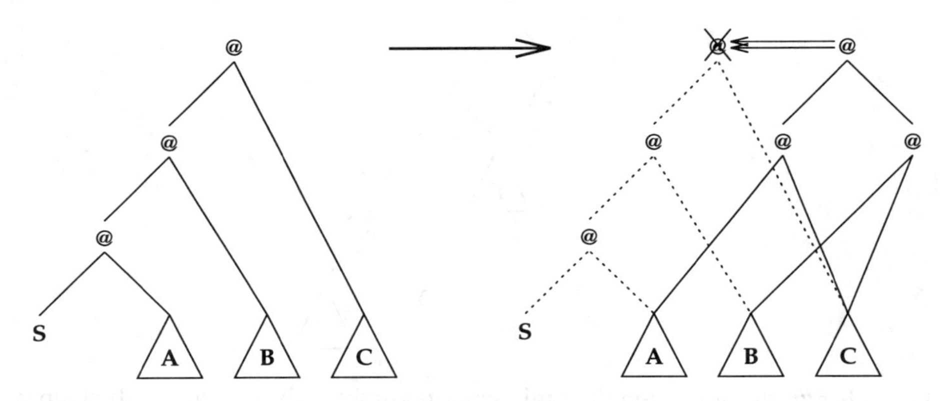

Hierbei ist zu beachten, daß jeweils die Wurzel des links stehenden Graphen durch die Wurzel des rechts stehenden Graphen *ersetzt* wird. Dabei wird in den Regeln zu I und K jeweils der oberste Knoten des Ausdrucks A auf den @-Knoten an der Wurzel des Redex kopiert. In der S-Regel wird zudem deutlich, daß gemeinsame Teilausdrücke nicht kopiert werden, sondern daß sie sich überlappen (*sharing*).

Die Implementierung von Rekursion kann mithilfe des Y-Kombinators erfolgen. Allerdings ist seine Repräsentation als Kombinatorausdruck etwas unhandlich:

Y ≡ ((S((S((S(KS))((S((S(KS))((S(KK))I)))(KI))))(KI)))
((S((S(KS))((S((S(KS))((S(KK))I)))(KI))))(KI)))

Offenbar sollte Rekursion durch eine effizientere Methode implementiert werden. Die definierende Gleichung eines Fixpunktkombinators Y funktioniert wie folgt: Für alle Ausdrücke F gelte $\mathsf{Y}\ \mathsf{F} = \mathsf{F}(\mathsf{Y}\ \mathsf{F})$. Die direkte Benutzung dieser Gleichung liefert die folgende Ersetzungsregel.

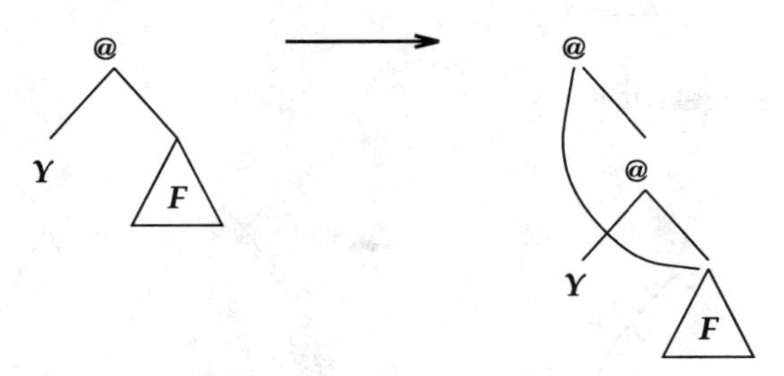

Bei fortgesetzter Anwendung (beim Abwickeln der Rekursion) ergibt sich der folgende Graph:

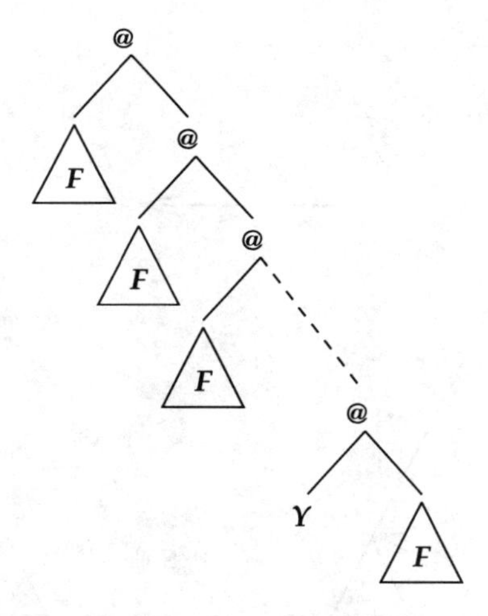

Das führt zu der Idee, den Fixpunkt einer rekursiven Definition durch einen zyklischen Graph darzustellen.

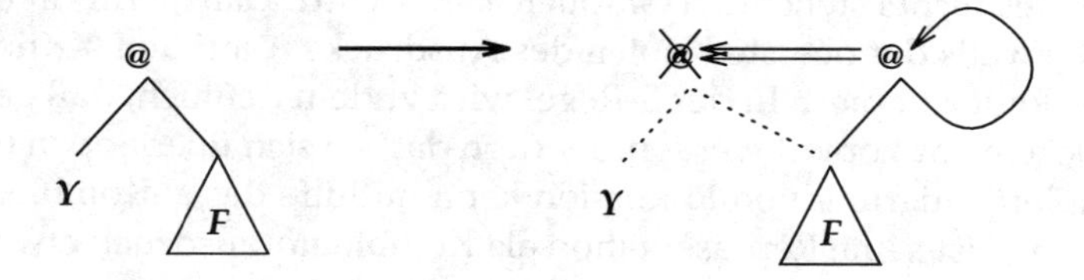

Der folgende Abschnitt beschreibt eine einfache Maschine zur Kombinatorgraphreduktion, die die beschriebenen Sachverhalte formalisiert.

15.7.4 Ein einfacher Graphreduktor

Sei F eine Menge von Namen für Basisoperationen. $\mathrm{Komb} = \{S, K, I, B, C, Y\}$ sei die Menge der Kombinatoren. Der Zustandsraum der Maschine ist $S \times G$, wobei

$$\begin{array}{lcl} \text{Graph } G & = & [\mathrm{Addr} \to F \dot\cup \mathrm{Komb} \dot\cup \{@\} \times \mathrm{Addr} \times \mathrm{Addr}] \\ \text{Stapel } S & = & \mathrm{Addr}^* \end{array}$$

Dabei ist Addr eine nicht weiter spezifizierte unendliche Menge von Graphadressen, z.B. $\mathrm{Addr} = \mathbb{N}$. Die Berechnungsrelation $\vdash \subseteq (S \times G)^2$ ist definiert durch

1. Abwickeln (*unwind*)

$$\langle a : S', G[a = @(a_1, a_2)] \rangle \vdash \langle a_1 : a : S', G \rangle$$

2. I-Regel

$$\begin{array}{l} \langle a : x : S', G[a = I, x = @(a, x_2)] \rangle \\ \quad \vdash \langle x : S', G[x \mapsto G(x_2)] \rangle \end{array}$$

3. K-Regel

$$\begin{array}{l} \langle a : x : y : S', G[a = K, x = @(a, x_2), y = @(x, y_2)] \rangle \\ \quad \vdash \langle y : S', G[y \mapsto G(x_2)] \rangle \end{array}$$

4. S-Regel, hier müssen zwei neue @-Knoten im Graph angelegt werden.

$$\begin{array}{l} \langle a : x : y : z : S', G[a = S, x = @(a, x_2), y = @(x, y_2), z = @(y, z_2)] \rangle \\ \quad \vdash \langle z : S', G[z \mapsto @(n_1, n_2), n_1 \mapsto @(x_2, z_2), n_2 \mapsto @(y_2, z_2)] \rangle \\ \hfill \text{mit } \{n_1, n_2\} \subseteq \mathrm{Addr} \setminus \mathbf{dom}\,(G) \end{array}$$

5. B-Regel, hier wird ein neuer @-Knoten benötigt.

$$\begin{array}{l} \langle a : x : y : z : S', G[a = B, x = @(a, x_2), y = @(x, y_2), z = @(y, z_2)] \rangle \\ \quad \vdash \langle z : S', G[z \mapsto @(x_2, n_1), n_1 \mapsto @(y_2, z_2)] \rangle \\ \hfill \text{mit } n_1 \in \mathrm{Addr} \setminus \mathbf{dom}\,(G) \end{array}$$

6. C-Regel, hier wird ebenfalls ein neuer @-Knoten erforderlich.

$$\begin{array}{l} \langle a : x : y : z : S', G[a = C, x = @(a, x_2), y = @(x, y_2), z = @(y, z_2)] \rangle \\ \quad \vdash \langle z : S', G[z \mapsto @(n_1, y_2), n_1 \mapsto @(x_2, z_2)] \rangle \\ \hfill \text{mit } n_1 \in \mathrm{Addr} \setminus \mathbf{dom}\,(G) \end{array}$$

7. Y-Regel, konstruiert einen zyklischen Graph.

$$\begin{array}{l} \langle a : x : S', G[a = Y, x = @(a, x_2)] \rangle \\ \quad \vdash \langle x : S', G[x \mapsto @(x_2, x)] \rangle \end{array}$$

In der Startkonfiguration der Maschine wird der Graph mit dem auszuwertenden Ausdruck gefüllt und die Adresse seines Wurzelknotens auf den Stapel gelegt. Wenn mit der Relation $\vdash$ nach endlich vielen Schritten ein Zustand erreicht wird, in dem kein weiterer Schritt mehr ausführbar ist, so befindet sich an der gleichen Adresse der Ausdruck in schwacher Kopfnormalform.

Ein kleines Problem tritt bei der Hinzunahme von strikten Grundoperationen auf. Es liege etwa der folgende Graph vor.

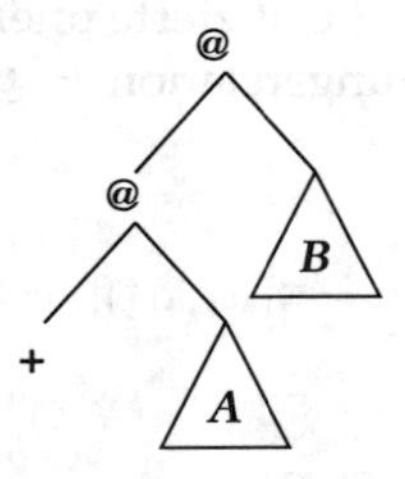

Bevor die Addition durchgeführt werden kann, müssen die Ausdrücke A und B auf schwache Kopfnormalform gebracht werden. Hierfür ist es erforderlich, die aktuelle Berechnung zu suspendieren und den Graphreduktor rekursiv auf A und auf B anzusetzen, so daß deren Wurzelknoten durch das Ergebnis ersetzt werden. Die dafür erforderlichen Regeln lauten:

$$\begin{array}{l}\langle a:x:y:S', G[a = +, x = @(a, x_2), y = @(x, y_2)]\rangle \\ \quad \vdash \langle y:S', G''[y \mapsto \mathrm{val}(x' + y')]\rangle \\ \text{falls} \\ \langle [x_2], G\rangle \overset{*}{\vdash} \langle [x_2], G'[x_2 = \mathrm{val}(x')]\rangle \\ \langle [y_2], G'\rangle \overset{*}{\vdash} \langle [y_2], G''[y_2 = \mathrm{val}(y')\rangle \end{array}$$

Ein weiteres Problem stellt die Art und Weise dar, in der die Überschreibung des Wurzelknotens der linken Seite bei Anwendung der Regel für I und K geschieht. Die Regel $@(I, A) \rightarrow A$ überschreibt den @-Knoten mit einer Kopie des Wurzelknotens von A. In einem Graph ist es möglich, daß an der Ersetzung nicht beteiligte Knoten sich weiterhin auf den früheren Wurzelknoten von A beziehen. So ist es möglich, daß die Berechnung eines Teils von A wiederholt ausgeführt wird, da es mehrere Kopien der Wurzel von A gibt und nur jeweils eine von ihnen mit dem Wert von A überschrieben werden kann. Das stellt eine Verletzung der verzögerten Auswertungsstrategie dar, da sie fordert, daß jeder Teilausdruck höchstens einmal ausgewertet wird.

Eine Lösung dieses Problems ist die Verwendung eines weiteren Knotentyps im Graph. Bei den Regeln zu I und K wird der Wurzelknoten der linken Seite mit einem Verweis (einer Indirektion) auf die Wurzel des jeweiligen Arguments überschrieben. Die folgenden Bilder zeigen die modifizierten I- und K-Regeln unter Verwendung des einstelligen Symbols $\uparrow$ für Indirektionsknoten.

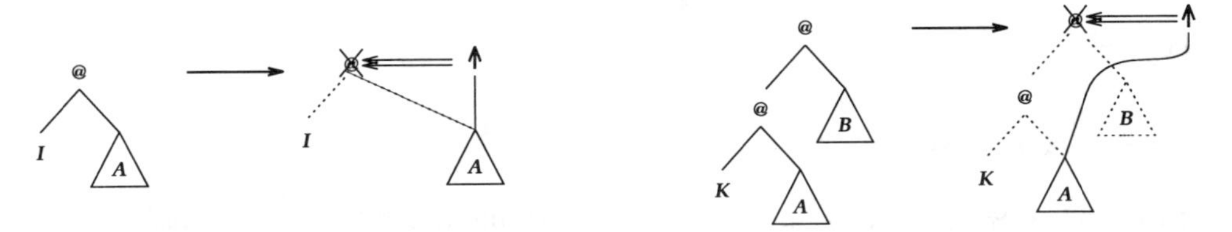

Der Graphreduktor muß so geändert werden, daß nie ein Indirektionsknoten überschrieben wird, sondern immer nur Applikationsknoten. Durch die Benutzung von Indirektionen können lange Verweisketten entstehen, die die Auswertung erheblich verlangsamen. Das kann glücklicherweise dadurch vermieden werden, daß die Verweisketten bei jeder Speicherbereinigung kurzgeschlossen werden (d.h. durch einen Verweis auf einen Knoten mit „richtiger" Information ersetzt werden).

15.8 Literaturhinweise

Die ursprüngliche Abhandlung über den Lambda-Kalkül stammt von Church [Chu41]. Eine enzyklopädische Referenz zum Lambda-Kalkül ist das Buch von Barendregt [Bar84]. Ein weiterer Artikel des gleichen Autors beschreibt Zusammenhänge zwischen dem Lambda-Kalkül und funktionalen Programmiersprachen [Bar90]. Mitchell gibt eine Übersicht über den getypten Lambda-Kalkül und Typen in Programmiersprachen allgemein [Mit90]. Zusammenhänge zwischen kombinatorischer Logik und dem Lambda-Kalkül beschreiben Hindley [Hin86] sowie Hindley und Seldin [HS86]. Huet und Lambek behandeln Zusammenhänge zwischen Lambda-Kalkül und Kategorientheorie, genauer gesagt cartesisch abgeschlossene Kategorien, [Hue86, Lam86]. Abramsky und Ong geben einen Lambda-Kalkül an, der die verzögerte Auswertung besser modelliert [Abr90, Ong88]. Thompson zeigt Verbindungen zwischen konstruktiver Logik und Typen in funktionalen Programmiersprachen (resp. dem Lambda-Kalkül) auf [Tho91].

Der Programmiersprache Gofer benutzt eine Erweiterung des Typsystems von Milner [Mil78, DM82] wie sie von Jones beschrieben ist [Jon93]. Im Text wird das Milnersche System in der von Clément und anderen [CDDK86] angegebenen Abwandlung mit Ergänzungen für explizite Rekursion von Mycroft [Myc84] behandelt. Zur Typrekonstruktion mit Typklassen gibt es verschiedene Ansätze [Jon92b, NP93, HHPW94]. Eine Einführung in Typsysteme allgemein geben Cardelli und Wegner [CW85]. Cardelli gibt auch eine Implementierung eines einfachen Typrekonstruktionsalgorithmus in Modula-2 an [Car87].

Die SECD-Maschine zur strikten Auswertung von λ-Ausdrücken stammt von Landin [Lan64]. Einen zu dieser Maschine gleichwertigen Kalkül und den zugehörigen Korrektheitsbeweis gibt Plotkin an [Plo75].

Die Technik der SKI-Kombinatorreduktion zur Implementierung von funktionalen Sprachen mit verzögerter Auswertung hat zuerst Turner zur Implementierung von SASL (St. Andrew Static Language) und später für Miranda™ benutzt

[Tur79].

15.9 Aufgaben

15.1 Geben Sie geschlossene λ-Ausdrücke für die folgenden arithmetische Operationen auf Church-Numeralen an (mit Beweis).

1. MULT $\lceil m \rceil \lceil n \rceil = \lceil mn \rceil$.
2. EXP $\lceil m \rceil \lceil n \rceil = \lceil m^n \rceil$.
3. (schwierig) PRED $\lceil n \rceil = \lceil n \dot{-} 1 \rceil$.

15.2 Eine weiter Möglichkeit, natürliche Zahlen durch reine λ-Ausdrücke darzustellen, ergibt sich wie folgt: Der Kombinator PAIR $\equiv \lambda x\ y\ p.p\ x\ y$ kann als Paarkonstruktor aufgefaßt werden. Als Selektoren fungieren genau TRUE und FALSE, z.B. PAIR $a\ b$ TRUE $\xrightarrow{*} a$. Die Kodierung von 0 ist $\lfloor 0 \rfloor = \mathrm{I}$ und die Zahl n wird dargestellt durch

$$\lfloor n \rfloor = \underbrace{\text{PAIR FALSE (PAIR FALSE } (\ldots \text{(PAIR FALSE}}_{n \text{ mal}} \text{ I)))}$$

Geben Sie Kombinatoren für die Nachfolgerfunktion, den Test auf Null und die Addition an.

15.3 Zeigen Sie, daß F mit der folgenden Definition ein Fixpunktkombinator ist. (Quelle: Ralf Hinze, Bonn)

$$\begin{array}{lcl} F & = & G^{26} \\ G & = & \lambda abcdefghijklmnopqstuvwxyzr.r(dasisteinfixpunktkombinator) \end{array}$$

15.4 Bestimmen Sie (jeweils mit Beweis) den allgemeinsten Typ von

$$\begin{array}{ll} \lambda f.\lambda x.f(f\ x) & \lambda f.\lambda g.\lambda x.f(g\ x) \\ \lambda x.\lambda y.\lambda z.x\ z\ (y\ z) & \lambda x.\mathtt{let}\ z = \lambda y.y\ x\ \mathtt{in}\ z\ (\lambda x.x). \end{array}$$

15.5 Berechnen Sie mit dem Rekonstruktionsalgorithmus den allgemeinsten Typ von `map`.

$$\mathtt{map} = \mathtt{fix}\ m.\lambda f.\lambda x.\mathtt{if}\ null\ x\ \mathtt{then}\ [\,]\ \mathtt{else}\ cons\ (f\ (head\ x))\ (m\ (tail\ x))$$

Setzen Sie dabei voraus, daß $null\colon \forall\alpha.\mathtt{List}\ \alpha \to \mathtt{Bool}$, $cons\colon \forall\alpha.\alpha \to \mathtt{List}\ \alpha \to \mathtt{List}\ \alpha$, $head\colon \forall\alpha.\mathtt{List}\ \alpha \to \alpha$ und $tail\colon \forall\alpha.\mathtt{List}\ \alpha \to \mathtt{List}\ \alpha$ gilt.

15.6 Zeigen Sie, daß für alle ν gilt $\mathcal{T}[\![\ \forall\alpha.\tau \to \tau'\ ]\!]\nu = \mathcal{T}[\![\ (\exists\alpha.\tau) \to \tau'\ ]\!]\nu$, falls $\alpha \notin \mathsf{FV}(\tau')$ ist. Dabei ist $\mathcal{T}[\![\ \exists\alpha.\sigma\ ]\!]\nu = \bigcup\{\mathcal{T}[\![\ \sigma\ ]\!]\nu[\alpha \mapsto \mathrm{I}] \mid \mathrm{I} \in \mathcal{K}(\mathsf{Val})\}$.

15.7 Die Produktionen $e ::= \cdots \mid (e_1, \ldots, e_k) \mid \lambda(v_1, \ldots, v_k).e$ erweitern die Syntax für Ausdrücke um Tupel. Erweitern Sie die denotationelle Semantik um Tupel und geben Sie korrekte Typregeln für Ausdrücke mit Tupeln an.

15.8 Leiten Sie aus einer `data`-Deklaration eine Typannahme her, so daß die Datenkonstruktoren in Ausdrücken korrekt benutzt werden können.

15.9 Geben Sie eine Typregel für Lambda-Abstraktion mit Musteranpassung an. Also $e ::= \cdots \mid \lambda p.e$ mit $p ::= v \mid c\ p_1 \ldots p_k$, wobei c ein Datenkonstruktor mit k Argumenten sei. Hinweis: Betrachten Sie Muster als Ausdrücke.

15.10 Gegeben seien die bekannten Kombinatoren S, K, I, B und C. Reduzieren Sie in Normalform:

$I\ I$	$I\ I\ I$
$K\ K$	$K\ K\ K$
$S\ (S\ S)$	$S\ (S\ S)\ (S\ S)\ (S\ S)\ S\ S$
$S\ *\ (B\ f\ (C\ -\ 1))$.	

15.11 Jeder geschlossene λ-Ausdruck (ein Kombinator) kann in einen Ausdruck umgeschrieben werden, in dem nur die Kombinatoren S, K und I auftreten, nicht jedoch λ-Abstraktionen. Auch I kann noch eingespart werden, da $I \overset{*}{\leftrightarrow}_\beta S\ K\ K$. Es reicht sogar ein einziger sogenannter *Basiskombinator* $X = \lambda x.x\ K\ S\ K$ aus. Zeigen Sie:

$$X\,X\,X \overset{*}{\rightarrow}_\beta K \qquad \text{und} \qquad X\,(X\,X) \overset{*}{\rightarrow}_\beta S.$$

Zeigen Sie, daß auch $\lambda x.x\ (x\ S\ (K\ K))\ K$ und $\lambda x.x\ (x\ S\ (K\ (K\ (K\ I))))\ K$ Basiskombinatoren sind.

15.12 Eine Variante der SECD-Maschine kann auch als Zielmaschine eines Übersetzers für den angereicherten λ-Kalkül betrachtet werden. Dazu muß der auszuführende Ausdruck linearisiert werden. Definieren Sie die Befehle und ihre Wirkung auf den Zustandsraum. Geben Sie eine Übersetzungsfunktion an.

Erweitern Sie die Maschine um benannte Kombinatoren, die wie Unterprogramme behandelt werden.

15.13 Eine weitere Möglichkeit, geschlossene reine λ-Ausdrücke variablenfrei aufzuschreiben, ist die *De Bruijn-Notation*. Ihre Syntax ist gegeben durch die Grammatik

$$e \ ::= \ n \mid \lambda e \mid (e\ e).$$

Variablen werden durch Zahlen $n \in \mathbb{N}$ repräsentiert, die die Schachtelungstiefe der zugehörigen λ-Abstraktion angibt. Beispiel:

$\lambda x.x$	$\rightsquigarrow$	$\lambda 0$
$\lambda x.x\ (\lambda y.x\ x\ y)$	$\rightsquigarrow$	$\lambda 0\ (\lambda 1\ 1\ 0)$
S	$\rightsquigarrow$	$\lambda\lambda\lambda(2\ 0)\ (1\ 0)$

Geben Sie die Kombinatoren K, B, C und Y in De Bruijn-Notation an.
Geben Sie Algorithmen (Gofer-Programme) zu folgenden Problemen an.

1. Überführe einen geschlossenen λ-Ausdruck in die äquivalente De Bruijn-Form.
2. Definiere einen β-Reduktionsschritt. Hierbei müssen die Variablen des Argumentausdrucks umnumeriert werden.

Bei der SECD-Maschine wurden Variablen in der Umgebung unter ihrem Namen abgelegt. Werden Ausdrücke in De Bruijn-Notation als Programme benutzt, so reicht es eine Liste von Werten als Umgebung zu benutzen und eine Variable n als Index in diese Liste zu betrachten. Geben Sie eine Variante der SECD-Maschine an, die auf Ausdrücken in De Bruijn-Notation arbeitet.

15.14 Geben Sie reine λ-Ausdrücke für die logischen Operatoren „Und", „Oder" sowie „Nicht" an.

15.15 Programmieren Sie die Substitution von λ-Ausdrücken unter Verwendung der folgenden Datenstruktur, in der Variablen durch Zahlen benannt werden.

```
data Exp = Var Int | Lam Int Exp | App Exp Exp
```

Programmieren Sie weiter eine Funktion `betaReduce :: Exp -> Exp`, die das am weitesten links auftretende β-Redex der Eingabe reduziert.

15.16 Programmieren Sie die Kombinatorabstraktion. Benutzen Sie den Datentyp:

```
data Exp' = Con String | Var Int | Lam Int Exp' | App Exp' Exp'
```

15.17 Ändern Sie den Graphreduktor, so daß die Reduktion der Kombinatoren K und I Indirektionsknoten einfügt und daß niemals Applikationsknoten überschrieben werden.

A Grundlegende Notation

Die Symbole $\vee$, $\wedge$, $\Longrightarrow$ und $\Longleftrightarrow$ bezeichnen die Disjunktion, Konjunktion, Implikation und Äquivalenz von logischen Formeln.

Für Mengen A und B bezeichnen $A \cup B$ die Vereinigung $\{x \mid x \in A \vee x \in B\}$, $A \cap B$ den Durchschnitt $\{x \mid x \in A \wedge x \in B\}$, $A \setminus B$ die Mengendifferenz $\{x \mid x \in A \wedge x \notin B\}$, $A \times B$ das cartesische Produkt $\{(a, b) \mid a \in A, b \in B\}$, $\mathcal{P}(A)$ die Potenzmenge von A, die Menge aller Teilmengen $\{M \mid M \subseteq A\}$. Die Menge der endlichen Folgen über A wird mit $A^* = \bigcup_{i \in \mathbb{N}} A^i$ bezeichnet. Dabei ist $A^0 = \{\varepsilon\}$ und $A^{i+1} = A \times A^i$, so daß ε die leere Folge bezeichnet. $\mathbb{N} = \{0, 1, 2, \dots\}$ bezeichnet die Menge der natürlichen Zahlen und $\mathbb{Z}$ bezeichnet die Menge der ganzen Zahlen.

Eine Relation R zwischen Mengen A und B ist eine Teilmenge ihres cartesischen Produkts $R \subseteq A \times B$. Schreibe $a \mathrel{R} b$ anstelle von $(a, b) \in R$ für „a steht in Relation R zu b". Für Relationen $R \subseteq A \times B$ und $S \subseteq B \times C$ ist die Komposition $R \circ S \subseteq A \times C$ definiert durch $R \circ S = \{(a, c) \mid \exists b \in B \,.\, (a, b) \in R \wedge (b, c) \in S\}$.

Eine Relation $R \subseteq A \times A$ heißt

- reflexiv, falls $\forall a \in A \,.\, (a, a) \in R$,
- transitiv, falls $\forall a_1, a_2, a_3 \in A \,.\, ((a_1, a_2) \in R \wedge (a_2, a_3) \in R) \Rightarrow (a_1, a_3) \in R$,
- symmetrisch, falls $\forall a, a' \in A \,.\, (a, a') \in R \Leftrightarrow (a', a) \in R$,
- antisymmetrisch, falls $\forall a, a' \in A \,.\, ((a, a') \in R \wedge (a', a) \in R) \Rightarrow a = a'$,
- Vorordnung oder Quasiordnung, falls R reflexiv und transitiv ist,
- Halbordnung, falls R Vorordnung und antisymmetrisch ist,
- Äquivalenzrelation, falls R reflexiv, transitiv und symmetrisch ist.

Ist $R \subseteq A \times A$, so ist $R^0 = \{(a, a) \mid a \in A\}$ und $R^{i+1} = R^i \circ R$. Weiter ist $R^* = \bigcup_{i \in \mathbb{N}} R^i$ der reflexive und transitive Abschluß von R.

Für partielle Funktionen $f\colon A \dashrightarrow B$ ist $\mathbf{dom}\ f = \{x \in A \mid \exists y \,.\, y = f(x)\}$ der Definitionsbereich von f. Die Schreibweise $A \to B$ bezeichnet totale Funktionen von A nach B.

A.0.1 Definition Ein *Deduktionssystem* $\mathcal{D}$ besteht aus einer Menge von Inferenzregeln. Eine *Inferenzregel* hat die Form

$$\frac{A_1 \ \dots \ A_n}{A} \quad P,$$

wobei $n \geq 0$ ist, die A_i und A Urteile sind, und P eine logische Formel ist. Ist $n = 0$, so liegt ein *Axiom* vor. Ist P immer erfüllt (eine Tautologie), so entfällt P.

Eine *Ableitung* (einen *Beweisbaum*) in $\mathcal{D}$ wird durch Verkleben der Inferenzregeln mit geeigneten Einsetzungen konstruiert. Die Menge $BB(\mathcal{D})$ der Beweisbäume über $\mathcal{D}$ ist induktiv definiert durch

- falls das Axiom $\frac{}{A}\ P \in \mathcal{D}$ ist, so ist für alle Substitutionen σ, so daß $\sigma(P)$ erfüllt ist, $\sigma(A) \in BB(\mathcal{D})$ ein Beweisbaum mit *Urteil* $\sigma(A)$,
- falls $B_1, \ldots, B_n \in BB(\mathcal{D})$ mit Urteilen A'_i und die Regel

  $$\frac{A_1 \ \ldots \ A_n}{A} \quad P \in \mathcal{D}$$

  und es ist $A_i \overset{\sigma_0}{\approx} A'_i$ $(i = 1, \ldots, n)$ und es gibt eine Substitution $\sigma \geq \sigma_0$, so daß $\sigma(P)$ erfüllt ist, dann ist

  $$\frac{B_1 \ \ldots \ B_n}{\sigma(A)} \in BB(\mathcal{D})$$

  mit Urteil $\sigma(A)$.

□

B Syntaxdiagramme von Gofer

B.1 Deklarationen

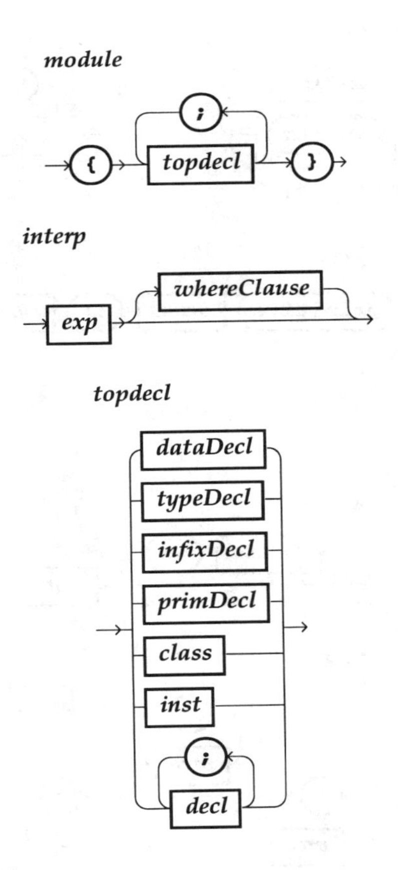

dataDecl

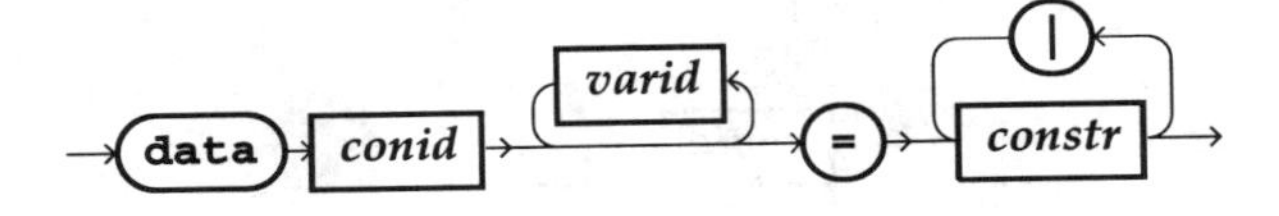

constr

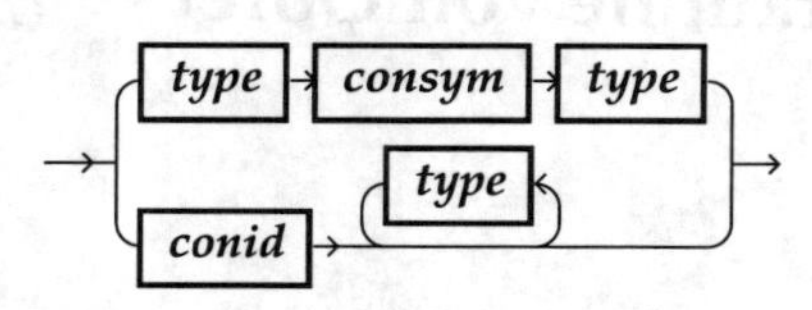

typeDecl

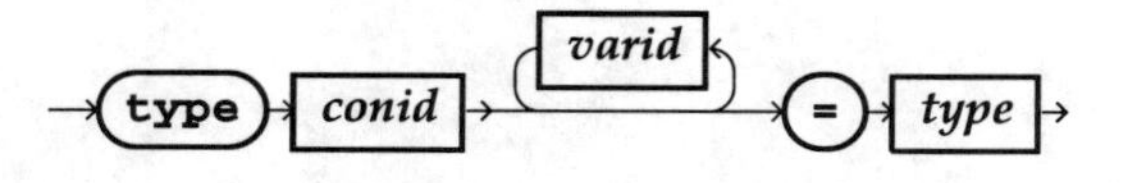

infixDecl

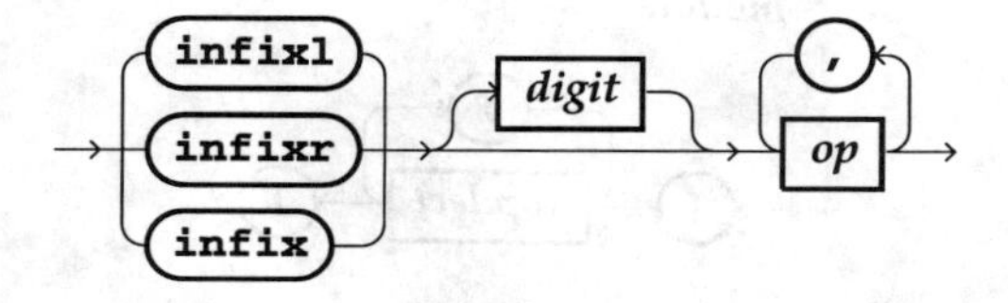

primDecl

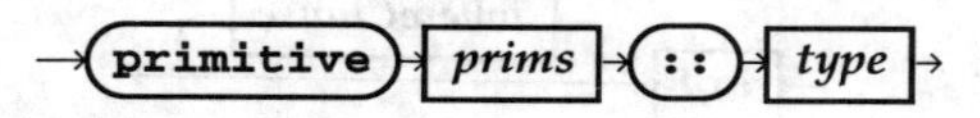

B.2 Typen

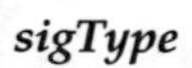

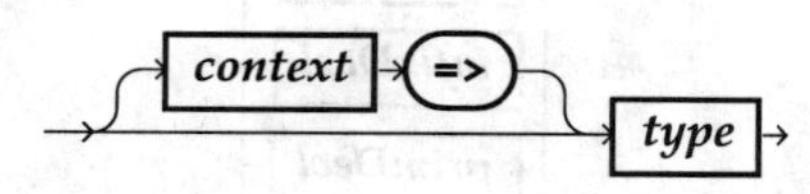

context

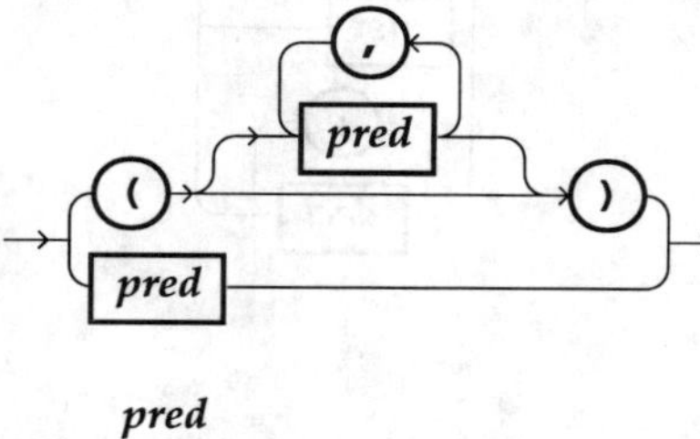

pred

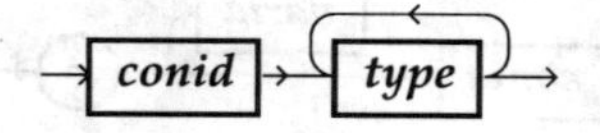

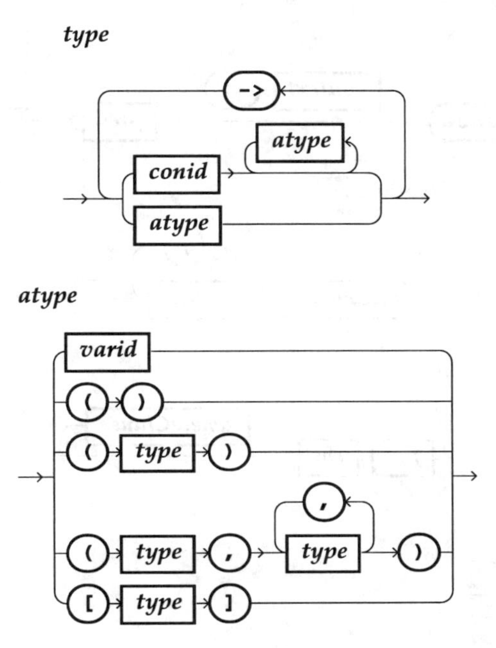

B.3 Klassen- und Exemplardeklarationen

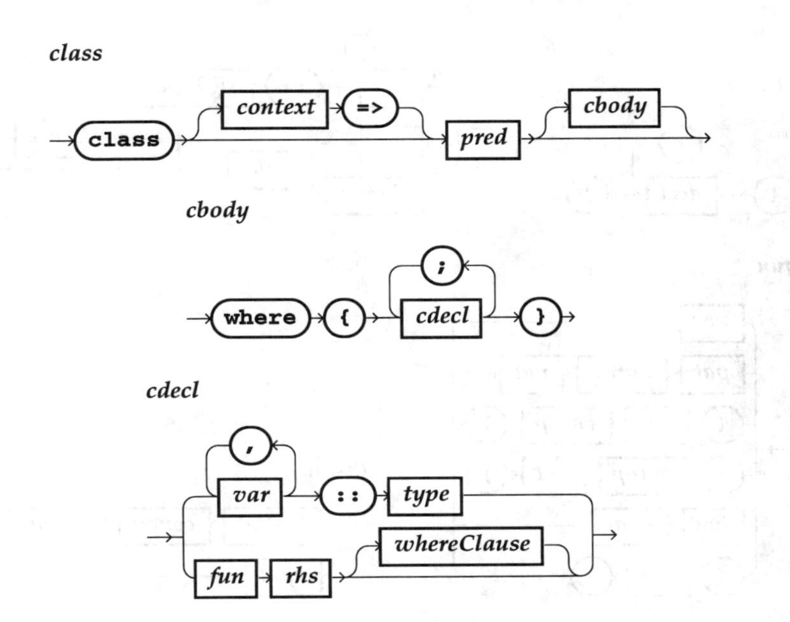

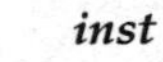

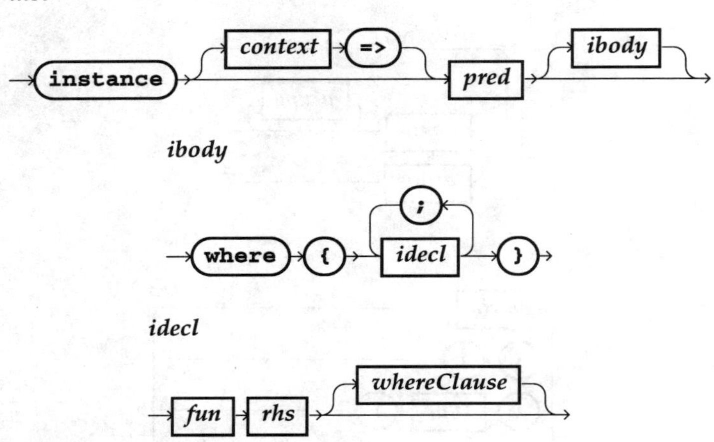

B.4 Wert- und Funktionsdeklarationen

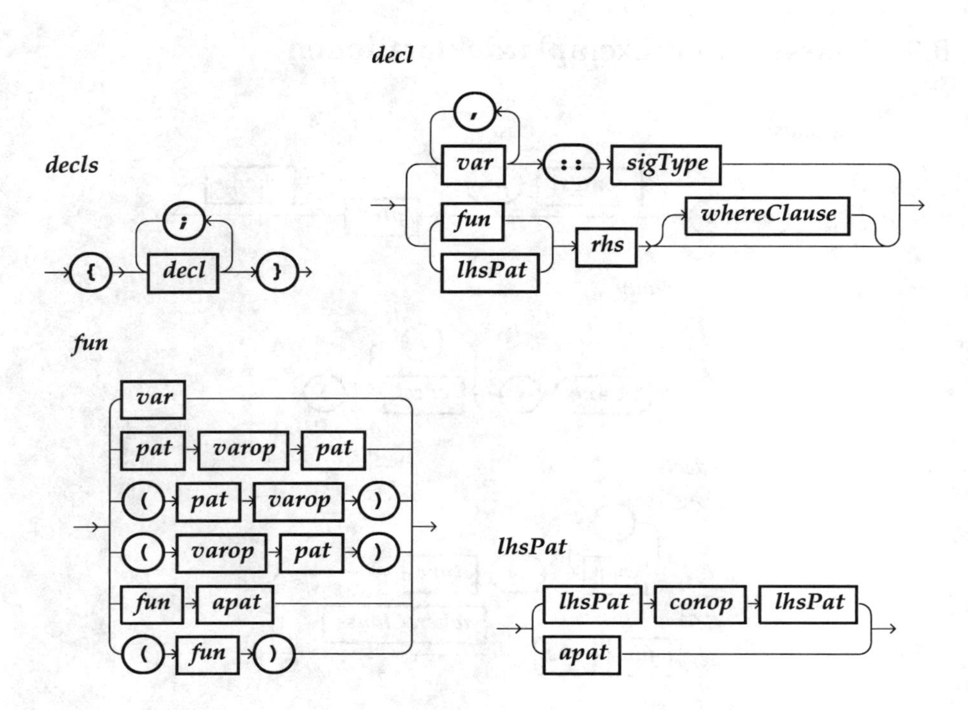

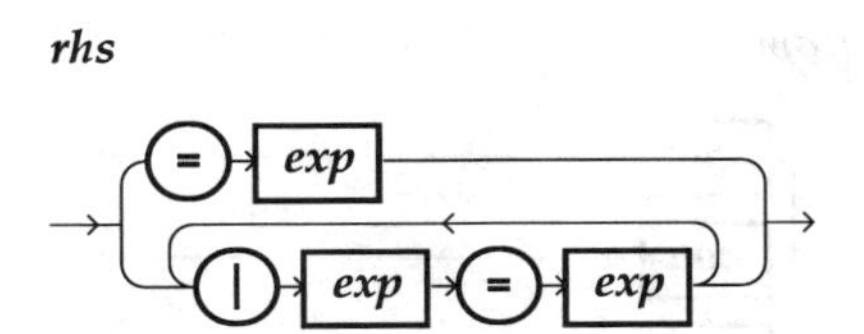

B.5 Ausdrücke

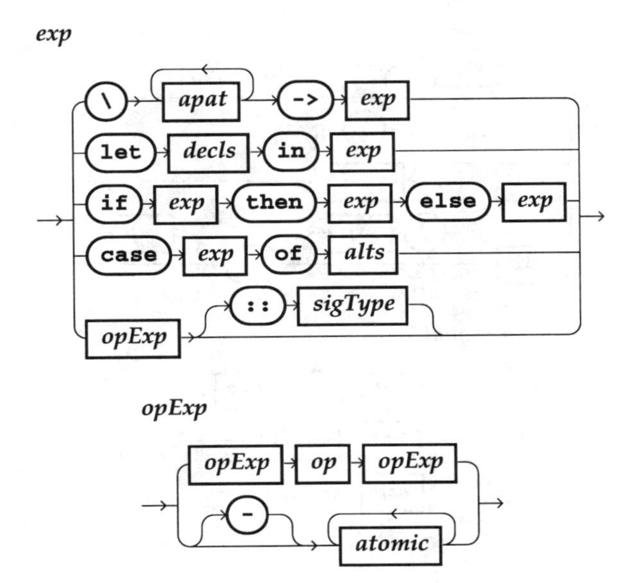

atomic

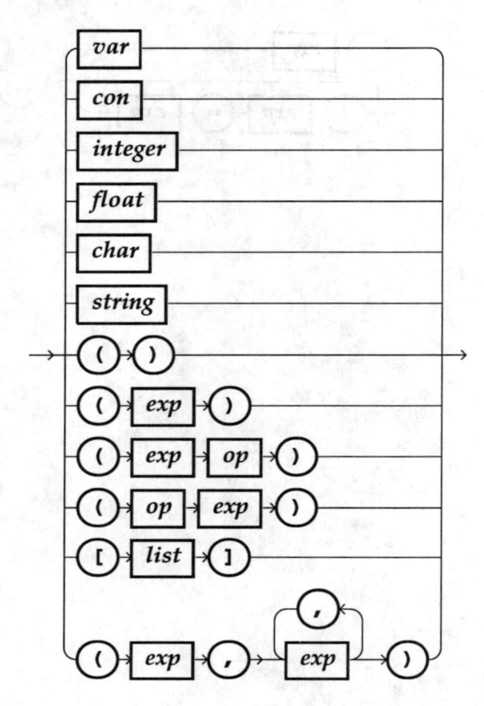

list

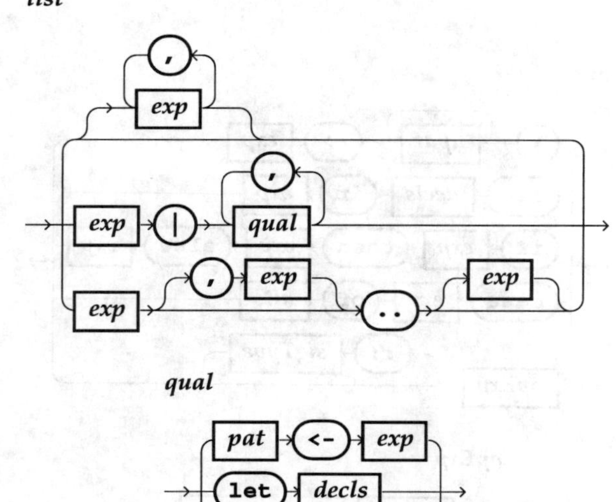

qual

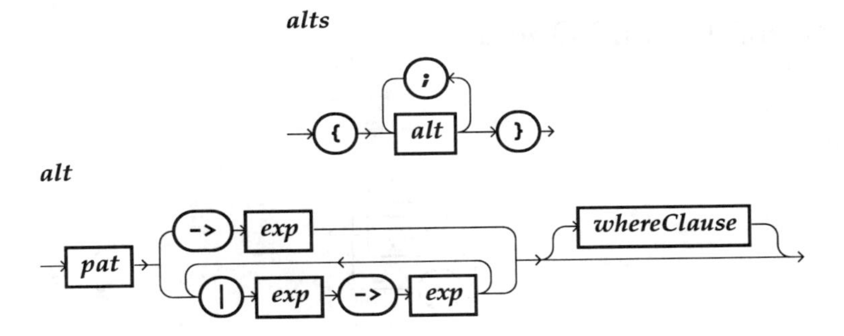
alts
;
{
alt
}
alt
pat
->
exp
whereClause
|
exp
->
exp

B.6 Muster

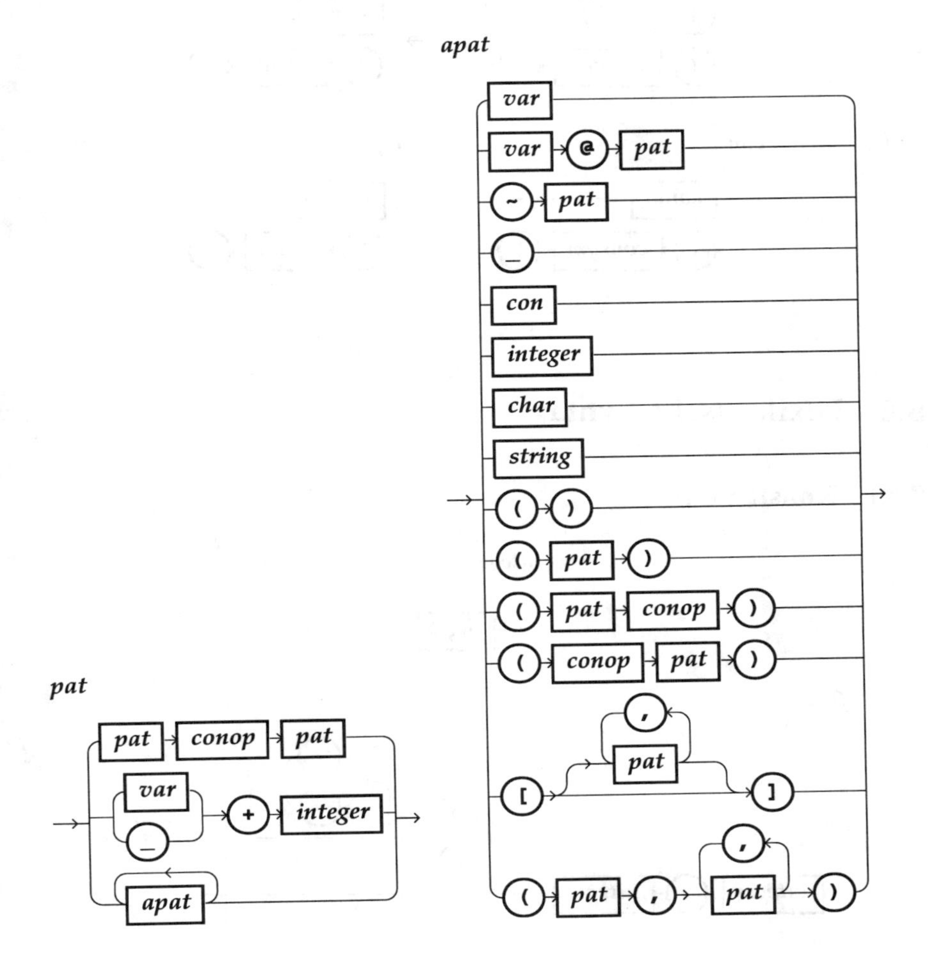
apat
var
var
@
pat
~
pat
_
con
integer
char
string
(
)
(
pat
)
(
pat
conop
)
(
conop
pat
)
,
[
pat
]
(
pat
,
,
pat
)
pat
pat
conop
pat
var
_
+
integer
apat

B.7 Variablen und Operatoren

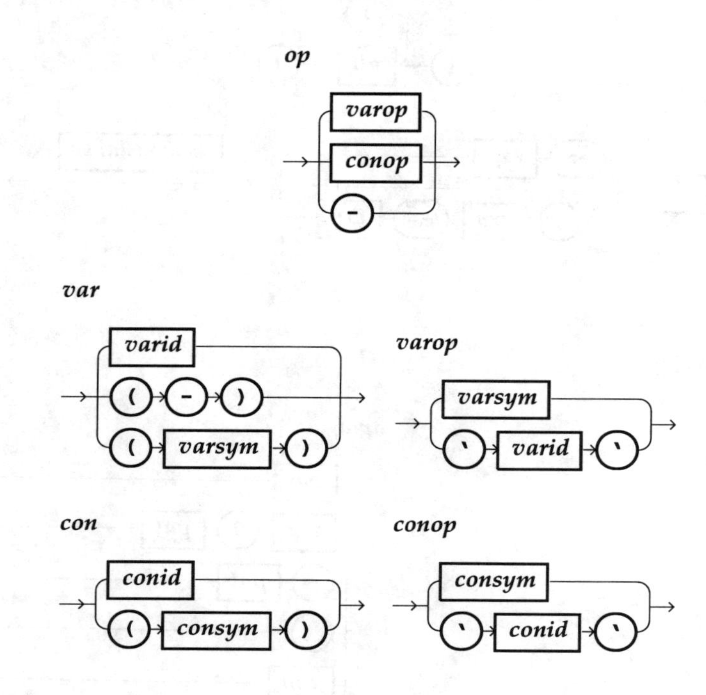

B.8 Lexikalische Syntax

B.8.1 Konstanten

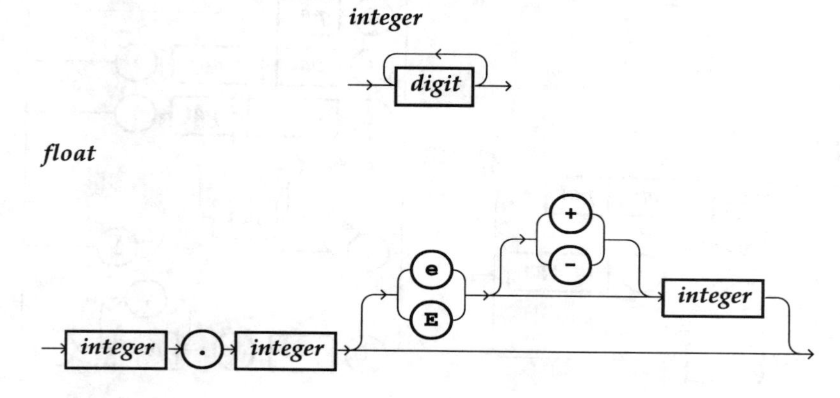

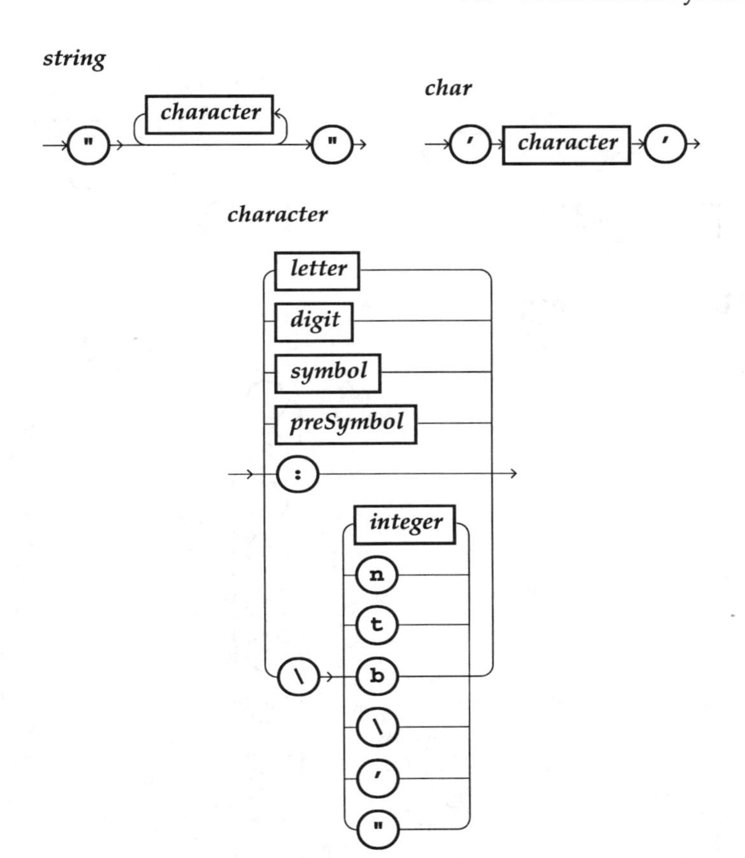

B.8.2 Bezeichner

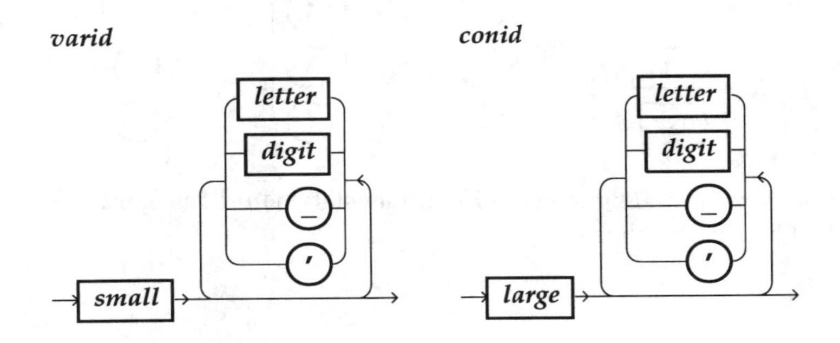

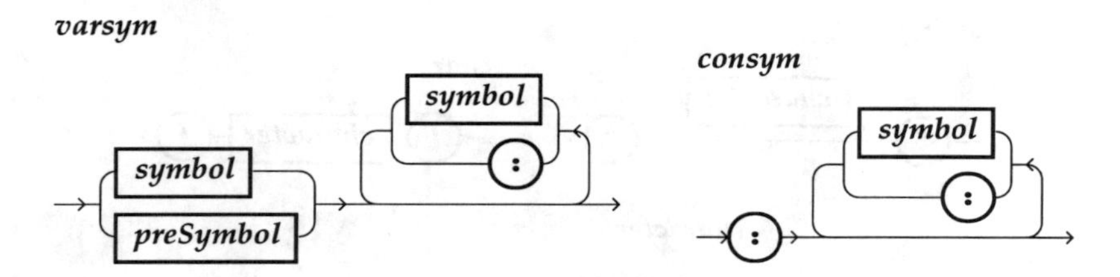

B.8.3 Hilfsdefinitionen

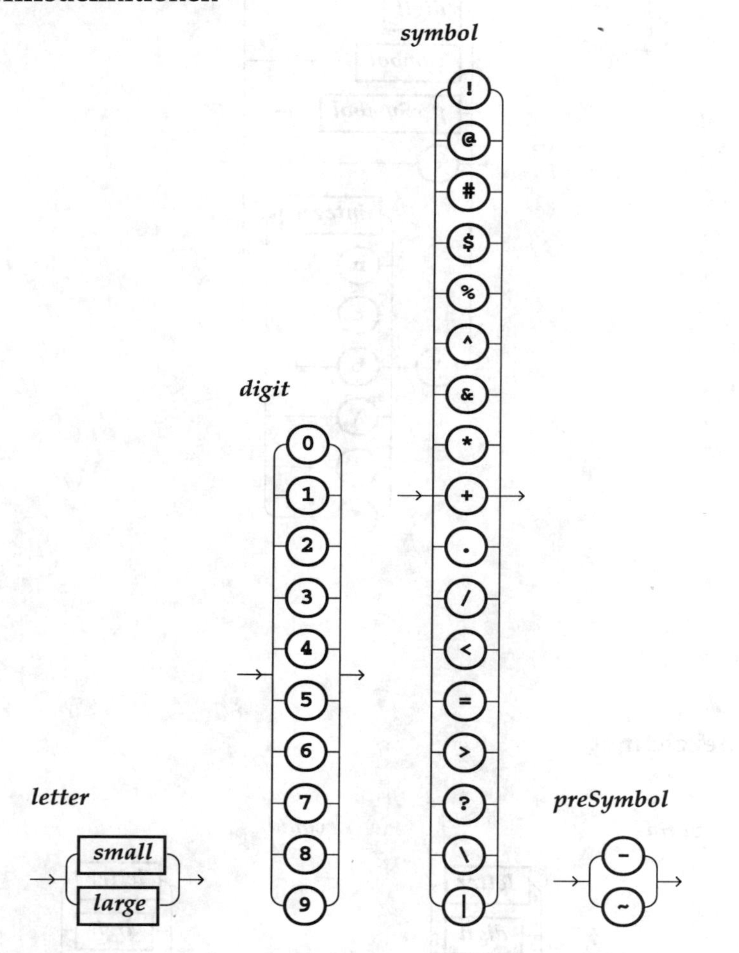

Das Symbol *small* umfaßt genau die Kleinbuchstaben und das Symbol *large* umfaßt genau die Großbuchstaben.

C Kurzübersicht Gofer

Vordefinierte Typen, Typkonstruktoren und Datenkonstruktoren

Typkonstruktor	Datenkonstruktor(en)	Beschreibung
Int	0, 1, 2, ...	ganze Zahlen
Float	0.0 ...	Gleitkommazahlen
Char	' ', '!', ..., 'A', 'B', ...	ASCII Zeichen
Bool	True, False	Wahrheitswerte
[_]	[ ], [el_1, ..., el_n],	Listen
	[ ], _ : _	Listenkonstruktoren
(_, ..., _)	(_, ..., _)	Paare, Tupel
_ -> _	(entfällt)	Funktionen

Für Konstanten des Typs `[Char]` kann anstelle von `['s', 't', 'r', 'i', 'n', 'g']` auch die Schreibweise `"string"` benutzt werden. Der Typkonstruktor `->` assoziiert nach rechts, d.h. `a -> b -> c` ist gleichbedeutend zu `a -> (b -> c)`.

Vordefinierte Funktionen

Funktion	Typ	Beschreibung
not	Bool -> Bool	logische Negation
ord	Char -> Int	Codenummer im ASCII Zeichensatz
chr	Int -> Char	invers zu ord
show	Text a => a -> String	Umwandlung von Druckbarem in String
error	String -> alpha	Erzeugt einen Laufzeitfehler
fst	(a, b) -> a	erste Komponente eines Paares
snd	(a, b) -> b	zweite Komponente eines Paares
	arithmetische Operationen	
abs	(Num a, Ord a) => a -> a	Absolutbetrag
acos	Float -> Float	Arcus Cosinus
asin	Float -> Float	Arcus Sinus
atan	Float -> Float	Arcus Tangens
atan2	Float -> Float -> Float	atan2 y x: Arcus Tangens von y/x
cos	Float -> Float	Cosinus
exp	Float -> Float	Exponentialfunktion
log	Float -> Float	Logarithmus zur Basis e
log10	Float -> Float	Logarithmus zur Basis 10
negate	Num a => a -> a	Vorzeichenwechsel
pi	Float	die Zahl π
signum	(Num a, Ord a) => a -> Int	Vorzeichen
sin	Float -> Float	Sinus
sqrt	Float -> Float	Quadratwurzel

Vordefinierte Operatoren

In der folgenden Tabelle der vordefinierten Infixoperatoren geht die Assoziativität der Operatoren aus der Spalte „A" hervor. Ein r steht für rechtsassoziativ, n für nicht-assoziativ und l für linksassoziativ.

<table>
<tr><th>Priorität</th><th>A</th><th>Operator</th><th>Beschreibung, Typ</th></tr>
<tr><td>stark</td><td>l</td><td>_ _</td><td>Funktionsanwendung</td></tr>
<tr><td></td><td>r</td><td>if, let, Lambda (\), case</td><td>(nach links)</td></tr>
<tr><td></td><td>r</td><td>case</td><td>(nach rechts)</td></tr>
<tr><td>Infix 9</td><td>r</td><td>.</td><td>Funktionskomposition</td></tr>
<tr><td></td><td>l</td><td>!!</td><td>Zugriff auf Listenelement</td></tr>
<tr><td>Infix 8</td><td>r</td><td>^</td><td>Exponentiation</td></tr>
<tr><td>Infix 7</td><td>l</td><td>*</td><td>Multiplikation</td></tr>
<tr><td></td><td>n</td><td>/, ‘div‘, quot</td><td>Division</td></tr>
<tr><td></td><td>n</td><td>‘mod‘, ‘rem‘</td><td>Rest</td></tr>
<tr><td>Infix 6</td><td>l</td><td>+, -</td><td>Addition, Subtraktion</td></tr>
<tr><td>Infix 5</td><td>r</td><td>++</td><td>Listenverkettung, [a] -> [a] -> [a]</td></tr>
<tr><td></td><td>r</td><td>:r</td><td>Listenkonstruktion, a -> [a] -> [a]</td></tr>
<tr><td></td><td>n</td><td>\\</td><td>Listendifferenz, [a] -> [a] -> [a]</td></tr>
<tr><td>Infix 4</td><td>l</td><td>‘elem‘, ‘notElem‘</td><td>Elementtest
Eq a => a -> [a] -> Bool</td></tr>
<tr><td></td><td>n</td><td>/=, ==</td><td>(Un-) Gleichheit
Eq a => a -> a -> Bool</td></tr>
<tr><td></td><td>n</td><td><, <=, >, >=</td><td>Vergleichsoperationen
Ord a => a -> a -> Bool</td></tr>
<tr><td>Infix 3</td><td>r</td><td>&&</td><td>logisches Und, Bool -> Bool -> Bool</td></tr>
<tr><td>Infix 2</td><td>r</td><td>||</td><td>logisches Oder, Bool -> Bool -> Bool</td></tr>
<tr><td>Infix 1</td><td></td><td></td><td></td></tr>
<tr><td>Infix 0</td><td></td><td></td><td></td></tr>
<tr><td>schwach</td><td>r</td><td>-></td><td>Funktionstypen</td></tr>
<tr><td></td><td>—</td><td>=></td><td>Kontexte</td></tr>
<tr><td></td><td>—</td><td>::</td><td>Typeinschränkungen</td></tr>
<tr><td></td><td>r</td><td>if, let, Lambda (\)</td><td>(nach rechts)</td></tr>
<tr><td></td><td>—</td><td>..</td><td>Sequenzen</td></tr>
<tr><td></td><td>—</td><td><-</td><td>Generatoren</td></tr>
<tr><td></td><td>—</td><td>(_, ..., _)</td><td>Tupelkonstruktion</td></tr>
<tr><td></td><td>—</td><td>|</td><td>Bedingungen, Wachen</td></tr>
<tr><td></td><td>—</td><td>-></td><td>Alternativen (case)</td></tr>
<tr><td></td><td>—</td><td>=</td><td>Definitionen</td></tr>
<tr><td></td><td>—</td><td>;</td><td>Trennung von Deklarationen</td></tr>
</table>

D Implementierungen von Gofer und Haskell

Die jeweils neusten Implementierungen von Gofer und Haskell sind kostenlos über anonymes FTP von den folgenden Maschinen erhältlich:

Maschine	Verzeichnis
`ftp.cs.chalmers.se`	`/pub/haskell`
`ftp.dcs.glasgow.ac.uk`	`/pub/haskell`
`nebula.cs.yale.edu`	`/pub/haskell`
`src.doc.ic.ac.uk`	`/computing/programming/languages/haskell`

In diesem Verzeichnis befinden sich folgende Unterverzeichnisse:

Verzeichnis	Inhalt
`gofer`	Gofer-Interpretierer
`chalmers`	Haskell-Übersetzer der Universität Chalmers
`glasgow`	Haskell-Übersetzer der Universität Glasgow
`yale`	Haskell-Übersetzer der Universität Yale

Um den Gofer-Interpretierer auf die lokale Maschine zu kopieren, sind folgende Schritte (auf Shellebene unter UNIX™, der Shellprompt endet mit >, Eingaben sind wie immer *schräg* gesetzt) erforderlich:

```
[~] 1 > mkdir gofer
[~] 2 > cd gofer
[~/gofer] 3 > ftp ftp.cs.chalmers.se
Connected to ftp.cs.chalmers.se.
220 waldorf FTP server (Version 6.9 Fri Jan 8 17:38:26 CET 1993) ready.
Name (ftp.cs.chalmers.se:thiemann): ftp
331 Guest login ok, send e-mail address as password.
Password:thiemann@

230 Guest login ok, access restrictions apply.
ftp> binary
200 Type set to I.
ftp> cd pub/haskell/gofer
250-Please read the file README
250-  it was last modified on Mon Feb 15 21:39:34 1993 - 479 days ago
250 CWD command successful.
ftp> get README
200 PORT command successful.
150 Opening ASCII mode data connection for README (6917 bytes).
226 Transfer complete.
7066 bytes received in 4.165 seconds (1.657 Kbytes/s)
ftp>
```

In der Datei README ist erklärt, welche weiteren Dateien übertragen werden müssen. Die Übertragung einer Datei wird jeweils mit *get* entsprechend zu README gestartet. Alternativ bewirkt der Befehl mget * die Übertragung aller Dateien, wobei vor der Übertragung jeweils nachgefragt wird. Für die aktuelle Version 2.28 gilt:

Datei	Inhalt
gofer2.28.tar.Z	Quellen für das Gofer-System (in C).
preludes.tar.Z	Verschiedene Preluden für Gofer.
demos.tar.Z	Demonstrationsprogramme.
docs.tar.Z	Dokumentation.
pcgof228.zip	Binärversion von Gofer für PCs.
386gofer.zip	Binärversion von Gofer für 386er PCs.

Das Programm ftp wird abschließend mit

```
ftp> quit
221 Goodbye.
[~/gofer] 4 >
```

wieder verlassen.

Falls dabei Probleme auftreten oder anonymes FTP nicht verfügbar ist, kann der Autor weiterhelfen. Er ist unter thiemann@informatik.uni-tuebingen.de erreichbar.

Weiterhin gibt es ein elektronisches Diskussionsforum für Themen, die sich mit Haskell befassen. Interessenten können an diesem Forum (in Form einer Mailingliste) teilnehmen. Kontakt: haskell-request@dcs.glasgow.ac.uk.

E Bedienung des Gofer-Interpretierers

♦ *exp*
Der Ausdruck wird analysiert und sein Typ wird überprüft; dann wird der Ausdruck ausgewertet. Falls der Typ `Dialogue` ist, so werden die resultierenden Ein-/Ausgabeaktivitäten ausgeführt (vgl. Kap. 7.4). Falls der Typ des Ausdrucks `String` ist, so wird der Wert als nicht-strikte Liste von Zeichen ausgegeben. Anderenfalls wird der Wert mithilfe der eingebauten Funktion `show'` ebenfalls als nicht-strikte Liste von Zeichen ausgegeben.

♦ `:t[ype]` *exp*
Der Ausdruck wird analysiert, sein Typ wird ermittelt und die Überladung wird entfernt. Ausgabe ist der umgeformte Ausdruck und der ermittelte Typ.

♦ `:q[uit]`
Verlassen des Gofer-Interpretierers.

♦ `:?, :h`
Hilfe. Druckt eine kurze Übersicht über die Kommandos des Gofer-Interpretierers.

♦ `:l[oad]` f_1 ... f_n
Entfernt die Definitionen aller vorher geladenen Skripte aus dem Interpretierer und lädt die Skripte f_1 bis f_n der Reihe nach. Werden keine Skripte angegeben (d.h. $n = 0$), so gelten nur noch die Definitionen aus der Standardprelude.

♦ `:a[also]` f_1 ... f_n
Lädt die Skripte f_1 bis f_n zusätzlich zu den schon vorhandenen Definitionen. Falls bereits geladene Skripte sich zwischenzeitlich geändert haben, werden sie zuvor erneut geladen.

♦ `:r[eload]`
Wiederholt das letzte `:load`-Kommando. Falls bereits geladene Skripte sich zwischenzeitlich geändert haben, werden sie zuvor erneut geladen.

♦ `:e[dit] f`
Unterbricht die aktuelle Gofersitzung und startet einen Texteditor auf der Datei f. Die Sitzung wird fortgesetzt, sobald der Aufruf des Texteditors abgeschlossen worden ist. Dann werden alle Skripte, die sich zwischenzeitlich geändert haben, erneut in den Interpretierer geladen.

Ohne Angabe eines Dateinamens wird der Texteditor auf dem zuletzt geladenen Skript gestartet oder, falls beim vorangegangenen Ladekommando ein Fehler passiert ist, auf dem Skript, in dem der Fehler aufgetreten ist.

Der Editor ist ein separates Programm und gehört nicht zu Gofer. Gofer benutzt die Umgebungsvariable `EDITOR`, um den Namen des Texteditors herauszufinden. Ist die Variable nicht gesetzt, so wird der Texteditor `vi` gestartet.

Falls der Editor direkt auf eine Textzeile springen kann, so kann der dazu nötige Aufruf in der Umgebungsvariablen `EDITLINE` bekanntgegeben werden. Die Positionen, an denen der Dateiname und die Zeilennummer in den Aufruf eingetragen werden müssen, werden durch `%s` (Dateiname) und `%d` (Zeilennummer) angegeben. Dabei spielt die Reihenfolge keine Rolle. Die Voreinstellung hierfür ist `vi +%d %s`.

- `:p[roject] f`
  Betrachtet f als Projektdatei, in der die Namen der Skripte aufgelistet sind, die zum Projekt gehören. Wirkt wie `:load` mit diesen Namen als Argument.

- `:n[ames]`
  Ergibt die Liste der Namen, die aktuell gültig sind.

- `:i[nfo]` $v_1 \ldots v_n$
  Zeigt die Definitionen der Namen $v_1, \ldots, v_n$ an.

- `:f[ind]` v
  Editiere die Datei, die die Definition von v enthält.

- `:s[et] o`
  Setze Kommandozeilenoption. Falls o fehlt, wird die Liste der möglichen Optionen und ihre aktuellen Werte ausgedruckt.

- `:! cmd`
  Absetzen des Shell-Kommandos cmd.

- `:cd dir`
  Ändern des „current directory" (des aktuellen Arbeitsverzeichnisses).

In jede interaktive Sitzung lädt der Gofer-Interpretierer einen Standardvorspann die sogenannte *„prelude"*. Im gewöhnlich benutzten Vorspann `standard.prelude` sind viele der hier angegebenen Funktionen bereits definiert und lassen sich daher nicht erneut definieren. Um dieses Problem zu umgehen, kann der Interpretierer mit einer Minimalversion des Vorspanns, der `min.prelude`, gestartet werden.

Literatur

[Abr90] Abramsky, S.: *The lazy lambda calculus.* In: Turner, D. A. [Tur90b], Kapitel 4, S. 65–116.

[AJ89] Augustsson, L. und T. Johnsson: *The Chalmers Lazy-ML Compiler.* Computer Journal, 32(2):127–141, 1989.

[AM87] Appel, A. W. und D. B. MacQueen: *A Standard ML Compiler.* In: Kahn, G. [Kah87a], S. 301–324. LNCS 274.

[AP94] Achten, P. und R. Plasmeijer: *The Ins and Outs of Clean I/O.* Journal of Functional Programming, 1994. to appear.

[App89] Appel, A. W.: *Simple Generational Garbage Collection and Fast Allocation.* Software — Practice and Experience, 19(2):171–183, Februar 1989.

[App92] Appel, A. W.: *Compiling with Continuations.* Cambridge University Press, 1992.

[Arv93] Arvind (Hrsg.): *Functional Programming Languages and Computer Architecture*, Copenhagen, Denmark, Juni 1993. ACM Press, New York.

[AS85] Abelson, H. und G. J. Sussman: *Structure and Interpretation of Computer Programs.* MIT Press, Cambridge, Mass., 1985.

[Aug84] Augustsson, L.: *A Compiler for Lazy ML.* In: *Proceedings of the Conference on Lisp and Functional Programming*, S. 218–227. ACM, 1984.

[Aug93a] Augustsson, L.: *Implementing Haskell Overloading.* In: Arvind [Arv93], S. 65–73.

[Aug93b] Augustsson, L.: *The Interactive Lazy ML System.* Journal of Functional Programming, 3(1):77–92, Januar 1993.

[AVW93] Armstrong, J., R. Virding und M. Williams: *Concurrent Programming in Erlang.* Prentice Hall, NY, 1993.

[Bac78] Backus, J.: *Can Programming Be Liberated from the von Neumann Style? A Functional Style and Its Algebra of Programs.* Communications of the ACM, 21(8):613–641, August 1978.

[Bar84] Barendregt, H. P.: *The Lambda Calculus — Its Syntax and Semantics.* North-Holland, 1984.

[Bar90] Barendregt, H. P.: *Functional Programming and Lambda Calculus*, Band B der Reihe *Handbook of Theretical Computer Science*, Kapitel 7. Elsevier Science Publishers, Amsterdam, 1990.

[BBB+85] Bauer, F. L., R. Berghammer, M. Broy, W. Dosch, F. Geiselbrechtinger, R. Gantz, E. Hangel, W. Hesse, B. Krieg-Brückner, A. Laut, T. Matzner, B. Möller, F. Nickl, H. Partsch, P. Pepper, K. Semelson, M. Wirsing und H. Wössner: *The Munich Project CIP*, Band 1: The Wide Spectrum Language CIP-L. Springer-Verlag, Berlin, 1985. LNCS 183.

[BD77] Burstall, R. M. und J. Darlington: *A transformation system for developing recursive programs*. Journal of the ACM, 24(1):44–67, 1977.

[BDS91] Boehm, H.-J., A. J. Demers und S. Shenker: *Mostly Parallel Garbage Collection*. In: *Proc. PLDI'91*, S. 157–164. ACM, Juni 1991. SIGPLAN Notices, v26,6.

[Ben93] Benton, P. N.: *Strictness Properties of Lazy Algebraic Datatypes*. In: Filé, G. [Fil93], S. 206–217. LNCS 724.

[BHA85] Burn, G. L., C. L. Hankin und S. Abramsky: *The Theory of Strictness Analysis for Higher Order Functions*. In: Ganzinger, H. und N. D. Jones (Hrsg.): *Programs as Data Objects*, S. 42–62, Copenhagen, Denmark, Oktober 1985. Springer Verlag. LNCS 217.

[BHK89] Bergstra, J. A., J. Heering und P. Klint (Hrsg.): *Algebraic specification*. ACM Press frontier series. ACM Press, New York, 1989. ACM order # 704890.

[Bir87] Bird, R.: *An introduction to the theory of lists*. In: Broy, M. (Hrsg.): *Logic of Programming and Calculi of Discrete Design*, S. 3–42. Springer Verlag, 1987. Also Technical Monograph PRG-56, Oxford University, October 1986.

[Bir89a] Bird, R.: *Constructive Functional Programming*. In: Broy, M. (Hrsg.): *Marktoberdorf International Summer school on Constructive Methods in Computer Science*, NATO Advanced Science Institute Series. Springer Verlag, 1989.

[Bir89b] Bird, R. S.: *Algebraic Identities for Program Calculation*. Computer Journal, 32(2):122–126, April 1989.

[Bir90] Bird, R. S.: *A calculus of functions for program derivation*. In: Turner, D. A. [Tur90b], Kapitel 11, S. 287–308.

[BMS80] Burstall, R., D. MacQueen und D. Sannella: *HOPE: An Experimental Applicative Language*. Report CSR-62-80, Computer Science Dept, Edinburgh University, 1980.

[BS94] Baader, F. und J. H. Siekmann: *Unification Theory*. In: Gabbay, D. M., C. J. Hogger und J. A. Robinson (Hrsg.): *Handbook of Logic in Artificial Intelligence and Logic Programming*. Oxford University Press, 1994.

[Bun90] Buneman, P.: *Functional programming and databases*. In: Turner, D. A. [Tur90b], Kapitel 6, S. 155–170.

[BW84] Bauer, F. L. und H. Wößner: *Algorithmische Sprache und Programmentwicklung*. Springer, 1984.

[BW88] Bird, R. S. und P. Wadler: *Introduction to Functional Programming*. Prentice Hall, Englewood Cliffs, NJ, 1988.

[Car84] Cardelli, L.: *Compiling a Functional Language*. In: *ACM Symposium on LISP and Functional Programming*, S. 208–217, 1984.

[Car87] Cardelli, L.: *Basic Polymorphic Typechecking*. Science of Computer Programming, 8:147–172, 1987.

[CC77] Cousot, P. und R. Cousot: *Abstract Interpretation: A Unified Lattice Model for Static Analysis of Programs by Construction or Approximation of Fixpoints*. In: *Proc. 4th ACM Symposium on Principles of Programming Languages*. ACM, 1977.

[CC92] Cousot, P. und R. Cousot: *Comparing the Galois Connection and Widening/Narrowing Approaches to Abstract Interpretation*. In: Bruynooghe, M. und M. Wirsing (Hrsg.): *Proc. PLILP '92*, S. 269–295, Leuven, Belgium, August 1992. Springer. LNCS 631.

[CCM87] Cousineau, G., P.-L. Curien und M. Mauny: *The Categorical Abstract Machine*. Science of Computer Programming, 8:173–202, 1987.

[CD93] Consel, C. und O. Danvy: *Partial Evaluation: Principles and Perspectives*. In: *POPL1993* [POP93], S. 493–501.

[CDDK86] Clément, D., J. Despeyroux, T. Despeyroux und G. Kahn: *A Simple Applicative Language: Mini-ML*. In: *ACM Symposium on LISP and Functional Programming*, S. 13–27, 1986.

[CFC58] Curry, H. B., R. Feys und W. Craig: *Combinatory Logic*, Band I. North Holland, 1958.

[CH93] Carlsson, M. und T. Hallgren: *FUDGETS: A Graphical Interface in a Lazy Functional Language*. In: Arvind [Arv93], S. 321–330.

[Che70] Cheney, C. J.: *A Nonrecursive List Compacting Algorithm*. Communications of the ACM, 13(11):677–678, 1970.

[Chi92] Chin, W.-N.: *Safe Fusion of Functional Expressions.* In: *LFP1992* [LFP92], S. 11–20.

[CHO92] Chen, K., P. Hudak und M. Odersky: *Parametric Type Classes.* In: *LFP1992* [LFP92], S. 170–181.

[Chu41] Church, A.: *The Calculi of Lambda-Conversion*, Band 6 der Reihe *Annals of Mathematical Studies.* Princeton University Press, 1941. Kraus Reprint, 1971.

[CR91] Clinger, W. und J. Rees: *Revised[4] Report on the Algorithmic Language Scheme.* Technischer Bericht MIT, 1991.

[CW85] Cardelli, L. und P. Wegner: *On Understanding Types, Data Abstraction, and Polymorphism.* ACM Computing Surveys, 17:471–522, Dezember 1985.

[Dav93] Davis, K.: *Higher-order Binding-time Analysis.* In: Schmidt, D. [Sch93], S. 78–87.

[DM82] Damas, L. und R. Milner: *Principal Type-Schemes for Functional Programs.* In: *Proc. 9th ACM Symposium on Principles of Programming Languages*, S. 207–212, 1982.

[DW90] Davis, K. und P. Wadler: *Strictness Analysis in 4D.* In: Peyton Jones, S. L., G. Hutton und C. K. Holst (Hrsg.): *Functional Programming, Glasgow 1989*, S. 23–43, London, 1990. Springer-Verlag.

[Dwe89] Dwelly, A.: *Functions and Dynamic User Interfaces.* In: *FPCA1989* [FPC89], S. 371–381.

[EM85] Ehrig, H. und B. Mahr: *Equations and Initial Semantics*, Band 1 der Reihe *Fundamentals of Algebraic Specification.* Springer, EATCS Monographs on Theoretical Computer Science Auflage, 1985.

[EM90] Ehrig, H. und B. Mahr: *Module Specifications and Constraints*, Band 2 der Reihe *Fundamentals of Algebraic Specification.* Springer, EATCS Monographs on Theoretical Computer Science Auflage, 1990.

[FH93] Ferguson, A. und J. Hughes: *Fast Abstract Interpretation Using Sequential Algorithms.* In: Filé, G. [Fil93], S. 45–59. LNCS 724.

[Fil93] Filé, G. (Hrsg.): *3rd International Workshop on Static Analysis*, Padova, Italia, September 1993. Springer Verlag. LNCS 724.

[Fin94] Finn, S.: *The LAMBDA Experience.* In: Giegerich, R. und J. Hughes [GH94].

[FN88] Futamura, Y. und K. Nogi: *Generalized Partial Computation*. In: Bjørner, D., A. P. Ershov und N. D. Jones (Hrsg.): *Partial Evaluation and Mixed Computation*, S. 133–152, Amsterdam, 1988. North-Holland.

[FPC85] *Functional Programming Languages and Computer Architecture*. Springer Verlag, 1985. LNCS 201.

[FPC89] *Functional Programming Languages and Computer Architecture*, London, GB, 1989.

[Fre94] Freericks, M.: *Developing a Language for Real-Time Numeric Applications*. In: Giegerich, R. und J. Hughes [GH94].

[Fro94] Frost, R.: *W/AGE: The Windsor Attribute Grammar Programming Environment*. In: Giegerich, R. und J. Hughes [GH94].

[FT94] Feeley, M. und M. Turcotte: *A Parallel Functional Program for Searching a Discrete Space of Nucleic Acid 3D Structures*. In: Giegerich, R. und J. Hughes [GH94].

[Fut71] Futamura, Y.: *Partial Evaluation of Computation Process — An Approach to a Compiler-Compiler*. Systems, Computers, Controls, 2(5):45–50, 1971.

[FW87] Fairbairn, J. und S. Wray: *TIM: A simple, lazy abstract machine to execute supercombinators*. In: Kahn, G. [Kah87a], S. 34–45. LNCS 274.

[GH92] Goubault, E. und C. L. Hankin: *A Lattice for the Abstract Interpretation of Term Graph Rewriting Systems*, Kapitel 9. In: Sleep, M. R. et al. [SPv92], 1992.

[GH94] Giegerich, R. und J. Hughes (Hrsg.): *Workshop on Functional Programming in the Real World*, Schloß Dagstuhl, Mai 1994. Universität Saarbrücken.

[Gie94] Giegerich, R.: *Towards a Declarative Pattern Matching System for Biosequence Analysis*. In: Giegerich, R. und J. Hughes [GH94].

[GK93] Glück, R. und A. V. Klimov: *Occam's Razor in Metacomputation: the Notion of a Perfect Process Tree*. In: Filé, G. [Fil93], S. 112–123. LNCS 724.

[Gla94] Glaser, H.: *Prototype Development in a Lazy Functional Language*. In: Giegerich, R. und J. Hughes [GH94].

[GLP93] Gill, A., J. Launchbury und S. L. Peyton Jones: *A Short Cut to Deforestation*. In: Arvind [Arv93], S. 223–232.

[GM87a] Goguen, J. A. und J. Meseguer: *Order-Sorted Algebra I: Equational Deduction for Multiple Inheritance, Overloading, Exceptions and Partial Operations.* Technischer BerichtSRI-CSL-89-10, SRI International, Menlo Park, CA, Juli 1987.

[GM87b] Goguen, J. A. und J. Meseguer: *Order-Sorted Algebra Solves the Constructor-Selector, Multiple Representation and Coercion Problem.* In: *Proc. Second IEEE Symposium on Logic in Computer Science*, S. 18–29, Ithaca, NY, 1987.

[GMM+78] Gordon, M., R. Milner, L. Morris, M. Newey und C. Wadsworth: *A metalanguage for interactive proofs in LCF.* In: *Proc. 5th ACM Symposium on Principles of Programming Languages*, S. 119–130. ACM, 1978.

[GMW79] Gordon, M., R. Milner und C. Wadsworth: *Edinburgh LCF*, Band 78 der Reihe *LNCS*. Springer-Verlag, 1979.

[Gob94] Goblirsch, D. M.: *Training Hidden Markov Models using Haskell.* In: Giegerich, R. und J. Hughes [GH94].

[Gor93] Gordon, A. D.: *An Operational Semantics for I/O in a Lazy Functional Language.* In: Arvind [Arv93], S. 136–145.

[GS90] Gunter, C. A. und D. S. Scott: *Semantic Domains*, Band B der Reihe *Handbook of Theretical Computer Science*, Kapitel 12. Elsevier Science Publishers, Amsterdam, 1990.

[GTWW77] Goguen, J. A., J. W. Thatcher, E. G. Wagner und J. B. Wright: *Initial algebra semantics and continuous algebras.* Journal of the ACM, 24:68–95, 1977.

[Han91] Hanus, M.: *Horn Clause Programs with Polymorphic Types: Semantics and Resolution.* Theoretical Computer Science, 89(1):63–106, Januar 1991.

[Har93] Harrison, R.: *The Use of Functional Languages in Teaching Computer Science.* Journal of Functional Programming, 3(1):67–75, Januar 1993.

[Har94] Hartel, P. H.: *Prototyping a Smart Card Operating System in a Lazy Functional Language.* In: Giegerich, R. und J. Hughes [GH94].

[Has92] *Report on the Programming Language Haskell, A Non-strict, Purely Functional Language, Version 1.2.* SIGPLAN Notices, 27(5):R1–R164, Mai 1992.

[Hen93] Henglein, F.: *Type Inference with Polymorphic Recursion.* ACM Transactions on Programming Languages and Systems, 15(2):253–289, April 1993.

[HH91] Hunt, S. und C. Hankin: *Fixed points and frontiers: a new perspective.* Journal of Functional Programming, 1(1):91–120, Januar 1991.

[HHPW94] Hall, C., K. Hammond, S. Peyton Jones und P. Wadler: *Type Classes in Haskell.* In: Sannella, D. [San94], S. 241–256. LNCS 788.

[Hin69] Hindley, R.: *The Principal Type Scheme of an Object in Combinatory Logic.* Transactions of the American Mathematical Society, 146:29–60, 1969.

[Hin86] Hindley, R.: *Combinators and Lambda-calculus.* In: Cousineau, G., P.-L. Curien und B. Robinet (Hrsg.): *Combinators and Functional Programming Languages*, S. 104–122. Springer-Verlag, 1986.

[Hin91] Hinze, R.: *Einführung in die funktionale Programmierung mit Miranda.* Teubner Verlag, 1991.

[HL94a] Hankin, C. und D. Le Metayér: *Deriving Algorithms From Type Inference Systems: Application to Strictness Analysis.* In: *POPL1994* [POP94], S. 202–212.

[HL94b] Hankin, C. und D. Le Métayer: *Lazy Type Inference for the Strictness Analysis of Lists.* In: Sannella, D. [San94], S. 257–271. LNCS 788.

[HS86] Hindley, R. und J. P. Seldin: *Introduction to Combinators and λ-Calculus*, Band 1 der Reihe *Mathematical Sciences Student Texts.* Cambridge University Press, London, 1986.

[HS89] Hudak, P. und R. S. Sundaresh: *On the Expressiveness of Purely Functional I/O Systems.* Technischer Bericht Department of Computer Science, Yale University, Box 2158 Yale Station, New Haven, CT 06520, März 1989.

[HU79] Hopcroft, J. E. und J. D. Ullman: *Introduction to automata theory, languages and computation.* Addison-Wesley, 1979.

[Hud93] Hudak, P.: *Mutable Abstract Datatypes –or– How to Have Your State and Munge It Too.* Research Report YALEU/DCS/RR-914, Yale University, Department of Computer Science, New Haven, CT, Dezember 1993. (Revised May 1993).

[Hue86] Huet, G.: *Cartesian Closed Categories and Lambda-calculus.* In: Cousineau, G., P.-L. Curien und B. Robinet (Hrsg.): *Combinators and Functional Programming Languages*, S. 123–135. Springer-Verlag, 1986.

[Hug91] Hughes, J. (Hrsg.): *Functional Programming Languages and Computer Architecture*, Cambridge, MA, 1991. Springer Verlag. LNCS 523.

[Hut92] Hutton, G.: *Higher-order Functions for Parsing*. Journal of Functional Programming, 2(3):323–344, Juli 1992.

[JD93] Jones, M. P. und L. Duponcheel: *Composing Monads*. Research Report YALEU/DCS/RR-1004, Yale University, Dezember 1993.

[Jen91] Jensen, T. P.: *Strictness Analysis in Logical Form*. In: Hughes, J. [Hug91], S. 352–366. LNCS 523.

[JGS93] Jones, N. D., C. K. Gomard und P. Sestoft: *Partial Evaluation and Automatic Program Generation*. Prentice Hall, 1993.

[JL90] Jones, S. B. und D. Le Métayer: *A New Method for Strictness Analysis on Non-Flat Domains*. In: Davis, K. und J. Hughes (Hrsg.): *Functional Programming, Glasgow 1989*, S. 1–11. Springer-Verlag, 1990.

[Joh84] Johnsson, T.: *Efficient compilation of lazy evaluation*. In: *Proc. of the SIGPLAN '84 Symp. on Compiler Construction*, S. 58–69, 1984.

[Jon92a] Jones, M. P.: *Computing with Lattices: An Application of Type Classes*. Journal of Functional Programming, 2(4):475–504, Oktober 1992.

[Jon92b] Jones, M. P.: *A Theory of Qualified Types*. In: Krieg-Brückner, B. (Hrsg.): *Proc. 4th European Symposium on Programming '92*, S. 287–306, Rennes, France, Februar 1992. Springer Verlag. LNCS 582.

[Jon93] Jones, M. P.: *A System of Constructor Classes: Overloading and Implicit Higher-Order Polymorphism*. In: Arvind [Arv93], S. 52–61.

[Jon94] Jones, M. P.: *Partial Evaluation for Dictionary-free Overloading*. In: Sestoft, P. und H. Søndergaard (Hrsg.): *Workshop on Partial Evaluation and Semantics-Based Program Manipulation*, S. to appear, Orlando, Fla., Juni 1994. ACM.

[Joo89] Joosten, S. M. M.: *The Use of Functional Programming in Software Development*. Doktorarbeit, University of Twente, NL, 1989.

[Jvv93] Joosten, S., K. van den Berg und G. van der Hoeven: *Teaching Functional Programming to First-year Students*. Journal of Functional Programming, 3(1):49–65, Januar 1993.

[Kae88] Kaes, S.: *Parametric Overloading in Polymorphic Programming Languages*. In: Ganzinger, H. (Hrsg.): *Proc. 2nd European Symposium on Programming 1988*, S. 131–144. Springer Verlag, 1988. LNCS 300.

[Kae92] Kaes, S.: *Type Inference in the Presence of Overloading, Subtyping and Recursive Types*. In: *LFP1992* [LFP92], S. x.

[Kah87a] Kahn, G. (Hrsg.): *Functional Programming Languages and Computer Architecture*, Portland, Oregon, September 1987. Springer Verlag. LNCS 274.

[Kah87b] Kahn, G.: *Natural Semantics*. In: *Proc. Symposium on Theoretical Aspects of Computer Science*, S. 22–39. Springer Verlag, 1987. LNCS 247.

[KBH90] Krieg-Brückner, B. und B. Hoffmann: *PROgram development by SPECification and TRAnsformation*. Prospectra Report M.1.1.S3-R-55.2, -56.2, -57.2, Universität Bremen, 1990.

[KL93] King, D. J. und P. L.Wadler: *Combining Monads*. In: Launchbury, J. und P. M. Sansom [LS93], S. 134–145.

[Kla83] Klaeren, H.: *Algebraische Spezifikation — Eine Einführung*. Lehrbuch Informatik. Springer Verlag, Berlin-Heidelberg-New York, 1983.

[Knu92] Knuth, D. E.: *Literate Programming*. Center for the Study of Language and Information, Stanford University, 1992.

[KO93] Kozato, Y. und G. P. Otto: *Benchmarking Real-Life Image Processing Programs in Lazy Functional Languages*. In: Arvind [Arv93], S. 18–27.

[KTU93] Kfoury, A. F., J. Tiuryn und P. Urzyczyn: *Type Recursion in the Presence of Polymorphic Recursion*. ACM Transactions on Programming Languages and Systems, 15(2):290–311, April 1993.

[Lam86] Lambek, J.: *Cartesian Closed Categories and Typed Lambda-calculi*. In: Cousineau, G., P.-L. Curien und B. Robinet (Hrsg.): *Combinators and Functional Programming Languages*, S. 136–175. Springer-Verlag, 1986.

[Lan64] Landin, P. J.: *The mechanical evaluation of expressions*. Computer Journal, 6:308–320, 1964.

[Lan66] Landin, P. J.: *The next 700 programming languages*. Communications of the ACM, 9(3):157–166, 1966.

[Lau93] Launchbury, J.: *Lazy Imperative Programming*. In: Hudak, P. (Hrsg.): *SIPL '93, ACM SIGPLAN Workshop on State in Programming Languages*, Nummer YALEU/DCS/RR-968, S. 46–56, New Haven, CT, Juni 1993. Copenhagen, Denmark.

[Les83] Lescanne, P.: *Computer Experiments with the REVE Term Rewriting Systems Generator*. In: *Proc. 10th ACM Symposium on Principles of Programming Languages*, 1983.

[LFP92] *Proc. Conference on Lisp and Functional Programming*, San Francisco, CA, USA, Juni 1992.

[LLR93] Lambert, T., P. Lindsay und K. Robinson: *Using Miranda as a First Programming Language*. Journal of Functional Programming, 3(1):5–34, Januar 1993.

[LO92] Läufer, K. und M. Odersky: *An Extension of ML with First-Class Abstract Types*. In: *Proc. ACM SIGPLAN Workshop on ML and its Applications*, S. 78–91, San Francisco, CA, Juni 1992.

[Loo90] Loogen, R.: *Parallele Implementierung funktionaler Programmiersprachen*. Informatik-Fachberichte. Springer, Berlin; Heidelberg, 1990.

[LP93] Launchbury, J. und S. L. Peyton Jones: *Lazy Functional State Threads*. University of Glasgow, Department of Computer Science, November 1993.

[LQP92] Lang, B., C. Queinnec und J. Piquer: *Garbage Collecting the World*. In: *POPL1992* [POP92], S. 39–50.

[LS93] Launchbury, J. und P. M. Sansom (Hrsg.): *Functional Programming, Glasgow 1991*, Ayr, Scotland, August 1993. Springer-Verlag, Berlin.

[Mac71] Mac Lane, S.: *Categories for the Working Mathematician*. Springer Verlag, 1971.

[Mac85] MacQueen, D.: *Modules for Standard ML*. Technical Report, Bell Laboratories, Murray Hill, New Jersey, 1985.

[Mal89] Malcolm, G.: *Homomorphisms and Promotability*. In: Snepscheut, J. van de (Hrsg.): *Conference on the Mathematics of Program Construction: LNCS 375*, S. 335–347, 1989.

[Mal90] Malcolm, G.: *Data Structures and Program Transformation*. Science of Computer Programming, 14:255–279, 1990.

[McC60] McCarthy, J.: *Recursive functions of symbolic expressions and their computation by machine, Part I*. Communications of the ACM, 3(4):184–195, 1960.

[McC81] McCarthy, J.: *History of Lisp*, S. 173–185. Academic Press, New York, 1981.

[Mee86] Meertens, L.: *Algorithmics: Towards Programming as a Mathematical Activity*. In: *Proceedings of the CWI symposium on Mathematics and Computer Science*, S. 289–334. North-Holland, 1986.

[Mee89] Meertens, L.: *Constructing a Calculus of Programs*. In: Snepscheut, J. van de (Hrsg.): *Conference on the Mathematics of Program Construction: LNCS 375*, S. 66–90, 1989.

[Mei92] Meinke, K.: *Universal Algebras in Higher Types.* Theoretical Computer Science, 100(2):385–418, Juni 1992.

[MFP91] Meijer, E., M. Fokkinga und R. Paterson: *Functional Programming with Bananas, Lenses, Envelopes and Barbed Wire.* In: Hughes, J. [Hug91], S. 124–144. LNCS 523.

[Mil78] Milner, R.: *A Theory of Type Polymorphism in Programming.* Journal of Computer and System Sciences, 17:348–375, 1978.

[Mil94] Miller, P. J.: *Rational Drug Design in Sisal '90.* In: Giegerich, R. und J. Hughes [GH94].

[Mit90] Mitchell, J. C.: *Type Systems for Programming Languages,* Band B der Reihe *Handbook of Theretical Computer Science,* Kapitel 8. Elsevier Science Publishers, Amsterdam, 1990.

[MM82] Martelli, A. und U. Montanari: *An Efficient Unification Algorithm.* ACM Transactions on Programming Languages and Systems, 4(2):258–282, April 1982.

[Mog89] Moggi, E.: *Computational Lambda-Calculus and Monads.* In: *Proc. of the 4rd Annual Symposium on Logic in Computer Science,* S. 14–23, Pacific Grove, CA, Juni 1989. IEEE Computer Society Press.

[Mol93] Molyneux, P.: *Functional Programming for Business Students.* Journal of Functional Programming, 3(1):35–48, Januar 1993.

[Mor94] Morgan, R.: *The LOLITA System.* In: Giegerich, R. und J. Hughes [GH94].

[Mos89] Mosses, P. D.: *Unified algebras and modules.* In: *POPL1989* [POP89].

[Mos90] Mosses, P. D.: *Denotational Semantics,* Band B der Reihe *Handbook of Theretical Computer Science,* Kapitel 11. Elsevier Science Publishers, Amsterdam, 1990.

[MPS86] MacQueen, D., G. Plotkin und R. Sethi: *An Ideal Model for Recursive Polymorphic Types.* Information and Computation, 71:92–130, 1986.

[MT91] Milner, R. und M. Tofte: *Commentary on Standard ML.* MIT Press, 1991.

[MTH90] Milner, R., M. Tofte und R. Harper: *The Definition of Standard ML.* MIT Press, 1990.

[Myc80] Mycroft, A.: *The Theory and Practice of Transformating Call-by-need into Call-by-value.* In: Robinet, B. (Hrsg.): *International Symposium on Programming, 4th Colloquium,* S. 269–281, Berlin, 1980. Springer-Verlag. LNCS 83.

[Myc81] Mycroft, A.: *Abstract Interpretation and Optimising Transformations for Applicative Programs*. Doktorarbeit, Dept. of Computer Science, University of Edinburgh, 1981.

[Myc84] Mycroft, A.: *Polymorphic Type Schemes and Recursive Definitions*. In: Paul, M. und B. Robinet (Hrsg.): *International Symposium on Programming, 6th Colloquium*, S. 217–228, Toulouse, April 1984. Springer. LNCS 167.

[Nöc93] Nöcker, E.: *Strictness Analysis using Abstract Reduction*. In: Arvind [Arv93], S. 255–265.

[NN92] Nielson, H. R. und F. Nielson: *Semantics with Applications*. John Wiley & Sons, 1992.

[Nol94] Noll, T.: *On the First-Order Equivalence of Call-by-name and Call-by-value*. In: Tison, S. (Hrsg.): *Proc. Trees in Algebra and Programming*, S. 246–260, Edinburgh, UK, April 1994. Springer Verlag. LNCS 787.

[NP93] Nipkow, T. und C. Prehofer: *Type Checking Type Classes*. In: *POPL1993* [POP93], S. 409–418.

[NS91] Nipkow, T. und G. Snelting: *Type Classes and Overloading Resolution via Order-Sorted Unification*. In: Hughes, J. [Hug91], S. 1–14. LNCS 523.

[O'D94] O'Donnell, J.: *Hydra: Haskell as a Computer Hardware Description Language*. In: Giegerich, R. und J. Hughes [GH94].

[Ong88] Ong, L.: *Lazy Lambda Calculus: An Investigation into the Foundation of Functional Programming*. Doktorarbeit, Imperial College, University of London, London, 1988.

[Par90] Partsch, H. A.: *Specification and transformation of programs: a formal approach to software development* . Springer Verlag, 1990.

[Pau90] Paulson, L. C.: *Isabelle: The Next 700 Theorem Provers*. In: Odifreddi, P. (Hrsg.): *Logic and Computer Science*, S. 361–385. Academic Press, 1990.

[Pau91] Paulson, L. C.: *ML for the Working Programmer*. Cambridge University Press, 1991.

[PDRL92] David R. Lester, S. L. Peyton Jonesand: *Implementing Functional Languages*. Prentice Hall, 1992.

[Pey87] Peyton Jones, S. L.: *The Implementation of Functional Programming Languages*. Prentice Hall, 1987.

[Pey92] Peyton Jones, S. L.: *Implementing lazy functional languages on stock hardware: the Spineless Tagless G-machine.* Journal of Functional Programming, 2(2):127–202, April 1992.

[PHH+93] Peyton Jones, S. L., C. Hall, K. Hammond, W. Partain und P. Wadler: *The Glasgow Haskell Compiler: a Technical Overview.* In: *Proceedings of the UK Joint Framework for Information Technology (JFIT) Technical Conference*, Keele, 1993.

[PJ93] Peterson, J. und M. Jones: *Implementing Type Classes.* In: *Proc. of the ACM SIGPLAN '93 Conference on Programming Language Design and Implementation*, S. 227–236, Albuquerque, New Mexico, Juni 1993. ACM SIPLAN Notices, v28, 6.

[Plo75] Plotkin, G.: *Call-by-name and Call-by-value and the Lambda Calculus.* Theoretical Computer Science, 1:125–159, 1975.

[PM93] Page, R. L. und B. D. Moe: *Experience with a Large Scientific Application in a Functional Language.* In: Arvind [Arv93], S. 3–11.

[Poi86] Poigné, A.: *On Specifications, Theories, and Models with Higher Types.* Information and Control, 68:1–46, 1986.

[POP89] *16th ACM Symposium on Principles of Programming Languages*, 1989.

[POP92] *19th ACM Symposium on Principles of Programming Languages*, Albuquerque, New Mexico, Januar 1992.

[POP93] *Proc. 20th ACM Symposium on Principles of Programming Languages*, Charleston, South Carolina, Januar 1993. ACM Press.

[POP94] *Proc. 21st ACM Symposium on Principles of Programming Languages*, Portland, OG, Januar 1994. ACM Press.

[Pv93] Plasmeijer, R. und M. van Eekelen: *Functional Programming and Parallel Graph Rewriting.* International Computer Science Series. Addison-Wesley, 1993.

[PW93] Peyton Jones, S. L. und P. L. Wadler: *Imperative Functional Programming.* In: *POPL1993* [POP93], S. 71–84.

[Rey83] Reynolds, J. C.: *Types Abstraction and Parametric Polymorphism.* In: *Information Processing '83.* North Holland, 1983.

[Rey93] Reynolds, J.: *The Discoveries of Continuations.* Lisp and Symbolic Computation, 6(3/4):233–248, 1993.

[Rob65] Robinson, J. A.: *A Machine-Oriented Logic Based on the Resolution Principle.* Journal of the ACM, 12(1):23–41, Januar 1965.

[RTF93] Runciman, C., I. Toyn und M. Firth: *An Incremental, Exploratory and Tranformational Environment for Lazy Functional Programming.* Journal of Functional Programming, 3(1):93–115, Januar 1993.

[San94] Sannella, D. (Hrsg.): *Proc. of the 5th European Symposium on Programming*, Edinburgh, UK, April 1994. Springer Verlag. LNCS 788.

[Sch24] Schönfinkel, M.: *Über die Bausteine der Mathematischen Logik.* Math. Ann., 92, 1924.

[Sch86] Schmidt, D. A.: *Denotational Semantics, A Methodology for Software Development.* Allyn and Bacon, Inc, Massachusetts, 1986.

[Sch93] Schmidt, D. (Hrsg.): *Symposium on Partial Evaluation and Semantics-Based Program Manipulation*, Copenhagen, Denmark, Juni 1993. ACM.

[Sew93] Seward, J.: *Polymorphic Stricness Analysis Using Frontiers.* In: Schmidt, D. [Sch93], S. 186–193.

[SF93] Sheard, T. und L. Fegaras: *A Fold for All Seasons.* In: Arvind [Arv93], S. 233–242.

[SG93] Steele Jr., G. L. und R. P. Gabriel: *The Evolution of Lisp*, S. 231–270. ACM, New York, April 1993. SIGPLAN Notices 3(28).

[SGJ94] Sørensen, M. H., R. Glück und N. D. Jones: *Towards Unifying Partial Evaluation, Deforestation, Supercompilation, and GPC.* In: Sannella, D. [San94], S. 485–500. LNCS 788.

[Sha94] Sharp, J. A.: *Functional Programming Applied to Numerical Problems.* In: Giegerich, R. und J. Hughes [GH94].

[Smo89] Smolka, G.: *Logic Programming over Polymorphically Order-Sorted Types.* Doktorarbeit, Fachbereich Informatik, Universität Kaiserslautern, 1989.

[SNGM89] Smolka, G., W. Nutt, J. A. Goguen und J. Meseguer: *Order-sorted equational computation.* In: Ait-Kaci, H. und M. Nivat (Hrsg.): *Rewriting Techniques*, Band II der Reihe *Resolution of Equations in Algebraic Structures*, S. 299–369. Academic Press, New York, 1989.

[Sof90] Software AG: *Natural Expert Reference Manual, Version 1.1.3*, 1990.

[SP93] Sansom, P. M. und S. L. Peyton Jones: *Generational Garbage Collection for Haskell.* In: Arvind [Arv93], S. 106–116.

[SPv92] Sleep, M. R., R. Plasmeijer und M. van Eekelen (Hrsg.): *Term Graph Rewriting: Theory and Practice.* John Wiley & Sons Ltd, 1992.

[SR92] Sanders, P. und C. Runciman: *LZW Text Compression in Haskell.* In: Launchbury, J. und P. M. Sansom [LS93], S. 215–226.

[Ste90] Steele, G. L.: *Common LISP: The Language.* Digital Press, Bedford, MA, 1990.

[Ste94] Steele Jr., G. L.: *Building Interpreters by Composing Monads.* In: *POPL1994* [POP94], S. 472–492.

[Sto81] Stoy, J. E.: *Denotational Semantics: The Scott-Strachey Approach to Programming Language Theory.* MIT Press, 1981.

[Str67] Strachey, C.: *Fundamental Concepts of Programming Languages.* In: *NATO Summer School in Programming*, Copenhagen, 1967.

[Suá90] Suárez, A.: *Compiling ML into CAM.* In: Huet, G. (Hrsg.): *Logical Foundations of Functional Programming*, S. 47–73. Addison-Wesley, 1990.

[Szy91] Szymanski, B. K. (Hrsg.): *Parallel Functional Languages and Compilers.* ACM Press, 1991.

[Tho90] Thompson, S.: *Interactive functional programming: A method and a formal semantics.* In: Turner, D. A. [Tur90b], Kapitel 10, S. 249–286.

[Tho91] Thompson, S.: *Type Theory and Functional Programming.* Addison-Wesley, 1991.

[Tof92] Tofte, M.: *Principal Signatures for Higher-order Program Modules.* In: *POPL1992* [POP92], S. 189–199.

[Tri89] Trinder, P. W.: *A Functional Database.* Doktorarbeit, Oxford University, Programming Research Group, 8–11 Keeble Road, Oxford OX1 3QD, England, Dezember 1989. Technical Monograph PRG-82.

[Tru94] Truve, S.: *Declarative Real-Time Systems.* In: Giegerich, R. und J. Hughes [GH94].

[Tur79] Turner, D. A.: *A new implementation technique for applicative languages.* Software — Practice and Experience, 9:31–49, 1979.

[Tur85] Turner, D. A.: *Miranda: A non-strict functional language with polymorphic types.* In: *FPCA1985* [FPC85], S. 1–16. LNCS 201.

[Tur86] Turchin, V. F.: *The Concept of a Supercompiler.* ACM Transactions on Programming Languages and Systems, 8(3):292–325, Juli 1986.

[Tur90a] Turner, D. A.: *An overview of Miranda.* In: *Research Topics in Functional Programming* [Tur90b], Kapitel 1, S. 1–16.

[Tur90b] Turner, D. A. (Hrsg.): *Research Topics in Functional Programming.* Addison-Wesley, 1990.

[Tur93] Turchin, V. F.: *Program Tranformation with Metasystem Transitions.* Journal of Functional Programming, 3(3):283–314, Juli 1993.

[TW93] Thompson, S. und P. L. Wadler: *Functional Programming in Education — Introduction.* Journal of Functional Programming, 3(1):3–4, Januar 1993.

[vEHN+92] Eekelen, M. van, H. Huitema, E. Nöcker, S. Smetsers und R. Plasmeijer: *Concurrent Clean, Language Manual — Version 0.8.* Technischer Bericht92-18, Department of Informatics, Katholieke Universiteit Nijmegen, August 1992.

[vGHN92] van Eekelen, M., E. Goubault, C. Hankin und E. Nöcker: *Abstract Reduction: Towards a Theory via Abstract Interpretation,* Kapitel 13. In: Sleep, M. R. et al. [SPv92], 1992.

[VS91] Volpano, D. M. und G. S. Smith: *On the Complexity of ML typability with Overloading.* In: Hughes, J. [Hug91], S. 15–28. LNCS 523.

[Wad85] Wadler, P.: *How to Replace Failure by a List of Successes.* In: *FPCA1985* [FPC85]. LNCS 201.

[Wad87] Wadler, P. L.: *Abstract Interpretation of Declarative Languages,* Kapitel 12. Ellis Horwood, 1987.

[Wad89] Wadler, P. L.: *Theorems for free!* In: *FPCA1989* [FPC89], S. 347–359.

[Wad90a] Wadler, P. L.: *Comprehending Monads.* In: *Proc. Conference on Lisp and Functional Programming,* S. 61–78, Nice, France, 1990. ACM.

[Wad90b] Wadler, P. L.: *Deforestation: Transforming programs to eliminate trees.* Theoretical Computer Science, 73(2):231–248, 1990.

[Wad92] Wadler, P. L.: *The Essence of Functional Programming.* In: *POPL1992* [POP92], S. 1–14.

[WB89a] Wadler, P. und S. Blott: *How to make ad-hoc polymorphism less ad-hoc.* In: *POPL1989* [POP89], S. 60–76.

[WB89b] Wirsing, M. und J. A. Bergstra (Hrsg.): *Algebraic Methods: Theory Tools and Applications,* Band 394 der Reihe *LNCS.* Springer, 1989.

[WF89] Wray, S. C. und J. Fairbairn: *Non-strict Languages — Programming and Implementation*. Computer Journal, 32(2):142–151, 1989.

[WH87] Wadler, P. und J. Hughes: *Projections for Strictness Analysis*. In: Kahn, G. [Kah87a], S. 385–407. LNCS 274.

[Wik87] Wikström, Å.: *Functional Programming Using Standard ML*. Prentice Hall, 1987.

[Wir90] Wirsing, M.: *Algebraic Specification*, Band B der Reihe *Handbook of Theoretical Computer Science*, Kapitel 13. Elsevier Science Publishers, Amsterdam, 1990.

Sachwortverzeichnis

A

Q

R